XILINX 大学合作计划指定教材

Xilinx FPGA 设计与实践教程

赵吉成 王智勇 编著

西安电子科技大学出版社

内 容 简 介

本书系统讲述了 FPGA 的软硬件开发知识，并以 Spartan-3 开发套件为硬件平台，配合经典的实例应用，使读者能够从硬件设计、软件开发和系统设计等方面系统掌握 FPGA 的使用方法。

本书共四篇 16 章。第一篇为 FPGA 设计基础与 ISE 开发基本流程，共 2 章，内容包括 PLD 技术基础，Xilinx FPGA 的开发、仿真以及实现整个流程。第二篇为数字电路设计基础与 VerilogHDL 描述，共 5 章，介绍了基于 VerilogHDL 的数字电路基础、同步电路设计思想和高级技巧。第三篇为基于 FPGA 的接口开发，共 5 章，结合 Xilinx FPGA 开发板，详细讲述了 UART 串口通信控制器、PS/2 键盘/鼠标接口控制器、VGA 图形图像显示控制器以及 RAM 接口控制器等案例的设计、开发以及验证。第四篇为基于 FPGA 的软核微控制器 PicoBlaze，共 4 章，以 PicoBlaze 为例，介绍了 PicoBlaze 微处理器的软硬件开发、中断设计等。

本书可作为电子类、计算机类、自动化类等相关专业研究生和高年级本科生教材或参考书，也可作为数字电路设计人员以及 FPGA 爱好者的参考书。

图书在版编目(CIP)数据

Xilinx FPGA 设计与实践教程 / 赵吉成，王智勇编著. —西安：西安电子科技大学出版社，2012.1(2017.8 重印)

XILINX 大学合作计划指定教材

ISBN 978-7-5606-2629-1

Ⅰ. ① X… Ⅱ. ① 赵… ② 王… Ⅲ. ① 可编程序逻辑器件—系统设计—教材

Ⅳ. ① TP332.1

中国版本图书馆 CIP 数据核字(2011)第 138665 号

策　　划　戚文艳

责任编辑　夏大平　戚文艳

出版发行　西安电子科技大学出版社(西安市太白南路 2 号)

电　　话　(029)88242885　88201467　　邮　　编　710071

网　　址　www.xduph.com　　电子信箱　xdupfxb001@163.com

经　　销　新华书店

印刷单位　陕西华沐印刷科技有限责任公司

版　　次　2012 年 1 月第 1 版　　2017 年 8 月第 3 次印刷

开　　本　787 毫米×1092 毫米　1/16　印张　26.5

字　　数　624 千字

印　　数　3001～4000 册

定　　价　52.00 元

ISBN 978 – 7 – 5606 – 2629 – 1 / TP

XDUP 2921001-3

序

FPGA 技术自 20 世纪 80 年代诞生以来，逐渐从粘合逻辑不断深入到数字信号处理、高速计算、嵌入式等领域，并蚕食着 ASIC、DSP 以及嵌入式微处理器的市场，成为当前最为流行和应用最为广泛的数字系统设计平台之一。Xilinx 作为全球高端 FPGA 领导厂商，在 FPGA 的芯片设计与 EDA 工具开发方面锐意创新，不断为客户提供更为高效的体验，其产品应用广泛。作为学生或工程师，只有在熟悉 Xilinx FPGA 的软硬件开发流程的基础上，掌握基于 FPGA 的数字电路设计技巧，并通过大量的实践训练来提升数字设计的能力，才能更好适应不断革新的数字电子技术发展的需求。

随着 Xilinx 对 FPGA 技术的不断创新，广大工程师和研究人员迫切希望加入到研究 FPGA 技术的行列当中。Xilinx 公司通过大学计划、联合实验室、开源社区、创新大赛等方式，在广大研发人员和在校学生中推广 FPGA 技术。但是市面上一直以来缺少一本从实践出发，能够有效提升研发人员实际能力的教材，《Xilinx FPGA 设计与实践教程》恰好可以弥补这一点。

本书整体而言，有以下三个特色：

(1) 内容非常丰富。全书覆盖了 FPGA 开发的整个流程、基于 Verilog 语言的数字电路设计、经典 FPGA 案例设计与验证、基于源码开放的微处理器 PicoBlaze 软硬件开发四个部分，富含 120 多个例程和近 100 道思考与练习题，对于提升读者的设计与实践能力有着实质性的帮助。

(2) 描述精辟透彻。全书知识点讲述中，能够从深层次剖析知识点的本质，由浅入深引领读者理解数字设计的关键知识点，如时序电路基本模型、带数据路径状态机和同步电路设计方法等，其理论剖析深入而透彻。

(3) 经典实用。书中结合 Xilinx 的开发板讲述了 UART 串口通信、PS/2 键盘/鼠标接口控制器、VGA 显示接口控制以及 SRAM 控制器等富有代表性的案例的设计、仿真以及验证，所有案例采用统一的设计思想和代码风格，使读者在牢固巩固数字设计基本方法的同时，从工程应用方面不知不觉上升一个高度。

本书写作上的亮点在于能够通过简单的实例引申出可编程逻辑设计的高级技巧和思想，通过巧妙的实践设计帮助读者理解和消化高深的理论，并养成良好的设计习惯。我郑重地向大家推荐这本书，使更多的读者能够早日掌握 FPGA 的开发技能，促进 FPGA 技术的进一步推广。

赛灵思(Xilinx，Inc)中国区大学计划经理

谢凯年博士

2011 年 4 月

前　　言

FPGA 自 1984 年由 Xilinx 公司发明以来，逐渐引起了全球集成电路格局的变化。从一开始仅仅实现粘合逻辑到后来的数字信号处理以及目前的系统级解决方案，FPGA 不断“蚕食”着微处理器、DSP 以及 ASIC 的市场，成为目前发展最为迅猛的热门技术之一。在中国，FPGA 技术引入较晚，21 世纪初才逐渐在通信、图像等个别领域开始使用，再加上我国技术人员对数字设计的积累较少，目前市场上关于 FPGA 设计的书籍大部分为片面的软件工具介绍或者 HDL 语言介绍，基本上缺乏系统性和实践性。本书结合作者多年 FPGA 设计的实践经验以及在 FPGA 数字电路设计方面的培训经验，本着“在实践中学习”的学习理念，以“快速掌握数字电路设计技术”为目的，结合大量实践例程，由浅入深、循序渐进地讲述了基于 VerilogHDL 的数字设计和常用接口设计与嵌入式软核微处理器 PicoBlaze 的软硬件开发。

本书适合从事 FPGA 或者 ASIC 开发的工程师以及电子相关专业的研究生和高年级本科生使用。本书共四篇。前三篇要求读者具有一定的数字电路基本知识；对于第四篇，读者具有一定的汇编语言基础会更好。

本书的亮点

(1) 本书专注于数字电路的硬件设计方法和技巧，而并非一部 VerilogHDL 语法手册或者 FPGA 开发工具手册。在内容上包含了大量的数字电路设计模块框架，既可方便用户掌握典型应用电路的设计思想和方法，又可使之顺利地套用在自己的设计当中。我们关注于让读者掌握一种编程框架，然后灵活地应用于多个程序中，而不是掌握多种方法来描述同一个电路。这也是本书实践性的体现。

(2) 在描述语言上，首次采用 Verilog HDL-2001 标准进行讲解。该标准相对于 Verilog HDL-1995，有很多增强的地方，不管是对形成良好的代码风格，还是对于综合工具的更好支持，都有很多优越之处，所以非常有必要让数字设计工程师们掌握。

(3) 所有实践例程都有很强的兼容性，具体体现在以下四点：

① 方便应用到更大型的设计当中，因为每个接口开发例程都包含了良好的接口开发功能，避免读者学会很多小的例程，却无法设计大的系统的尴尬；

② 支持与系统其它接口良好的匹配；

③ 可以应用在 ASIC 设计或者不同型号的 FPGA 设计当中；

④ 支持采用不同的综合工具进行综合。

(4) 总结了工程应用中 HDL 设计中的难点，并结合多家著名公司的经典数字设计面试题目内容，分析了同步电路设计中关于时钟、接口、时序方面的处理方法以及优秀的 HDL 代码风格编码方法，有利于读者理解数字设计的难点和重点。

(5) 本书基于“XILINX 大学合作计划”提供的 Spartan-3 系列开发套件设计，支持的开发板包括 Spartan-3 Starter、Nexys-2 以及 Basys 开发板等，也支持具有相关接口的其它 Xilinx 公司的 FPGA 开发板。

内容简述

本书共四篇 16 章，内容包括 FPGA 设计基础与 ISE 开发基本流程、数字电路设计基础与 VerilogHDL 描述、基于 FPGA 的接口开发和基于 FPGA 的软核微控制器 PicoBlaze。

第一篇为 FPGA 设计基础与 ISE 开发基本流程，介绍了 FPGA 的基本概念、可编程器件编程技术和现代 FPGA 通用结构，并以 ISE12.1 为平台介绍了 FPGA 开发基本流程。本篇共 2 章，即第一、二章。

第一章为 FPGA 设计基础，介绍了 FPGA 基本概念、可编程技术发展演变以及 FPGA 技术应运而生的历史过程，以 Spartan-3 系列 FPGA 为例介绍了现代 FPGA 基本结构。

第二章为 ISE12.1 开发环境与 S3 开发板，借助一个简单的例程详细介绍了 ISE12.1 的开发流程，包括设计输入、仿真、约束、综合、实现和编程的整个流程，并介绍了 Synplify9.2 和 ModelSim6.5 的使用，简单介绍了 S3 开发板的结构。

第二篇为数字电路设计基础与 VerilogHDL 描述，介绍了 VerilogHDL 基础语法以及基本数字电路的 HDL 描述和对应硬件结构、组合逻辑和时序逻辑的 VerilogHDL 描述、常用状态机描述和同步电路数字设计原则及 VerilogHDL 常见难点解析。本篇内容涉及 Veirlog 语言以及同步电路设计的方方面面，为本书重点掌握的内容。本篇共 5 章，即第三～七章。

第三章为 VerilogHDL 语言基础，介绍了 VerilogHDL 编程框架和基本的语法，以简单的组合逻辑电路描述，帮助读者理解 VerilogHDL 硬件描述语言的特性。

第四章为组合逻辑设计，介绍了 VerilogHDL 语言相关操作符以及数据传输语句描述，以比较器、加法器、多路选择器等基本电路为例，帮助读者理解组合逻辑电路的各种数据描述方法。

第五章为时序逻辑设计，介绍了规则时序逻辑电路的基本模型、基本组成单元等，并结合大量实例阐述了时序电路的设计要则以及基本设计框架。

第六章为时序状态机设计，介绍了 Moore 和 Mealy 状态机的状态图描述和 HDL 描述框架，并且以大量实例介绍了带数据路径(FSMD)状态机的设计方法。

第七章为数字电路设计原则与 VerilogHDL 难点解析，重点为同步电路基本模型和设计原则、异步电路的同步设计原则，并针对 VerilogHDL 语言重点介绍了阻塞和非阻塞赋值的区别以及优秀 HDL 代码设计风格，最后为 TestBench 平台的基本创建。

第三篇为基于 FPGA 的接口开发，结合 S3 开发板重点介绍了基于 FPGA 的 UART 接口、PS/2 键盘接口、PS/2 鼠标接口、异步 RAM 控制器、VGA 图形显示控制器和接口开发，重点训练基于 VerilogHDL 的设计与验证等实践能力。本篇共 5 章，即第八～十二章。

第八章为 UART 串口通信控制器，介绍了 UART 传输和发送接口模块的 HDL 设计和验证方法。

第九章为 PS/2 键盘接口控制器，介绍了基于 S3 开发板 PS/2 接口的键盘输入接口控制。

第十章为 PS/2 鼠标接口控制器，介绍了基于 S3 开发板 PS/2 接口的鼠标输入、输出接口控制。

第十一章为 RAM 接口控制器，介绍了基于 IS61LV25616AL 的异步 SRAM 接口控制器设计和 Xilinx Spartan-3 内部存储器的设计。

第十二章为 VGA 图形图像显示控制器，介绍了基于 S3 开发板的图形图像显示开发。

第四篇为基于 FPGA 的软核微控制器 PicoBlaze，介绍了 PicoBlaze 的结构、软硬件开发流程、软件开发指令以及中断和接口设计。本篇共 4 章，即第十三～十六章。

第十三章为基于 Xilinx FPGA 的微处理器，介绍了 PicoBlaze 的硬件和指令结构。

第十四章为 PicoBlaze 汇编语言开发，介绍了基本的汇编语言和 PicoBlaze 的开发流程。

第十五章为 PicoBlaze 接口开发，介绍了 PicoBlaze 接口特性以及硬件接口定制设计方法。

第十六章为 PicoBlaze 中断，介绍了 PicoBlaze 硬件中断接口和软件中断处理方法。

致谢

全书由赵吉成编写，王智勇参与了本书第四篇的编写。

本书在编写过程中，参考了大量的文献和著作，这里向其作者表示深切的谢意。Xilinx 公司大学计划总经理谢凯年先生为本书编著者提供了硬件平台和很多宝贵的建议，促成了本书的出版并欣然作序；西安电子科技大学出版社戚文艳和夏大平两位老师为本书的修改和编辑付出了辛苦劳动，并提出了很多宝贵意见。感谢他(她)们以及所有为本书出版作出贡献的人。

最后感谢我的妻子在怀孕期间还坚持帮我修改书稿；感谢我的家人，在他们的鼓励下我才能够完成本书。

编　者

2011 年 4 月

目　录

第一篇　FPGA 设计基础与 ISE 开发基本流程

第二篇　数字电路设计基础与 VerilogHDL 描述

第一篇

FPGA 设计基础与 ISE 开发基本流程

第一章 FPGA 设计基础

FPGA(Field Programmmble Gate Array)中文译名为现场可编程逻辑门阵列。它作为一种可编程逻辑器件，在 20 世纪 90 年代获得了突飞猛进的发展。在微电子技术的不断推动下，FPGA 在规模上进一步提高，在功耗方面进一步降低，其应用更加广泛，在通信、广播视讯、工业、医疗与自动化等领域成为发展最快的技术之一，也成为目前应用最为广泛的数字系统的主流平台之一。

本章主要从三个方面介绍 FPGA：首先，详细介绍 FPGA 的相关概念以及 FPGA 在数字系统中的主要应用；其次，介绍 FPGA 相关背景知识，使读者容易理解半导体工艺的发展与可编程设计技术发展的密切联系规律，进一步明确使用 FPGA 进行数字设计的优越性；最后，详细介绍通用 FPGA 的内部结构，使读者能够从深层次了解 FPGA。

1.1 FPGA 的基本概念

顾名思义，现场可编程逻辑门阵列(FPGA)是由可编程配置的逻辑块组成的数字集成电路，这些逻辑块之间有着丰富的可配置的互连资源，设计者可以通过对这些资源进行不同的配置和编程来达到自己所要实现的目标。我们要从如下几个方面来理解 FPGA 的特性。

首先，FPGA 名称中的“现场可编程”是指编程“在现场”进行(与那些内部功能已被制造商固化的器件正相反)。这意味着 FPGA 的编程具有更强的灵活性和创新性，我们可以在实验室进行配置，或者可以对已经应用于实际的电子系统中的某些功能进行改进，或者可以根据用户需求，实现新的协议或者标准来对当前应用作进一步的完善和改进。总而言之，FPGA的现场可编程特性满足了用户实现任意数字逻辑的愿望，成为用户灵活“武装”自己产品的最有效的武器。

其次，FPGA名称中的“逻辑门阵列”不仅仅指的是传统意义上的逻辑门阵列。FPGA是可编程逻辑器件(PLD)和专用集成电路(ASIC)技术发展到一定程度的产物。PLD能够实现灵活的逻辑可编程功能，但是其可编程规模小，无法实现复杂的逻辑功能，而ASIC虽然能够实现复杂的逻辑功能，但是昂贵的工艺过程和巨额的流片费用，在很多时候令大家望而却步。FPGA的诞生恰好弥合了PLD和ASIC之间的这道鸿沟，其逻辑规模可以达到ASIC的级别，而且不必承担如ASIC开发带来的数额巨大的不可重现工程(NRE)成本。随着FPGA技术的不断发展，FPGA器件逐渐变成一种数字化平台系统，其“逻辑门”已经不再和PLD或者ASIC一样，而是包含了现代FPGA中的各种资源，如可编程逻辑块、RAM资源、数字信号处理模块、微处理器等(1.4节将详细介绍FPGA的结构)。

1.2 可编程逻辑技术发展简介

自20世纪80年代Xilinx公司首创FPGA技术以来，可编程逻辑器件得到了飞速的发展。FPGA已成为目前数字系统的主流平台之一。下面从可编程器件的基本概念、工艺演变过程和新技术开拓等方面阐述FPGA技术在现代数字系统中应用的必然，以及起到的历史革命性作用。

1.2.1 可编程技术发展演变过程

世界上第一款可编程逻辑器件是1970年以PROM的形式进入人们视野的，但当时还非常简单，仅仅到20世纪70年代末，复杂实用的PLD器件便应用在工程当中了。为了在复杂程度上进行区分，后来出现了新的名词即简单可编程逻辑器件(SPLD)和复杂可编程逻辑器件(CPLD)。SPLD至今依然有人沿用，而CPLD成为当今PLD器件的代名词。PLD器件经历了在结构上的不断改进，从一开始的PROM器件，到PLA、PAL，再到后来的GAL，逐渐演变到今天通用的CPLD结构。

1. PROM器件

PROM(Programmable Read-Only Memory，可编程只读存储器)基本结构其实就是由与(AND)阵列函数驱动可编程的或(OR)阵列函数。一个3输入3输出的基于PROM结构的可编程逻辑器件结构如图1-1所示。图中，“&”代表逻辑“与”；“!”代表逻辑“非”。

在OR门阵列中的可编程连线可以用熔丝、EPROM晶体管或者E^2PROM器件中的E^2PROM晶体管等来实现。PROM器件可以用来实现任何组合逻辑块，但是它无法实现太多的输入和输出。PROM器件最初主要作为存储器来存放计算机程序和常数值，工程师也发现它可以用来实现简单的逻辑功能，比如状态机查找表等。随着PROM的大量应用，其他在其基础上改进的可编程器件也纷纷面世。

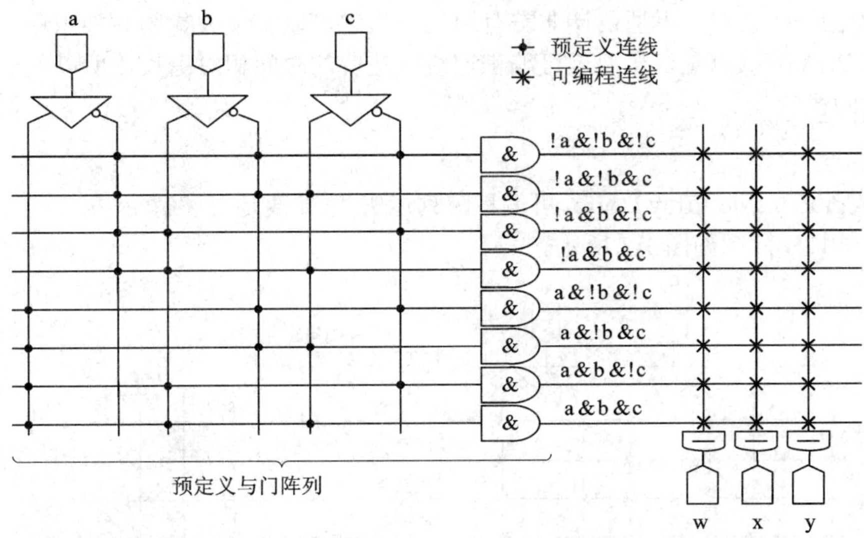

图 1-1　3 输入 3 输出的基于 PROM 结构的可编程逻辑器件结构图

2. PLA 器件

由于PROM器件对地址有限制，可编程器件的下一步演化就是PLA(Programmable Logic Array，可编程逻辑阵列)器件。PLA 器件是可编程逻辑器件中用户可配置性最好的，因为它的 AND 和 OR 阵列都是可配置的。正是由于 AND 阵列也可编程，因而 AND 阵列中的 AND 函数的数目便可以与器件的输入数目独立，只要引入更多的行，便可在阵列中形成额外的 AND 函数。类似地，OR 阵列也是与 AND 阵列独立的，引入更多的列就可以形成更多的列函数。如果我们要用 PLA 器件完成下面三个公式，则可以按图 1-2 所示的连线方式进行编程：

$$w = (a \,\&\, c) \,|\, (!b \,\&\, !c) \tag{1-1}$$

$$x = (!a \,\&\, !b \,\&\, !c) \,|\, (!b \,\&\, !c) \tag{1-2}$$

$$y = !a \,\&\, !b \,\&\, !c \tag{1-3}$$

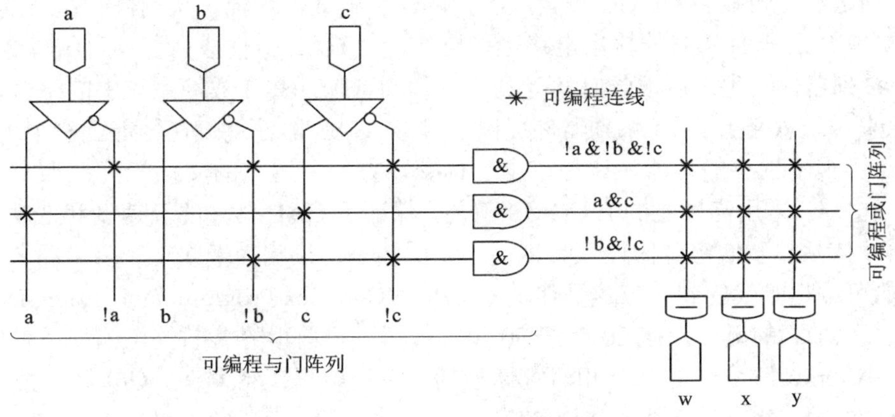

图 1-2　PLA 编程示意图

PLA 的优点是它对于大型设计非常有用，因为它可以实现大量公共乘积项，可用于多个输出。而 PLA 的缺点是信号通过可编程连线所花费的时间相对更长，所以整个器件的速度受到很大的影响。

3. PAL 器件

PAL(Programmable Array Logic，可编程阵列逻辑)器件便是为了解决 PLA 的速度问题而产生的，其结构示意图如图 1-3 所示。

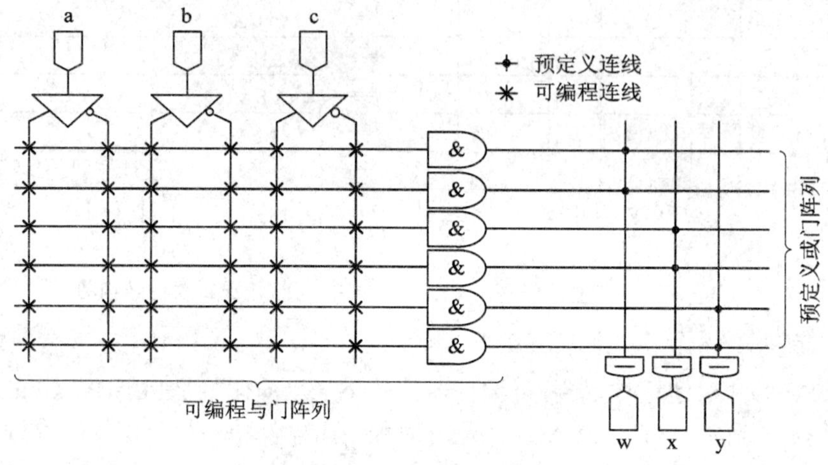

图 1-3 PAL 结构示意图

从图 1-3 中可以看到，PAL 的结构与 PROM 的正好相反，体现在 PAL 是由一个可编程 AND 阵列和一个预定义的 OR 阵列组成的，相对于 PLA 器件速度要快得多，但是它只允许有限数量的乘积项相或，对器件的应用灵活性又一次进行制约。要解决这些问题，需要跳出 PROM 器件的阴影，不再针对 PROM 器件做结构上简单的改进，而是采用新的方法，也就是下面我们讨论的 GAL 器件。

4. GAL 以及 CPLD 器件

GAL(Generic Array Logic，通用逻辑阵列)器件是 Lattice 公司于 1985 年推出的新型的可编程逻辑器件，GAL 器件的输出端不再是简单采用或阵列实现，而是采用了逻辑宏单元(OLMC)，通过编程可以将 OLMC 设置成不同的输出方式。这样，采用同一型号的 GAL 器件就可以实现 PAL 器件所有的输出电路工作模式，使 GAL 器件成为通用可编程逻辑器件。

GAL 系列器件诞生之后很长时间受到工程师的青睐，其在数字系统中的粘合逻辑功能方面，对原来传统意义上的 74 系列器件提出了挑战。GAL 器件不仅在性能上有很大的提高，而且还附加了很多独有的功能。比如，电子标签，方便了用户的文档管理；加密单元，防止他人抄袭电路；采用高性能的 E^2COMS 工艺，保证了 GAL 器件的高速度和低功耗等。但是 GAL 器件依然属于低密度器件，其规模还是比较小，仅相当于几十个门电路。

真正的可编程时代的到来应该是伴随着 CPLD(Complex Programmable Logic Device，复杂可编程逻辑器件)的诞生。在 20 世纪 90 年代前后，目前世界著名的可编程逻辑器件公司如 Xilinx、Altera、Lattice 等都争相研究新型的复杂可编程逻辑器件。CPLD 一般都是基于乘积项结构的，如 Xilinx 公司的 XC9500、CoolRunnerⅡ系列器件，Altera 的 MAX7000、

MAX3000 以及 MAX-Ⅱ系列器件，Lattice 的 ispMACH4000、ispMACH5000 系列器件等，都是基于乘积项的 CPLD。CPLD 采用的理念是一个普通的器件中包括一定数量的基本逻辑块，分享一个公共的可编程互连矩阵。

总体来说，CPLD 的结构由四个部分组成：可编程 I/O 单元、可编程基本逻辑单元(CLB)、可编程布线资源(布线池、布线矩阵)和其他辅助模块(时钟资源)，如图 1-4 所示。

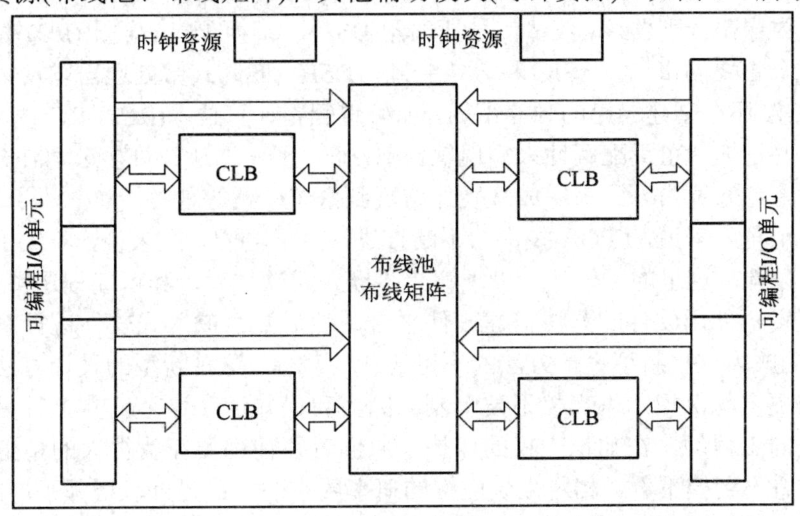

图 1-4　CPLD 的结构示意图

在工艺上，CPLD 都采用 E^2COMS 结构，有些 CPLD 还集成了 RAM、FIFO 等存储器。目前，各家公司最新推出的 CPLD 不仅在工艺上有很大的突破，功耗更低，速度更快，而且在规模上也有所突破；CPLD 在粘合逻辑处理方面虽已达到炉火纯青的地步，但是其在逻辑规模上的限制使得设计人员面对大型的逻辑设计却一脸茫然，望而却步。

1.2.2　FPGA 技术

约在 20 世纪 80 年代早期，ASIC(Application Specific Integrated Circuit，专用集成电路)技术已经在飞速发展。但是在很多应用场合，昂贵的 ASIC 费用不是广大客户所想要的，而且 ASIC 流片的风险太大，周期太长，在不确定芯片需求量很大的情况下，人们是非常谨慎的。而 CPLD 技术虽然有飞跃，但是依然不能实现复杂的功能，尤其是无法实现复杂逻辑运算的功能。ASIC 与 CPLD 之间的鸿沟越来越明显。幸运的是，1984 年世界上首款 FPGA 在 Xilinx 诞生。首款 FPGA 基于 CMOS 工艺，并且采用 SRAM 单元，最小单元由一个 3 输入查找表(LUT)与寄存器组成。首款 FPGA 的诞生，已经给人们发出了一个信息，除了 ASIC 和 CPLD 之外，另外一种新型结构的可编程逻辑器件会给逻辑设计带来新的活力。

FPGA 刚开始大部分用来作粘合逻辑、中等复杂程度的状态机和相对有限的数据处理任务。在 20 世纪 90 年代，FPGA 的规模和复杂度开始增加，市场扩展到通讯和网络领域，而且都涉及到大量数据的处理。21 世纪初，FPGA 在消费类产品，如汽车和工业领域的应用也经历了爆炸式的增长，发展到现在，FPGA 的黄金时代已经到来。ASIC 验证、微处理器核的嵌入、系统级的解决方案，这些 FPGA 不断创新的理念逐渐适应了目前市场的需求。

对于 ASIC 公司来说，FPGA 经常用于提供一个硬件验证平台来验证新算法新协议的物理层实现。比如，许多行业的开创性公司使用 FPGA 制定新的协议标准，并进行产品化，迎来市场的新增值点。同时，FPGA 为许多小型公司带来机遇。这些公司利用 FPGA 开发低成本高智力投入的产品并快速推向市场，迎来新的发展机遇。FPGA 技术的发展将创造性的逻辑设计任务从昂贵的 ASIC 公司搬到了普通的工作室。

市场给了 FPGA 极大的机会，也给 FPGA 自身的发展带来了挑战。数千万门的 FPGA 器件中集成了内嵌微处理器核、数字信号处理器(DSP)、高速的输入/输出(I/O)接口等。FPGA 正在蚕食着 4 个主要的市场：ASIC 和可定制硅、DSP、嵌入式微处理器以及物理层通信芯片。另外，FPGA 还在创建自己的独立市场，如可重配置计算技术(RC)。RC 技术即由 FPGA 提供的固有的并行性和可重配置性来实现软件算法的“硬件加速”，许多公司在建立以 FPGA 为基础的可重配置计算引擎，来完成从硬件仿真到密码分析等任务。

从另外一个角度来说，FPGA 技术的不断推进，对于电子系统来说，产生了新的设计思想，即“软”设计。这里的“软”可以理解为“嵌入式软件设计和可编程逻辑设计”，我们使用可编程逻辑器件用软件的方法搭建硬件平台，然后配合嵌入式软件进行系统功能的设计，FPGA 成功成为这种新型设计方法的不可替代的载体。这种新型的设计方法具有非常多的优势，比如更容易保护知识产权不被复制，因为我们知道在这个世界上有另外一类的工程师是在做反向工程的，在知识产权的保护上原创者往往都要花费很大的精力在这方面，而软件的东西看不到摸不着，相对来说破解的概率要小的多；另外，增强了产品的智能化，基于纯“软”设计方法设计的产品，在硬件不变的情况下，更容易对产品进行改进和升级，并为客户新产品赢取及早面市的时间。

1.3　FPGA 器件编程技术

能够实现可编程可配置功能的 FPGA 的基本结构并不复杂。目前市场上应用最为广泛的 FPGA 都是基于 SRAM 结构的，世界上最大的三家 FPGA 器件厂商 Xilinx、Altera 和 Lattice 公司的所有器件都是基于 SRAM 结构的。FPGA 还有基于反熔结构的，如在军品和宇航领域独霸一方的 Actel 公司的器件。可见，不同的可编程工艺结构都有不同的特点。了解各种 FPGA 器件的可编程工艺结构，不仅有利于我们在工程中正确选型，同时对于理解 FPGA 的内部结构并合理发挥其作用也有很大的帮助。

1.3.1　熔丝互连编程技术

在 FPGA 的可编程技术中，最容易理解的可编程技术就是熔丝互连技术，下面我们举例说明熔丝互连技术的原理。

图 1-5 为一个简单的逻辑电路，其中 a 和 b 为输入信号，y 为输出，其值为 a 和 b 逻辑与的结果。在数字电路中，输入信号值要么是原值，要么是“取反”值，所以为了穷举所有的情况，在每个输入端口连接一反相器输出其“取反”值，所有输入到与门的信号都通过负载电阻上拉到逻辑“1”。这样，这个电路的输出就只有保持着当前的状态。那么要使得电路的输出有变化，我们需要想一些灵活的办法来改变这种状态，比如采用一种熔丝互连的技术来改变电路的输入状态，以达到输出可以灵活控制的目的。例如，在端口 a、b 分

别连接熔丝 Fat 与 Fbt，而端口 a、b 经过反相之后分别连接熔丝 Faf 与 Fbf。如此一来，便可以通过控制熔丝的通断来灵活控制电路的输入状态，从而达到灵活控制电路输出的目的。

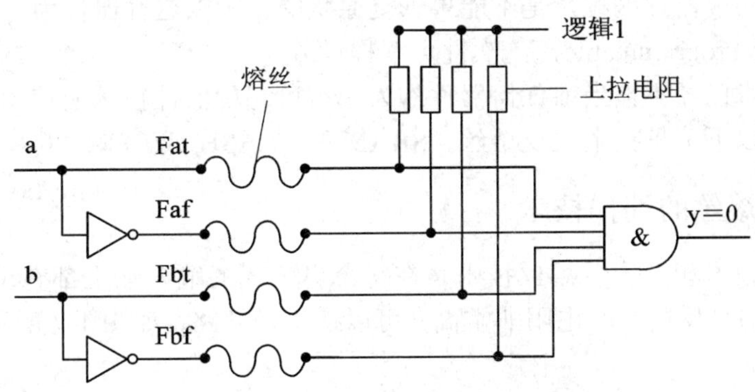

图 1-5 未编程的熔丝连接图

提起“熔丝”，我们不由地想起家里面的经常可以看到的保险丝之类的东西，比如电视机，在出现某些危险时(比如电视功率突然变大)，保险丝就会熔断，结果使得电路开路，避免剩下的电路被继续烧坏；在集成电路里面，道理其实是一样的，只不过没有那么直观，熔丝的尺度小到显微镜下才可以看到，其熔断的方式也不是用大功率电压来实现的，而是靠一定的工艺来确定的。

虽然熔丝连接技术在当今 FPGA 中已弃用，但是对理解新型 FPGA 可编程技术还是非常有用的，在这里我们仅做简单的介绍。当拿到一个基于熔丝互连技术的可编程器件时，所有的熔丝都是完好的，保持着连接的状态，参见图 1-5。

此时，与门的输出一直保持为 0，其原理非常的简单：当 a 为 0 时，与门输入端为 0，输出必然为 0；当 a 为 1 时，a 的非门输出为 0，与门输入端仍为 0，输出必然还是 0。同样的情况对于 b 来说也是一样的。那么我们可以通过在输入端加上相当大的电流和电压脉冲，熔断不需要的熔丝，与门的输出逻辑值才可以变化，比如我们熔断 Faf 和 Fbt，如图 1-6 所示。

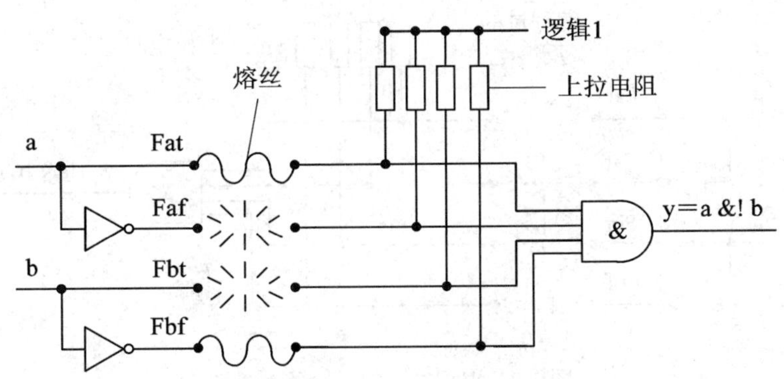

图 1-6 编程之后的熔丝连接图

这样，输入 a 的非门输出和输入 b 的原值都和与门输入端断开，那么对应的这两个信号相连的负载就起了作用，将与门的输入值拉高而变成逻辑 1，器件表现为新的功能，即

$$y = a\&(!b)$$

以上过程详细描述了熔丝连接实现可编程逻辑器件的原理。需要注意的是，这种通过熔断熔丝的方法实现器件编程，是不能再恢复原状的，所以这种器件为一次性可编程器件，即 OTP(One Time Programmable，一次性可编程)器件。

熔丝互连技术已经不被当前任何器件作为一种可编程器件技术而使用。现代 FPGA 编程器件一般基于以下三种技术：反熔丝、SRAM 和 FLASH 或 EPROM。

1.3.2　基于反熔丝的编程技术

与熔丝连接技术相反，反熔丝技术是在每个可配置的输入端上都有反熔丝的连接；当处于未编程状态时，反熔丝的电阻非常高，可以认为是开路，如图 1-7 所示，即反熔丝器件未编程之前的状态。

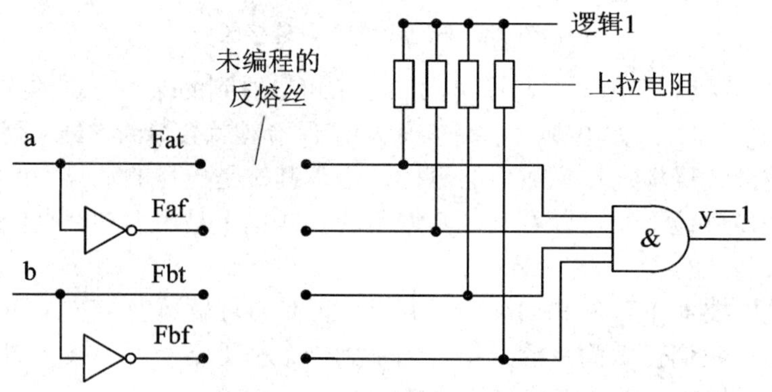

图 1-7　未编程的反熔丝连接原理图

我们可以通过对器件编程，而使输入端反熔丝“变长”，例如，可以加在输入 a 的非门和输入 b 的原值所对应的反熔丝上让其“变长”，器件将实现函数 y = (!a)&b 的功能。编程后的反熔丝结构如图 1-8 所示。

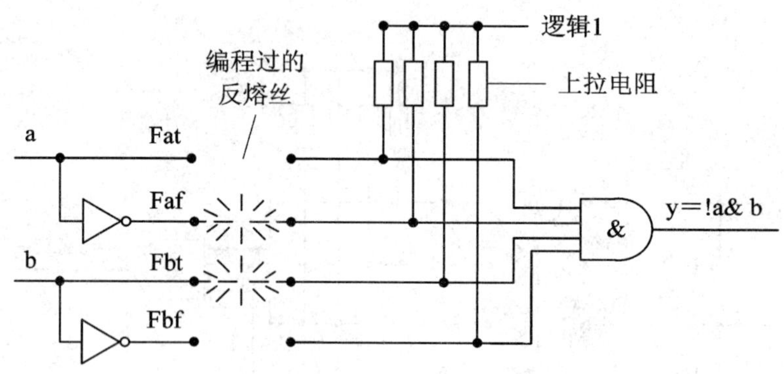

图 1-8　编程之后的反熔丝连接图

反熔丝开始时是连接两个金属连线的微型非晶硅，在处于未编程状态时，非晶硅表现为电阻超过 $10^9\,\Omega$ 的绝缘体。在发生编程行为之后，绝缘体的非晶硅转化成导电的多晶硅而实现了电流的导通，如图 1-9 所示。

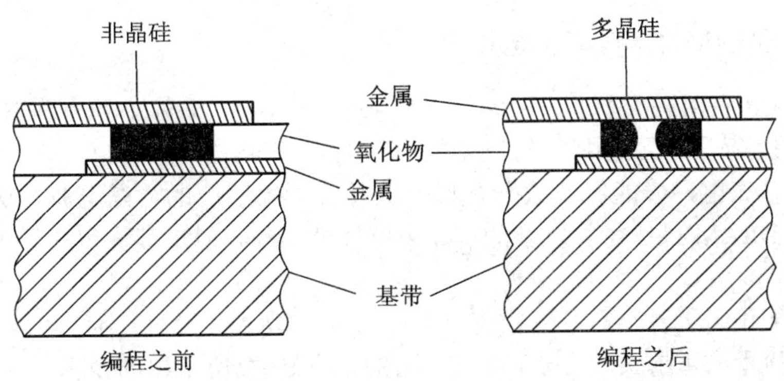

图 1-9　反熔丝的编程过程

需要注意的是，基于反熔丝技术的器件同样是一次性编程器件，一旦反熔丝形成，它将不能被移除。

具有反熔丝结构的器件的特点是速度极快，功耗极低。基于反熔丝的 FPGA 器件使用专门的器件编程器来进行编程，目前来说，Actel 公司的主要 FPGA 产品都是基于反熔丝结构的，因为这种器件有许多优势：

(1) 基于反熔丝结构的 FPGA 器件是非易失性的，因为其配置的数据在系统断电之后仍能保持，如果数据已经配置过，那么在系统上电之后立刻就能执行代码，所以相对我们后面要介绍的 SRAM 结构器件来说(每次上电都需要配置数据)，上电后执行代码速度快，几乎没有延时，而且省去外围的配置存储器，电路设计也相对简单了。

(2) 反熔丝结构器件更为卓越的优势在于其内部互连结构是天生“防辐射”的，它相对来说不受电磁辐射的影响，这对军事和宇航应用具有特别的吸引力。因为在外界环境比较恶劣的情况下，基于 SRAM 元件的配置单元被射线击中时可能会发生翻转，因为在地球外层中有大量的射线，相比之下，反熔丝结构的 FPGA 是不会受这个条件影响的。

(3) 基于反熔丝结构的器件配置数据与器件是融合在一起的。我们了解一下反熔丝器件的编程过程：在默认情况下编程器编程时，首先测试反熔丝是否被编程，然后持续进行验证，并把其状态与配置文件中定义的状态进行对比。所以编程器是可以读取器件的每个单元状态的，但是一旦编程之后，就会设置一个专门的反熔丝，来防止随后从器件中读取任何配置数据。因此，即使器件被破坏，编程和未编程的器件的反熔丝显示也完全一样，实际上所有的反熔丝都嵌入内部的金属层，让“逆向工程”根本不可能实现。

(4) 反熔丝结构的器件还有其他的优势，比如在功耗上。实际上基于反熔丝结构的器件只消耗等价的基于 SRAM 结构器件功耗的 20%，这样的数字确实非常让人兴奋。同时，反熔丝器件的面积也是非常的小，它的内部互连延迟非常的小，比同等的 SRAM 单元节省了大量的面积。

反熔丝结构的器件也不是近乎完美的。其优势总会给自己带来麻烦，就像能量守恒定律一样，也许自然界的规律都是这样的。反熔丝器件相对 SRAM 器件来说，制造工艺复杂的多，由于这个原因，反熔丝器件总是落后于基于 SRAM 工艺器件至少一代。另外，反熔丝工艺还有一个不足之处在于它是 OTP 器件，一旦编程完毕，其功能就固定了，不能再进行改变，这将导致在开发初期的难度非常高。

1.3.3　基于 SRAM 的可编程技术

半导体 RAM 有两种类型，一种为动态 RAM (DRAM)，另外一种为静态 RAM(SRAM)。对于动态 RAM，每个单元是由一个“晶体管—电容”组构成的，这也是其称为动态的原因：需要不断给电容充电，才能保持数据。每个单元必须周期性地补充电荷，这种操作习惯上称为“刷新”。DRAM 虽然需要复杂的刷新电路才能工作，但是其优点在于可以将存储容量做得非常大。

然而，对于我们所讨论的可编程逻辑器件来说，DRAM 没有任何吸引力，而 SRAM 反而成为可编程技术的重要实现方式，也是目前主流 FPGA 所采用的技术。

SRAM 即静态 RAM，一旦将值写入 SRAM 单元，只要不放电，除非被刻意修改，其值是不会改变的。

我们以单个基于 SRAM 技术的可编程单元来举例，如图 1-10 所示。

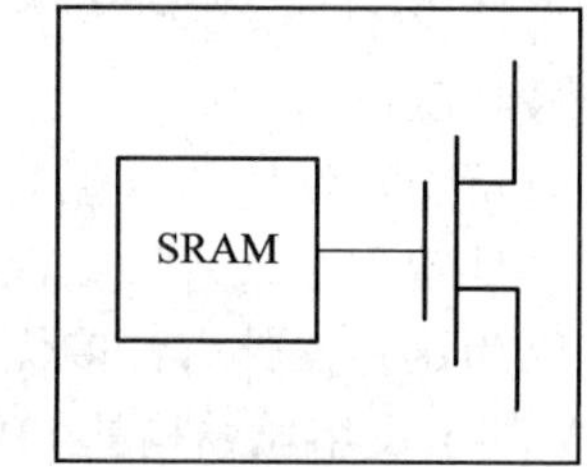

图 1-10　SRAM 基本可编程单元

整个单元包括一个多晶体管 SRAM 存储元件，此元件的输出驱动着一个额外的控制晶体管，根据存储的内容为逻辑 0 或者 1，晶体管将被置为关(OFF)或者开(ON)状态。

大部分的 FPGA 都采用 SRAM 结构。我们熟知的两家 FPGA 公司 Xilinx 和 Altera 公司所有的 FPGA 都基于 SRAM 结构。

基于 SRAM 结构的 FPGA 的最大优势在于可以非常快速地利用可编程技术实施和验证新的想法。更有创意的是，系统首次加电时，FPGA 可以被编程进行初始化系统，比如进行自测或者板级测试，然后重新编程实现新的任务。

基于 SRAM 结构的 FPGA 的另外一个优势在于这些器件能够站在技术的最前沿。FPGA 生产厂家可以利用许多其他的致力于存储设备公司在工艺领域投入的巨大研发资源，扩大 FPGA 的规模和提高 FPGA 的工艺水平，比如目前 Xilinx 公司最先进的 FPGA 工艺在 40 nm，而 Altera 公司的 FPGA 最先进的工艺水平在 45 nm。这一点我们容易理解，因为基于 SRAM 结构的 FPGA 可以与其他存储器件共享相同的工艺技术。

然而，令我们遗憾的是，基于 SRAM 结构的 FPGA 其不足之处也是比较多的：

(1) 每个存储单元消耗大量的硅片面积，因为这些单元是由 4 个或 6 个晶体管配置成一个锁存器而形成的。

(2) 当系统掉电之后，所有配置的数据都会丢失，所以在系统重新上电之后需要重新进行配置。

(3) 基于 SRAM 的 FPGA 很难保护知识产权，因为配置文件一般都存储在外部存储器当中，所以很难保证别人不会读出存储器当中的数据。虽然目前没有商业工具能够读取配置文件的内容并产生原理图和网表文件，但是直接从存储器当中拷贝出数据然后再复原你的产品却还不是超出这些“逆向工程师”的能力范围的，只是看是不是值得花费时间和精力。

幸好目前基于 SRAM 的 FPGA 支持比特流加密，这种情况下，最终配置的数据经过加密之后存入外部存储器件。密钥本身经过 FPGA 的 JTAG 端口载入一个 FPGA 内部专用基于 SRAM 的寄存器，与一些相关逻辑配合，密钥在加密配置比特流载入器件时对比特流解密运算。但是这也造成了一定的不便，我们要保持这个存储密钥的寄存器有效，需要在电路板上面有一组备用电池，而且这个电池模块需要长期有效(比如 10 年)，这样也增加了电路板的面积。

1.3.4　基于 FLASH 或 E^2PROM 的可编程技术

基于 FLASH 或 E^2PROM 的 FPGA 器件与基于 SRAM 的器件一样，所有的配置单元都连接在一条长的寄存器链上，这些器件可以离线用编程器进行编程，有些版本也可以使用在系统编程(ISP)，但是其编程时间是基于 SRAM 工艺的 3 倍左右。尽管如此，它也有自己的优势：

(1) 编程之后数据是非易失性的，所以意味着器件上电之后可以立即执行，没有延时。这个特性有助于系统组件的初始化、处理器唤醒紧急任务的执行，这也是基于 FLASH 的 FPGA 器件被广泛应用于航天和军事领域的原因。

(2) 为了保护配置数据，这些器件中使用了多位的密钥，范围可以从 50 位到几百位。当你对器件编程后，可以载入你的用户定义密钥来确保配置数据的安全。载入密钥之后，从器件中读出数据或写入新数据的唯一途径是通过 JTAG 端口载入你的密钥的副本，那么是不是还有破解的可能呢？目前 JTAG 的速度大约是几十兆赫，这样就意味着将所有的可能的值穷举一遍来破解密钥需要 10 亿年。

(3) 双晶体管 E^2PROM 和 FLASH 单元的尺寸大约是单晶体管的 2.5 倍，但是它仍然比 SRAM 的个头要小，所以基于 FLASH 的器件的内部逻辑更加紧密，而且会减少互连延迟。

(4) 基于 FLASH 的 FPGA 器件可以实现真正的单芯片解决方案，因为它无需额外的配置芯片，所以可以在很多场合替代 CPLD。

基于 FLASH 器件的缺点是其制作工艺除了标准的 CMOS 工艺之外，还需要大约 5 个额外的处理步骤，这样，将落后于基于 SRAM 工艺的器件至少一代；同时静态功耗也很大，因为它需要维持大量的内部负载电阻。

所以，可以这样总结 FPGA 的各种结构的特点：

(1) 基于 FLASH 结构的 FPGA 与反熔丝结构的 FPGA 不同，但是与基于 SRAM 结构的 FPGA 一样具有可重复编程性；

(2) 基于 FLASH 结构的 FPGA 拥有和基于 SRAM 结构的 FPGA 同样的制造过程，同时拥有基于反熔丝技术 FPGA 的同样低的功耗；

(3) 基于 FLASH 结构的 FPGA 相对来说速度更快。

1.4　通用 FPGA 的构成结构

谈起 FPGA 的结构，通常人们是这样认为的：FPGA 的基本结构是由大量的相对较小的可编程逻辑块“岛”嵌入在可编程互连的“海”里面构成的。那么还有人会和 ASIC 器件进行对比，提起 FPGA 都说是一种中度颗粒的器件或者说是粗颗粒器件。其实，FPGA 是在 ASIC 的基础上发展起来的，一开始，FPGA 的发明者还是按照 ASIC 的思维模式来设计新型的可编程逻辑器件的。从人们对 FPGA 颗粒的研究就可以了解 FPGA 新型结构演变的过程。

FPGA 的颗粒演变有这么一段过程，在 20 世纪 90 年代，兴起了对 FPGA 细颗粒的研究热潮。细颗粒结构情况下，每个逻辑块可以实现一个非常简单的逻辑，举例来说，可以把一个块配置为任何 3 输入函数，比如基本的逻辑门(与、或、异或等)或存储元件(D 触发器、D 型锁存器等)。这种结构在执行收缩算法时非常有效，更多的优点在于当时 FPGA 技术刚起步，FPGA 是基于 ASIC 技术来研究的，所以基于 ASIC 技术的很多综合工具可以直接应用于 FPGA 的综合。但是事与愿违，ASIC 的现成的技术还需要很多突破才能为 FPGA 的发展提供更好的舞台，因为细颗粒的 FPGA 逻辑块，其基本逻辑单元太小，所以直接互连过于复杂，从而导致综合工具的开发难度非常高，同时也大大限制了 FPGA 的器件规模，所以细颗粒 FPGA 的研究很快就止步了，工程师们开始尝试研究粗颗粒的 FPGA。

对于粗颗粒来说，它的每个逻辑块包含的逻辑数量比细颗粒要多的多，比如说，一个逻辑块里面包含四个 4 输入的查找表，若干个多路复用器，锁存器，D 型触发器和一些快速的进位、借位逻辑等。这样相对 FPGA 来说，最小的单元是逻辑块，逻辑块的功能强大了，逻辑块之间的互连就需要的少了，工程师们权衡设计逻辑块的的规模和互连资源，这样不仅可以增强器件的设计规模，同时也降低了综合工具的开发难度，使得 FPGA 能够更快地发挥其在电子系统设计当中的优势，后来逐渐形成了以基本逻辑块为单元组成 FPGA “逻辑门海”的新型可编程门阵列结构。下面以 Xilinx 公司器件为例介绍 FPGA 的基本结构。

1.4.1　现代 FPGA 的基本逻辑单元

Xilinx 公司的 FPGA 的基本逻辑单元称为 Slice(切片)，而 Altera 公司的 FPGA 的基本逻辑单元称为 LE(Logic Element)。一个 Slice 包含两个核心逻辑单元 LC(Logic Cell)。Slice 的结构图如图 1-11 所示。

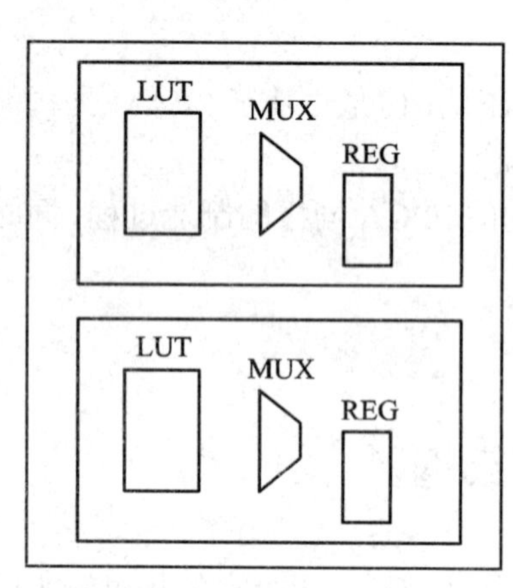

图 1-11　Slice 的基本结构图

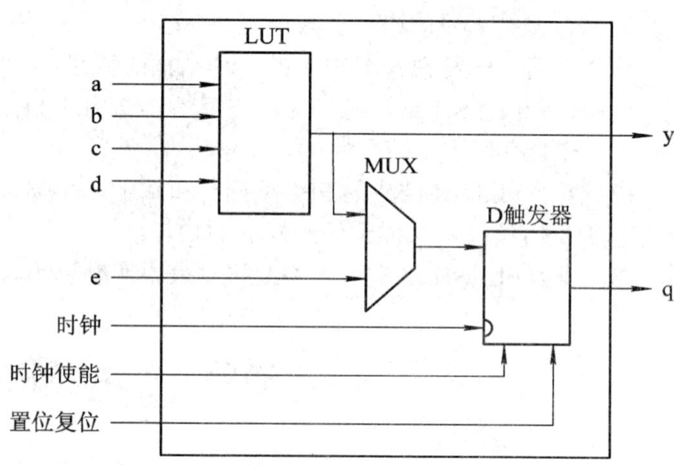

图 1-12　LC 的结构图

一个 LC 是由一个 4 输入的查找表(LUT)、一个多路复用器和一个寄存器组成的。其结构如图 1-12 所示。

对于 MUX 和 D 触发器的作用，大家都很熟悉，唯一陌生的就是查找表的原理。下面介绍查找表的原理。

查找表(Look-Up-Table)简称 LUT，其本质上为 RAM，如 4 输入 LUT，即包括有 4 位地址线的 16×1 的 RAM 在数字电路中，n 输入的逻辑运算最多只能输出 2^n 个结果，同样的道理，4 输入 LUT 共有 16 种输出结果。若将这 16 种结果全部存储下来，就可以根据不同的地址输入“查找”出相应输出结果。LUT 实现 4 输入与门的示例如表 1-1 所示。

表 1-1　LUT 实现 4 输入与门的示例

实际逻辑电路		LUT 的实现方式	
a b c d 输出		地址线 a b c d 16×1 RAM (LUT) 输出	
a、b、c、d 输入	逻辑输出	地址	RAM 中存储的内容
0000	0	0000	0
0001	0	0001	0
…	0	…	0
1111	1	1111	1

下面我们举例来理解查找表的概念。如图 1-13 所示，a、b、c、d 由 FPGA 芯片的管脚输入后进入可编程连线，然后作为地址线连到 LUT，LUT 中已经事先写入了所有可能的逻辑结果，通过地址查找到相应的数据然后输出，这样组合逻辑就实现了。该电路中 D 触发器是直接利用 LUT 后面的 D 触发器来实现的。时钟信号 CLK 由 I/O 脚输入后进入芯片内部的时钟专用通道，直接连接到触发器的时钟端。触发器的输出与 I/O 脚相连，把结果输出到芯片管脚。这样 PLD 就完成了图 1-13 所示电路的功能。(以上这些步骤都是由软件自动完成的，不需要人为干预。)

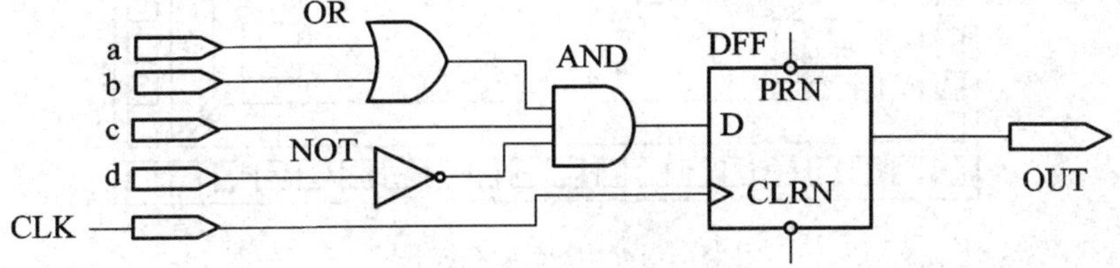

图 1-13　查找表示例

这个电路是一个很简单的例子，只需要一个 LUT 加上一个触发器就可以完成。对于一个 LUT 无法完成的电路，就需要通过进位逻辑将多个单元相连，这样 FPGA 就可以实现复杂的逻辑运算。

LUT 仅仅是 FPGA 最基本的组成。目前来说，FPGA 的复杂程度远远不能用 LUT 来描述。在 Xilinx FPGA 中，LUT 组成 LC，进一步形成 Slice(切片)，Slice 才是 Xilinx FPGA 的最基本组成。而 Slice 上一级是 CLB(可配置逻辑块)。CLB 的实际数量会根据器件的不同不同，CLB 之间的可编程互连是通过可配置的开关矩阵组成的，这样每个 CLB 模块不仅可以用于实现组合逻辑和时序逻辑，还可以配置为分布式 RAM 和分布式 ROM。

Xilinx FPGA 中逻辑块等级关系为 LC-Slice-CLB，这样在同一 Slice 的 LC 之间有快速互连。在同一 CLB 中的 Slice 之间稍慢些。接下来是 CLB 之间的互连，这样可以比较容易地把它们彼此连在一起，同时也不会增加太多的互连延迟，从而达到优化平衡。

1.4.2　Xilinx Spartan-3 FPGA 的基本结构

查找表和多路复用器是 FPGA 的最基本的结构。但是 FPGA 的结构不是仅仅这么简单的，由于应用的不同，每款 FPGA 的内部结构都有所不同。总体来说，现代 FPGA 由如下 7 个部分组成：可编程输入/输出单元、可配置逻辑块(Configurable Logic Blocks，CLB)、可编程内部连接、嵌入式 RAM 块、数字时钟管理单元、底层嵌入式功能单元、内嵌专用硬核，如图 1-14 所示。下面我们以 Spartan-3 系列 FPGA 为例介绍主流基于中度颗粒 FPGA 的基本结构。

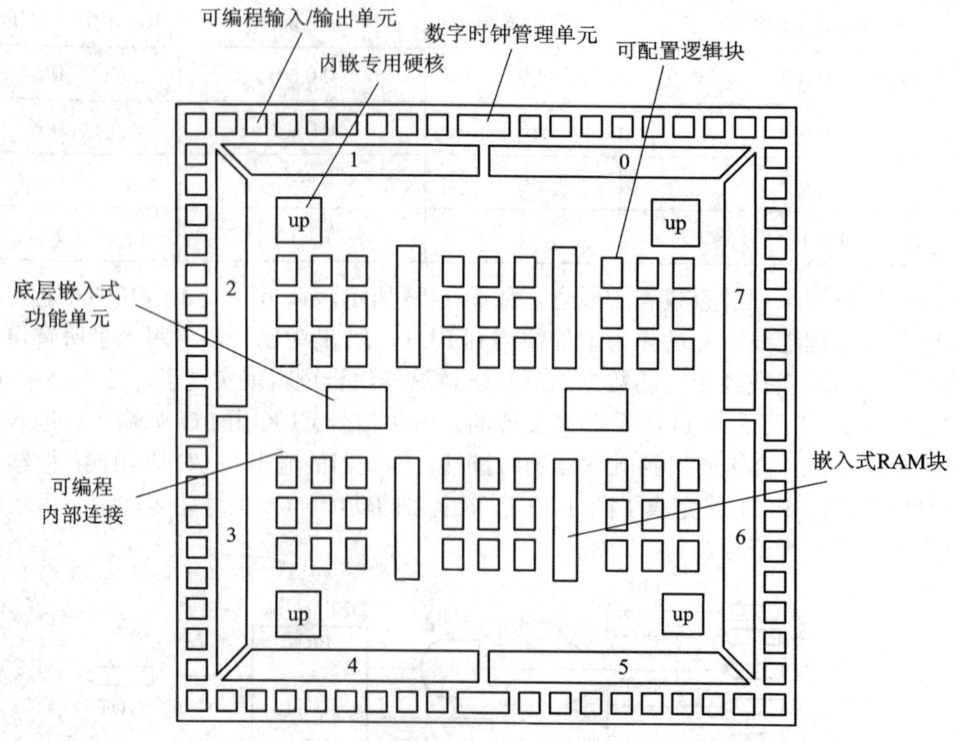

图 1-14　FPGA 结构图

每个模块的功能简述如下。

1. 可编程输入/输出单元

可编程输入/输出单元(I/O 单元，IOB)是 FPGA 与外界电路的接口，用于完成不同的电下对输入/输出信号的驱动以及匹配的要求。如今 FPGA 的通用管脚数目达上千个，在电子设备中有更多的兼容性，可编程输入/输出单元还设计了许多巧妙且非常

(1) 通过软件的编程，可以适配不同的电器标准以及物理特性。不同器件厂商的不同系列 FPGA 所支持的 I/O 标准有所不同，常用的 I/O 标准大部分器件都支持单端 I/O 标准 LVCMOS、LVTTL、HSTL、SSTL、GTL、PCI 等，差分 I/O 标准有：LVDS、HT、LVPECL、BLVDS、差分 HSTL、SSTL 等。另外，通过软件编程可以配置 FPGA 每个接口块的不同电压标准，可支持 1.8 V、2.5 V、3.3 V 等。

(2) FPGA 的 I/O 口单元支持一些特殊的功能，包括可编程配置 I/O 口的驱动能力和上下拉电阻等。在差分信号传输中，为了使得输入或输出端能够将接收器或者驱动器的阻抗匹配，在 I/O 口单元增加了数控阻抗(DCI)技术，DCI 还具备补偿温度变化和供电电压波动的功能。高性能的 FPGA 支持高级 Select/IO 资源，接收器的最高频率可达到 11.2 Gb/s。I/O 口的新的功能给 FPGA 的应用增添了很多亮点，使得 FPGA 在与 ASIC 的对抗中显得更为灵活多变。

(3) Spartan-3 系列 FPGA 的 I/O 口管脚都有可编程控制的上下拉电阻，可以在 ISE 实现过程中，通过约束管脚使其有效。另外，还可以约束管脚的驱动电流大小，根据电平标准不同，可以支持的驱动电流值有所不同，为了数据的稳定，还可以编程控制管脚的回转快慢，每个 I/O 管脚都有保持电路，在所有驱动都撤销时，管脚还会保持原来的值。I/O 管脚支持 DCI，有效地降低了信号的反射，提高了信号的质量。

2. 可配置逻辑块(CLB)

可配置逻辑块是 Xlinx FPGA 内部的基本逻辑单元，也是实现时序电路和组合逻辑的主要资源。在 Altera 器件中，用逻辑阵列块(LAB)代替 CLB，实际上两者之间没有什么区别。CLB 的实际数量和特性会根据器件的不同而不同，我们也可以理解 CLB 是反映 FPGA 规模和能力的一个重要标志。CLB 以阵列形式排列在 FPGA 中，如图 1-15 所示。

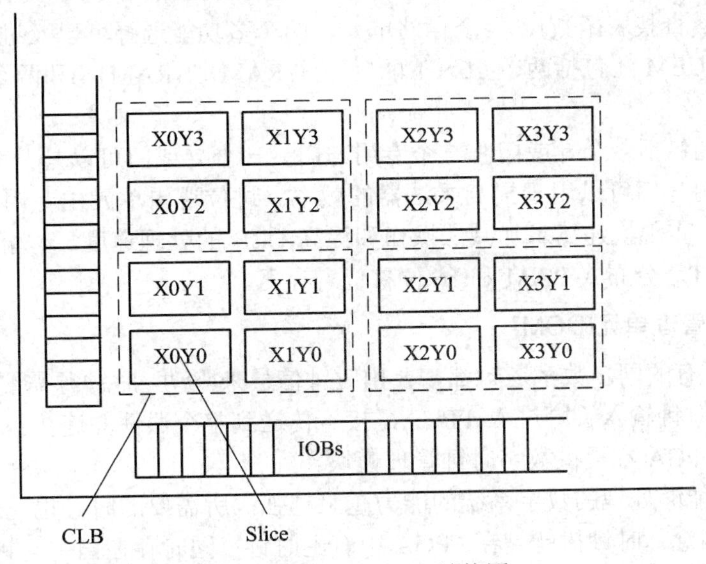

图 1-15 FPGA CLB 结构图

在 Spartan-3E 中，每个 CLB 包括 4 个 Slice，同时包含一个可配置开关矩阵和一些其他资源，包括多路复用器、触发器等。其中，开关矩阵不仅可以非常灵活地对其进行配置，而且提供了本 CLB 和别的 CLB 之间的灵活互连。多路复用器和触发器协助本 CLB 模块实现内部大量的逻辑互连。4 个 Slice 分成两组，每组 Slice 按列排布，如图 1-16 所示，并且带有独立的进位链。左边的一组 Slice 主要完成逻辑和存储功能，称为 SLICEM；右边的一组 Slice 主要完成逻辑功能，称为 SLICEL。这样一来，SLICEL 降低了 CLB 的功耗和减少了 CLB 的空间，同时更有利于 SLICEM 更好地发挥。所以每个 CLB 模块不仅可以用于实现组合逻辑、时序逻辑，还可以配置为分布式 RAM 和分布式 ROM，如图 1-16 所示。

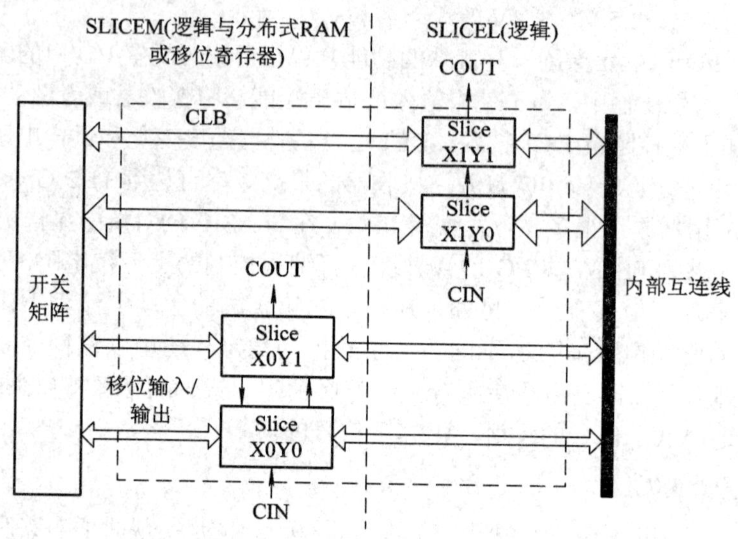

图 1-16　Spartan-3E CLB 结构图

Slice 是 Xilinx 公司定义的基本逻辑单位。一个 Slice 由两个 4 输入或者 6 输入查找表函数、进位逻辑和存储单元组成。不管是 SLICEM 还是 SLICEL，都包括如下几个部分：两个 4 输入函数发生器(查找表函数)、两个存储单元、两个多功能选择器以及进位逻辑单元和算术逻辑单元。SLICEM 还包括两个 16 × 1 的分布式 RAM 块(RAM16)和两个 16 位的移位寄存器 SRL16。

算术逻辑单元包括一个异或门和一个专用与门。一个异或门可以是一个 Slice，实现 2 位全加操作；专用与门可以用于提高乘法器的效率。进位逻辑单元由专用进位信号和函数复用器组成，用于实现快速算术加减法操作和提高 CLB 的处理速度。4 输入函数发生器用于实现 4 输入 LUT、分布式 RAM 和 16 位移位寄存器。

3. 数字时钟管理单元(DCM)

FPGA 内部所有的同步数字逻辑都需要由时钟信号来驱动。时钟源需要从外部引入，通过专用的 FPGA 时钟输入管脚进入 FPGA，接着传送到整个器件并连接到适当的寄存器当中。业界知名的 FPGA 都提供数字时钟管理模块。

随着 FPGA 能够处理的数字系统的能力越来越强，所需要的时钟也越来越复杂，于是就有了时钟树的概念。时钟树就是在 FPGA 中有主时钟，同时存在由主时钟产生的子时钟，这样就形成一种“树”一样的结构，时钟树结构能保证所有触发器接收到的信号尽可能地一致。不过我们可以想象，一条长长的时钟线驱动着一连串的触发器，那么最接近时钟管脚的触发器接收的信号一定会比位于链条末尾的触发器接收到的快得多，这样就会引起时钟的不同步，也就是通常说的“抖动”。为了解决这个问题，时钟树都采用专门的走线，与通用的可编程模块分离，以避免抖动的产生。这也是在 FPGA 设计原则中强调的原则之一，时钟一定要走全局管脚。

关于时钟还有一个重要的概念就是时钟管理器。在通常情况下，都是将外部时钟接到时钟专用管脚，然后通过专用管脚连接的时钟管理器模块产生一定数量的子时钟。这些子时钟可以用来驱动内部时钟树，或者可以输出作为系统别的器件的时钟。不同系列的 FPGA 的时钟管理器的能力有所不同，但是都有下面共有的特性：

1) 消除抖动

来自外部世界的理想时钟信号在通过系统通道时，时钟沿将会有大小不一的抖动(即来的早一些或晚些)，这样在某一个时钟点上将是多个时钟沿的重叠而产生一个“模糊”时钟，如图 1-17 所示。FPGA 的时钟管理器可以检测并纠正抖动，提供一个“干净”的子时钟信号。所以在设计 FPGA 系统时，CLK 要从专用时钟管脚引入。如果要产生子时钟，则最好采用 DCM 来产生。例如有一个 100 MHz 的时钟，在 FPGA 器件内部传输时是有延时的，虽然说电信号传输的速率很高，但是此延时在数字系统中是万万不可忽略的。例如，100 MHz 信号的周期是 10 ns，所以只要延时几个纳秒，信号就会严重失真，而经过 DCM 之后就可以避免这种抖动的产生。

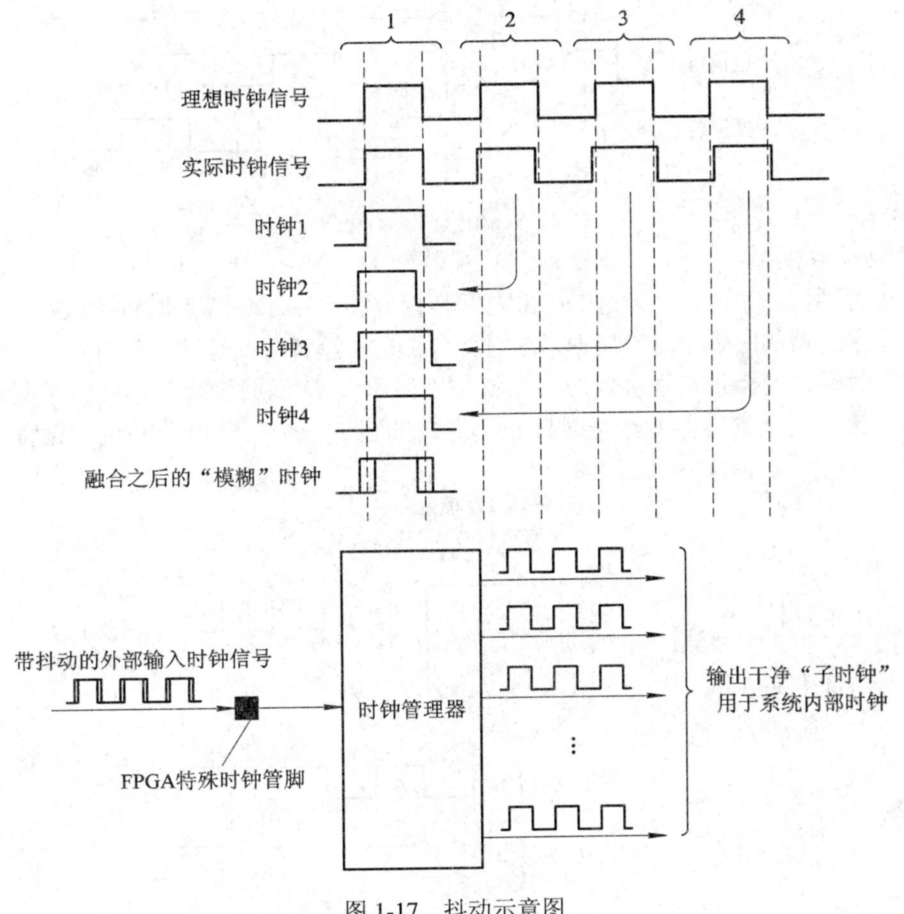

图 1-17　抖动示意图

2) 频率综合

在许多情况下，外部时钟往往在频率上满足不了系统要求。这表现在两个方面，一方面是时钟的数量，比如系统需要若干个不同频率的时钟，如果都从外部管脚引入，则增加了很多成本；另一方面是时钟频率，如高频率的时钟信号，在 PCB 板上传输极易受外界环境的影响，所以电路板上的时钟频率尽量低一些，才能保障系统稳定工作。我们通过 DCM 就可以解决这两个问题，FPGA 管脚输入的低频率的时钟信号可以通过 DCM 转化成高频率时钟信号，比如说系统输入时钟为 50 MHz，需要产生三个输出时钟：40 MHz、25 MHz、200 MHz。那么用 DCM 对输入时钟进行五分之四分频、两分频、四倍频之后，可分别产生所需时钟，非常方便。

3) 相位调整

相位调整在数字系统中应用得也很多，比如 PCIE 或者 DDR 控制器接口都需要内部时钟与外部时钟之间有相位偏移。时钟管理器允许在某些固定的相位进行调整，比如 120°或者 240°等，在时钟树中也允许对每个子时钟进行相位调整，如图 1-18 所示。

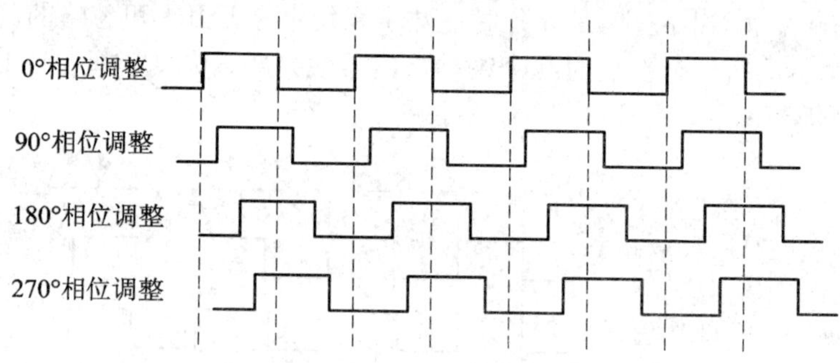

图 1-18　相位调整示意图

4) 自动偏移校正

设想在时钟树的子时钟，经过 DCM 之后其相位和频率都与输入时钟有关系，但是，经过时钟管理器之后的时钟一定有延时，这时如果 DCM 没有对此延时进行处理，子时钟输出稍晚于输入时钟，就会带来很多问题，也就是“偏移”。因而时钟管理器就将子时钟同时作为输入，来比较两个信号，并给子时钟一个专门的延迟，使得子时钟和主时钟重新对齐，如图 1-19 所示。

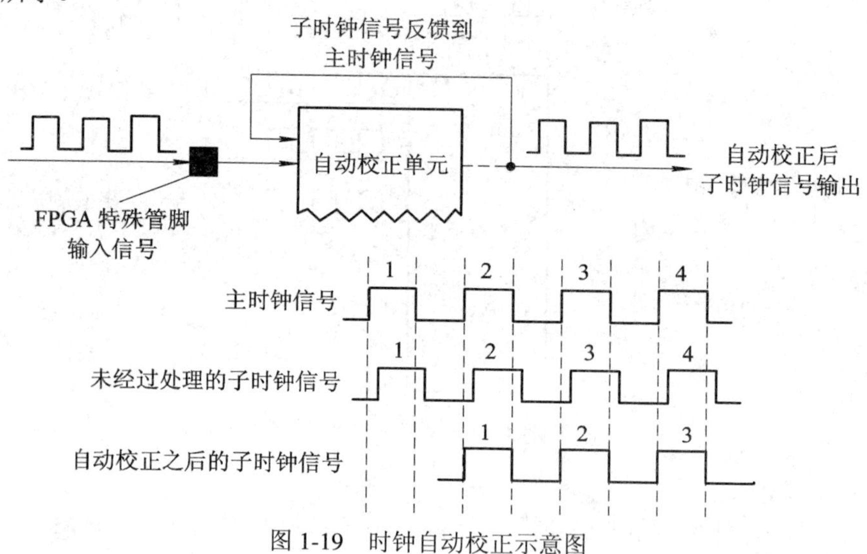

图 1-19　时钟自动校正示意图

Spartan-3 采用 DCM 为数字设计提供了灵活、全面的时钟资源，除了 XC3S50 仅有两个 DCM 之外，其他 Spartan-3 系列 FPGA 都有四个 DCM，每个 DCM 资源如图 1-20 所示。

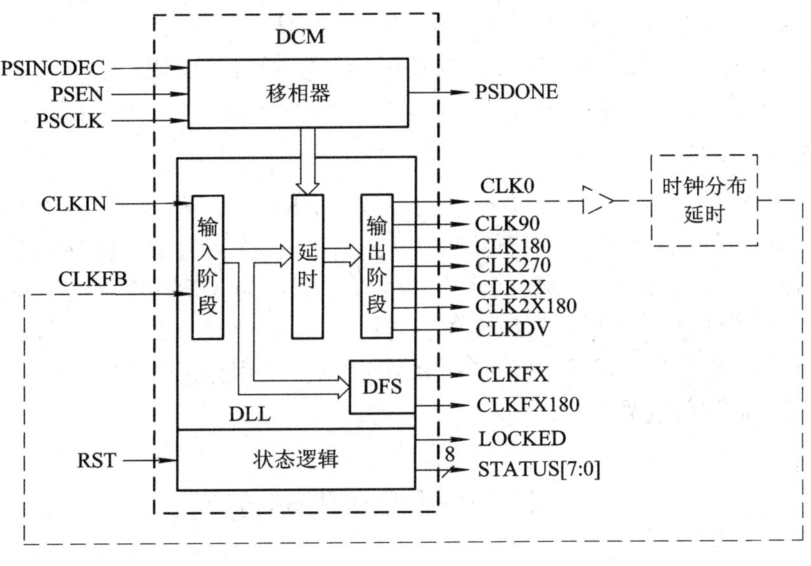

图 1-20 Spartan-3 DCM 资源结构图

4. 嵌入式 RAM 块

FPGA 一般内部有 RAM 资源，目的是为了拓展 FPGA 的应用范围。在 FPGA 中的 RAM 资源，相比 RAM 器件来说，使用非常的方便和灵活，它可以被配置为 ROM、单端口 RAM、双端口 RAM、内容地址存储器(CAM)以及 FIFO 等常用的存储器结构，同时不管使用哪种结构，都可以灵活地配置存储器的位宽、深度。比如说，如果存储器的位宽为 1，这时候就相当于我们使用 FPGA 内部的存储器资源构造了一个长度一定的移位寄存器。

Spartan-3 系列 FPGA 都支持 BlockRAM 资源，可以被配置为 18 Kbit 双端口存储器，并且支持四种数据读写操作，如图 1-21 所示。

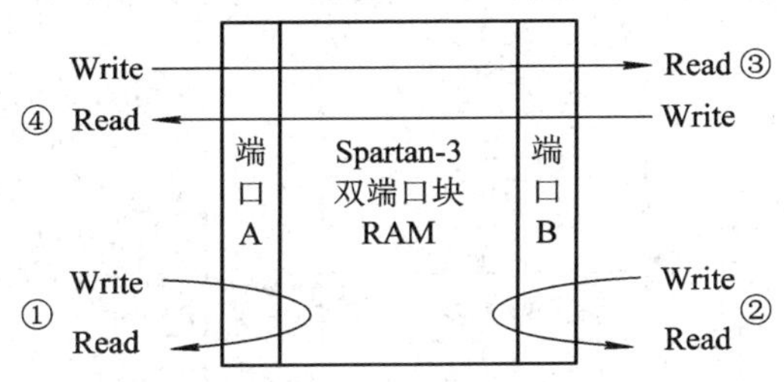

图 1-21 BlockRAM 数据传输

图 1-21 中，①是从端口 A 读写数据，②是从端口 B 读写数据，③是数据从端口 A 传向端口 B，④是数据从端口 B 传向端口 A。

5. 可编程内部连接

FPGA 中除了 CLB 之外，大部分就是互连资源，这样对 FPGA 数字逻辑的配置才能起作用。由于其作用不一样，可编程内部连接布线的长度、宽度和分布也都不相同。

第一类是全局布线资源，用于芯片内部全局时钟和全局复位/置位的布线；

第二类是长线资源，用于完成芯片 Bank 之间的高速信号和第二全局时钟信号的实现；

第三类是短线资源，用于完成基本逻辑单元之间的逻辑互连和布线；

第四类是分布式布线资源，用于专有时钟、复位等控制信号线。

实际使用 FPGA 时无需多考虑这些互连资源如何利用，设计工具中的布局布线器可以自动根据输入逻辑的网表选择布线资源来联通各个逻辑模块。

6. 内嵌专用硬核

内嵌专用硬核指的是 FPGA 当中嵌入的等效于 ASIC 的硬核电路。FPGA 厂家为了提高 FPGA 的处理能力，目前集成了许多专用硬核在里面。比如：为了提供 FPGA 在数字信号处理方面的能力，主流的 FPGA 都集成了专用的乘法器；为了适应高速的通信信号的传输，很多高端的 FPGA 集成了串并收发器(SERDES)，可以达到数十吉比特的传输速率。

Xilinx 公司高端产品集成了 PowerPC 系列 CPU，还内嵌了 DSP 核模块，为实现 SOC 解决方案提供了良好的硬件平台。

1.5　Xilinx FPGA 的开发流程

一般的 FPGA 系统设计流程包括如下几个部分：需求分析、器件选型、设计输入、功能仿真、综合优化、后仿真、布局布线、板级验证和调试等，如图 1-22 所示。

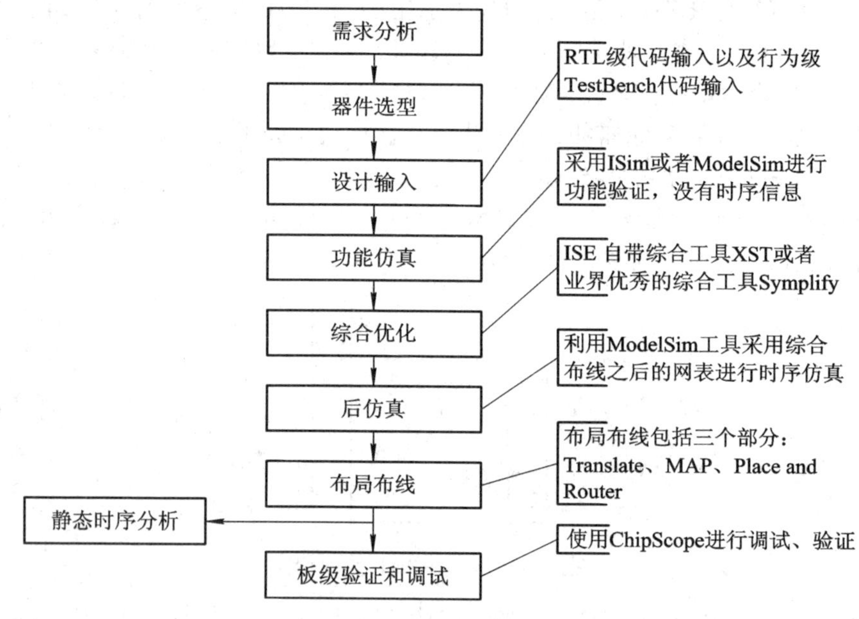

图 1-22　FPGA 设计流程图

1. 需求分析

电子产品的开发都是从系统入手的。首先根据客户的需求，进行系统方案的论证和分析，包括根据客户的需求，考虑系统的性能、工作频率、成本等；然后在这些确定之后，将模块进行划分，确定模块之间的端口定义以及信号传输在各个模块之间的传输流程。划分模块非常关键，往往是决定电路能够实现与否的前提。好的电路都是设计出来的。这里的“设计”，是从架构开始的，架构确定好之后，将各个小模块进一步细分，充分考虑设计的合理性，直到能够直接用 EDA 元件库实现为止；否则，重新进行架构的设计。

2．器件选型

FPGA 设计不仅仅是代码以及代码架构的设计，FPGA 厂家根据用户不同的需求，设计了非常丰富的 FPGA 型号。良好的选型能够节约成本，更贴切地满足用户的需求。一般来说，选择器件应从如下几个方面来考虑：

1) 根据时钟选择

前面时钟树部分，我们介绍过 FPGA 具有丰富的时钟资源。可是每个型号的 FPGA 是不一样的。比如，同样是 Spartan-3 系列产品，XC3S50 有 2 个 DCM 资源，而其他的 XC3S200 等都是 4 个 DCM，如果在设计过程中，从逻辑资源角度考虑，则 XC3S50 已经足够了，可是如果时钟需要 3 个 DCM 才能完成时，就要考虑选用 XC3S200 了。

2) 根据速度选择

不管哪个厂家的 FPGA，都有各个速度等级的产品。速度等级越高的产品，系统所能执行的速率越高。比如，我们使用 FPGA 来做 IC 验证，尽量使用速度等级高的产品，避免由于速度的原因，无法完成验证任务。

3) 根据功耗选择

FPGA 相对于 ASIC 芯片来说，功耗高很多。虽然现在 FPGA 的工艺水平在不断提高，功耗也在不断降低，但是在很多情况下，完成同样的功能新推出来的芯片功耗都要低的多。比如，Xilinx 新推出来的 Spartan-6 系列芯片，功耗就非常的低，如果系统对功耗有要求，就可以在同等情况下选择新出系列的芯片。

4) 根据封装选择

FPGA 厂家在封装芯片时，采用不同的封装形式，就是为了满足广大用户的需求。因此，在产品对面积要求很高的情况下，完全可以选择 BGA 封装的芯片完成设计。

5) 根据特殊需要选择

这里所指的特殊需要包括如下几个方面：RAM 资源、现有 IP 的利用、DSP 的利用、内嵌处理器的利用等。比如我们需要开发一款音频处理设备，上面需要做一些算法，比如滤波器之类的算法，需要乘法器资源，那么选择 FPGA 时，在考虑了别的条件满足的同时，还需要优先考虑硬件乘法器资源丰富的 FPGA。另外，数字信号处理需求很大，我们就需要选择支持内嵌 DSP 的 FPGA。如果系统是“FPGA+CPU”的架构，则要考虑是选用内嵌 CPU，还是外部挂 CPU；如果内嵌 CPU 能够完成，则可以节省成本，同时又节省了板子的面积，一举两得。

3．设计输入

设计输入是将所设计的电路按照开发软件的需求以某一种方式表达出来，并输入到 EDA 工具的过程。在 FPGA 设计初期，所用的输入方式是原理图输入方式，一方面是延续了当时情况下 ASIC 的设计方式，使得工程师能够很快适应 FPGA 的设计方式，另外，FPGA 厂家提供大量的数字逻辑库，也是为了方便用户能够直观自然地使用自己的工具。目前而言，很多工程师还是习惯用原理图输入方式。原理图输入方式虽然直观，但是当项目比较大时，比如设计 5000 万门的电路时，效率就非常低，而且移植性较差，当设计进行升级之后，往往要改动大量的原理图，非常容易出错。因此到 20 世纪 80 年代，逐渐流行的输入方式是 HDL 输入法。

基于 HDL 语言的输入，为硬件设计提出了新的概念，即用代码的方式设计“硬件”。“硬件”不仅仅可以用集成电路和 PCB 板的实际结构连接表示，也可以用 HDL 语言描述的方式描述。基于 HDL 语言描述的主流语言是 VerilogHDL 和 VHDL，这两种语言都是美国电器与电子协会(IEEE)的标准，其共同的特点是：语言描述与芯片无关，都支持完整的各个层次的描述，可移植性好，具有很强的逻辑描述功能。可是，随着 FPGA 技术的不断更新，FPGA 的应用规模的不断拓展，再加上最近新型技术的推出，以上两种语言在很多方面逐渐不能满足人们的需要，暴露出如下诸多的弱点：

(1) RTL 代码在 FPGA 设计和 ASIC 设计之间的通用性差。用 FPGA 设计的 RTL 编码不能够直接转移到 ASIC 设计中，也就是说 ASIC 的原型验证在 FPGA 上实现还不是无缝的。

(2) RTL 代码用于软硬件协同设计还不够理想。SOC 系统一般含有微处理器内核在 FPGA 当中，SOC 设计方式逐渐成熟，软件成分越来越多，目前很多情况下，SOC 的验证都是基于软件方式验证的，那么目前唯一的办法就是 VerilogHDL 和 VHDL 描述语言与 C/C++或者汇编语言一起联合验证，非常的不方便。

所以就出现了可以弥补以上缺陷的 SystermC 语言。Systerm C 2.0 版本是 2002 年发布的，SystermC 覆盖了传统 HDL 所能描述的所有抽象级层次，在仿真方面远远快于传统的 HDL 描述方式，而且在系统级和仿真描述方面更加方便。由于篇幅的原因，这里不做详细介绍。

4．功能仿真

功能仿真也称为前仿真，指的是在编译之前对用户所设计的电路进行逻辑功能验证；此时的验证仅仅对功能进行检测，不含任何时序信息。仿真前，要先利用波形编辑器或者 HDL 建立波形文件或测试平台(TestBench)，仿真结果将按照测试平台所加的激励产生报告文件和输出波形，方便观察各个信号节点的变化，如果发现了错误，将返回修改逻辑设计。常用的仿真工具有 Model Tech 公司的 ModelSim、Sysnopsys 公司的 VCS 和 Cadence 公司的 NC-Verilog 以及 NC-VHDL 等软件。

5．综合优化(Synthesis)

所谓综合，指的是将 RTL 级层次的描述转化为较低层次(门级或者开关级)的描述。综合优化是根据目标与要求优化所产生的逻辑连接，并产生网表文件供布局布线器实现布线。可以理解综合优化是指将设计输入编译成由与门、或门、非门、RAM、触发器等基本逻辑单元组成的逻辑连接，而并不是真正的电路。提供网表的设计与 ASIC 设计一致，所以是非常成熟的技术。常用的综合工具有 Synplicity 公司的 Synplify/Synplify Pro 软件以及各个 FPGA 厂家自己推出的综合工具。

6．后仿真

后仿真也称时序仿真。后仿真检查综合结果是不是和原设计一致，把综合生成的标准延时文件反标注到综合仿真模型中去，估计门延时带来的影响。需注意的是，它不能估计线延时，所以其并不和实际情况完全符合。对于一般的设计，后仿真往往可以省略，如果布局布线之后发现电路结构和设计意图不符合，则才会用后仿真的方式来确认问题产生的原因。一般功能仿真的工具都支持综合后仿真。

7. 布局布线

布局布线是指使用工具把综合之后的逻辑连接关系(网表)映射到目标器件资源中，决定逻辑的最佳布局，选择逻辑与输入输出功能连接的布线通道进行连线，并产生相应 FPGA 配置文件。布局布线由于与器件结构关系密切，所以只有 FPGA 芯片厂商提供布局布线器。

8. 板级验证和调试

所谓板级验证和调试，就是直接将配置文件配置到 FPGA 当中，测试是否能够满足设计要求。一般来说，调试环节至关重要，复杂的设计第一次上板子是不会调试通过的。Xilinx 公司提供的 ChipScope 工具可以用软件的方式实现虚拟逻辑分析仪功能，分析 FPGA 内部寄存器的状态，在 FPGA 设计当中使用非常广泛。可以参考相关工具书籍学习 ChipScope 的使用。

1.6　FPGA 技术的未来发展

目前 FPGA 技术的应用正在向黄金时期迈进，将成为目前发展最为迅速、成长最快的新型技术。首先，FPGA 是一种在硅片或者平台架构上通过软件的编程来完成各种数字设计功能的设计技术，其灵活编程性能够大大缩短传统芯片的开发周期，越来越受到广大工程师的青睐；其次，随着半导体工艺的不断发展，FPGA 的规模越来越大，同时 FPGA 供应商不断致力于当前最先进的工艺来提高产品的性能，FPGA 的功耗越来越低，使得其在许多领域不断蚕食着 ASIC 的市场；第三，大规模的 FPGA 上支持嵌入式微处理器以及 DSP，同时越来越多的通用 IP(知识产权)或客户定制 IP 被引入到 FPGA 中，所以 FPGA 逐渐成为一种新的硬件系统解决方案。

为了应对市场的需求，并不断巩固 FPGA 技术的市场领先地位，未来 FPGA 技术的发展将从如下几个方面不断改进：

1. 低功耗设计

1) FPGA 低功耗设计的意义

相对于 ASIC 来说，FPGA 在功耗方面一直处于劣势。FPGA 低功耗的设计有如下几个重要的意义：

(1) 功耗直接与散热有关，低功耗降低了散热管理解决方案。在很多情况下，设计者将不再需要散热器，或者只需要更小、更便宜的散热器，可以降低产品的成本。

(2) 降低功耗可以降低系统电源的元件数，同时降低电源系统的成本。高性能的电源系统的成本通常为 0.5 美元每瓦到 1 美元每瓦。低功耗的 FPGA 直接降低了系统的整体成本。

(3) 低功耗意味着系统更低的器件工作温度。器件工作温度每降低 10℃，相当于元件寿命提高了两倍。因此对于提高系统的可靠性而言，控制功耗和温度十分重要。

(4) 降低功耗意味着 FPGA 在便携式产品中具有更高的竞争力。

2) Xilinx 公司的改进

Xilinx FPGA 一直以来坚持追求功耗的不断降低。主要从以下几个方面进行了改进：

(1) 对于 Virtex-5 来说，器件的架构创新进一步降低了每个设计的功耗，加上新型 6-LUT 和对角线对称的互连等架构上的革新，使实际核心动态功耗进一步降低了 50%或以上。

(2) Virtex-5 器件中包含有硬 IP 模块，这些专用模块的大量使用，减少了晶体管的数量和节点电容，从而使得整体功耗降低为通用 FPGA 的 1/10。

(3) 从工艺上进一步降低功耗，Virtex-4 器件的启动浪涌功耗降低了 94%；静态功耗降低了 78%。功耗的显著下降是由于采用了独特的节能配置电路和 90 nm 三栅极氧化层技术，减轻了系统电源和冷却系统的负担，从而改善了系统的长期可靠性并降低了系统总成本，使得设计人员在得益于功耗降低的同时，仍可实现业界最高水平的性能。Virtex-5 器件的平均节点电容比 Virtex-4 器件大约减小了 15%。加上电压降低带来的好处，至少相当于将 Virtex-5 器件的核心动态功耗降低了 35%～40%。此外，在 Xilinx 的每块芯片内，除通用逻辑单元外都包含一定数目的硬核单元，包括块 RAM、乘法器、DSP48 块、PowerPC 以及其他逻辑。这不仅意味着专门逻辑具有更高的性能，还意味着它们具有更低的密度，因而对于相同的操作可以消耗较少的功率。

2. 高速连接设计

现代数字处理技术和计算技术使得对复杂系统采集到的大容量数据进行实时处理成为可能。一个大型的数据采集系统，往往需要采集几十个甚至成百上千个参数的实时数据，对这样庞大数据的高速、实时传输是一个关键技术。传统的并行传输技术已接近理论上限，但仍不能满足需求，因此串行传输技术重新返回到高速传输领域，并引领新一代吉比特传输技术。高速数据传输对硬件要求很高(包括芯片接口和电路板走线)，相应的 ASIC 电路价格昂贵、种类稀少且不能满足用户多种多样的需求，因此，FPGA 成为高速数据连接领域最为合适的载体。

在传统设计中，单端互连方式易受干扰、噪声的影响，传输速率最高只能达到 200～250 Mb/s。在更高速率的接口设计中，多采用包含有源同步时钟的差分串行传输方式(如 LVDS、LVPECL 等)。但由于在传输过程中时钟与数据分别发送，传输过程中各信号瞬时抖动不一致，破坏了接收数据与时钟之间的定时关系，因而传输速率很难超越 1 Gb/s 每通道。一个新的技术应运而生：千兆位高速 I/O 接口技术，接收并行数据，在串行链路上进行大带宽传输。理论上，千兆位串行 I/O 接口的线速从 1 Gb/s 到 12 Gb/s，当一个 FPGA 具有 20 个或者更多的 10 Gb 串行收发器时，可以实现 200 Gb/s 的 I/O 接口品质。

在目前系统级互连速率已达到 Gb/s 的设计中，先进的高速串行技术迅速取代传统的并行技术，成为业界的主流。高速串行技术不仅能够带来更高的性能、更低的成本和更简化的设计，克服了并行的速度瓶颈，还节省了 I/O 资源，使印制板的布线更简单。因此，它被越来越广泛地应用于各种系统设计中，包括 PC、消费电子、海量存储器、服务器、通信网络、工业计算和控制、测试设备等。

3. 可重构计算技术

随着 20 世纪 80 年代中期 Xilinx 公司推出其第一款 FPGA 以来，另一种实现手段——可重构计算技术逐渐受到人们的重视，因为它能够提供硬件功能的效率和软件的可编程性。随着可编程器件容量根据摩尔定律的不断增大和自动设计技术的发展，可重构技术正迅速地成熟起来。

可重构处理技术是一种全新的信息处理方法，对提高电子信息系统的实时处理能力、自适应能力、可靠性以及降低硬件系统的规模和功耗具有重大的理论和实际意义。随着可重构计算技术逐渐成为研究热点，它也从一开始仅在军事、航天领域应用逐渐扩展到民用汽车电子领域的应用。汽车电子以其特殊性给了可重构计算技术更多的表现机会，因此，汽车电子很有可能成为可重构计算技术进入民用领域的突破口。

4. 嵌入式领域应用

随着计算与通信的融合以及广泛的多媒体处理需求，嵌入式系统得到了前所未有的蓬勃发展。嵌入式系统是以专用芯片为核心的专用系统，其特点是面向用户、面向应用、面向产品，软、硬件量体裁衣，满足行业应用个性化的要求，而这也是 FPGA 器件的特点。因此，基于 FPGA 的可配置嵌入式系统开发技术以及相应的片上可编程系统(SOPC)解决方案，不仅可融入微处理器技术、数字信号处理技术、可编程系统级芯片设计和软硬件协同设计技术，还能提供基于嵌入式智能平台的嵌入式系统的设计方法，降低设计难度，缩短研发周期，必将成为未来的主流趋势之一。目前 Xilinx 和 ARM 两家公司的进一步合作，奠定了 FPGA 在嵌入式领域合作的基础，不久的将来，FPGA 在嵌入式领域的合作必定成为嵌入式发展的趋势。

采用 65 nm 生产工艺之后，FPGA 器件的处理能力更强，且成本低、功耗少，已取代了相当数量的中小规模 ASIC 器件和处理器，具备开发片上系统(SOC)的规模和动态可编程的能力，在嵌入式应用领域凸现明显的优势。目前正在推出的 28 nm 产品使得 FPGA 的规模能够进一步扩大，而且性能更先进，所以替代嵌入式 ASIC 更成为一种趋势。

本章小结

本章主要介绍了 FPGA 开发的相关基础知识，包括 FPGA 的概念、基本结构和原理、开发流程以及应用领域和未来发展趋势，等等。通过本章的学习，读者应该掌握 FPGA 的“现场可编程”特性，理解半导体工艺的发展推动了可编程逻辑器件发展的客观规律；理解不同可编程器件的工艺优缺点，如基于反熔丝结构、基于 SRAM 结构和基于 FLASH 结构的不同结构器件的特性；通过对基于 SRAM 结构 FPGA 的基本组成原理和各组成部分的基本结构的理解，为以后利用 FPGA 进行设计时，提高设计效率打下坚实的基础；理解 FPGA 的设计流程，了解仿真、综合、实现、配置等概念，为后续使用 FPGA 开发奠定基础；熟悉 FPGA 的发展趋势，明确学习 FPGA 技术的目标。

思考与练习

(1) 简述 FPGA 的“现场可编程”特性。

(2) 对比基于不同工艺的 FPGA 的优缺点。

(3) 简述 FPGA 的原理、特点与应用。

(4) 描述完整的 FPGA 设计流程，指出每个步骤的作用。

(5) 简述 FPGA 未来的发展趋势。

第二章 ISE12.1 开发环境与 S3 开发板

ISE 集成开发环境是 Xilinx 公司开发的针对其所有可编程逻辑器件(CPLD/FPGA)进行 FPGA 开发的软件集成开发工具，其主要功能包括设计输入、综合、仿真、编程文件生成以及下载等，涵盖了整个 FPGA 开发的全部流程。随着 Xilinx 公司新型技术和器件的不断推出，ISE 软件版本一直在不断升级，新版的 ISE 软件不仅支持更多的 FPGA 器件，而且在综合、仿真、实现、优化等方面的性能都在不断提升。

ISE12.1 是 Xilinx 公司于 2010 年推出的新一代 FPGA/CPLD 集成开发环境。与其前代 ISE11.1 软件相比，新版本开发工具不仅依然延续了针对不同应用领域，包括逻辑设计、数字信号处理、嵌入式处理以及系统级设计，提供完全可互操作的专用设计流程和工具配置，而且在功耗、时序以及效率方面又有大幅度的提升，尤其是针对 Xilinx 最新器件具有更为优秀的优化功能，为面向多种市场和应用的基于 FPGA 的片上系统解决方案提供了更卓越、更智能的设计方案。

2.1 ISE12.1 软件综述

相对于前代 ISE 软件，新版本的 ISE12.1 开发工具在性能上的提升包括如下几个部分：采用创新的门控时钟技术，降低动态功耗高达 30%，此项功能仅适合于最新器件 Virtex-6 和 Spartan-6 系列器件；XST 综合的运行速度是原来的 1.6 倍，实现运行速度是原来的 1.3 倍，采用多线程技术，运行速度提高了 15%～20%；新版本对新一代的 Virtex-6 和 Spartan-6 器件有更好的支持，支持最新版的 MicroBlaze7.30a 嵌入式微处理器。

2.1.1 ISE12.1 套件分类

除了性能上的改进之外，ISE12.1 设计套件依然延续了在 ISE11.1 中提供的针对四个特定领域而优化配置版本的解决方案：逻辑版本(Logic Edition)、DSP 版本(DSP Edition)、嵌入式版本(Embedded Edition)和系统版本(System Edition)。 每一版本都提供了完整的 FPGA 设计流程，并且专门针对特定的用户群体(工程师)和特定领域的设计方法及设计环境要求进行了优化，从而使设计人员能够将更多精力集中于开发具有竞争力的差异化产品和应用。这 4 种版本的功能分别如下：

(1) ISE 设计套件逻辑版本针对采用赛灵思基础目标设计平台，主要关注逻辑和连接功能。

(2) ISE 设计套件 DSP 版本针对采用赛灵思 DSP 领域目标设计平台，主要面向算法、系统和硬件的设计人员而优化。

(3) ISE 设计套件嵌入式版本针对采用赛灵思嵌入式领域目标设计平台的嵌入式系统设计人员(硬件和软件设计师)而优化。

(4) ISE 设计套件系统版本针对采用赛灵思连接领域目标设计平台的系统设计人员而优化。

2.1.2　ISE12.1 功能介绍

ISE12.1 工具涵盖了整个 FPGA 开发流程，包括了设计输入、综合、仿真、实现以及下载各个步骤。采用 ISE 集成环境可以独立完成整个 Xilinx FPGA 的开发，而无须借助其他第三方开发工具。

(1) 设计输入：ISE12.1 提供的设计输入工具包括 HDL 代码的输入，原理图编辑工具，用于 IP Core 的 Core Generator，以及用于约束文件编辑的 Constraints Editor 等软件。

(2) 综合：ISE12.1 自带的综合工具为 XST，还可以与业界非常优秀的综合工具——Mentor Graphic 公司的 Leonardo Spectrum 和 Synplicity 公司的 Synplify 实现无缝链接。

(3) 仿真：ISE12.1 自带 ISim 仿真工具，同时提供使用 Mentor Graphic 公司的 ModelSim 各个版本的仿真接口。

(4) 实现：包括对综合文件的翻译、映射、布局布线等，还包括时序分析、增量设计、手动布局约束等高级功能。

(5) 下载：包括生成 bit 流文件，还包括一个专用的下载软件 IMPACT，可以进行设备通信和配置，并将程序烧写到 FPGA 芯片中去。

使用 ISE 进行 FPGA 设计的各个过程可能涉及的工具如表 2-1 所示。

表 2-1　ISE 设计工具表

设计输入	综合	仿真	实现	下载
HDL 文本编辑器 Core Generator Constraint Editor	XST FPGA Express(Synplify 和 LeonardoSpectrum)	ISim ModelSim	Translate MAP Place and Route Xpower	BitGen IMPACT

2.1.3　ISE12.1 用户界面和菜单操作

ISE 用户界面如图 2-1 所示。界面各分区及功能如下：

(1) 标题栏：主要显示当前工程的名称和当前打开的文件名称。

(2) 菜单栏：主要包括“文件(File)”、“编辑(Edit)”、“视图(View)”、“工程(Project)”、“源文件(Source)”、“操作(Porcess)”、“工具(Tools)”、“窗口(Window)”、“布局(Layout)”和“帮助(Help)”等 10 个下拉菜单。其使用方法和常用的 Windows 软件类似。

(3) 工具栏：为方便用户操作而提供的常用命令快捷键。随着版本升级，提供的快捷键越来越多。

(4) 设计管理区：提供工程以及相关文件的显示和管理功能，包括设计源文件视图和仿真源文件视图。源文件视图显示了源文件的层次和分类关系。

(5) 过程管理区：本窗口显示的内容取决于工程管理区中所选定的文件，相关的操作和 FPGA 设计的流程相关，不仅显示当前进行的步骤，而且还用动态图标的方式显示当前的操作。

图 2-1　ISE 用户界面

(6) 信息显示区：显示 ISE 中的处理信息，如操作步骤信息、告警信息和错误信息等，信息显示区的下面有控制台信息区(Console)和文件查找区(Find in Files Results)。如果编译过程出现错误，双击信息显示区的告警和错误标志，就能自动切换到源代码出错的地方。

2.2　S3 开发板简介

Digilent S3 开发板是基于 Spartan-3 系列 FPGA(XC3S200)所开发的一款 FPGA 入门级学习与验证板，包含丰富的外围接口，是初学者学习数字电路设计的良好平台。其外观图如图 2-2 所示。结构框图如图 2-3 所示。其主要器件以及包含的接口如下：

(1) Xilinx Spartan-3 SC3S200 FPGA 器件(XC3S200-FT256)；

(2) 2 Mb 的 Xilinx XCF02S 配置 PROM；

(3) 2 个 256K × 16 异步静态 SRAM(ISSI IS61LV25616AL-10T)；

(4) VGA 显示端口；

(5) RS232 串口；

(6) PS/2 鼠标键盘接口；

(7) 4 位 7 段数码管；

(8) 8 个拨码开关；

(9) 50 MHz 晶振的时钟输入；
(10) 3 个 40 脚的外扩插槽；
(11) JTAG 下载接口；
(12) 3.3 V、2.5 V、1.2 V 的稳压电源。

图 2-2　Spartan-3FPGA 开发板外观图

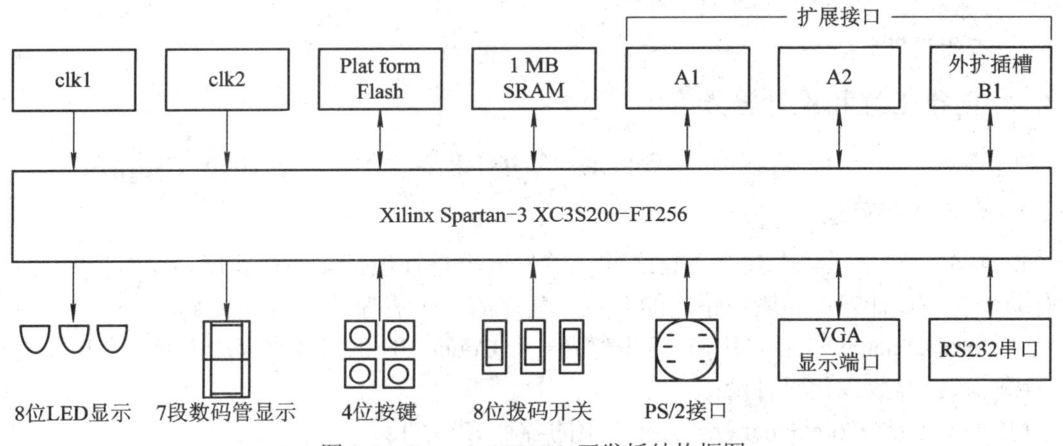

图 2-3　Spartan-3 FPGA 开发板结构框图

2.3　ISE 开发流程

ISE12.1 包含了一系列的开发工具。这些工具不在本书介绍范围，这里仅通过一个简单的实例，结合 1.5 节 FPGA 的开发流程来描述 FPGA 的整个开发流程，帮助读者理解 FPGA 的基本开发步骤。具体包含以下 5 步：

(1) 创建工程和设计输入；

(2) 创建 TestBech 并进行 RTL 仿真；

(3) 添加约束；

(4) 综合与实现；

(5) 生成配置文件并对 FPGA 进行配置。

【程序 2-1】 带使能控制的计数器。

```
module Count_EN
 #(
       parameter Width = 8,
       parameter U_DLY = 1
 )
 (
 input wire EN,
 input wire Clock,
 input wire reset,
 output reg [Width-1:0]    Out);
 always@(posedge Clock, negedge reset)
       if(!reset)
             Out <= 8'b0;
       else if (EN )
             Out <= #U_DLY Out +1;
endmodule
```

2.3.1 创建工程和设计输入

本阶段包含三个任务：创建工程目录、创建工程、添加或创建 HDL 文件输入。

1. 创建工程目录

规范的 FPGA 设计在建立工程之前，首先要求进行项目文件管理规划。清晰的文件目录有助于提高设计效率和避免错误的发生。建立的一个清晰的工程目录如下：

(1) project name：工程名称，在这里建立一个 Count_EN 的目录来存放工程所有相关文件；

(2) scr：存放源代码目录；

(3) coregen：CoreGenerator 工具产生的各种 IP 文件；

(4) sim：存放仿真相关文件，funcsim：目录存放与功能仿真相关文件，parsim：目录存放与时序仿真相关文件；

(5) doc：存放 FPGA 相关设计文档。

2. 创建工程

ISE 软件每次打开时，会默认列出最近几次打开的工程目录，方便用户直接双击打开。如果用户需要新建工程，那么按照下面的步骤来进行：选择“File | New Project”选项，在弹出的新建工程对话框中填写如下几项：“Project Name”中填写工程名称，“Browse”中指

定项目存放的路径，“Top-Level Source Type”选项中选择工程顶层源代码的类型。

关于输入文件类型有如下几个选项：

(1) HDL：表示工程顶层源代码为 vhdl 或者 Verilog 代码形式；

(2) Schematic：表示工程顶层源代码为原理图形式；

(3) EDIF：表示工程源代码是由 Symplify 综合工具综合之后的网表文件，后缀是 .edf 文件；

(4) NGC/NGO：表示工程源代码是 ISE 自带的 XST 综合工具产生的网表文件。

在本例中，将“Project Name”填写为“Count_EN”，“Top-Level Source Type”选择为 HDL 类型。

单击“Next”按钮，进入下一步，选择所使用的芯片类型以及综合和仿真的工具。如图 2-4 所示，“Product Category”选择“All”，列出所有 FPGA 器件，“Family”选项包含了所有的 Xilinx 公司的器件系列，“Device”选项包含了对应系列的所有型号的器件，“Package”选择封装，“Speed”选择速度等级，“Synthesis Tool”选择支持的综合工具，“Simulator”选择支持的仿真工具，“Preferred Language”选择语言：Verilog 或者 VHDL。在本例中，各选项按照如图 2-4 所示进行选择。

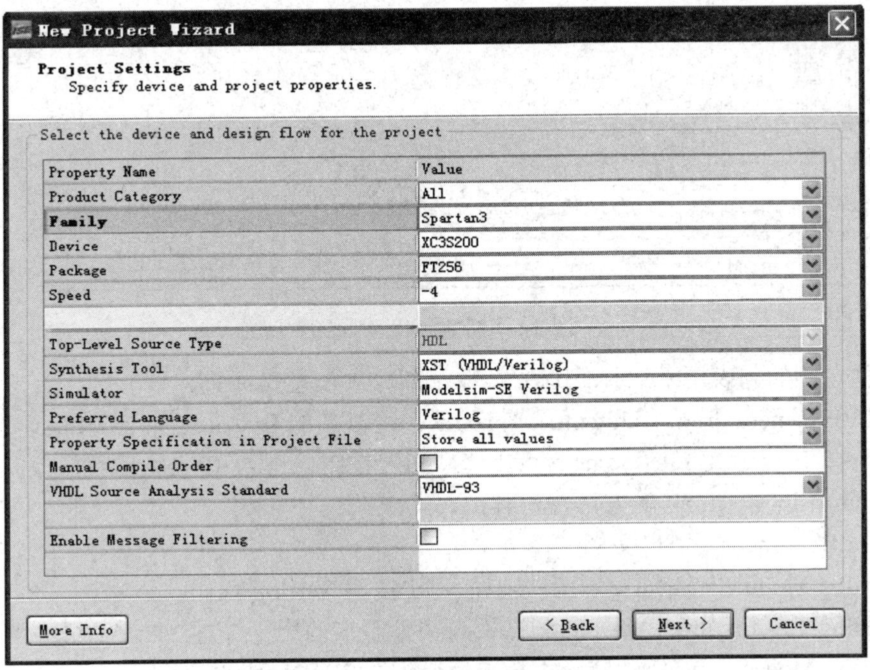

New Project Wizard

Project Settings
Specify device and project properties.

Select the device and design flow for the project

Property Name	Value
Product Category	All
Family	Spartan3
Device	XC3S200
Package	FT256
Speed	-4
Top-Level Source Type	HDL
Synthesis Tool	XST (VHDL/Verilog)
Simulator	Modelsim-SE Verilog
Preferred Language	Verilog
Property Specification in Project File	Store all values
Manual Compile Order	☐
VHDL Source Analysis Standard	VHDL-93
Enable Message Filtering	☐

More Info　　< Back　Next >　Cancel

图 2-4　新建工程器件配置图

再单击“Next”按钮，进入下一页，可以选择新建源代码文件，读者可以选择现在开始新建源代码，也可以直接跳过，等工程建立完毕之后再建立源代码。单击“Next”按钮，进入第四页，添加已有的代码；如果没有源代码，单击“Next”按钮，直接进入最后一页；点击“Finish”按钮，就建立好一个完整的工程。

3. 添加或创建 HDL 文件输入

在工程建立结束之后，就可以添加或创建 HDL 文件输入。如果已经设计好 HDL 文件，则直接添加到工程中来。下面首先介绍添加 HDL 文件的步骤。

在工程管理区单击右键，选择“Add Files”，然后弹出对话框，找到 HDL 文件保存的路径来添加所有文件。需要注意的是，如果要添加多个文件，可以按住“Ctrl”键，选择多个文件进行添加；添加完毕之后，点击“OK”按钮，所有文件将按照相关调用层次显示在工程管理区。

新建 HDL 文件的步骤相对来说复杂些。在工程管理区任一位置单击鼠标右键，在弹出的菜单中选择“New Source”命令，出现如图 2-5 所示的“New Source Wizard”对话框。

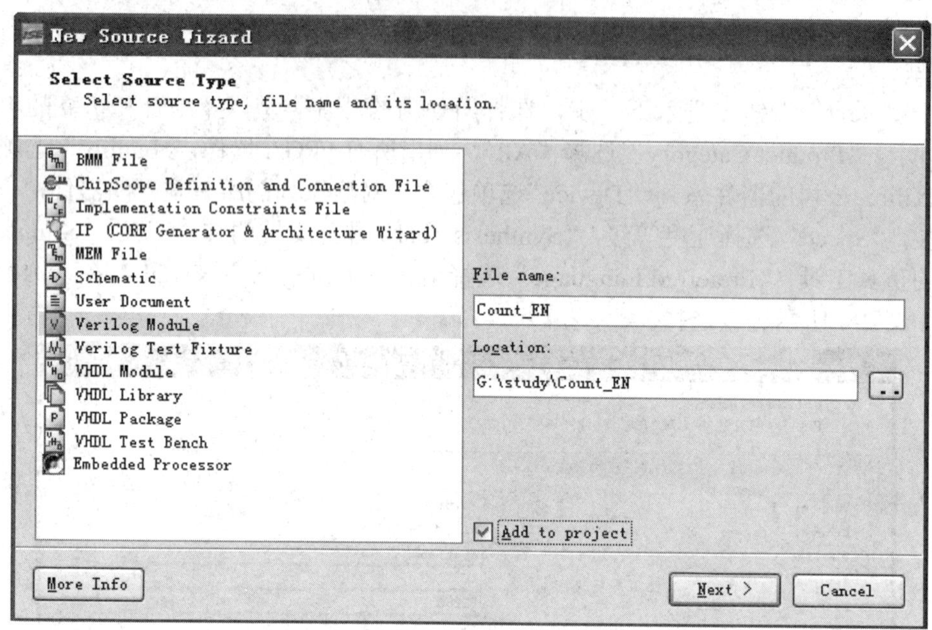

图 2-5　新建源代码向导图

对话框左侧的列表用于选择代码的类型，部分项的意义如下：

IP(CORE Generator & Architecture Wizard)：由 ISE 的 IP Core 生成工具快速生成可靠的源代码，选择 IP，定义 File name，点击“Next”按钮，进入 IP 定制界面。这与单独使用 Core Generator 工具产生 IP 的方法是一样的。

◆ User Document：用户文档类型。

◆ Verilog Module：Verilog 模块类型，用于编写 Verilog 代码。

◆ Verilog Test Fixture：Verilog 测试模块类型，专门用于编写 Verilog 测试代码。

◆ VHDL Module：VHDL 模块类型，用于编写 VHDL 代码。

◆ VHDL Library：VHDL 库类型，用于制作 VHDL 库。

◆ VHDL Package：VHDL 包类型，用于制作 VHDL 包。

◆ VHDL Test Bench：VHDL 测试模块类型，用于专门编写 VHDL 测试代码。

◆ Embedded Processor：嵌入式处理器。将调用 XPS 工具进入 MicoBlaze 处理器的硬件定制界面。

在本例中，在“Select Source Type”中选择“Verilog Module”选项，在“File name”文本框中输入“Count_EN ”，单击“Next”按钮，进入端口定义对话框，如图 2-6 所示。

其中，“Module name”输入“Count_EN”。下面的列表对应端口的定义：“Port Name”表示端口名称；“Direction”表示端口方向(可以选择 input、output、inout 三种类型)；如果为总线，则“Bus”选项打钩；“MSB”和“LSB”分别表示信号的最高位和最低位，单位信号的 MSB 和 LSB 不必填写。

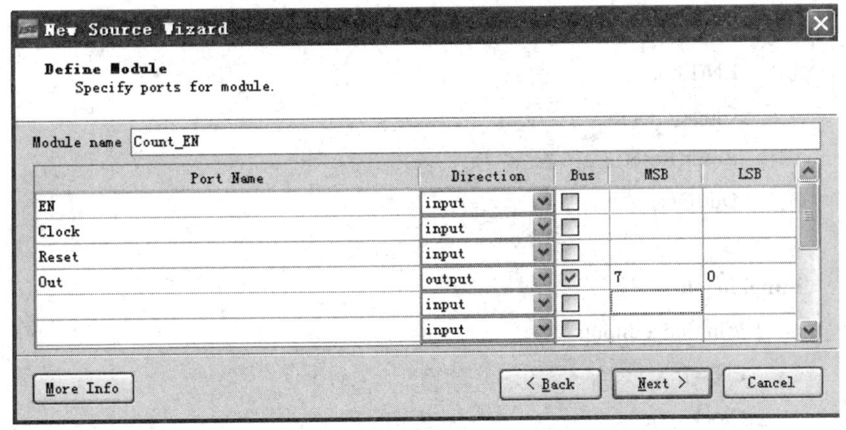

图 2-6　Verilog 模块端口定义对话框

定义了模块端口之后，单击“Next”按钮，进入下一步，单击“Finish”按钮，完成创建。ISE 自动创建一个 Verilog 模块例，在源代码编辑区内打开，标准的代码端口的注释都已经生成，剩下来的工作就是在模块中实现功能。ISE 独特的源码模块自动生成方式，极大地节省了开发者的时间。在源代码区只要填写如程序 2-1 所示的代码内容，就完成了源码输入的工作。

2.3.2　创建 TestBench 并进行 RTL 仿真

本阶段主要任务包括建立仿真 TestBench 和使用 ISim 进行仿真。

在 ISE 以前版本中都自带有仿真工具。在 ISE12.1 中，采用 ISim 工具进行功能和时序的仿真，与旧版本自带的仿真工具相比，性能上提高了很多；尤其是提供了增强的图形界面操作，增加了诸如灵活的图形缩放，支持虚拟总线，支持信号的复制，以及直接在界面上添加信号等功能，为用户的使用提供了很大的方便。

1．建立仿真 TestBench

建立基于程序 2-1 的 ISim 测试仿真平台。① 在工程管理区将“View”设置为“Simulation”；② 在工程管理区任意位置点击鼠标右键，并在弹出的菜单中选择“New Source”命令；③ 选中“Verilog Test Fixture”，输入文件名“Count_EN _tb”；④ 单击“Next”按钮，进入下一页，这时工程中显示的是所有 module 的名字，设计人员根据需要选择要进行测试的 module。在本例中只有一个 module——Count_EN，用鼠标选中，然后单击“Next”按钮，进入下一页，直接单击“Finish”，ISE 在源代码区显示测试模块的代码：

```
module Count_EN_tb;
    // Inputs
    reg EN;
    reg Clock;
    reg Reset;
```

```
    // Outputs
    wire [7:0] Out;

    // Instantiate the Unit Under Test (UUT)
    Count_EN uut (
        .EN(EN),
        .Clock(Clock),
        .Reset(Reset),
        .Out(Out)
    );
    initial begin
        // Initialize Inputs
        EN = 0;
        Clock = 0;
        Reset = 0;

        // Wait 100 ns for global reset to finish
        #100;

        // Add stimulus here
    end
endmodule
```

ISE 自动生成了测试文件的框架，包括所需要的信号、端口声明以及模块例化。设计人员需要做的工作，就是在“// Add stimulus here”后面补充添加测试向量生成代码。为了验证计数器是否工作正常，添加如下代码(关于 TestBench 的编写，将在后续章节详细介绍，现在只需要了解如何使用 ISim 进行仿真即可)：

```
Reset = 1;
EN = 1;
forever
    #10 Clock = !Clock;
```

此时添加代码完毕。

2．使用 ISim 进行仿真

选中过程管理区“Simulate Behavioral Model”选项，单击鼠标右键，选择菜单中的 Properties 选项，会弹出如图 2-7 所示的仿真设置属性对话框。

对话框中有如下两项需要注意：

(1)“Simulation Run Time”：用来设置仿真时间长短；

(2)“Waveform Database Filename”：设置波形文件存储路径及文件名。

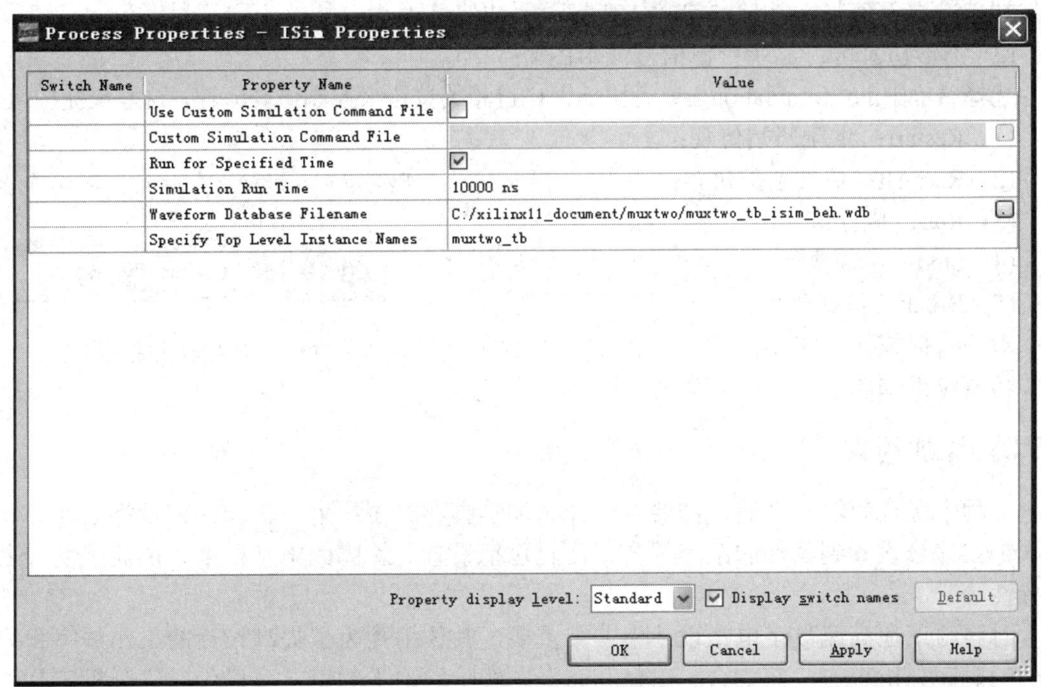

图 2-7　仿真设置属性对话框

仿真参数设置完之后，直接双击 ISim 中的“Simulate Behavioral Model”，ISE 自动启动 ISim 软件。ISim 软件界面如图 2-8 所示。

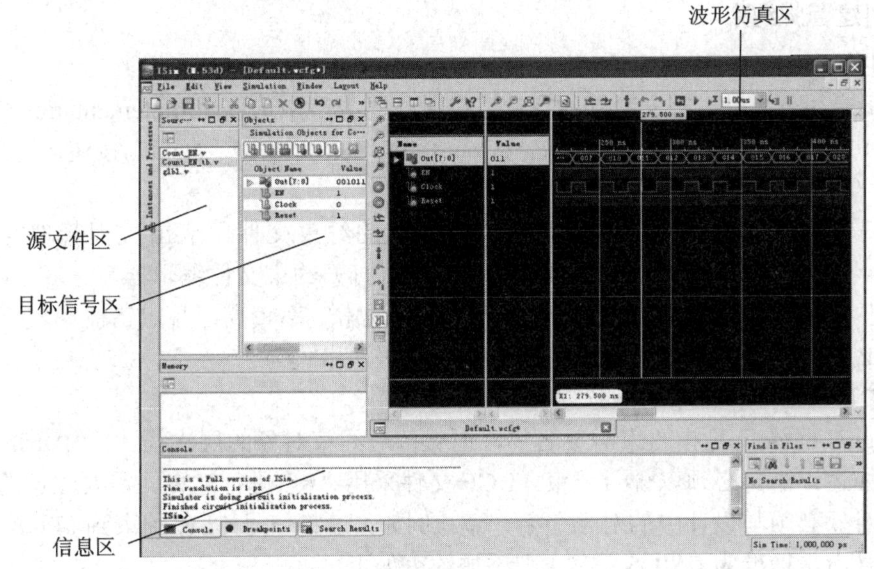

图 2-8　ISim 软件仿真界面

ISim 仿真工具主界面由三个部分组成：源文件区、目标信号区和波形仿真区。

(1) 源文件区：存放仿真源文件以及库文件。

(2) 目标信号区：显示工程信号名，方便用户选中并添加到波形仿真图上。在目标信号区，有快捷按钮，方便用户在本工程中提取需要观察的信号。快捷按钮包括输入输出端口、双向端口、内部信号、常量、参数、变量、缓冲信号等。

(3) 波形仿真区：显示目标信号波形图。

选择菜单中的“Simulation”或者快捷键栏目相关按钮来控制仿真流程，这些快捷按钮是：

(1) Restart：重新开始仿真；

(2) Run All：仿真全部执行；

(3) Run：执行仿真；

(4) Step：单步执行；

(5) Break：仿真停止。

对应快捷按钮如图 2-9 所示。

仿真结果如图 2-8 所示。

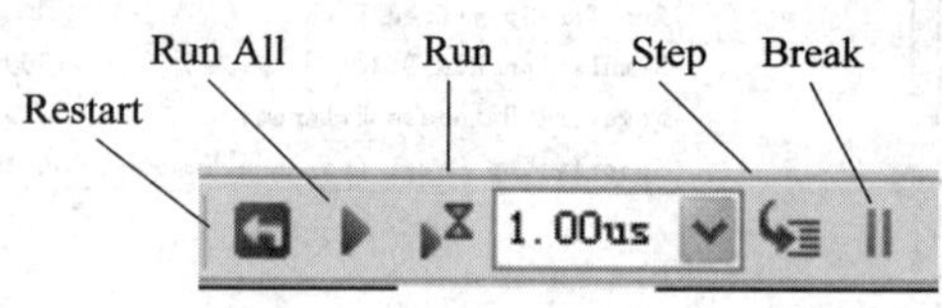

图 2-9　仿真流程控制快捷按钮

2.3.3　添加约束

工程中源代码输入之后，需要给设计添加管脚和时序约束。管脚约束是将设计文件的输入输出信号设置到器件的某个管脚，而且包括设置此管脚的电平标准、电流强度、上下拉特性等。

时序约束在高速数字电路设计中非常重要，其作用是为了提高设计的工作频率和获得正确的时序分析报告。在综合、映射和布局布线阶段附加约束，可以使时序分析工具以用户的时序约束为标准，尽量满足约束要求，同时产生实际时序和用户约束时序之间的差异，并形成报告。因此要求用户必须进行时序约束，而且越全面越好。在 ISE 中时序约束由专门的工具 Constraints Editor 来完成。

1. 创建管脚约束

下面以程序 2-1 为例创建约束。

(1) 新建约束文件。首先新建源代码，在源代码类型中选取“Implementation Constraints File”，在 File name 中输入约束文件名“Count_EN_ucf”，单击“Next”按钮，进入下一页；然后单击“Finish”，完成约束文件的创建。

(2) 编辑约束文件。在工程管理区选择建立的约束文件，双击过程管理区的“User Constraints”下的“Edit Constraints(Text)”，就可以打开约束文件编辑器。

(3) 建立管脚约束。由于手工编辑 UCF 文件通常效率较高，且出错概率较小，因此我们这里有必要介绍手工编辑管脚约束的语法。其语法格式为

```
{NET|INST|PIN}"signal name" Attribute;
```

其中，“signal name”是指约束对象名字，也支持对约束对象的层次描述；“Attribute”为约束的具体描述；语句必须以分号结束。UCF 文件采用“#”进行注释。需要注意的是，UCF 文件约束对象必须与设计中的对象名字一致。例如，若将信号 CLK 约束到 FPGA 的 P30 管脚上，信号电平标准为 CMOS3.3V，则添加约束如下：

```
NET "CLK" LOC = P30 |IOSTANDAND = LVCMOS33;
```

在 UCF 文件设计中支持通配符“*”和“？”，“*”可以代表任何字符串和空格，“？”则代表一个字符。在编辑约束文件时，通过通配符可以快速选择一组信号。例如，语句

```
NET "*DATA? " "FAST";
```

将选择包含“DATA”字符并以一个字符结尾的所有信号，并选择速率为“FAST”。对于 S3 开发板可以参考其硬件使用手册进行管脚约束。

2．建立时序约束

时序约束采用 Constraints Editor 比较方便。在工程管理区选择顶层模块，在过程管理区“User Constraints”下面双击“Creat Timing Constraints”，打开 Constraints Editor 界面。可以添加的约束包括“Timing Constraints”、“Group Constraints”和“Miscellaneous”三部分约束，根据需要添加时钟、输入输出端口等约束。完成之后，约束结果将自动添加到 .ucf 文件当中。在本例中，由于设计比较简单，所以约束输入时钟信号的频率就可以了，如图 2-10 所示。

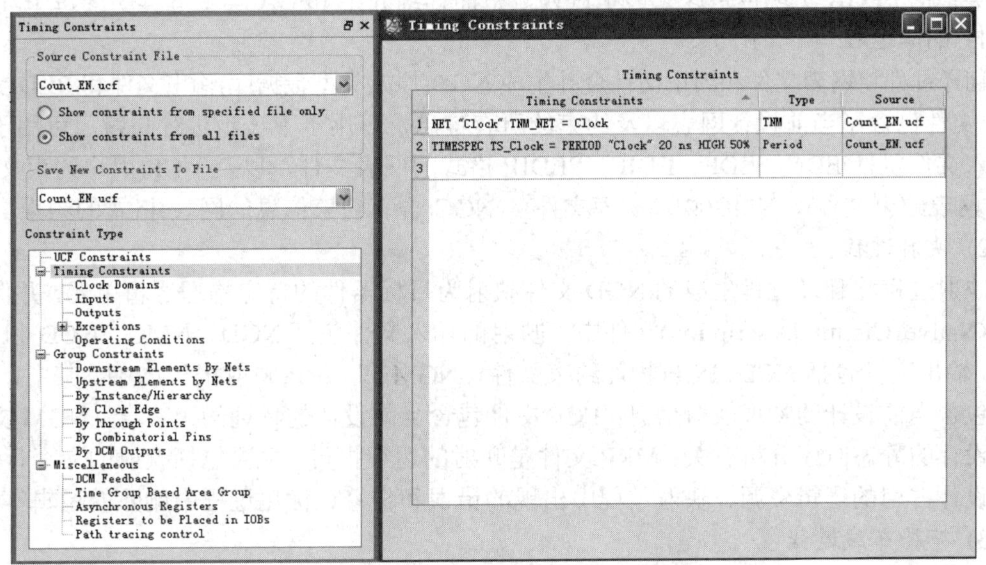

图 2-10　使用 Timing Constraints 添加时序约束

2.3.4　综合与实现

1．综合过程

综合就是针对输入设计以及约束条件，按照一定的优化算法进行优化处理，获得一个能满足预期功能的电路设计方案。在 FPGA 设计时，工程师设计的文件是用硬件描述语言或者原理图形式来表示电路功能的。综合工具将这些输入文件翻译成由 FPGA 内部逻辑资源(逻辑单元、RAM 存储单元、时钟单元等)按照某种连接方式组成的逻辑连接(网表)，并根据用户要求生成网表文件，这一过程称为综合过程。XST 为 Xilinx 自己的综合工具，对于 Xilinx 最新的芯片能够更好地支持，其最终生成的文件后缀名为 .ngc。

用宏观的事物理解，综合过程就相当于设计电路板时画电路原理图的过程。在设计电路板时，首先要画原理图。原理图其实就是由一系列符号组成的；可以随便画一个符号代表一个器件，但是也是有一些规则必须遵循，比如代表符号和真实器件之间的管脚对应关系要一致。

2．实现过程

实现(Implement)就是通过翻译、映射、布局布线等过程来完成设计的固化。实现过程首先将综合成的网表(Netlist)文件，通过翻译变成所选器件的内部资源和硬件单元，如可配置逻辑块(CLB)、数字时钟单元(DCM)、存储单元(RAM)等，这个步骤称为翻译过程(Translate)；然后找到对应的硬件关系，将设计与这些硬件资源关系一一对应起来，这又称为映射过程(Map)；最后进行布局布线(Place&Route)，这样设计基本上就可以完全固化到 FPGA 当中了。

实现过程如果用宏观的方式理解，就相当于完成原理图之后，开始调用器件库，如果没有原理图中的器件，那么就要找对应的器件，直到设计中所有的元件都能找到对应的器件(对应于翻译过程)，接下来将其对应关系完全确定(对应于映射过程)，最后进行布局布线，完成整块电路板的设计，提交厂家进行生产。

类似的 FPGA 实现也是这么一个过程，下面详细介绍 FPGA 实现过程中的每个环节。

1) 翻译过程

翻译过程将网表文件和约束文件合并生成 NGD(原始类型数据库)输出文件和 BLD 文件。NGD 文件包含了当前设计网表以及约束的所有信息，可用于下一步进行映射。可用于翻译的输入文件包括 EDN、EDF、EDIF、SEDIF 格式的网表文件，以及 UCF(用户约束文件)、NCF(网表约束文件)、NMC(物理宏库文件)、NGC(含有约束信息的网表)格式的约束文件。

2) 映射过程

映射过程将翻译过程生成的 NGD 文件映射为目标器件的特定物理逻辑单元，并保存在 NCD(Native Circuit Description)文件中。映射的输入文件包括 NGD、NMC、NCD 和 NGM 文件，输出文件包括 NCD、PCF(物理约束文件)、NGM 和 MRP(映射报告)文件。其中，NCD 文件包含当前设计的物理映射信息；PCF 文件包含当前设计的物理约束信息；NGM 文件与当前设计的静态时序分析有关；MRP 文件是映射的运行报告，主要包括映射的命令行参数、目标设计占用的逻辑资源、映射过程中出现的错误和告警、优化过程中删除的逻辑等内容。

3) 布局布线过程

布局布线过程通过读取当前设计的 NCD 文件，将映射后生成的物理逻辑单元在目标系统中放置和连线，并提取相应的时间参数。布局布线的输入文件包括 NCD 和 PCF 模板文件，输出文件包括 NCD、DLY(延时文件)、PAD 和 PAR 文件。在布局布线的输出文件中，NCD 包含当前设计的全部物理实现信息，DLY 文件包含当前设计的网络延时信息，PAD 文件包含当前设计的输入输出(I/O)管脚配置信息，PAR 文件主要包括布局布线的命令行参数、布局布线中出现的错误和告警、目标占用的资源、未布线网络、网络时序信息等内容。

3. 完成综合与实现

(1) 选择要综合的模块(设计的顶层模块)。

(2) 在过程管理区双击“Implement Design”，如图 2-11 所示，ISE 工具会首先进行综合，然后执行 Translate、Map 和 Place & Route。在 Synthesize-XST 前面有一个由两个圆形箭头组成的小圆圈开始转动；如果发生错误，则出现一个带叉的红色小圆圈；如果有警告，综合结束之后，小圆圈变黄色，并且上面带有一个叹号。综合的告警和错误都会显示在消息窗口。

2.3.5　生成配置文件并对 FPGA 进行配置

在实现完成之后，仅剩 FPGA 设计的最后一步——芯片编程。

(1) 生成编程文件，只需在过程管理区中双击“Generate Programming File”即可完成，完成之后，该选项前面会出现一个打钩的圆圈，如图 2-11 所示，然后在 ISE 工程目录下产生一个以 .bit 为后缀的位流文件。

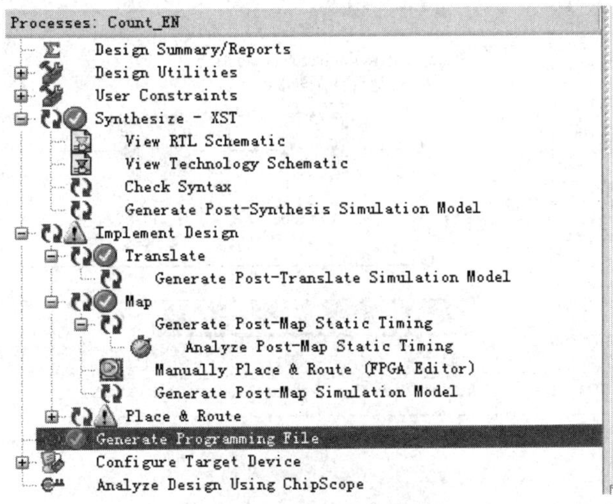

图 2-11　生成编程文件窗口

(2) 点击“Configure Target Device”，进行器件配置，出现如图 2-12 所示的主界面；在主界面中间区域点击鼠标右键，并选择“Initialize Chain”选项，初始化 JTAG 链，将会扫描在 JTAG 链上所有的可配置器件，如图 2-13 所示；如果正确，则右键单击所要配置的器件，选择“Programming”进行编程；如果需要配置别的编程文件，则右键单击所要配置的器件，选择“Assign New Configuration File”，然后再进行编程。配置成功之后，出现“Successfully”字样。

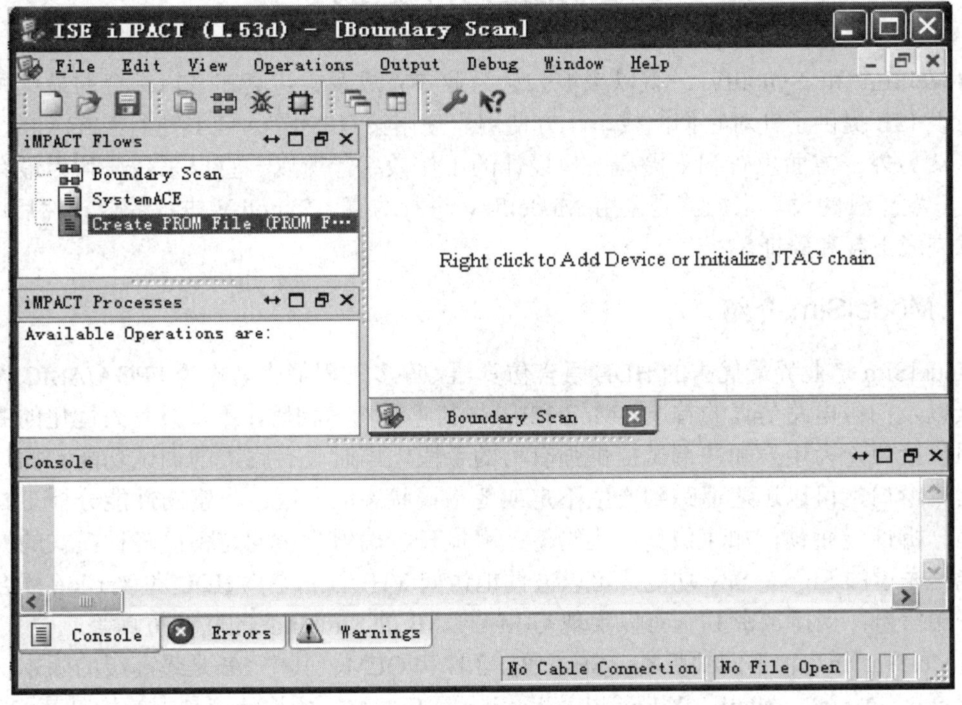

图 2-12　Configure Programming Device 界面

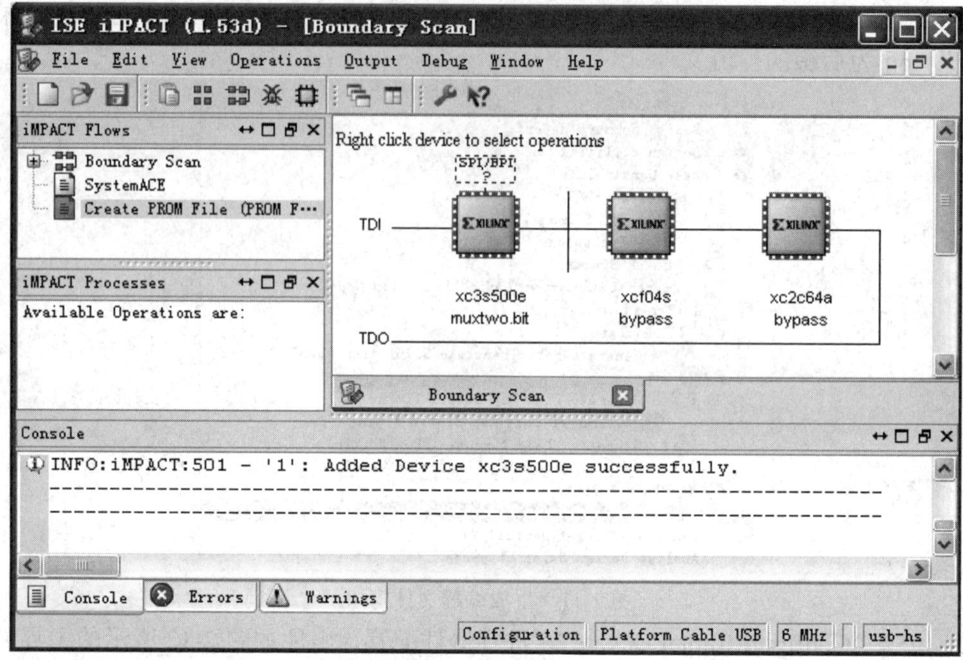

图 2-13　扫描 JTAG 链界面

ISE 的功能非常强大，读者可以参考 ISE 的在线帮助来进一步学习 ISE 的操作流程。点击 ISE 菜单“Help”→“Help Topics”，就可以阅读相关 ISE 的操作使用帮助。

2.4　第三方开发工具

ModelSim 和 Synplify 一直以来被公认为业界完成逻辑仿真和逻辑综合的最优秀的工具，所以 ISE 提供了针对它们的接口，方便用户使用第三方 EDA 工具进行 FPGA 的开发。这样，从另外一方面也有利于提高用户设计的工作效率，所以一直以来被公认为最有效的 FPGA 开发工具的设计搭配就是采用 ModelSim 进行仿真，Synplify 进行综合，然后用 ISE 实现并完成下载和验证。

2.4.1　ModelSim 介绍

ModelSim 是业界最优秀的 HDL 语言仿真器，许多工程师将其作为 FPGA/ASIC 设计的 RTL 级以及门级电路仿真的首选。ModelSim 与其它仿真器相比，不仅具有人性化的图形界面和用户接口，为用户加快调试提供强有力的手段，同时具有强大的调试功能，如：先进的数据流窗口，可以迅速追踪到产生不定或者错误状态的原因；丰富的性能分析工具，可以帮助分析性能瓶颈，加速仿真；代码覆盖率检查，确保测试的完备；多种模式的波形比较功能；先进的 Signal Spy 功能，可以方便地访问 VHDL 或者 VHDL 和 Verilog 混合设计中的底层信号；支持加密 IP；可以实现与 MATLAB 的 Simulink 的联合仿真等。

ModelSim 分几种不同的版本：SE、PE、LE 和 OEM，其中 SE 是最高级的版本，而集成在 Actel、Atmel、Altera、Xilinx 以及 Lattice 等 FPGA 厂商设计工具中的均是其 OEM 版

本。SE版和OEM版在功能和性能方面有较大差别，以Xilinx公司提供的OEM版本ModelSim XE为例，对于代码少于40 000行的设计，ModelSim SE 比 ModelSim XE 要快 10 倍；对于代码超过 40 000 行的设计，ModelSim SE 要比 ModelSim XE 快近 40 倍。另外，从仿真功能上，两个版本之间的差别也非常大，比如说，ModelSim SE 版本支持 SignalSpy，代码覆盖率检查、性能分析、数据流与 X 跟踪、波形比较、检查点复原、混合语言调试、Debug Detective 等特性，而这些 ModelSim XE 都不支持，但是 SE 版本不自带 Xilinx 器件库文件，需要编译器件库在 ModelSim 当中。鉴于两个版本在用法上相同，本节以 ModelSim SE6.5 版本为例来介绍。

2.4.2　在 ModelSim 中编译 Xilinx 的器件库

1．关联 ISE 和 ModelSim

需要将 ModelSim 和 ISE 软件关联之后才能在 ISE 中直接使用 ModelSim 进行仿真，避免了用户在 ISE 上开发完代码设计之后，另外建立工程进行 ModelSim 的仿真。关联步骤如下：

运行 ISE 软件，在主界面中选择“Edit | Preference”菜单项，在弹出的“Preference”对话框中选择“Integrated Tools”选项卡。该选项卡用于设定与 ISE 集成的软件的路径。第一项的“Model Tech Simulator”就用于设定 ModelSim 仿真软件的路径，指定“Model Tech Simulator”选项为 ModelSim 安装路径下 win32 目录下的“modelsim.exe”文件即可。假如 Modelsim6.5 安装在“E:\ModelSim6.5”，则 ModelSim 仿真软件的路径为“E:\ModelSim6.5\win32\modelsim.exe”，如图 2-14 所示。这样就设置好了 ISE 与 ModelSim 的关联。

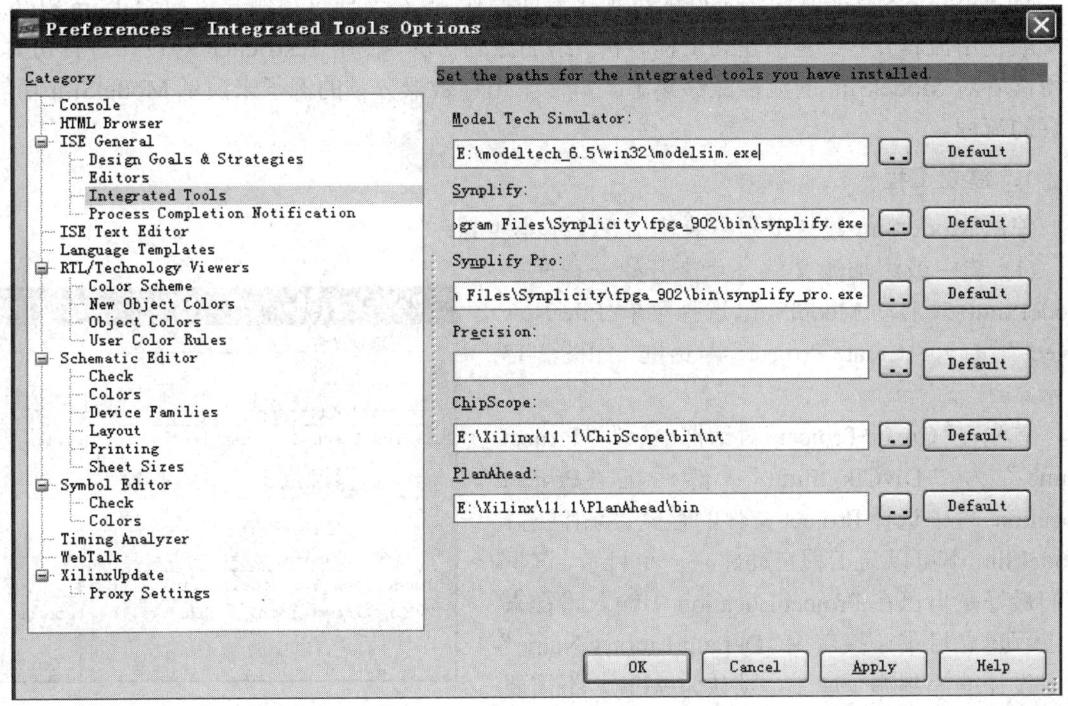

图 2-14　ModelSim 与 ISE 的关联设置

2. 在 ModelSim 中编译 Xilinx 的仿真库

ModelSim SE 版本身不带有任何 FPGA 厂家的仿真库，因此我们必须手动编译这些库。Xilinx 元件库的位置在 ISE 安装目录“\Xilinx\12.1\ISE\verilog\src\”的下面；有三个文件夹：simprims、unisims 和 XilinxCoreLib，里面有所有 Xilinx FPGA 的库。下面介绍一种比较常用的手动编译这些库到 ModelSim 中的方法。分为 5 步来完成：

(1) 将 ModelSim 根目录下的 modelsim.ini 的属性由只读改为可写；

(2) 在 ModelSim 安装目录下新建一个名为 library 的文件夹，用来保存安装的 Xilinx 库；

(3) 启动 ModelSim，选择“File” / “Charge Directory”，选择刚才建立的 library 文件夹路径；

(4) 选择“File” / “New” / “Library” 命令，弹出“Creat a New Library”，在“Library name”中输入“simprims_ver”，同时在“Library Physical Name”栏也自动输入“simprims_ver”，单击“OK”按钮；

(5) 在主窗口中选择“Compile” / “Compile” 命令，弹出“Compile Source Files”，在“Library”的下拉列表中选择“simprims_ver”；然后在【查找范围】中选中“\Xilinx\12.1\ISE\verilog \src\ simprims”下面的全部文件，单击 Compile 进行编译，这时需要花一些时间等待编译结束，之后就可在 ModelSim 库中看到 simprims 库。依同样的办法编译 unisims 和 XilinxCoreLib 库，完成之后，以后就可以在 ModelSim 中直接仿真 ISE 的工程。

2.4.3 ModelSim 功能仿真举例

ModelSim6.5 有非常简洁友好的可视化界面操作。本小节通过举例介绍 ModelSim SE 6.5 的一般使用流程，主要包括建立工程、手动添加激励仿真、使用 TestBench 对设计进行仿真，使得读者对 ModelSim 的流程能够熟悉。本例采用计数器分频的例子来演示 ModelSim 功能仿真的流程。

1. 建立工程

使用 ModelSim 建立工程主要包括 5 个基本步骤：

(1) 选中或添加源文件。点击开始→程序→ModelSim6.5，启动 ModelSim，选择菜单“File New Poject”，打开“Create Project”对话框，如图 2-15 所示。

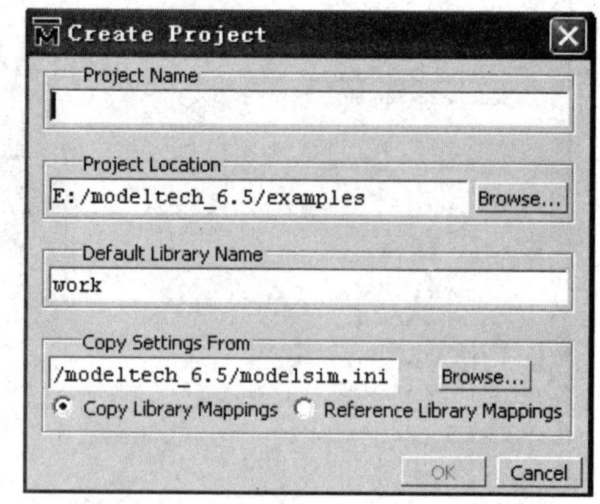

图 2-15　ModelSim 新建工程窗口

首先在“Create Project”对话框中填写“Project Name”为“DivClk_Simu”；然后在“Project Location”栏中选择 Project 文件的存储目录(注意：ModelSim 不可以为工程自动建立一个目录，这里我们最好是自己在 Project Location 中输入路径来为工程建立目录)；接着用“Default Library Name”指定设计编译到哪个库中，默认为 work，不需要修改，这样在编译设计文件之后，在 WorkSpace

窗口的 Library 中就会出现 work 库。点击“OK”按钮确认，在 ModelSim 软件主窗口的工作区中即增加了一个空的 Project 标签，同时弹出一个“Add items to the Project”对话框，如图 2-16 所示，可以选中新建源文件或者将已经设计好的源文件添加到当前工程中。

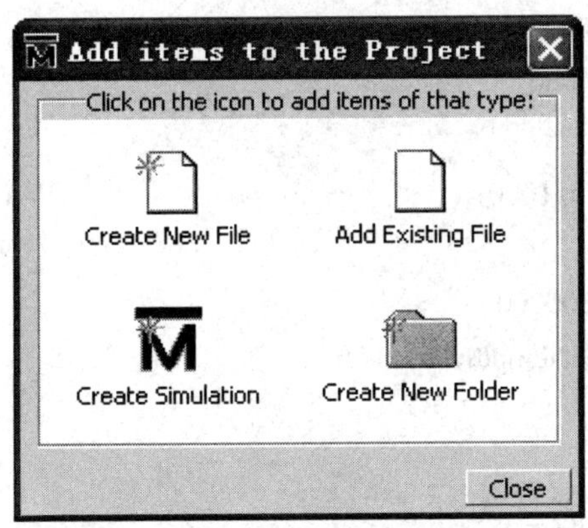

图 2-16　添加文件到工程向导示意图

(2) 添加包含设计单元的文件。在“Add items to the Project”对话框中利用“Add Existing File”或“Create New File”选项，可以在工程中加入已经存在的文件或建立新文件。点击“Create Simulation”可以为工程添加仿真。点击“Create New Folder”可以为工程添加新的目录。这里点击“Create New File”，弹出如图 2-17 所示的界面，在“File Name”中输入“Div_Clk_Simu”作为文件的名称，“Add file as type”为输入文件的类型，我们选择“Verilog”；“Folder”为新建的文件所在的路径，“Top Level”为在我们刚才所设定的工程路径下。点击“OK”按钮，并在“Add items to the project”窗口点击“Close”，关闭该窗口。

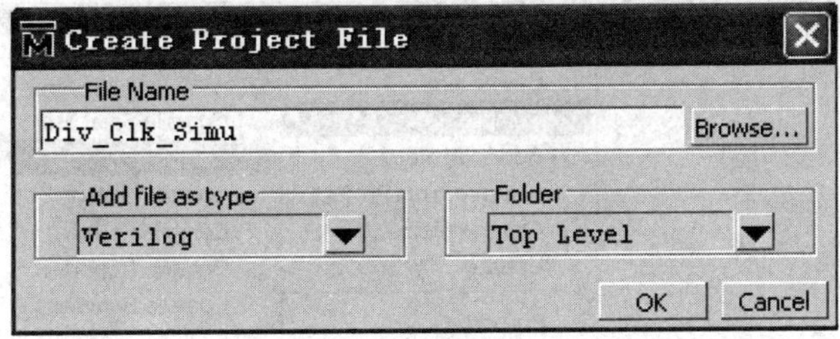

图 2-17　添加新文件

(3) 输入设计文件。在“WorkSpace”窗口中出现了“Project”选项卡，在其中有“DivClk_Simu.v”，其状态栏有一个问号，表示未编译；双击该文件，出现“DivClk_Simu.v”的编辑窗口，在其中我们输入设计文件如下：

```
module DivClk_Simu
(
  input   wire clk ,
  input   wire reset,
  output wire divclk
);
  reg [4:0]counter;
  reg    tempdivclk;
```

```
always@(posedge clk , negedge reset)
  if(!reset)
    begin
     counter <= 5'b00000;
     tempdivclk <= 1'b0;
    end
  else if (counter >=5'b11000)
    begin
      counter <= 5'b00000;
      tempdivclk <= !tempdivclk;
    end
   else
    counter <= counter + 1;
    assign divclk = tempdivclk;
endmodule
```

(4) 编译文件。点击“File”→“Save”，在弹出的“WorkSpace”窗口中的“DivClk_Simu”上点击右键，选择“Compile”→“Compile All”，如图 2-18 所示，如果编译成功，在信息窗口将出现一行绿色字符“Complie of DivClk_Simu.v was successful”，说明文件编译成功；如果编译有错误，会提示红色字符提示“Compile of DivClk_Simu.v failed with 1 error”，双击该提示行，将会弹出对话框，详细描述对应错误发生的位置，并提示用户修改错误。

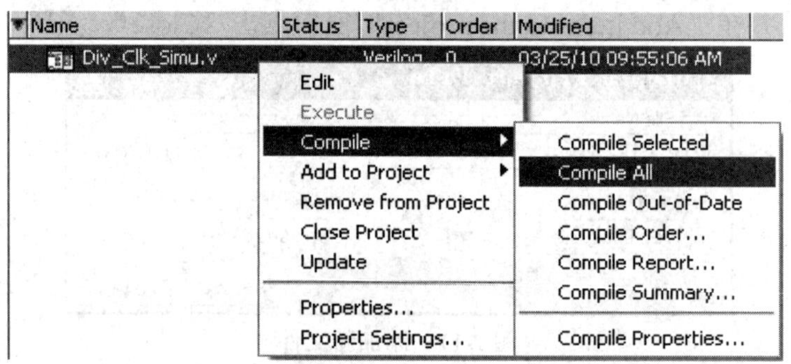

图 2-18　ModelSim 软件中的工程编译窗口

(5) 确认编译结果。文件编译完后，用鼠标点击“Library”标签栏；在标签栏中用鼠标点击 work 库前面的“+”，展开 work 库，就会看到编译了的设计文件。

2．仿真

1) *手动添加激励仿真*

(1) 形成仿真界面。点击“Simulate”→“Start Simulate”，出现如图 2-19 所示的界面，展开“Design”选项下的 work 库，并选中其中的“DicClk_Simu”，点击“OK”按钮，出现仿真界面。为了观察波形，选择“View<窗口名>”，调出“signal”、“list”和“wave”窗口。也可以通过在主窗口命令行操作区的 VSIM 提示符下输入命令“view signals list wave”(回车)来观察波形。

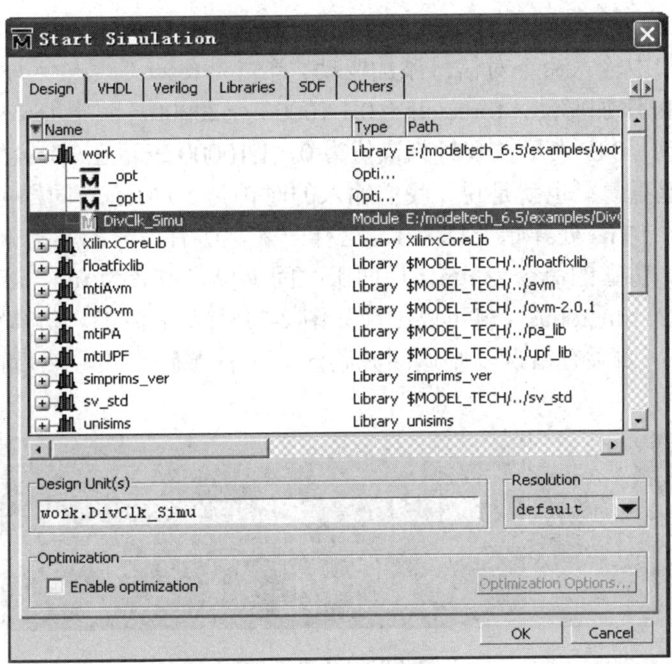

图 2-19　开始仿真界面

(2) 向“Wave”窗口添加信号。在“Objects”窗口中，选择需要添加在“Wave”窗口的信号，单击右键，在弹出的菜单中选择“Add”→“to Wave”选项中的“Selected Signals”，将设计中用到的所有信号都列在“Wave”窗口中，如图 2-20 所示。

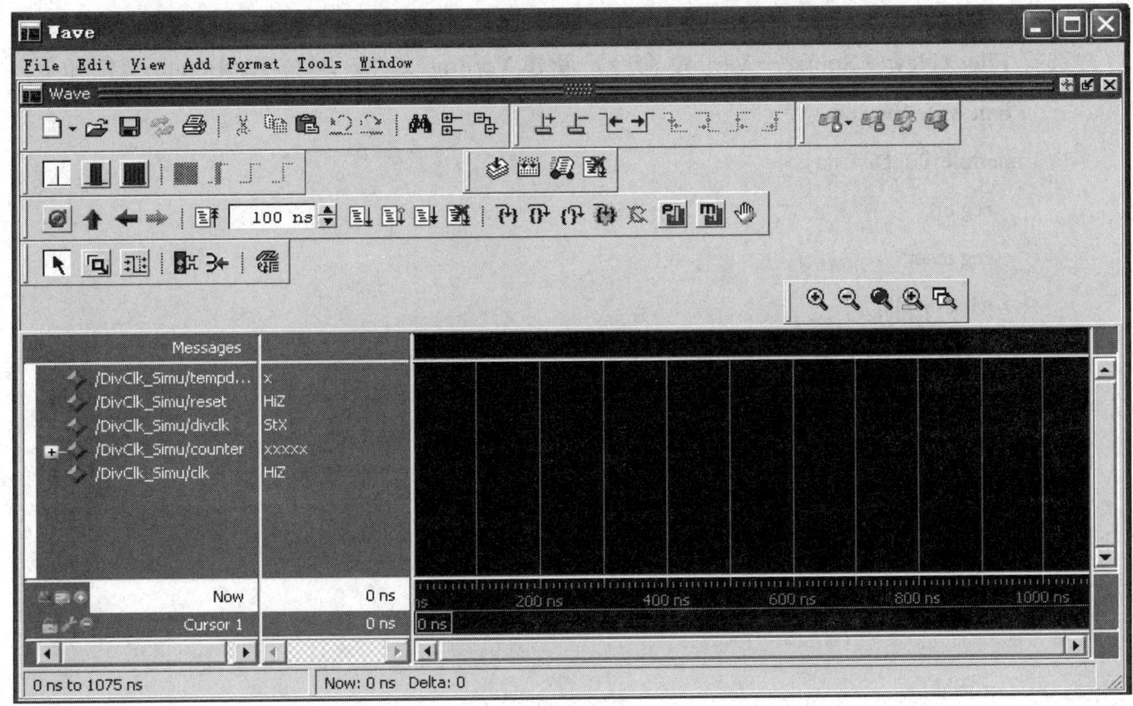

图 2-20　在 Wave 窗口中添加信号

(3) 手动添加激励。由于我们没有写“TestBench”文件对原设计加激励，所以需要手动添加激励。在主窗口中输入命令对信号添加驱动。首先为 reset 信号输入驱动：force reset 0 0, 1 10000，然后为 clk 添加驱动：force clk 0 0,1 10000 –r 20000。其中 force 为命令，clk 表示为 clk 信号添加驱动，0 0 表示在零时刻该值为 0，1 10000 表示在 10 ns 处值为 1，-r 20000 表示在 20 ns 处开始重复。也就是说，我们输入的时钟为 50 MHz。同样可以分析 reset 信号是在零时刻值为 0，10 ns 处开始一直为 1。这样一来，所有信号的驱动就添加完毕。

(4) 开始仿真。仿真的命令为 run，后面跟时间单位，或者为 run –all，表示一直仿真，直到仿真结束。输入 run 200us，就可以出现如图 2-21 所示的波形。仿真完成之后，确认无误，可以退出仿真；如果有错误，则返回源码区，进行源码修改，然后再重复以上步骤进行仿真。

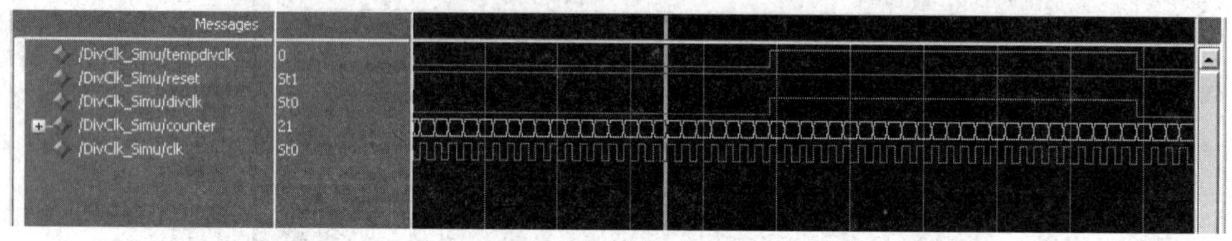

图 2-21　仿真结果

2) 使用 TestBench 对设计进行仿真

手动添加输入激励在设计比较简单的情况下比较方便，但是在很多情况下，尤其要考虑到验证情况比较复杂时，都需要编写 TestBench 为设计添加激励。比如，设计两个四位数相加的加法器，要考虑到所有可能的输入，手动添加就过于繁琐。下面我们为刚才的分频电路添加 TestBench。

选择 File→New→Sourse→Verilog 命令，新建 Verilog 文件，编写 TestBench 文件如下：

```
'timescale 1ns/1ps
module TB_DivClk();
  reg clk;
  reg reset;
  wire divclk;
    parameter ClkPeriod = 200;
    DivClk_Simu DivClk_Simu_0(
      .clk(clk),
          .reset(reset),
      .divclk(divclk)
      );

 initial
   begin
```

```
            reset = 0;
            #2000;
            reset = 1;
        end
    initial
        begin
            clk = 0;
            forever clk = #(ClkPeriod/2) ~clk;
        end
endmodule
```

保存文件名为“TB_DivClk.v”，在 Project 栏空白处点击右键，选择“Add to Project→Existing File”，把刚才保存的“TB_DivClk.v”文件添加到本工程。选择“TB_DivClk.v”和“DivClk.v”两个文件，点击“Compile”→“Compile All”进行编译。编译成功之后，就可以直接进行仿真了。仿真过程不再冗述，结果如图 2-22 所示。

仿真结束之后，选择“Simulate”→“End Simulate”，结束仿真。

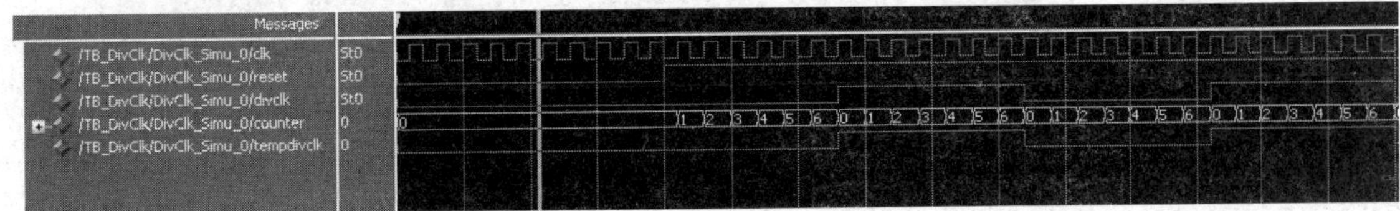

图 2-22　仿真结果波形图

2.4.4　Synplify Pro 介绍

Synplify 和 Synplify Pro 是 Synplicity 公司开发的专门针对 FPGA 和 CPLD 的逻辑综合工具，前者为简装版，后者包含了前者所有功能。我们主要以 Synplify Pro 来讲解。虽然 ISE 自带有综合工具，但是相比起来，Synplify Pro 软件具有更好的综合性能和更高的速度优势，无论在系统运行频率上，还是物理面积上，都更胜一筹。因此，Synplify Pro 软件成为 FPGA 开发工程师非常青睐的一款综合工具。Synplify Pro 工具支持大部分 FPGA 公司的产品，这些公司有 Xilinx、Altera、Actel、Lattice 公司等。

2.4.5　关联 ISE 和 Synplify Pro

ISE 和 Synplify Pro 的关联比较简单。和 ModelSim 的关联是一样的，同样需要将 SynplifyPro 软件和 ISE 软件关联后才可以直接在 ISE 中调用 Synplify Pro 进行综合。

运行 ISE 软件，在主界面中选择“Edit”→“Preference”菜单项，进行“Preference”设定，在弹出的“Preference”对话框中选择“ISE General”菜单下的“Integrated Tools”选项卡。该选项卡用于设定与 ISE 集成的软件的路径。右边第三项的“Synplify Pro”就用于设定 Synplify Pro 仿真软件的路径，如图 2-23 所示。

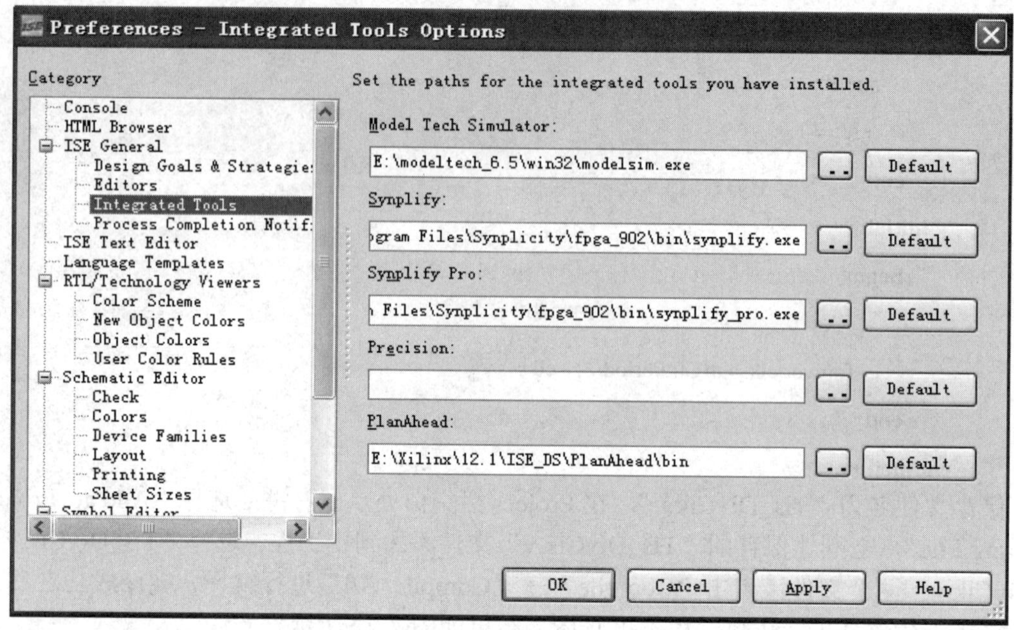

图 2-23　ISE 集成工具设定页面

点击 Synplify Pro 文本框后面的按钮 ..，选择 Synplify Pro 安装路径下 bin 文件下的“synplify_pro.exe”文件。

2.4.6　Synplify Pro 使用流程

在讲述 ISE 自带综合工具 XST 时，已经讲述过综合的概念。综合工具的主要任务是将 HDL 代码转化为目标 FPGA 器件对应的门级网表。其过程包括以下 3 个步骤：① 把 HDL 源代码编译成已知的结构元素；② 运用相关算法，对设计进行面积优化和时延优化；③ 将设计映射到指定厂家的目标器件上，并执行一些附加的优化措施，包括根据器件供应商提供的专用约束进行优化等。具体过程如图 2-24 所示。

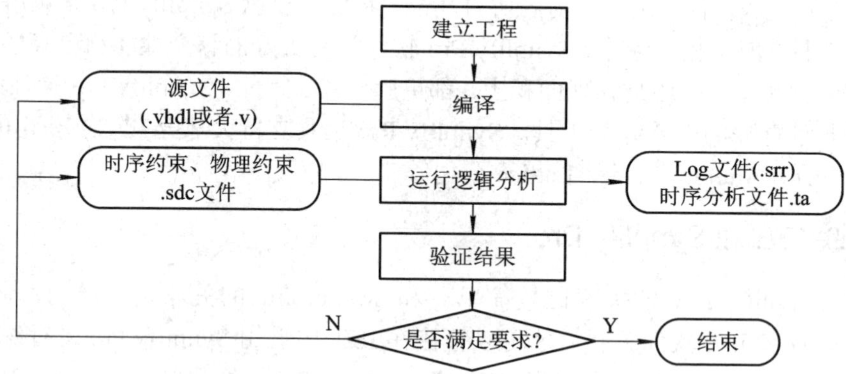

图 2-24　Synplify 综合流程

随着版本的不断升级，Synplify Pro 图形界面越来越人性化。下面按照图 2-25 中数字所标的次序，对其界面作简要介绍。

(1) 图中①表示 Synplify 的工程区，在这个窗口详细显示设计者创建工程所产生的各种结果文件。同时，如果综合完成后，每个源文件有多少错误或者警告都会在这个窗口显示出来。

(2) 图中②表示信息栏，在这个窗口中设计者可以通过 TCL 命令完成相应的功能，同时在信息栏中选择“Messege”还可以实时观察编译综合信息。

(3) 图中③表示观察窗口，在这里可以观察设计被综合后的一些特性，比如设计元件寄存器和查找表以及 I/O 所占用的资源等。

(4) 图中④是状态窗口，它表示现在 Synplify 所处的状态，平时为闲置状态，在综合过程中会显示编译状态、映射状态等，综合结束之后显示“Done”，以及产生的“warnings”和“notes”数量。

(5) 图中⑤所示的一些复选框，可以对将要综合的设计的一些特性进行设置。Synplify 可以根据这些设置对设计进行相应的优化工作。最上面是运行按钮，当一个工程加入之后，按这个“Run”按钮，Synplify 就会对工程进行综合。

(6) 图中⑥所示的是 Synplify 的工具栏。

Synplify Pro 使用流程如下：

1) 形成 Synplify Pro 界面

形成的 Synplify Pro 界面如图 2-25 所示(不含圈号数)。

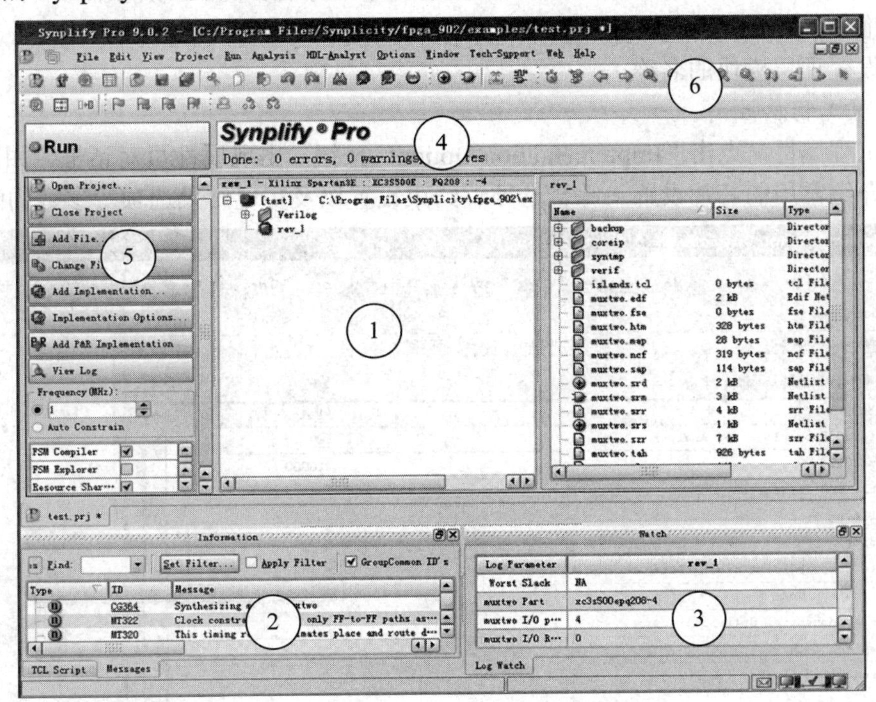

图 2-25　Synplify Pro 综合工具示意图

2) 建立工程和添加源文件

打开“Synplicity Pro”，启动“Synplify Pro”。缺省情况下，Synplify 将自动打开上次打开的工程。如果想新建一个工程，则可以选择“Close Project”，关闭当前工程；点击“File”→“New”，出现如图 2-26 所示的对话框，选择“Project File”，填写所要建立工程的名称以及工程文件存储路径，然后点击“OK”按钮。

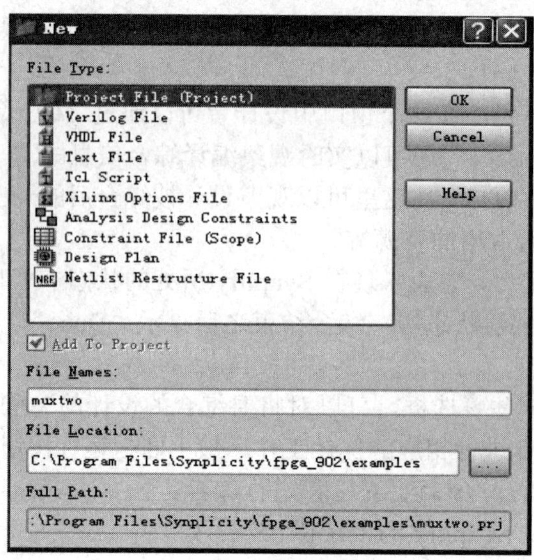

图 2-26　新建工程界面

新建工程之后，需要将源文件添加进来。点击“Add Files”按钮，添加源文件和约束文件。Synplify Pro 默认把最后编译的文件的模块名称作为顶层设计，所以需要把顶层设计文件用左键拖拉到源文件菜单的末尾处，或者点击“Implementation Options”按钮，在 Verilog 属性页中设置顶层模块的名称。

3) 设置工程属性

设置工程属性，点击“Implementation Option”按钮，出现属性页对话框，如图 2-27 所示。下面介绍常用的芯片设置、综合选项、约束设置以及实现结果选项等参数的配置。

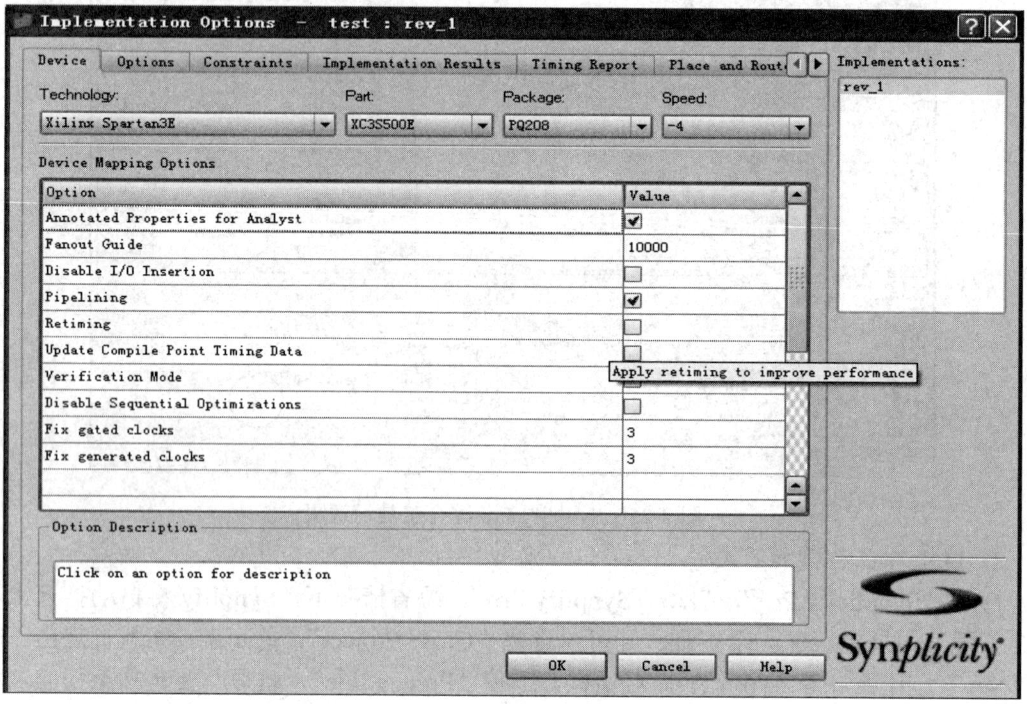

图 2-27　设置器件属性页

“FPGA 芯片信息”：打开“Device”属性页，分别设置器件厂家、器件型号、速度级别和封装信息。根据设计的速度和面积要求，可以设置最大扇出系数，缺省是 10000。根据该工程所属模块是否和片外有信号联系，选中或者不选中“Disable I/O Insertion”；如果选中该选项，则 Synplify Pro 禁止为输入输出信号加缓冲，缺省为不选。

“设置通用综合选项”：点击“Options”属性页，设置综合选项。对于综合来说，此项目设置尤为关键，详细解释如下：

(1) “FSM Compiler”选项：是专门支持有限状态机优化的内嵌工具。如果选上此项，会在综合过程中启动有限状态机编译器，对设计中的状态机进行优化。

(2) “Use FSM Explorer”选项：即可以在尝试不同的状态机优化方案之后选定最佳结果，然后用 FSM viewer 工具观察状态机的状态转移过程。

(3) “Resource Sharing”选项：启动资源共享。综合工具在综合过程中，会尽量将资源进行复用，这样一来能节约很多资源，因此在设计能够满足时钟频率要求的情况下，一般选中来节省资源。

(4) 选中“Pipelining”选项：启动流水线综合，将较大的组合逻辑用寄存器分割成若干较小的逻辑，减少从输入到输出的时延。对于 FPGA 来说，可以自动优化乘法器、ROM 等结构，提高系统的工作频率。

(5) “Retiming”选项：在不改变逻辑功能的前提下，自动用寄存器分割组合逻辑，在组合逻辑电路中插入适当的时延，提高系统工作频率，本质上属于寄存器的移动，使其更能够满足时序特性。选中 Retiming 就自动选中 Pipelining，因为要实现 Retiming，必须要支持 Pipelining。

“设置约束选项”：点击“Constraints”属性页，设置模块最高工作频率以及添加约束文件(.sdc)。过严或是过松的约束都达不到最佳的效果。一般可先尝试通用的约束，如时钟扇出限制等；如果没有达到要求，可加入一些严格的具体约束，同时注意放松一些可以放松的约束。需要注意的是，综合约束的结果只是估计值，应该以布局布线的结果为准。

“设置实现结果”：点击“Implementation Results”属性页，设置综合结果放置的目录、综合结果的文件名称。默认将“Write Vendor Constraint File”和“Write Verification Interface Format”选项选中。

“设置 Timing Report”：点击“Timing Report”属性页，设置“Number of Critical Paths”和“Number of Start/End Points”。

“设置 Verilog 选项”：设置“Top Level Module”为设计中顶层模块的名称。

4) 添加时序(约束)

定义时间约束是为了让综合结果满足预期的时序要求。时间约束通常分为两类：一是通用时间约束，用于目标结构的时序要求；二是黑盒时间约束，用于在设计中指定为黑盒的模块时间约束。在 Synplify Pro 中，可通过 SCOPE、约束文件以及综合属性和指示等 3 种方法添加时序。本节主要介绍利用约束文件添加约束的方法。

约束文件采用 Tcl 语言，以后缀名 *.sdc 保存，用来提供设计者定义的时序约束、综合属性以及 FPGA 生产商定义的属性等。约束文件既可以通过 SCOPE 创建编辑，也可以使用文本编辑器创建编辑，可被添加到工程窗口的代码菜单中，也可以被 TCL 脚本文件调用。

5) 运行综合以及结果查看

Synplify Pro 运行很简单，点击“Run”直接运行。首先进行“Compling”编译程序，然后进行“Map”，生成后缀名为 .edf 的文件，可以直接在 ISE 中实现。以 .srr 为后缀名的文件是运行期间产生的综合报告，可以帮助查看编译报告、映射报告、时钟约束时序匹配报告以及利用资源报告等。

本章小结

本章详细介绍了 Xilinx FPGA 开发常用工具，包括 ISE12.1 软件的主要特性、安装流程，以及使用 ISE12.1 的综合、实现和配置流程，详细介绍了综合、翻译、映射、布局布线各个过程参数的意义以及设置，帮助读者快速掌握 ISE 软件的使用。另外，介绍了 ModelSim 仿真软件和 Synplify Pro 综合软件的使用，并通过例程演示这两款软件的使用方法。限于篇幅，本章仅介绍每款软件的基本使用方法，更加高级的应用，希望读者在实践中进一步体会。

思考与练习

1．详细描述 Xilinx FPGA 的开发流程。
2．简述 ISE12.1 软件新特性。
3．在 ModelSim 中编译 Xilinx FPGA 库文件并例化 IP 进行仿真。
4．Synplify Pro 的开发流程是什么？

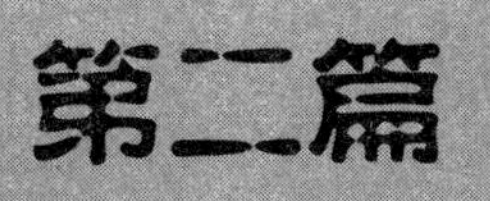

数字电路设计基础与 VerilogHDL 描述

第三章　VerilogHDL 语言基础

随着数字电路设计的规模越来越大，传统的原理图输入方式的方法已经不能满足人们的设计需要，因此硬件描述语言(HDL)的设计方法越来越成为数字设计的主流。而初学者往往会将 HDL 语言描述的方法和别的计算机软件编程语言(比如 C 和 JAVA 等)混为一体，而忽略了 VerilogHDL 硬件描述语言的本质。其实在 Verilog 语言的描述过程中，除了与常用计算机软件编程语言相似的逻辑编程方法之外，还需要理解其本身的“硬件”特性，也就是要求设计者能够具备将复杂的数字电路简单化的能力。Verilog 语言的描述重点依然在于所描述的数字电路本身。

为了贯彻数字电路硬件描述的思想，并使得读者能够按照由浅入深、循序渐进的理解思路学习 Verilog 语言的硬件描述，本部分内容首先讲述了 VerilogHDL 语言的基础，然后通过大量门级基本数字电路描述例程理解 Verilog 语言的基本结构，使得大部分读者能够将以前“数字电路设计”课程学习的数字电路模型迅速转换成其 HDL 语言描述，从而理解基本的 VerilogHDL 语言的结构和描述方法。

3.1　基本知识介绍

VerilogHDL 语言是一种硬件描述语言，最初是在 1984 年由 Gateway Design Automation(GDA)公司开发 Verilog-XL 仿真器时一起开发出来的。在一个非赢利性组织 Open Verilog International(OVI)的不断推进下，1995 年 IEEE 制定了 VerilogHDL 的标准，即

IEEE-1364 标准定义，也就是我们通常见到的 Verilog-1995。后来随着人们对这个流行语言的进一步完善，Verilog 语言的功能得到了进一步增强，就有了 VerilogHDL-2001 标准，在本书中我们使用的是 Verilog-2001 标准。

Verilog 语言可以用来描述复杂的大型数字系统的各个层次的设计，所以功能上是非常强大的。而作为本书讲述 Verilog 语言的目的在于讲述如何用它来进行硬件电路的设计，而不是对 Verilog 语言本身的研究，所以不会像别的教程一样覆盖 Verilog 的方方面面，而只是通过最简捷的方式引导读者迅速掌握设计的精髓。在实际工程应用中，我们需要掌握 Verilog 语言的精华部分就足已了，也就是通常我们所说的，语言仅仅是一种描述方式，和开发工具没有两样，而重要的是数字电路的设计思想和设计方法。

Verilog 语法和 C 语言非常相似，这样一来对我们有好处也有坏处，好处在于我们有了 C 语言的基础，上手起来非常容易，所以很容易掌握它的语法，而坏处在于我们可万万不能用 C 语言的设计思路进行 Verilog 语言的设计，因为 Verilog 语言是一种硬件描述语言，其最大的特点在于硬件电路的并行执行特性，不像 C 语言是面向过程来执行的，所以这中间有一些细微的差别，往往会导致初学者在设计时达不到自己想要的结果。我们要带着设计硬件电路的初衷来学习 Verilog 的描述方法。在本书中，将语言描述和实际电路紧密结合，自始至终都贯穿着代码设计结构清晰、可综合性强、良好的编码风格等原则，这样更有利于读者更快地掌握这门语言的精髓而少走弯路。

学习一门语言最快速的方法就是立即使用它进行编程。我们首先用一个最简单的比较器来描述 Verilog 程序的框架，在描述中仅仅使用逻辑操作符来描述门级的组合逻辑。这样也有利于读者对 VerilogHDL 硬件描述功能的深刻理解。本章我们采用门级电路做入门描述，目标在于理解 VerilogHDL 语言描述的结构和方法。在第四章中我们还将详细介绍 Verilog 的相关细节，包括运算操作符、结构组成以及寄存器级的组合逻辑描述等。

3.2 模块结构和编程框架

3.2.1 模块的结构

我们以 1 位比较器为例。比较器包含两个输入：分别为 i0 和 i1，输出为 eq；当 i0 和 i1 相等时，eq 输出为 1，否则，eq 输出为 0。真值表如表 3-1 所示。

表 3-1 1 位比较器真值表

Input		Output
i0	i1	eq
0	0	1
0	1	0
1	0	0
1	1	1

如果用基本逻辑门电路(非门、与门、或门、异或等)来完成此电路功能，采用数字电路

常用的描述方法来描述如下：

$$eq = i0 \cdot i1 + i0' \cdot i1'$$

大家若有数字电路和 C 语言的基础，则理解程序 3-1 所示这段代码不会有什么问题。我们通过这段简单代码的学习，掌握 VerilogHDL 的语言描述结构。

【程序 3-1】　1 位比较器的 Verilog 语言描述。

```
module eq1
    // I/O 端口
    (
     input wire i0, i1,
     output wire eq
    );
    //信号声明
    wire p0, p1;
    //主体部分
    //将两项结果相或
    assign eq = p0 | p1;
    //赋值 p0 和 p1;
    assign p0 = ~i0 & ~i1;
    assign p1 = i0 & i1;
endmodule
```

学习和理解硬件描述语言最好的办法就是要思考所描述的电路具体是什么样的构造，比如当前这段代码，我们可以从三个方面进行考虑：

(1) I/O 端口部分描述了电路的输入输出端口，输入端口包括 i0 和 i1，输出端口为 eq。

(2) 信号声明部分描述电路的内部连接信号，它们是 p0 和 p1。

(3) 主体部分描述了内部电路的组织结构，代码中有三个阻塞赋值语句，每一句可以理解为一个简单功能的描述，所以一般的模块结构可以简单总结如下：

```
module<模块名>(<端口列表>)
    <信号声明>
    <主体描述>
endmodule
```

在第四章中我们将详细介绍这些语句的语法和含义。

如果用图示的方式来描述 1 位比较器电路，则如图 3-1 所示。

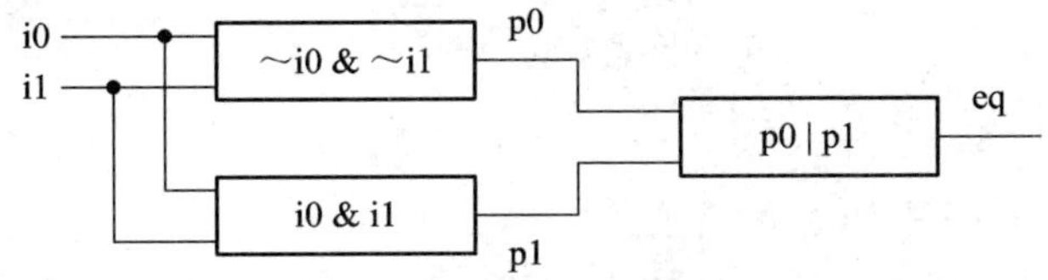

图 3-1　1 位比较器模块框图

三个模块分别描述三部分功能，它们之间通过 p0 和 p1 信号连接起来，i0、i1 和 eq 为输入输出端口。

3.2.2 编程框架

Verilog 语言是一种硬件描述语言，所以它和其他的描述一样，理解起来都不困难。但是在读 Verilog 代码时，必须要用硬件思维方式，才能更准确地理解 Verilog 语言的含义。因为 Verilog 语言描述的是一种“硬件组织结构”而不是我们所理解的纯粹意义上的“数学逻辑”。

在本书，我们所有的 Verilog 代码都遵循如下的编程结构，包括三个部分：端口声明、信号定义和程序实体。

1．端口声明

在例 3-1 程序中，模块的端口声明如下：

```
module  eql
(
    input   wire   i0, il,
    output wire   eq
);
```

I/O 端口声明包括如下三个部分：端口方向、数据类型、模块端口名称。简单模块如下：

```
module  [模块名称]
(
    [mode]  [数据类型]  [端口名称 1]  ,
    [mode]  [数据类型]  [端口名称 2]  ,
      …
    [mode]  [数据类型]  [端口名称 n]
);
```

其中，[mode]包括 input、output、inout，它们分别代表输入、输出、双向端口。注意列举最后一个端口的声明后面不用逗号。另外，如果数据类型为 wire 型，则可以省略。

如果是使用 Verilog-1995 标准的端口声明，则端口名称，端口类型以及端口数据类型都分开声明。比如在程序 3-1 中，我们声明如下：

```
module  eql  (i0, il, eq);  //列举端口信号
input   i0, il;             //声明输入类型
output  eq;                 //声明输出类型
wire    i0, il;             //声明数据类型
wire    eq;                 //声明数据类型
```

2．程序实体

Verilog 语言的执行过程和 C 语言的不一样，在 C 语言中，语句是顺序执行的，而可综合 Verilog 语言可以被理解为电路元件的搭建和组装，所有的模块是并向执行的。

每个模块的描述方法一般来说有如下 3 种：

(1) 持续赋值语句；

(2) always 块语句；

(3) module 语句。

第一种描述方法是用持续赋值语句。这种方法一般用在描述简单的组合逻辑电路，其描述格式如下：

```
assign [信号名] = [表达式];
```

每个持续赋值语句都是一个完整电路模块，左边信号为输出，右边表达式运算值为输入。需要注意的是，“=”为赋值符号。我们可以用下面的例子来描述这种功能：

```
assign eq = p0 & pl;
```

描述了一个“与”操作，当 p0 或者 p1 值发生改变时，此赋值语句就被立即激活并执行，eq 立即被赋予新值，仅仅只有电信号的传播延迟。

程序 3-1 中有三条持续赋值语句。描述的电路结构如图 3-1 所示，由于持续赋值语句描述的是电路的结构关系，所以与描述语句的顺序是没有关系的。

第二种描述方法是用 always 模块描述。在 always 模块里面描述的语句是顺序执行的，可以用来描述复杂的电路结构。在后面章节将做详细介绍。

第三种描述方式是用 module 模块例化，模块例化是指在当前模块中调用别的模块，形成模块调用的层次结构。这种描述方式在复杂数字系统中使用非常广泛，在后面章节将作详细阐述。

3. 信号声明

信号声明的对象包括在模块当中需要的内部信号和参数，内部信号可以理解为内部电路模块之间的互联线，如图 3-1 所示的几个小模块之间的互连线 p0 和 p1。信号声明的格式如下：

```
[数据类型] [信号名称];
```

程序 3-1 中的信号声明为

```
wire p0, pl;
```

这里需要注意的是，还有一种隐含信号。在 Verilog 中，并不是所有的信号都必须要声明了才能使用，有的信号声明是可以被忽略的，这就属于隐含信号。隐含信号默认的数据类型是 wire 型。可以将程序 3-1 中的代码修改成隐含信号描述方式来加深对隐含信号概念的理解，如程序 3-2 所示。

【程序 3-2】 带隐含声明的比较器声明。

```
module eql_implicit
    (
        input  i0, il,              //没有数据类型声明
        output eq
    );
    // 此处没有内部数据声明
    assign p0 = -i0 & -il;          //隐含声明
    assign pl =  i0 & il;           //隐含声明
    assign eq = p0 | pl;            //两个信号的或运算
endmodule
```

虽然隐含声明显得代码更加简洁，但是可读性不好。所以在非常直观的情况下建议使用隐含声明，而在程序较为复杂的情况下，为了避免错误，尽量进行声明。这样一来，程序读起来更加清晰。

我们将程序 3-1 描述的比较器扩展成 2 bit 输入，假设输入为 a、b，输出为 eq_ab，当 a、b 信号相等时，eq_ab 信号赋值，代码如程序 3-3 所示。

【程序 3-3】　扩展程序 3-1 描述的比较器为 2 bit 输入。

```
module eq2_top
  (
    input wire[1:0] a, b,
    output wire eq_ab
  );
    wire p0, p1, p2, p3;                                  //内部信号声明
    assign eq_ab = p0 | p1 | p2 | p3;                     //各个模块进行或操作
    assign p0 = (~a[1] & ~b[1]) & (~a[0] & ~b[0]);        //模块 p0 描述
    assign p1 = (~a[1] & ~b[1]) & (a[0] & b[0]);          //模块 p1 描述
    assign p2 = (a[1] & b[1]) & (~a[0] & ~b[0]);          //模块 p2 描述
    assign p3 = (a[1] & b[1]) & (a[0] & b[0]);      //模块 p3 描述
endmodule
```

仔细分析上面代码，可以发现，其实它与 1 位比较器有相似之处。信号 a、b 都声明为 2 bit 信号，信号 p0、p1、p2、p3 代表四个模块的输出，信号 eq_ab 为四个模块输出值的或运算值。如此描述相当繁琐，是不是可以利用程序 3-1 所描述的一位比较器来完成这个复杂的比较器呢？读完本章大家就明白了。

3.3　数据类型和基本元素

3.3.1　基本概念

1. 标识符

标识符是描述对象唯一的名字，如程序 3-1 中的 p0、p1、i0、i1 等。标识符只能由大小写英文字母、下划线(_)、美元符号($)以及阿拉伯数字组成。标识符的第一个字符必须是大小写英文字母或者下划线，而不能是数字，$通常在系统任务或者系统函数中用。

每个对象的标识符尽量选择可以描述其功能的名字，比如，men_addr_en，我们一眼就可看出是描述存储地址的使能信号。

Verilog 语言对大小写敏感，所以 Data_bus 和 data_bus 是代表不同的对象。为了避免冲突，一般情况下不允许通过大小写来区分两个标识符。

2. 关键字

关键字是 Verilog 语言已经定义过的一系列保留字，关键字不可用在标识符，在开发中

也建议将不确定是否关键字的标识符首字母大写，因为所有的关键字都是小写的。在本书中，所有的关键字都用黑体表示，如程序 3-1 中的 module 和 wire。

3．空格

空格包括 Space、Tab、换行键，用来将标识符分开。经常在 Verilog 代码中用来调整代码格式，使得代码可读性好。

4．注释

Verilog 的注释方式和 C 语言是一样的。有两种注释方式，一种是单行注释，在所注释的语句之前加“//”；另外一种注释方式是针对段落注释，将所注释的文字放在“/*和*/”之间。

3.3.2　基本数据类型值

大多数数据类型包括四种基本值：

0：代表逻辑 0，或者错误；

1：代表逻辑 1，或者正确；

Z：代表高阻状态；

X：代表不确定值，用作信号状态时表示未知，当用作条件判断时(在 casez 或者 casez 中)表示不关心。

Z 值指的是三态缓冲器的输出，X 通常用在仿真模块中，代表一个不是 0、1 和 Z 的值，比如没有初始化的输入输出端口。在 Verilog 语言中，所有数据都是由以上四种基本逻辑值“0”、“1”、“X”、“Z”构成的，同时，“X”和“Z”是不区分大小写的。

3.3.3　数据类型

Verilog 语言中主要有 19 种数据类型，常用的数据类型有如下四种：wire、reg、memory 和 parameter。

1．wire 型

描述硬件组件之间的物理连线，经常用在持续赋值语句的输出和模块之间的连接信号，比如说定义 1 bit 的信号：

```
wire  p0，p1；  //两个 1 bit 信号
```

如果描述的是总线型的信号，则可以用一维数组来表示，例如：

```
wire  [7:0]   datal,  data2;      //8 bit 数据
wire  [31:0]  addr;               //32 bit 地址
wire  [0:7]   revers-data;               //增长式索引也是允许的
```

索引可以是递增式，也可以是递减式，前者表示方法对应于二进制中的大端表示。

2．reg 型

描述 reg 型数据常用来表示 always 模块内的信号。

reg 型信号的定义格式如下：

```
reg[n-1:0] 数据名 1，数据名 2，…，数据名 N;
```

例如：

```
reg [9:0] a,b,c;              //a,b,c 都是位宽为 10 的寄存器
```

reg 型数据的默认值是未知的，reg 型数据可以为正值或负值，但是当 reg 型数据是一个表达式中的操作数时，它的值被当作无符号值，即正值。如果一个 4 位的 reg 型数据被写入−1，在表达式运算时，其值被认为是+15。

reg 型和 wire 型的区别在于，reg 型保持最后一次的赋值，而 wire 型需要持续的驱动。

3. memory 型

memory 型表示方法是通过二维数组方式来表示的，其定义格式如下：

```
reg [n-1,0]  存储器名[m-1,0];
```

其中，reg[n-1,0]定义了存储器中每一个存储单元的大小，即该寄存器单元是一个 n 位位宽的寄存器；存储器后面的[m-1,0]定义了存储器的大小，即该存储器中有多少个这样的寄存器单元。

例如，一个 32×4 的 memory，也就是说有 32 个存储单元，每个存储单元位宽是 4 bit，那么可以表示为

```
wire [3:0]  men1[31:0];          //32×4 memory
```

注意，对存储器进行地址索引的表达式必须是常数表达式。

尽管 memory 型和 reg 型数据的定义比较接近，但二者有很大的区别，例如一个由 n 个 1 位寄存器构成的存储器是不同于一个 n 位寄存器的。

```
reg[n-1,0] rega;               //一个 n 位的寄存器
reg mema[n-1,0];               //一个由 n 个 1 位寄存器构成的存储器组
```

一个 n 位的寄存器可以在一条赋值语句中直接赋值，但是存储器则不行。例如：

```
rega = 0;                      //合法赋值
mema = 0;                      //非法赋值
```

如果要多个 memory 进行赋值，则必须要指定地址。例如：

```
mema[0] = 1;
reg [3:0] xrom [4:1];
xrom[1] = 4'h0;
xrom[2] = 4'h1;
```

4. parameter 型

parameter 用来定义常量。常用 parameter 来定义一个标识符表示一个常数。采用该类型可以提高程序的可读性和可维护性。

parameter 型信号的定义格式如下：

```
parameter 参数名 1 = 数据名 1;
```

例如：

```
parameter s1 = 1;
parameter [3:0] state0 = 4'h0,
                state1 = 4'h1,
                state2 = 4'h2,
                state3 = 4'h3;
```

3.3.4　常量

verilog 语言中常量分为 3 类：整数型、实数型以及字符串型。下划线可以随意在整数和实数中使用，不会影响数值，只是用来提高代码的可读性。

1．整数

整数描述的通用格式如下：

[数据位宽] ' [进制表示] [值]

[进制表示] 有四种：

(1) b 或者 B，表示二进制；

(2) o 或者 O，表示八进制；

(3) h 或者 H，表示十六进制；

(4) d 或者 D，表示十进制；

[数据位宽] 表示数值的位宽值，如果没有数据位宽，则表示数据位宽未知。

例如：

6'b001001　6 位二进制数；

5'o7　5 位八进制数；

9'd6　9 位十进制数；

8'hz　8 位十六进制数。

2．实数

实数可以用下面两种形式定义；

1) 十进制计数法

例如：

2.0

16.369

2) 科学计数法

例如：

234-12e2　值为 23412

5e-4　值为 0.00005

根据 Verilog 语言的定义，实数通过四舍五入隐式地转换为最相近的整数。

3．字符串

字符串是双引号内的字符序列，字符串不能分出多行书写，例如：

"counter"

用 8 位 ASCII 值表示的字符可以看做是无符号整数，因此字符串是 8 位 ASCII 值的序列。为存储字符串"counter"，变量需要 8 × 7 位。

```
reg[1:8*7] Char;
Char = "Conter";
```

3.4 结构化描述

在数字系统中，一个复杂的系统往往是由好多个子系统组成的。我们在设计复杂系统时，尽量会调用已经验证过的子系统来进行设计，而不是每次都要重新设计子模块。Verilog 语言为我们提供了模块例化来实现这个工作，我们称这种使用了例化模块电路的描述语句为结构描述。

现在重新来考虑 2 位比较器，使用 1 位比较器模块将它实现。结合图 3-2，我们可以设想：用两个 1 位比较器分别检查 2 位比较器的输入信号 a 和 b 的 bit0 位和 bit1 位是否相等，然后再进行与操作，结果赋值给 eq_ab。这样我们调用了前面设计的 1 位比较器模块，对应的代码如程序 3-4 所示。

【程序 3-4】 使用 1 位比较器模块来实现 2 位比较器。

```
module eq2
   (
    input wire[1:0] a, b,
    output wire eq_ab
   );
    wire e0, e1;                                        //内部信号声明
   // 主体部分
   eq1 eq_bit0_unit (.i0(a[0]), .i1(b[0]), .eq(e0));    //例化 1 位比较器
   eq1 eq_bit1_unit (.eq(e1), .i0(a[1]), .i1(b[1]));    //例化 1 位比较器
   assign eq_ab = e0 & e1; //若 a[0]和 b[0]相等，a[1]和//b[1]相等，则 a 和 b 信号相等
endmodule
```

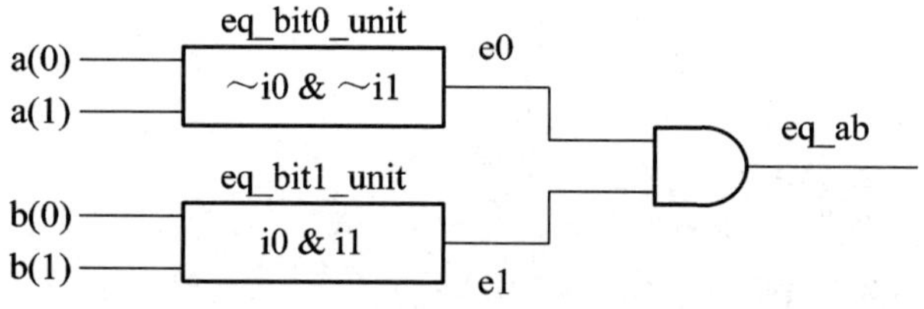

图 3-2　两个 1 位比较器组成的两位比较器框图

程序 3-4 中，包含了两个模块例化。模块例化的格式如下：

```
[被例化模块名称] [例化名称]
(
   • [端口名称] ( [型号名称] ) ,
   • [端口名称] ( [型号名称] ) ,
   …
);
```

第一部分是模块例化。其中，[被例化模块名称]指的是将在被系统中调用的那个模块，通常这个模块是在另外一个 .v 文件中；【例化名称】指的是在本系统中为模块起一个代号名

称。第二部分是端口映射关系，表示了被例化模块端口与本系统中的信号之间的连线关系，端口声明只表示连接关系，所以与它们的描述顺序没有关系。

例如在程序 3-4 中，第一个例化语句是：

```
eq1 eq_bit0_unit (.i0(a[0]), .i1(b[0]), .eq(e0));
```

而且 eq1 是在程序 3-1 中是模块名称，端口映射关系如图 3-2 所示。因此，对于本系统来说，被例化模块是一个“黑盒子”，其实际的功能是在另外一个 module 文件中定义的。

1. 关于按顺序例化

如果在描述第二部分的端口连接时，也可以按照子模块模块声明顺序来连接，则子模块的端口名称就可以省略掉，仅仅需要按照与子模块对应连接关系声明的信号顺序列举出来就可以了。程序 3-4 就可以被重新写为

```
eq1 eq_bit0_unit (.(a[0]), .(b[0]), .(e0));
eq1 eq_bit1_unit (.(a[1]), .(b[1]) ,.(e1));
```

这时 a[0]和 b[0]之间的先后顺序是不可以更改的。我们发现，代码结构精简了很多，可是在读代码时还是不够清晰直观，尤其在模块调用很多时，出了问题很难查错。所以还是不建议大家采用这种方法进行模块例化。

2. 关于 Verilog 原语

在 Verilog 当中，允许预先定义原语，然后在模块中进行例化调用。这些原语往往描述为一个简单的门电路模块，比如 and、or 或者 not、and4 等，比如说 eq1 可以声明为一个原语，如图 3-3 所示，相对应的 RTL 程序如程序 3-5 所示。

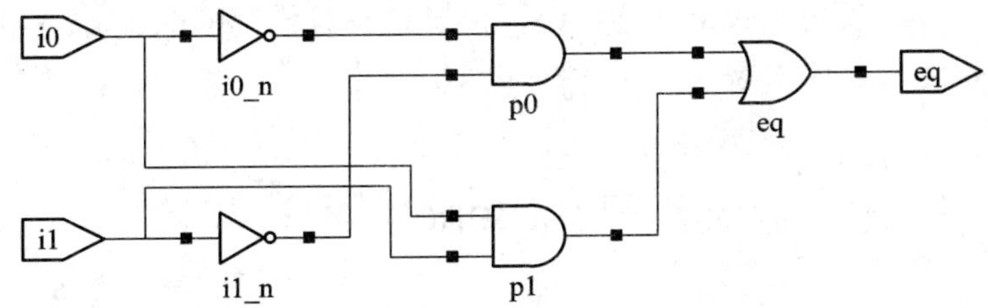

图 3-3　1 位比较器的底层结构图

【程序 3-5】　使用预定义方式描述 1 位比较器。

```
module eq1_primitive
  (
   input   wire   i0, i1,
   output   wire   eq
  );
   wire i0_n, i1_n, p0, p1;           //内部信号声明

  //原语门例化
  not unit1 (i0_n, i0);              //i0_n = ~i0;
  not unit2 (i1_n, i1);              //i1_n = ~i1;
```

```
        and unit3 (p0, i0_n, i1_n);        //p0 = i0_n & i1_n;
        and unit4 (p1, i0, i1);            //p1 = i0 & i1;
        or unit5 (eq, p0, p1);             //eq = p0 | p1;
    endmodule
```

这样的代码有些冗长，完全可以用简单的逻辑来代替，所以一般不采用这种方式来描述。

除了预定义原语之外，我们还可以自定义原语，称为(user-define primiteves UDPs)，比如说，可以用原语方式定义 1 位比较器电路。如程序 3-6 所示。

【程序 3-6】 自定义方式定义 1 位比较器电路。

```
primitive eq1_udp(eq, i0, i1);
   output   eq;
   input   i0, i1;
  table
     // i0 i1 : eq
     0   0   : 1;
     0   1   : 0;
     1   0   : 0;
     1   1   : 1;
  endtable
endprimitive
```

自定义原语可以用表的方式来描述电路，但是通常我们都能够用 case 语句来描述。第四章我们会详细描述，建议大家采用后者的方法来描述。

3.5 TestBench 简介

第一章中我们讲了 FPGA 的开发流程，当代码开发结束时，可以在计算机里面将代码进行仿真，仿真结果正确再进行物理综合。仿真往往需要在一定的环境中进行，所以需要编写一个特殊的叫 TestBench 的程序模拟一个测试平台，来验证设计的电路。比如说，2 位比较器的 TestBench 如图 3-4 所示，其中设计(eq2)模块为被测试模块单元，测试向量产生模块产生测试输入参数，监视器模块检查输出结果，一个简单的 2 位比较器测试 TestBench 如程序 3-7 所示。

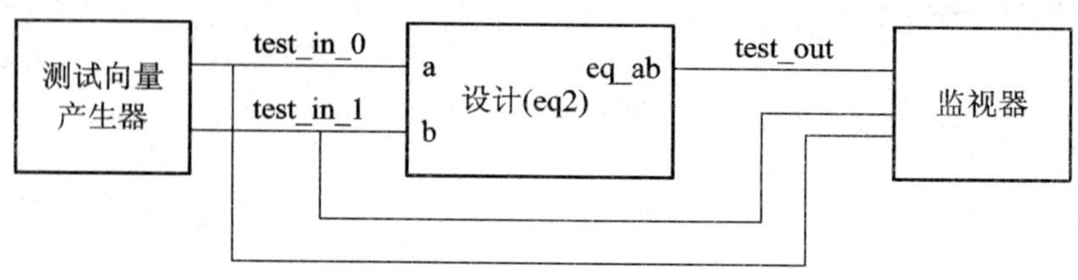

图 3-4　测试平台结构图

【程序 3-7】　2 位比较器的 TestBench。

```
'timescale 1 ns/10 ps   // 表示时序仿真时间单位是 1 ns，时序仿真精度是 10 ps
module eq2_testbench;
    reg   [1:0]   test_in0, test_in1;                              //信号声明
    wire   test_out;                                               //信号声明
    eq2    uut (.a(test_in0), .b(test_in1), .aeqb(test_out));  //例化被测试模块
    //测试向量生成
    initial
    begin
        //测试向量 1
        test_in0 = 2'b00;
        test_in1 = 2'b00;
        # 200;
        //测试向量 2
        test_in0 = 2'b01;
        test_in1 = 2'b00;
        # 200;
        //测试向量 3
        test_in0 = 2'b01;
        test_in1 = 2'b11;
        # 200;
        //测试向量 4
        test_in0 = 2'b10;
        test_in1 = 2'b10;
        # 200;
        //测试向量 5
        test_in0 = 2'b10;
        test_in1 = 2'b00;
        # 200;
        //测试向量 6
        test_in0 = 2'b11;
        test_in1 = 2'b11;
        # 200;
        //测试向量 7
        test_in0 = 2'b11;
        test_in1 = 2'b01;
        # 200;
        //仿真结束
        $stop;
```

```
    end
endmodule
```

下面分析这段 TestBench 代码。它包括三个部分。

第一部分是初始化模块，以关键字 initial 开始，用来产生顺序测试模块。初始化模块在 Verilog 语言中和其它语句不一样，只执行一次而且一开始就执行。另外，在初始化模块中的语句都是顺序执行的，我们看到在程序 3-7 中每个测试向量都是由如下几条语句组成的：

```
//测试向量 2
test_in0 = 2'b01;
test_in1 = 2'b00;
# 200;
```

前两条语句给 test_in0 和 test_in1 信号赋新值，第三条语句表示延时 200 个时间单位，在这段时间内，test_in0 和 test_in1 信号值保持不变。最后一条语句是$stop，表示仿真结束，返回由仿真软件控制。

第二部分是监视模块。在本程序中，没有监视(monitor)模块。通常监视输出有三种方式：① 利用仿真工具在终端上显示仿真的值，或者保存为文件；② 使用波形工具比较仿真结果；③ 自动比较结果的正确性。在本例中，我们使用仿真软件 ModelSim 的监视窗口显示仿真结果，程序 3-7 的仿真波形如图 3-5 所示。

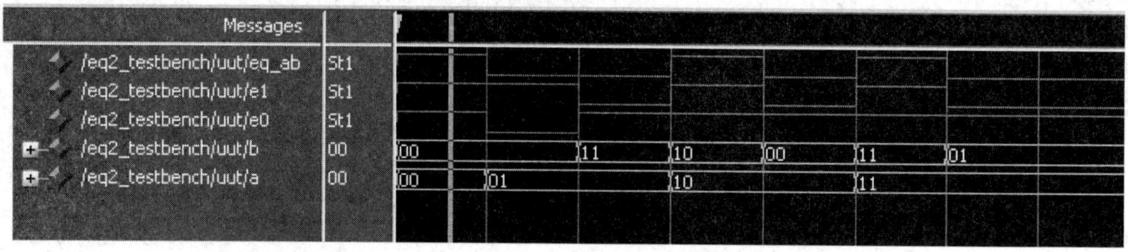

图 3-5 2 bit 比较器的仿真波形图

第三部分是例化模块。它针对所要仿真的对象，例化在 TestBench 当中。

```
//例化被测试模块
eq2 uut
   (.a(test_in0), .b(test_in1), .aeqb(test_out));
```

编写 TestBench 的测试输入程序和监视程序，还需要大量的 Verilog 知识，我们现在仅仅使读者建立这方面的概念，主要掌握 Verilog 语言流程。后面章节将详细介绍 TestBench 的写法。

本章小结

本章我们引导读者了解和学习 Verilog 语言的基本知识，并没有罗列一大堆的语法，使得读者还没入门就已经非常厌烦。我们主要目的是使读者通过对本章的学习，了解 Verilog 的架构和语法以及开发流程，并能编写相对简单的组合逻辑电路以及测试 TestBench 平台。

详细知识点如下：

(1) Verilog 语言的背景和介绍；

(2) Verilog 语言的语法基本概念，包括标识符、关键字、注释方式等；

(3) Verilog 语言的数据类型值和数据类型：四种数据类型值，四种数据类型(wire，reg，memory，parameter)；

(4) Verilog 语言的常量表示(整数、实数表示方法)；

(5) Verilog 语言的编程框架(端口定义、信号声明和程序实体编写)；

(6) Verilog 语言的结构描述以及例化(预定义原语和自定义原语)；

(7) Verilog 语言的 TestBench 编写。

思考与练习

为帮助读者深刻理解本章内容重点，建议读者在完成本章学习之后，能够认真练习这些题目，对相关知识点有更深刻理解。

1. 门级比较电路

对输入信号 a、b 进行比较，当 a 大于 b 时，输出信号 agtb 为 1，否则为 0。这里，a、b 信号位宽都为 4，请按照下面的要求进行电路设计：

(1) 设计 2 位(大于)比较电路的真值表，并得出其逻辑表达式，然后基于此逻辑表达式仅采用逻辑操作设计 HDL 代码。

(2) 对 2 位(大于)比较器设计 TestBench 电路，并用 ModelSim 仿真和验证电路的正确性。

(3) 使用两个拨码开关作为输入，一个 LED 为输出，在 ISE 中综合所设计的硬件电路并下载配置文件到开发板中，验证设计的正确性。

(4) 在 ISE 当中将刚才设计的 2 位(大于)比较器例化为一个元件，并建立工程采用原理图输入的方式设计 4 位(大于)比较器。

(5) 对 4 位(大于)比较器进行软件仿真和验证。

(6) 使用 8 个开关作为输入，一个 LED 作为输出，综合电路到硬件开发板中验证所设计的 4 位(大于)比较器的正确性。

2. 门级二进制译码电路

一个 $n-2^n$ 二进制译码电路根据 n 的值决定 2^n 中某一位输出，如带使能端的 2-4 译码器功能表如图 4-6 所示，我们仅使用逻辑门操作来创建译码电路，具体步骤如下：

(1) 仅使用逻辑操作符描述 2-4 译码器的 HDL 编码；

(2) 设计 TestBench 并进行仿真；

(3) 使用两个开关作为输入，四个 LED 为输出，综合电路并下载配置验证电路的正确性。

第四章　组合逻辑设计

本章将介绍寄存器级组合电路的描述理论，详细讲解基本数字电路的寄存器级组合逻辑电路设计，即寄存器传输逻辑(Resistor Transistor Logic，RTL)级设计，如加法器、乘法器、多路选择器等。在 RTL 描述中，这些都是常用的基本组成模块。通过讲解 VerilogHDL 语言的运算符、过程描述、阻塞赋值、非阻塞赋值、always 模块、过程描述等，使读者能够扎实地掌握数字设计的基本技巧和常用组合逻辑电路的描述方法。最后提供大量的例程帮助大家对基本电路的描述深刻理解。

4.1　基本操作符

Verilog 语言包括两种操作符。一种是在第三章简单讲述过的位操作，另外还有用于算术、移位、关系等的运算操作，这些运算符与描述 Verilog 基本数字模块紧密相关，比如加法器、比较器等。本节讨论 VerilogHDL 语言的运算符操作，同时覆盖所有的 RTL 级描述。表 4-1 列举了所有的操作符，同时表 4-2 列举了这些操作的优先级。

表 4-1　VerilogHDL 操作运算符

运算符类型	运算符号	功能描述	操作数
运算操作符	+	加法	2
	-	减法	2
	*	乘法	2
	/	除法	2
	%	取模	2
	**	求幂	2
移位操作符	>>	逻辑右移	2
	<<	逻辑左移	2
	>>>	算术右移	2
	<<<	算术左移	2
关系操作符	>	大于	2
	<	小于	2
	>=	大于等于	2
	<=	小于等于	2

续表

<table>
<tr><th>运算符类型</th><th>运算符号</th><th>功能描述</th><th>操作数</th></tr>
<tr><td rowspan="4">相等关系运算符</td><td>= =</td><td>相等</td><td>2</td></tr>
<tr><td>! =</td><td>不等</td><td>2</td></tr>
<tr><td>= = =</td><td>全等</td><td>2</td></tr>
<tr><td>! = =</td><td>不全等</td><td>2</td></tr>
<tr><td rowspan="4">位运算符</td><td>～</td><td>按位取非</td><td>1</td></tr>
<tr><td>&</td><td>按位与</td><td>2</td></tr>
<tr><td>|</td><td>按位或</td><td>2</td></tr>
<tr><td>^</td><td>按位异或</td><td>2</td></tr>
<tr><td rowspan="3">增减运算符</td><td>&</td><td>归约与</td><td>1</td></tr>
<tr><td>|</td><td>归约或</td><td>1</td></tr>
<tr><td>^</td><td>归约异或</td><td>1</td></tr>
<tr><td rowspan="3">逻辑运算符</td><td>!</td><td>逻辑非</td><td>1</td></tr>
<tr><td>&&</td><td>逻辑与</td><td>2</td></tr>
<tr><td>||</td><td>逻辑或</td><td>2</td></tr>
<tr><td rowspan="2">连接运算符</td><td>{}</td><td>连接符</td><td>任意</td></tr>
<tr><td>{{}}</td><td>复制</td><td>任意</td></tr>
<tr><td>条件运算符</td><td>?:</td><td>条件</td><td>3</td></tr>
</table>

表 4-2　操作符优先级表

<table>
<tr><th>操作符</th><th>优先级</th></tr>
<tr><td>!~ +　－ (unary)</td><td rowspan="7">高
↓
低</td></tr>
<tr><td>**
*/ %
+　－ (binary)</td></tr>
<tr><td>>> << >>> <<<</td></tr>
<tr><td>< <= >　>=
= =　!=　= = =　!==</td></tr>
<tr><td>&
^
|</td></tr>
<tr><td>&&
||</td></tr>
<tr><td>?:</td></tr>
</table>

4.1.1　算术操作符

算术操作符包括六种：加法(+)、减法(－)、乘法(*)、除法(/)、取模(%)和求幂运算(**)。其中，加法(+)和减法(－)操作符可以被用作一元操作符。例如，“－a”在综合时，

“+”与“-”操作符可以代表加法与减法而被 FPGA 的逻辑单元所综合。

乘法运算符(＊)相对来说比较复杂，其综合时需要依赖于所用的软件综合工具以及所选配的目标硬件。Xilinx 公司的 Spartan-3 FPGA 系列内部含有预制的乘法器模块，Xilinx XST 软件可以提供将“*”号乘法操作适配综合到 FPGA 的乘法器模块当中，在以上两个条件满足的情况下，可以在 HDL 设计中使用“＊”符号。针对 S3 板来说，XC3S200 这款 FPGA 含有 20 个 18 × 18 的乘法器资源，所以尽管硬件支持乘法器综合，我们还需要考虑资源包含的数目。

除法(/)、取模(%)和求幂运算(**)操作符通常不可以直接被综合。

4.1.2 移位操作符

移位操作符有四种：逻辑右移(>>)，逻辑左移(<<)，算术右移(>>>)和算术左移(<<<)。

在逻辑移位运算中，无论是左移还是右移都是用“0”来填补移出的空位。而在算术移位运算时，右移“>>>”操作是用符号位来填补移出的空位；左移“<<<”操作是用“0”来填补移位的空位。对于逻辑左移(<<)和算术左移(<<<)是没有区别的，具体可参考表 4-3 中的例子。

表 4-3 移位操作举例

a	a >> 2	a >>> 2	a <<2	a <<< 2
0100_1111	0001_0011	0001_0011	0011_1100	0011_1100
1100_1111	0011_0011	1111_0011	0011_1100	0011_1100

4.1.3 关系运算符与相等运算符

关系运算符有四种：大于(>)、小于(<)、大于等于(>=)和小于等于(<=)。

关系运算符通过比较操作，然后返回布尔值结果，如果值为正确，则返回“1”，否则返回“0”。

相等运算符也有四种：等于(= =)、不等于(!=)、条件相等(= = =)和条件不相等(!= =)。

等于运算符(= =)和不等于运算符(!=)与关系运算符相似，也是返回 false 和 ture 的布尔值。需要注意的是，针对 X 和 Z 的严格按位比较，是不能被综合的。

例如：

```
if (a = = 1'bx)
        $ display (a is x);          //当 a 等于 x 时，这个语句不执行
if (a = = = 1'bx)
        $ display (a is x);          //当 a 等于 x 时，这个语句执行
```

4.1.4 位操作、复制和逻辑操作运算符

位操作、复制和逻辑操作运算在许多情况下颇为相似，都针对与、或、异或和非操作。下面分别讨论这三种运算符的用法。

1．位运算操作

有四种基本的位操作运算：与(&)、或(|)、异或(^)和非(~)。

前三种操作都需要两个操作对象，另外，异或与非操作，可以组合在一起构成“异或非”，如“~^”或“^~”。

这些操作都是针对位来操作的。所以称为位操作符。下面举例来说明位操作符的用法。

例：a，b，c 为我们定义的三个位宽为 4 的信号：

```
wire [3:0] a,b,c;
```

执行如下语句：

```
assign    c=a | b;
```

相当于：

```
assign    c[3] = a[3]  |  b[3];
assign    c[2] = a[2]  |  b[2];
assign    c[1] = a[1]  |  b[1];
assign    c[0] = a[0]  |  b[0];
```

2. 缩减运算符

缩减运算符包括与、或、非运算。

与位运算操作符不同的是，缩减运算符是单操作数运算符，并且最后的结果是 1 位的二进制数。单个操作数一般是同一个数据类型。缩减运算的具体运算过程是：第一步先将操作数的第 1 位与第 2 位进行与、或、非运算。第二步将运算结果与第 3 位进行与、或、非运算，依次类推，直至最后 1 位。比如说输入 a 为 4 bit 信号，那么对于输出 y 却是 1 bit 信号：

```
wire  [3:0] a;
wire  y;
```

具体缩减操作和结果如表 4-4 所示。

表 4-4　逻辑位操作示例

a	b	a&b	a | b	a&&b	a||b
0	1	0	1	0(假)	1(真)
000	000	000	000	0(假)	0(假)
000	001	000	001	0(假)	1(真)
011	001	001	011	1(真)	1(真)

用语句描述为

```
assign  y = | a;
```

等同于：

```
assign  y = a[3] |a[2] | a[1] | a[0];
```

3. 逻辑运算符

逻辑运算符包含三种：逻辑与(&&)、逻辑或(||)、逻辑非(!)。

逻辑运算操作与位操作不一样，如果假设 x 与 z 不用，当所有位都为 0 时，则操作为 false。当至少有一位为 1 时，则操作为 ture。运算结果通常为 1 bit。逻辑运算符一般用在布尔表达式中的逻辑关系，如下面的例子：

```
(state = = start)||(state = =operator )&& (cnt >100)
```

如表 4-4 所示，将逻辑运算符和位操作运算符的例子放在一起对比，我们可以很好比较这两种运算符的不同之处。

由于 Verilog 用“0”和“1”分别代表 false 和 ture，所以在很多情况下，位操作和逻辑操作可以互相替换。然而，当针对布尔表达式时用逻辑操作，而当针对信号操作时用位操作。

4.1.5 连接与复制运算符

连接运算符{}能够将元素或者小的数组连接成一个大的数组。下面的例子表达了连接的含义：

```
wire   a1;
wire   [3:0]   a4
wire   [7:0]   b8, c8, d8;
assign   b8={a4,   a4};
assign   c8={a1,   a1,   a4,   2'b00};
assign   d8={b8 [3:0], c8[3:0 ] };
```

连接运算符同时也可以对 input 和 output 类型进行连接操作，只需要“配线”就可以了。

连接操作另外一种使用是可以对一个信号经过移位和旋转后再操作，如下例：

```
wire    [7:0]   a;
wire    [7:0]   rot,   shl,   sha;
assign   rot=   {a [2:0],   a[8:3] };                    //信号 a 左移 3 bit
assign   sh1=   {3'b00,   a[8:3] };                      //信号 a 右移 3bit 并给高位插入 0
assign   sha = {a [8], a [8], a [8], a [8:3]};           //信号 a 右移 3bit 并给高位插入 a[8]
```

连接运算符 N{}，表示复制括号里面的部分。N 表示要复制的次数，如{4{2'b01}}和 8'01010101 是一样的。

4.1.6 条件运算符

条件运算符“?:”需要三个操作数，一般的形式为

[信号] = [布尔表达式] ? [操作数 1] : [操作数 2];

布尔表达式返回值为真(1'b1)或者假为(1'b0)。如果返回值为“1”，[信号]返回[操作数 1]，否则返回[操作数 2]。

也可以简单理解为

```
if   [布尔表达式] then
          [信号] = [操作数 1];
else
          [信号] = [操作数 2];
```

虽然描述方式简单，条件表达式还可以用来级联操作，非常方便，比如下面的表达式：

```
assign   eq   = (~i1   & ~i0) ? 1'b1 :
                (~i1   & i0) ? 1'b1 :
                ( i1   & ~i0) ? z'b1:
                               1'b1;
```

通过 i1 和 i0 的输入进行选择 eq 信号的输出，描述为一个两输入的数据选择器。

下面电路表达式求 a,b,c 三个数中最大值:

```
assign   max = (a>b) ? ( (a>c)? a : c) ;
                      (b>c) ? ( (b>c)?b : c) ;
```

在综合时，条件运算符映射为一个 2 选 1 电路。

4.1.7　位宽调整操作

在实际的硬件环境中，在 VerilogHDL 描述中的网线(net)和变量 (variables)，通常包含数值的位宽。在位宽不同时，一定要注意根据如下规则进行位宽的调整和变化：

(1) 最长的比特位由操作数来确定，包括左边的操作数和右边操作数。

(2) 扩展右边的操作数位数为比特位数最大值，然后再进行操作。

(3) 在信号比特位数少的情况下，高位将被截掉，然后再赋值给左边信号。

下面考虑一个简单的例子：

```
wire [7:0]   a, b;
assign a = 8'b00000000;
assign b = 0;
```

语句 1 中，赋值 a 为一个 8 bit 的值“00000000”，语句 2 中定义整数 0 给 b，在 Verilog 语句中“integer”类型位宽为 32 bit，所以 b 的值相当于“00…0000”(32 个)。由于定义 b 为 8 bit 宽，那么高位被裁减最后为“00000000”，所以虽然两条语句都是表示全 0 操作，依然要考虑到底给它赋了何值。

下面再考虑另外一个例子：

```
wire [7:0]   a , b;
wire [7:0]   sum8;
wire [8:0]   sum9;
assign     sum8 = a + b;
assign     sum9 = a + b;
```

在第一条赋值语句中所有操作数位宽都是 8，进行加法运算操作之后，进位就被忽略掉了。第二条赋值语句中，a, b 扩展至 9bit 和 sum9 的比特位数一致。进行加法运算后，sum9[9]得到了进位值。也可以用如下的形式进行表示：

```
assign     {c_out ,sum8}   =   a + b;
```

虽然基本转换规律非常简单和直观，但是小的错误还是难免的。比如定义 a，b，sum1，和 sum2 为 8 bit 的信号，下面两条语句将产生不同的结果：

```
assign   suml = (a + b) >> 1 ;        //sum1 的最高位填 0 移位
assign   sum2 = (0 + a + b) >> 1 ; //将 a+b 之和的进位结果移位到 sum2 最高位
```

在第一条语句中，所有操作数为 8 bit 位宽，并且进行了一次加法运算，那么进位被丢弃掉。当移位操作执行后，0 被移至最高位。在第二条语句中，0 是 integer 类型，为 32 bit 的位宽，所以 a 与 b 被扩展至 32 位宽。然后将加法运算的结果进行移位。最后结果被高位裁掉至 8 bit 后，sum2[7]得到进位值。所以可以得出结论，如果考虑到信号类型就比较复杂了。

一种安全又笨拙的转换方法，就是用人工的方式进行转换，如下面的例子所示：

```
wire    [8:0]   sum_ext;        //将 sum 扩展至 9 bit
…
assign   sum_ext = {1'b0, a } + {1'b0, b};
assign   sum = sum_ext [9:1];
```

总而言之，我们必须考虑 Verilog 语言自身的自动位宽转换机制，意识不到位宽不匹配会导致发现错误非常困难。除了调整位宽之外，比如用 integer 类型赋值全 0，人工调整位宽或者用文档记录方式备注自动调整位宽记录都可以避免不必要的错误产生。

4.1.8 关于 Z 和 X 的综合

除了 0 和 1 之外，线网和变量类型可以包含 Z 和 X，虽然它们不是操作数，但在综合方面有着广泛应用。

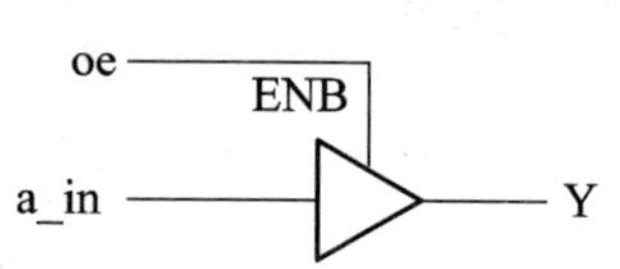

oe	Y
0	Z
1	a_in

图 4-1　三态缓冲器的符号标志和功能表

1．关于 Z 的综合

Z 值表示高阻或者开漏极电路，不同于普通的逻辑值，只可被综合为三态缓冲器。如图 4-1 所示反映了其原件符号和功能表，缓冲器的操作由使能端控制，如果 oe 端为 1，则输出为输入，否则输出为高阻状态。用语言表示如下：

```
assign y = (oe) ? a_in: 1'bz;
```

三态缓冲器最常用在双端口，可以提高 I/O 口的利用率。如图 4-2 所示，dir 信号控制信号传输方向，当 dir 为 0 时，三态缓冲器为高阻状态。sig_out 被阻塞掉，管脚用作输入，输入信号到达 sig_in。当 dir 为 1 时，管脚用作输出端口，sig_out 输出到外部电路。

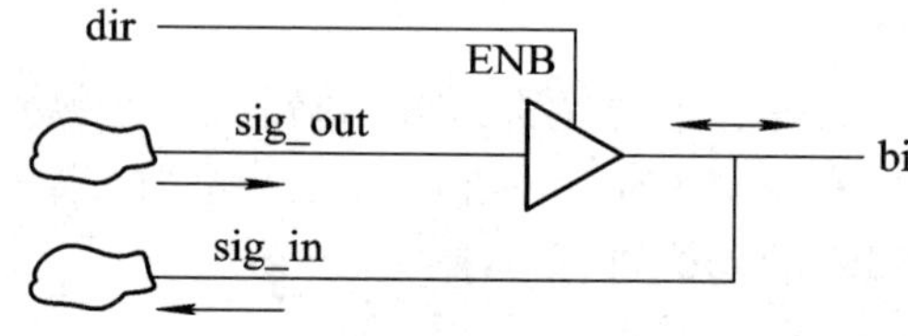

图 4-2　单缓冲器构成的双向 IO 口

用 HDL 语言描述如下：

```
module bi_demo (
    inout  wire   bi;
    assign   sig_out = output_expression;
    assign   some_signal = expression_with_sig_in;
    …
    assign   bi = (dir)? sig_out:q'bz;
    assign   sig_in = bi;
```

注意，bi 端口一定要声明为 inout 模式，以方便双向传输操作。

对于 Xilinx Spartan-3 器件来说，I/O 模块中包含三态缓冲器，所以，三态缓冲器可以被应用在 FPGA 管脚上。

2．关于 X 的综合

在一些组合逻辑电路中，有一些输入模块永远不会发生，即与输出没有任何关系。我们经常认为此输出“无须关注”，在综合时，无须关注值要么赋值为 1 要么赋值为 0。根据优化情况而定。考虑 4-5 表的真值表，该值不会为 11，所示 output 为不关注，综合时我们用 X 表示不关注的值。如下面代码所示：

```
assign   y = (i = = 2'b00) ? 1'b0 :
           (i = =   2'b01) ? 1'b1 :
           (i = =   2'b10) ? 1'b1:
         1'bx;                  // i = = 1'b11;
```

虽然这种方法简化了电路，却给仿真和综合之间制造了矛盾。在仿真时，x 只能被认为是 0 或者 1，若输入为 11，输出为 x，不会被认为是综合的结果。而是有可能被认为是 0 也有可能被认为是 1，然而，因为 11 不会发生，所以 x 将在 TestBench 时被认为是错误的。

表 4-5　关于“x”的真值表

input i	output y
00	0
01	1
10	1
11	x

4.2　组合逻辑描述

4.2.1　使用 always 模块描述组合逻辑

为了促使模块化，Verilog 通常将大量的顺序执行的过程语句封装在 always 模块和 initial 模块当中。initial 语句用在仿真文件中，只是在开始时执行一次，而 always 模块可以被综合，由于过程语句比较抽象，所以通常也称为行为描述。

always 模块可以被认为是黑盒子。其行为是由封装在它里面的过程语句组成的。过程语句构造形式多样，所以不规范的语句描述往往会导致没有对应的硬件模型与之对应，或者可导致不必要的逻辑被执行，从而无法被综合工具所综合。在 always 模块中使用的行为描述语句一般包括如下三类：过程赋值语句、if 语句和 case 语句。

带有敏感量列表的 always 模块的基本结构如下：

```
always  (【敏感量列表】)
begin   [块内变量声明
        [顺序执行语句];
```

```
        [顺序执行语句];
        ...
    end
```

敏感量列表中列举了 always 语句在执行过程中相对比较“敏感”的信号。这些“敏感信号”可以决定 always 语句的挂起和激活。always 语句内部顺序执行语句一旦开始执行，就不受其他任何因素所控制，直到执行完所有语句，当有新的敏感量信号改变时，always 语句才重新被激活。所以 always 模块是在敏态量列表控制下永远循环执行的。

对于组合逻辑电路来说，所有的输入信号都要放在敏感量列表中。主体部分由多条过程语句组成。如果只有一条过程语句，则 begin 和 end 可以被省略掉。

4.2.2　使用赋值语句描述组合逻辑

赋值语句只能被用在 always 模块或 initial 模块当中。有两种类型的赋值，一种是阻塞赋值，另外一种是非阻塞赋值。其语法格式为

```
[变量名] = [表达式] ;          //阻塞赋值语句
[变量名] <= [表达式] ;         //非阻塞赋值语句
```

根据阻塞赋值的概念，在执行下条语句之前。表达式先被估计，然后立即赋值给变量，其行为与 C 语言中变量的赋值是一样的。

在非阻塞赋值中，表达式的估计值在所有语句执行完之后才进行赋值操作(即本次赋值并未阻止其它语句的执行)。对于初学者来说，阻塞赋值与非阻塞赋值两者非常容易搞混。其一般原则是：

(1) 在时序逻辑中用非阻塞赋值；

(2) 在组合逻辑中用阻塞赋值。

两者之间的区别在第七章将详细讲解。

4.2.3　举例说明

下面我们采用几个简单的程序来描述 always 块语句的行为描述和过程阻塞赋值。

【程序 4-1】　采用 always 块语句描述第三章讲过的 1 位比较器电路。

```
module  eq1_always
   (
      input wire   i0, i1,
      output reg   eq        //eq 定义为 reg 型
   );
   reg p0, p1;               //p0 和 p1 声明为 reg 型
   always @(i0, i1)          //i0 和 i1 必须要在敏感量列表当中
     begin
        //下面语句的顺序是非常关键的
        p0 = ~i0 & ~i1;
        p1 = i0 & i1;
        eq = p0 | p1;
```

```
        end
    endmodule
```

由于 eq、p0 和 p1 在 always 模块里面赋值，所以声明为 reg 数据类型。敏感量列表中有 i0 和 i1，用逗号隔开，当它们之间有一个改变后，always 模块被激活，三条阻塞语句顺序执行。这和 C 语言当中是一样的。此时语句的顺序非常重要，p0 和 p1 在使用之前必须要先赋值，否则就会出错。

在 verilog-1995 版本中，敏感量列表中用关键字 or 来替代逗号。比如说：

```
always @(a,  b,  c)
```

被写为

```
always @(a  or  b  or  c);
```

组合逻辑电路要将所有的输入信号都包含在敏感量列表当中，缺少一个信号都会在综合和仿真中造成差别，而在 Verilog-2001 中，可以使用下面的表达式来表示覆盖所有的敏感量：

```
always @ *
```

本书都采用这种表达方式。如此一来，既方便还可以避免敏感量列举不全。

前面举的例子都是持续赋值语句。然而持续赋值语句和过程语句是有区别的，如程序 4-2，程序执行的功能是完成输入信号 a、b、c 相与。

【程序 4-2】 三输入与门电路。

```
module  and_block_assign
    (
      input wire a, b, c,
      output reg y
    );

    always @*
      begin
          y = a;
          y = y & b;
          y = y & c;
      end
endmodule
```

程序 4-2 所对应的电路如图 4-3(a)所示，用同样的方式将 always 块用赋值语句死板代替，就成了程序 4-3。

【程序 4-3】 对程序 4-2 进行 always 块替换之后的程序。

```
module  and_cont_assign
    (
      input wire a, b, c,
      output wire y
    );
```

```
    assign  y = a;
    assign  y = y & b;
    assign  y = y & c;
endmodule
```

在这段程序中，每个赋值语句对应电路一部分，那么我们可以理解三条语句的输出 y 都连在了一起。这样，输出电路图显然不能满足我们的需求，成了图 4-3(b)。

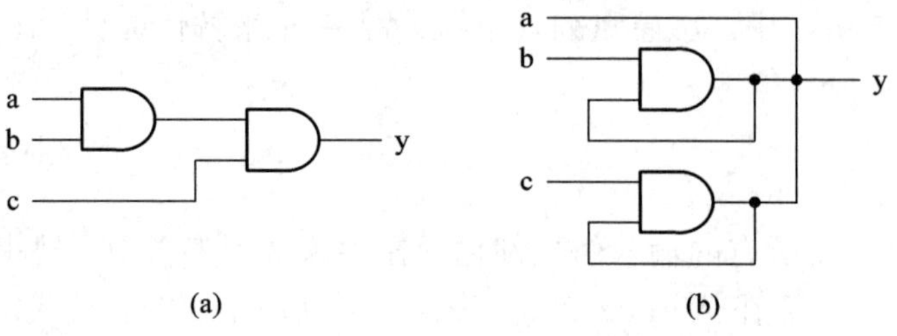

图 4-3　不同编码方式所综合得到的电路图

4.3　条件控制语句

4.3.1　if-else 语句

1．语法格式

if-else 语句的语法格式如下：

```
if  [布尔表达式]
    begin
        [过程语句];
        [过程语句];
        …
    end
else
    begin
        [过程语句];
        [过程语句];
        …
end
```

布尔表达式首先被执行，当它为真时，执行顺序分支，否则执行 else 分支。else 分支是可选的，不需要时可以略去，如果有多个条件，则可以使用 if 语句级联，并能确定条件的优先级。比如有下面的例子：

```
if [布尔表达式 1]
    …
else if  [布尔表达式 2]
```

```
else if  [布尔表达式 3]
    …
else
    …
```

在综合时，布尔表达式 1 优先级最高，布尔表达式 2 次之，依次论推。

2．举例

【程序 4-4】 优先级译码器。优先级译码器有四个条件信号，分别是 r 信号的四个比特位：r[4]、r[3]、r[2]和 r[1]，其中 r[4]的优先级最高，输出为高优先级条件下的二进制码，其真值表如表 4-6 所示。

表 4-6　四输入优先级译码器

input r	output y
1---	100
01--	011
001-	010
0001	001
0000	000

对应的 HDL 代码如下所示：

```
module  prio_encoder_if
    (
        input wire [4:1] r,
        output reg [2:0] y
    );
    always @*
        if (r[4]==1'b1)          //也可以是(r[4])
            y = 3'b100;
        else if (r[3]==1'b1)   //也可以是(r[3])
            y = 3'b011;
        else if (r[2]==1'b1)   //也可以是(r[2])
            y = 3'b010;
        else if (r[1]==1'b1)   //也可以是(r[1])
            y = 3'b001;
        else
            y = 3'b000;
endmodule
```

代码首先检查 r[4]条件是否满足。如果满足，则 y 赋值为“3'b100”；如果 r[4]条件不满足，则继续检查 r[3]信号；如果 r[3]信号满足，则 y 赋值为“3'b011”，否则继续检查下一位信号，依次类推，直到所有的条件都检查一遍。注意的是，当 r[4]为 1 时，布尔表达式

(r[4]==1'b1)为真，所以可以直接将布尔表达式写为(r[4])。

【程序 4-5】 二进制解码器。一个 n–2^n 二进制解码器，根据输入 n 值将对应的 2^n 输出位置 1，如果 n 为 2，则其真值表如表 4-7 所示。

表 4-7　带使能 2-4 译码器真值表

input			output
en	a(1)	a(0)	y
0	—	—	0000
1	0	0	0001
1	0	1	0010
1	1	0	0100
1	1	1	1000

电路同时需要一个使能信号 en，代码如下所示：

```
module decoder_2_4_if
  (
    input wire [1:0] a,
    input wire en,
    output reg [3:0] y
  );
  always @*
    if (en==1'b0)                //也可以为(~en)
      y = 4'b0000;
    else if (a==2'b00)
      y = 4'b0001;
    else if (a==2'b01)
      y = 4'b0010;
    else if (a==2'b10)
      y = 4'b0100;
    else
      y = 4'b1000;
endmodule
```

代码首先检查 en 是否有效。如果条件不满足，则顺序判断输入信号 a 是否有效，对应进行译码操作。注意的是，布尔表达式(en = = 1’b0)也可以表示为(~en)。

4.3.2　case 语句

1．语法格式

case 语句的语法格式如下：

```
case  [控制表达式]
    [分支表达式值 1] :
```

```
begin
        [过程语句];
…
end
        [分支表达式值 2]:
begin
        [过程语句];
…
end
…
default:
begin
        [过程语句];
end
endcase
```

case 语句是多分支选择语句。前面讲的 if 语句只有两个分支可供选择，case 语句根据控制表达式的值来选择分支，如果控制表达式的值与某个分支表达式值相等，则选择执行该分支的语句；如果控制表达式的值和所有分支表达式值都不相等，则选择 default 分支语句执行。如果某个分支执行语句仅由一条语句组成，则 begin 和 end 可以省略。default 项可以省略，但是容易产生锁存器，所以建议读者尽量保持 default 语句的存在。

case 语句的各个分支是独立且互不相同的，不然就会失去多路选择的意义。

2．举例

我们同样用 case 语句实现优先级编码和译码电路来举例，2-4 译码器真值表如表 4-7 所示，HDL 代码如程序 4-6 所示。

【程序 4-6】　使用 case 语句实现 2-to-4 译码器。

```
module decoder_2_4_case
    (
        input wire [1:0] a,
        input wire en,
        output reg [3:0] y
    );
    always @*
      case({en,a})
          3'b000, 3'b001, 3'b010, 3'b011: y = 4'b0000;
          3'b100: y = 4'b0001;
          3'b101: y = 4'b0010;
          3'b110: y = 4'b0100;
          3'b111: y = 4'b1000;               //也可以作为 default 项
```

```
        endcase
    endmodule
```

在 case 语句中，如果多个条件表达式对应同一条执行语句，我们可以将多个分支值列举在一起，比如程序 4-6。需要注意一点，如果控制表达式为{en，a}，即所有的状态都列举到了，那么 default 语句可以省略。

这样一来，程序 4-4 的程序也可以写成程序 4-7 的格式。

【程序 4-7】　使用 case 语句描述优先级译码器。

```
module prio_encoder_case
  (
      input wire [4:1] r,
      output reg [2:0] y
  );
  always @*
    case(r)
      4'b1000, 4'b1001, 4'b1010, 4'b1011,
      4'b1100, 4'b1101, 4'b1110, 4'b1111: y = 3'b100;
      4'b0100, 4'b0101, 4'b0110, 4'b0111:y = 3'b011;
      4'b0010, 4'b0011:   y = 3'b010;
      4'b0001: y = 3'b001;
      4'b0000: y = 3'b000;            //也可以作为 default 项
    endcase
endmodule
```

4.3.3　casez 和 casex 语句

在 casez 语句中，分支表达式值中包含有 z 和？，都不用理睬(don't care)；在 casex 语句中，分支表达式值中包含有 z、x 和？，也都不理睬(don't care)。

比如将优先级编码器电路用 casez 语句描述，如程序 4-8 所示。

【程序 4-8】　使用 casez 语句描述优先级编码器电路。

```
module prio_encoder_casez
  (
      input wire [4:1] r,
      output reg [2:0] y
  );
  always @*
    casez(r)
      4'b1???: y = 3'b100;
      4'b01??: y = 3'b011;
      4'b001?: y = 3'b010;
```

```
        4'b0001: y = 3'b001;
        4'b0000: y = 3'b000;       // default 同样可以被省略
    endcase
endmodule
```

4.3.4　“full case”和“parallel case”语句

在 Verilog 中，分支表达式不必覆盖所有控制表达式的值，而且某些分支表达式值可以匹配多次，比如下面的例子：

```
reg [2:0]: s
…
casez (s)
    3'b111:    y  =  l'bl;
    3'bl??:    y  =  l'b0;
    3'b000:    y  =  l'bl;
endcase
```

在上例中，3'b111 匹配了两次，但是当 s 为 3'b111 时，由于第一条语句优先级高，所以 y 的值为 1'b1；当 s 为 3'b001、3'b010 或者 3'b011 时，y 的值只能保持原来的值，这样 y 就不会得到一个确定的值。如此一来，就容易综合成锁存器。在数字电路中对锁存器一定要慎用。

当控制表达式的所有可能值都被分支表达式所覆盖时，此表达式称为“full case”表达式。在组合逻辑电路中，必须用“full case”语句，因为每个输入都对应一个输出值。如果不能完全覆盖所有列举项的情况下，需要增加 default 项来确定没有覆盖值的状态，比如前面举例可以修改为

```
casez   (s)
    3'b111: y   =   l'bl;
    3'b1??: y   =   l'b0;
default:   y   =   l'bl;               //当 s 不为以上两种情况时 y 赋值为 1
endcase
```

或者

```
casez (s)
    3'blll:   y   =   l'bl;
    3'bl??: y   =   l'b0;
    3'b000: y   =   l'bl;
    default:   y   =   l'bx;       //y 值为不确定
endcase
```

当所有分支项值是互相不相同时，称为“parallel case”语句。比如前面举例 s 的值 3'b111 出现两次，就不属于“parallel case”语句，而程序 4-6 和程序 4-7 都属于“parallel case”语句。

在综合时，“parallel case”语句综合成多路布线网络，而“non-parallel case”语句倾向于综合成优先级布线网络。许多综合软件中都有是否选择“full case directive”和“parallel case directive”的选项。如果选择有效，所有 case 语句则都按照 full case 和 parallel case 的原则来综合。大家在使用综合工具进行综合时，要注意选择合适的综合选项，这样可有效提高设计的质量。

4.4　条件控制语句的布线结构

我们所接触到的条件控制语句包括“？：操作符”、if 语句和 case 语句。在 C 语言中，语句都是顺序执行的，但是在组合逻辑电路中却不是这样的，所有的语句都是并行执行的，执行结果最终由布线网络输出。一般有两种布线结构：优先级布线网络和多路布线网络，对应“if-else”语句和“parallel case”语句。

4.4.1　优先级布线网络

首先举一个 2 选 1 选择器的例子，其真值表和框图如 4-4(a)所示。采用 if-else 语句实现优先级布线网络，代码如下：

```
if (m= =n)
    r=a+b+c;
else if  (m > n)
    r=a-b;
else
    r=c+1:
```

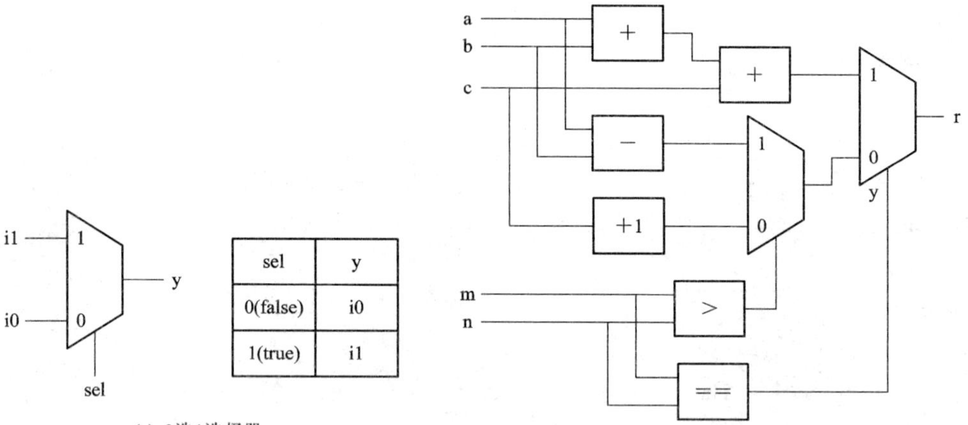

sel	y
0(false)	i0
1(true)	i1

(a) 2选1选择器

(b) if语句执行过程描述

图 4-4　2 选 1 选择器

图 4-4(b)描述了 2 选 1 选择器的基本结构。两个 2 选 1 选择器实现布线优先级网络，其它模块实现布尔变量和数学表达。如果第一个布尔表达式条件满足(如 m=n)，则端口 1 的值(a+b+c)赋给 r，否则端口 0 的值将赋给 r；端口 0 的值由另外一个布尔表达式决定，当 m>n 时为 a−b，否则为 c+1。

需要注意的是，所有布尔表达式和数学表达式都是并行执行的。布尔表达式的输出决定 r 的赋值。随着 if-else 分支增多，优先级级联层数越多，同时也会产生越长时间的延时。

4.4.2　多路选择布线网络

多路选择网络最终实现为一个 n 到 1 的多路选择器，选择信号选择决定 n 个输入端口中的 1 个到输出端口，多路选择器的结构和功能表如图 4-5 所示。在并行 case 语句中，可以使 case 语句的每一个条件表达式对应多路选择器中的一个条件，将输入和输出端口映射起来。比如上小节讲述的例子，可以表示如下：

```
wire [1:0] sel;
…
case(sel)
    2'b00: r=a+b+c;
    2'b10: r=a-b;
    default: r= r+1;
endcase
```

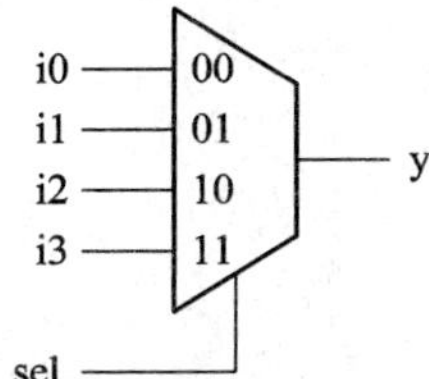

sel	y
00	i0
01	i1
10	i2
11	i3

图 4-5　4 选 1 选择器结构图和功能表

详细逻辑框图如图 4-6 所示。sel 变量有四种情况：00、01、10、11，它们分别代表 4 选 1 选择器的选择信号。当 sel 的值为 00 时，a+b+c 的值赋给 r；当 sel 值为 10 时，a−b 的值赋给 r；其它情况下，c+1 的值赋给 r。

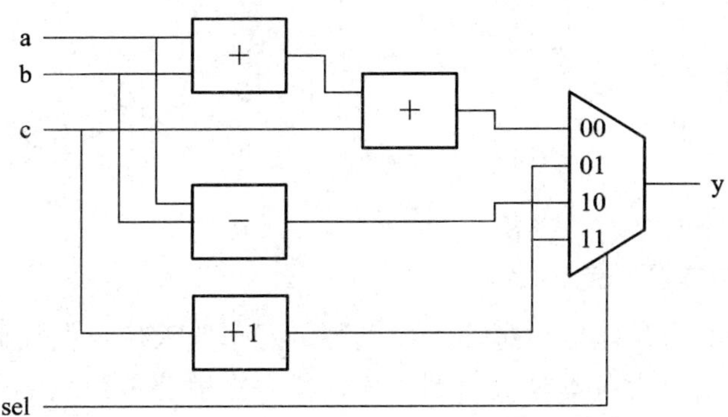

图 4-6　case 语句执行详细逻辑电路框图

同样需要注意的是，所有的表达式都是并行执行的。sel 变量作为选择信号来选择合适的输出值。sel 的位宽增加意味着多路选择器的输入端口增多。

通常来说，当描述在某种情况下对输出有偏爱时采用优先级布线网络，如优先编码器等；当描述基于真值表或者函数表时采用多路选择布线网络，如二进制解码器等。

4.5 always 语句的编程指导

编写可综合的 Verilog 代码，必须考虑到代码在硬件结构上具体综合成怎样的电路而不能像编写 C 语言代码一样仅仅考虑数学上的逻辑。在使用 always 语句时，尤其要考虑这一点，因为在 always 模块中变量和过程语句可以同时存在。下面分析在组合逻辑电路设计中，几条大家非常容易犯错误的地方：

(1) 在多个 always 模块中对同一变量赋值；

(2) 不完全列举敏感量列表；

(3) 分支列举不完全和输出赋值不完全。

下面分别讨论。

1. 在多个 always 模块中对同一变量赋值

在 Verilog 中，变量可以在多个 always 模块中赋值，也可以理解为可以同时出现在多个 always 模块中的赋值语句左边。如下面的例子，变量 y 同时被两个 always 语句共享：

```
reg   y;
reg   a, b, clear;
always   @*
      if (clear) y = l'b0;
always @*
      y=a&b;
```

此电路虽然语法没有问题，并且可以仿真，但是无法综合的。因为每个 always 模块是一个电路，如果 y 同时被两个电路所赋值，那么 y 的值可以被两块电路同时修改，从物理角度上理解是没有实际电路能够实现这一功能的。解决这个问题的办法是将所有的情况放在一个 always 模块中。比如上面举例，可以修改为

```
always   @*
      if (clear)
            y = l'b0;
      else
            y=a&b;
```

2. 不完全列举敏感量列表

对于组合逻辑电路来说，输出是输入的函数，对于输入信号的任何改变都会引起输出值的改变，所以我们要将所有本模块用到的输入都写在敏感量列表当中。比如两输入的与电路可以写为

```
always @(a, b)          // a 和 b 都在敏感量列表中
y=a&b;
```

如果忘记了将 b 写入敏感量列表当中，代码变成了：

```
always @(a)       //敏感量列表中少写了 b 变量
y=a&b;
```

虽然后者可以顺利通过语法检查，但是执行起来就费劲了。当 a 改变时，always 模块被激活，y 等于 a&b 的值；当 b 改变时，always 模块依然保持原来的值，因为它对 b 并不敏感，显然不符合我们的设计意图。此时许多综合软件都会提出告警，但是不会报错，所以大家需要切记这一点。

在 Verilog-2001 中，用到一个特殊的符号@*，表示所有的本 always 块中的输入都列举在敏感量列表当中，建议大家尽量使用@* 描述。

3．分支列举不完全和输出赋值不完全

组合逻辑电路的输出仅仅是输入的函数，所以组合逻辑电路不包含任何内部状态(比如 memory)。然而根据 Verilog 标准规定，变量在 always 语句中如果没有赋值，则会保持原来的值不变，这时它就会综合成一个内部状态(通过闭环反馈)或者一个寄存状态(比如锁存器)，这在组合逻辑电路中是不允许的。

为了避免在 always 模块中不确定寄存器的出现，所有输出信号在任何时候都要有确定的赋值。if 或者 case 语句条件分支列举不完全或者输出赋值不完全是两种常见的导致不确定寄存器出现的情况，所以在开发组合逻辑电路时应把握以下两点：

(1) 在 if 和 case 语句中列举所有的分支；

(2) 在每个分支条件下对每一个输出信号都要赋值。

如下面的代码：

```
always  @*
if (a > b)          //此分支中没有给 eq 赋值
    gt  =  l'bl;
else if  (a = = b)      //此分支中没有给 gt 赋值
    eq  =  l'bl;
// else 分支也被省略掉了
```

这段电路的目的是描述一个这样的功能：当 a 大于 b 时，gt 输出为 1；当 a 等于 b 时，eq 输出为 1。这种电路我们平时用的非常多，如果简单的翻译过来就是上面这段代码，但是用刚才的两条原则来分析，发现两条原则全部被破坏了。

首先是不完全分支电路，电路中没有考虑当 a 小于 b 时，gt 和 eq 到底输出什么，那么根据 Verilog 语法规定，只能是保持原来的值，这样显然形成锁存器。

其次我们考虑不完全输出错误，比如说，当 a 大于 b 时，eq 没有赋值，所以 eq 也会保持原来的值不变，同样也会形成一个锁存器。

所以为了解决上面的错误，代码就需要改动。首先加上没考虑到的分支，并给输出赋值，代码修改为

```
always  @*
  if (a >  b)
    begin
      gt  =  l'bl;
      eq  =  1'b0;
    end
```

```
    else if (a = =  b)
        begin
            gt  =  l'b0;
            eq  =  l'bl;
        end
    else       //a<b
      begin
            gt  =  l'b0;
            eq =  l'b0;
      end
```

另外一种修改错误的方法是在 always 模块的开始将所有信号赋默认值，以防发生不完全赋值，代码相对简洁，比如：

```
always   @*
begin
      gt  =  l'b0;            //为 gt 赋默认值
      eq  =  l'b0;            //为 eq 赋默认值
      if (a > b)
            gt  =  l'bl;
      else if (a = = b)
            eq  =  l'bl;
end
```

case 语句也很容易出现上述的错误。在控制表达式的所有值没有被完全覆盖的情况下就会出现上述错误，比如下面的例子：

```
reg   [1:0] s
…
case (s)
      2'b00: y = l'bl;
      2'bl0: y = l'b0;
      2'bll: y = l'bl;
endcase
```

2'b01 值没有在表达式值中覆盖，那么在此条件下，y 值保持原来的值就会形成意料不到的锁存器。为了避免这个错误，要确定 y 在所有情况下都有确定的值，采用的方法就是在 case 语句最后加 default 语句：

```
case (s)
      2'b00:   y   =   l'bl;
      2'bl0:   y   =   l'b0;
      default: y   =   l'bl;   //当 s 为 2'b0l 时，y 为 1
end case
```

或者增加条件表达式，并赋值为无关值：

```
case(s)
    2'b00: y   =   l'bl;
    2'bl0: y   =   l'b0;
    2'bll: y   =   l'bl;
    default: y   =   l'bx;   //s 为 2'b01 时 y 赋值为 x
endcase
```

或者可以选择在 always 块开始给 y 赋一个默认值：

```
y   =   1'b0;             //也可以赋值 y = 1'bx
case(s)
    2'b00: y   =   l'bl;
    2'bl0: y   =   l'b0;
    2'bll: y   =   l'bl;
endcase
```

4.6 工 程 实 践

4.6.1 十六进制数到七段数码管译码器

七段数码管结构如图 4-7 所示，它包含七个 LED 发光二极管。本书以共阴极七段数码管为例，即如果 LED 的发光二极管控制端为低，则对应发光二极管亮。

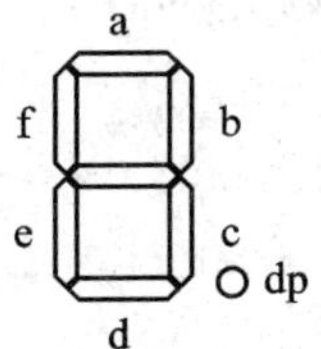

(a) 七段数码管显示

(b) 七段数码管显示十六进制数值表示

图 4-7　七段数码管显示及其十六进制数值表示

如果还有小数点，那么对于七段数码管实际成八段了。按照图 4-7(a)所示，数码管控制信号为 a、b、c、d、e、f、g 和 dp，我们可以定义为一条总线，命名为 sseg，输入为 4 bit 的十六进制数，比如输入为“0001”，那么数码管显示值应该为 1；按照图 4-7(b)所示，应该点亮 b 和 c 段，因为是共阴极电路连接方式，所以给数码管控制总线的译码值为：“10011111”。代码如程序 4-9 所示。

【程序 4-9】 七段数码管译码电路。

```
module hex_to_sseg
   (
      input wire [3:0] hex,
      input wire dp,
      output reg [7:0] sseg   //输出低有效
   );
   always @*

      begin
        case(hex)
            4'h0: sseg[6:0] = 7'b0000001;
            4'h1: sseg[6:0] = 7'b1001111;
          4'h2: sseg[6:0] = 7'b0010010;
            4'h3: sseg[6:0] = 7'b0000110;
            4'h4: sseg[6:0] = 7'b1001100;
            4'h5: sseg[6:0] = 7'b0100100;
            4'h6: sseg[6:0] = 7'b0100000;
            4'h7: sseg[6:0] = 7'b0001111;
            4'h8: sseg[6:0] = 7'b0000000;
            4'h9: sseg[6:0] = 7'b0000100;
            4'ha: sseg[6:0] = 7'b0001000;
            4'hb: sseg[6:0] = 7'b1100000;
            4'hc: sseg[6:0] = 7'b0110001;
            4'hd: sseg[6:0] = 7'b1000010;
            4'he: sseg[6:0] = 7'b0110000;
            default: sseg[6:0] = 7'b0111000;   //4'hf
        endcase
        sseg[7] = dp;
     end
endmodule
```

验证板上有 4 个七段数码管，它们共用数据控制端。为了 4 个数码管能够正确显示，需要一个时序分配模块。时序分配模块如图 4-8(a)所示。4 个七段数码管的控制端(sseg)对应连接在时序分配模块的输入端：in0、in1、in2 和 in3，时序分配模块按照一定的时间优先级通过控制 4 个七段数码管的使能信号，控制 4 个输入轮换有效，这就是动态扫描的原理。只要轮换刷新的速率能够“欺骗”人眼(大于 24 Hz)，人们就可以看到每个数码管的数字都不一样。详细内容第五章再讲，目前大家当黑盒子使用就可以了。

测试电路如下：

我们采用 8 bit 加法电路对刚才的设计进行验证，设计框架如图 4-8(b)所示。验证板的输入拨码开关 sw 为 8 bit，设计两个数码管分别显示拨码开关指示的高四位值和低四位值，另外两个数码管分别显示拨码开关指示值加 1 之后的高四位值和低四位值。代码如程序 4-10 所示。

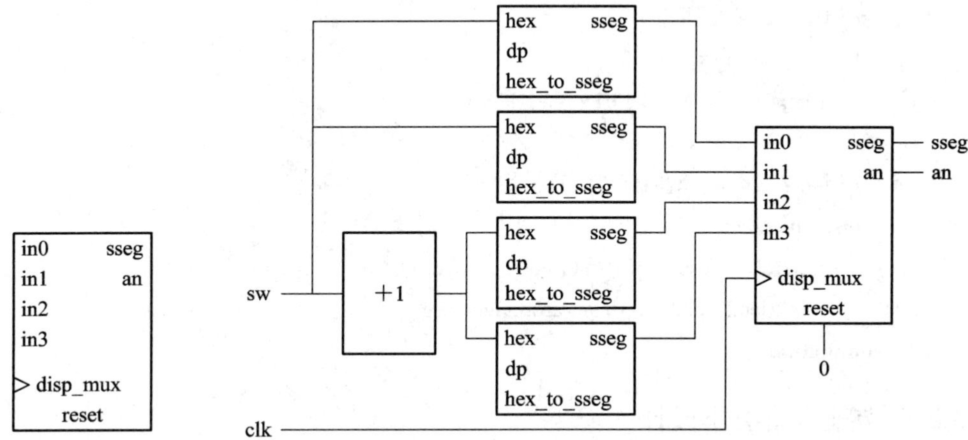

(a) LED动态扫描时序选择器框图　　(b) 译码测试电路框图

图 4-8　LED 动态扫描电路以及测试电路框图

【程序 4-10】　七段数码管测试电路。

```
module hex_to_sseg_test
  (
     input wire clk,
     input wire [7:0] sw,
     output wire [3:0] an,
     output wire [7:0] sseg
  );

  //信号声明
  wire [7:0] inc;
  wire [7:0] led0, led1, led2, led3;

  //增加输入
  assign inc = sw + 1;

  //例化四输入十六进制译码器
  //例化低四位输入
  hex_to_sseg sseg_unit_0
     (.hex(sw[3:0]), .dp(1'b0), .sseg(led0));
  //例化高四位输入
  hex_to_sseg sseg_unit_1
     (.hex(sw[7:4]), .dp(1'b0), .sseg(led1));
  //例化低四位加法值
```

```
    hex_to_sseg sseg_unit_2
        (.hex(inc[3:0]), .dp(1'b1), .sseg(led2));
    //例化高四位加法值
    hex_to_sseg sseg_unit_3
        (.hex(inc[7:4]), .dp(1'b1), .sseg(led3));

    //例化 7 段数码管多路选择模块
    disp_mux disp_unit
        (.clk(clk), .reset(1'b0), .in0(led0), .in1(led1),
         .in2(led2), .in3(led3), .an(an), .sseg(sseg));
endmodule
```

4.6.2 带符号加法器设计

整数可以表示成带符号形式，最高位表示符号位。如果为 1，则表示负数，如果为 0，则表示正数，剩下位数表示数值。比如在四位带符号数下表示：2 表示为“0010”，–2 表示为“1010”。

带符号加法器需要执行加法操作，可以根据这种特殊数据表示方法分情况讨论：

(1) 如果两个操作数都是正的，直接对值进行相加，并保持符号位；

(2) 如果两个操作数符号位不同，即一正一负，那么用值相对大的操作数减去值小的操作数，并保留值大的操作数的符号位为最终结果的符号位。

设计过程可以分成两个步骤：① 将输入值进行分类，按照它们的值大小标记为 max 和 min 信号；② 检查符号位对值进行加法或者减法操作。应注意到，只要两个输入数经过分类，最终结果的符号位就已确定为 max 的符号位。测试框图如图 4-8 所示。

代码如程序 4-11 所示。为了描述清晰，可以让输入信号由内部产生，并且符号位和数值信号分开，并定义参数 N，表示加法器的位数。

【程序 4-11】 带符号加法器。

```
module sign_mag_add
  #(
    parameter N=4
  )
  (
    input wire [N-1:0] a, b,
    output reg [N-1:0] sum
  );

  //信号声明
  reg [N-2:0]   mag_a, mag_b, mag_sum, max, min;
  reg sign_a, sign_b, sign_sum;
```

```
//主体部分
always @*
    begin
        //符号和数值位分开
        mag_a = a[N-2:0];
        mag_b = b[N-2:0];
        sign_a = a[N-1];
        sign_b = b[N-1];
        //根据符号分类
        if (mag_a > mag_b)
            begin
              max = mag_a;
                min = mag_b;
                sign_sum = sign_a;
            end
        else
            begin
                max = mag_b;
                min = mag_a;
                sign_sum = sign_b;
            end
        //符号位进行加减
        if (sign_a==sign_b)
            mag_sum = max + min;
        else
            mag_sum = max - min;
        //输出逻辑
        sum = {sign_sum, mag_sum};
    end
endmodule
```

测试电路如下：

我们采用 4 位带符号加法器来验证电路操作，测试框架如图 4-9 所示。两个输入数值由 8 位拨码开关来输入，符号位和数值位显示在两个七段数码管上，两个按键作为多路选择器的输入，从而选择发送操作数或者结果值送数码管显示。第一个数码管显示结果值，通过将 3 bit 值高位填 0，送到十六进制数到七段数码管模块，来显示结果值。另外一个数码管显示符号位，如果为正，则不显示任何值；如果为负，则显示数码管中间一段，如图 4-7 所示 g 段。两个数码管数值反馈到时序选择模块，也就是 disp_mux。第五章将详细讲解。具体代码如程序 4-12 所示。

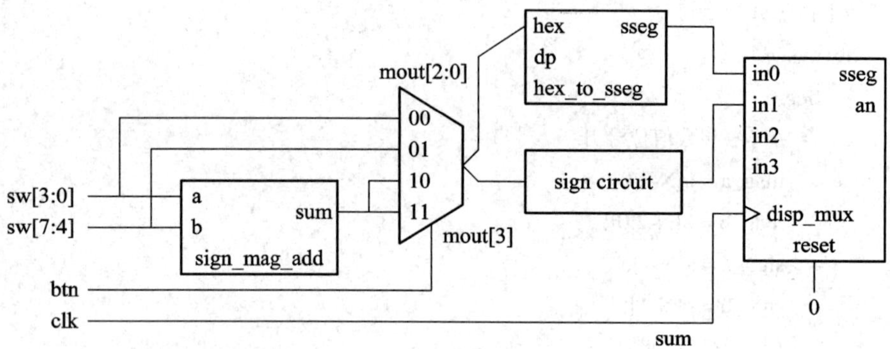

图 4-9　带符号加法器测试电路图

【程序 4-12】　带符号加法器测试电路。

```
module sm_add_test
 (
   input wire clk,
   input wire [1:0] btn,
   input wire [7:0] sw,
   output wire [3:0] an,
   output wire [7:0] sseg
 );

 //信号声明
 wire [3:0] sum, mout, oct;
 wire [7:0] led3, led2, led1, led0;

 //初始化加法器
 sign_mag_add #(.N(4)) sm_adder_unit
   (.a(sw[3:0]), .b(sw[7:4]), .sum(sum));

 //幅度显示在最右端 7-seg LED 上
 assign mout = (btn==2'b00) ? sw[3:0] :
               (btn==2'b01) ? sw[7:4] :
               sum;
 assign oct = {1'b0, mout[2:0]};
 //例化十六进制译码器
 hex_to_sseg sseg_unit
    (.hex(oct), .dp(1'b0), .sseg(led0));

 //第二个数码管显示符号位
 // LED 中间段显示表示为负数
 assign led1 = mout[3] ? 8'b11111110 : 8'b11111111;
```

```
//熄灭其它 LED
assign led2 = 8'b11111111;
assign led3 = 8'b11111111;

//例化 7 段数码管动态扫描电路
disp_mux disp_unit
    (.clk(clk), .reset(1'b0), .in0(led0), .in1(led1),
     .in2(led2), .in3(led3), .an(an), .sseg(sseg));
endmodule
```

4.6.3　桶形移位器设计

Verilog 语言具有移位操作，可是没有循环移位功能。我们设计一个 8 位的桶型移位器，可以任意位数右移，电路具有 8 位的数据输入，3 位控制信号设定右移位数。具体代码如程序 4-13 所示。

【程序 4-13】　桶型移位器。

```
module barrel_shifter_case
  (
     input wire [7:0] a,
     input wire [2:0] amt,
     output reg [7:0] y
  );

  //主体
  always @*
     case(amt)
         3'o0: y = a;
         3'o1: y = {a[0], a[7:1]};
         3'o2: y = {a[1:0], a[7:2]};
         3'o3: y = {a[2:0], a[7:3]};
         3'o4: y = {a[3:0], a[7:4]};
         3'o5: y = {a[4:0], a[7:5]};
         3'o6: y = {a[5:0], a[7:6]};
         default: y = {a[6:0], a[7]};
     endcase
endmodule
```

上述电路非常简单，但是当 amt 信号数值变大时就会非常笨拙。case 状态变多，就会需要很宽的数据选择器，导致综合起来困难，并会产生大的延时。所以我们可以考虑采用多级的思路来设计此电路，在第 n 级，输入信号要么选择直接输出，要么选择右移 2^n 位，第 n 级由 amt 控制信号的第 n 位控制，假设 amt(m2m1m0)信号为 3 bit，最大可以移动的位数为 $m_2 2^2 + m_1 2^1 + m_0 2^0$。代码如程序 4-14 所示。

【程序 4-14】　改进型桶型移位器。

```
module barrel_shifter_stage
  (
    input wire [7:0] a,
    input wire [2:0] amt,
    output wire [7:0] y
  );

  //信号声明
  wire [7:0] s0, s1;

   //主体部分
   // stage 0, shift 0 or 1 bit
   assign s0 = amt[0] ? {a[0], a[7:1]} : a;
   // stage 1, shift 0 or 2 bits
   assign s1 = amt[1] ? {s0[1:0], s0[7:2]} : s0;
   // stage 2, shift 0 or 4 bits
   assign y = amt[2] ? {s1[3:0], s1[7:4]} : s1;

endmodule
```

测试电路如下：

我们采用 8 位的拨码开关信号作为输入值，3 位按键开关作为 amt 信号，8 位 LED 发光二极管作为输出。这个测试非常简单，如程序 4-15 所示。

【程序 4-15】　测试电路。

```
module shifter_test
  (
    input wire [2:0] btn,
    input wire [7:0] sw,
    output wire [7:0] led
  );
  //例化移位寄存器
  barrel_shifter_stage shift_unit
    (.a(sw), .amt(btn), .y(led));
Endmodule
```

本章小结

在组合逻辑中 always 模块非常重要，也是容易出问题的地方，初学者一定要按照规范来使用它。本章重点是 always 模块在组合逻辑中的使用。下面列举要注意的细节：

(1) 每个变量只能在单个 always 模块中赋值；

(2) 描述组合逻辑电路采用阻塞赋值；

(3) 使用@* 来自动将所有的输入信号加入敏感量列表；

(4) 在 if 语句和 case 语句中，确保所有的分支都覆盖到；

(5) 确保所有的输出信号在所有分支中都有赋值；

(6) 为了确保上述两条能够成立，在 always 块开始给输出信号赋默认值；

(7) 虽然软件工具会自动加入“full case”和“parallel case”特性，最好建议在代码设计时就按照“full case”和“parallel case”的原则来设计；

(8) 注意使用不同的条件控制逻辑时，电路会采用不同的布线网络来综合；

(9) 设计的是硬件电路，一定要知道它最终综合成什么物理电路。

思考与练习

1．多功能桶型移位器设计

设计 8 bit 桶型移位电路，支持循环左移和右移，设置 1 位控制信号 lr，用来控制设计的方向。

(1) 进行电路设计，划分模块，包括三个部分：桶型右移电路、桶型左移电路、2 选 1 电路(选择右移还是左移)，编写这三个模块的 RTL 代码；

(2) 设计代码的 TestBench，使用仿真工具进行仿真；

(3) 综合电路，然后编程到 FPGA 中，对设计进行验证；

(4) 电路稍加改进，也可以设计成一个向前或者向后移位的循环回转电路，比如输入为 $a_7a_6a_5a_4a_3a_2a_1a_0$，结果输出为 $a_0a_1a_2a_3a_4a_5a_6a_7$，重复步骤(2)和(3)。

(5) 检查输出结构并和源输入进行对比，并计算所占用的逻辑单元和延迟时间；

(6) 改进程序，使之可以适用于 16 bit 数据操作，并综合代码，重复(1)～(5)步骤。

2．BCD 码产生器

BCD(binary-coded-decimal)码格式指的是用 4 bit 的二进制码代表十进制数字，比如十进制 25910 用 BCD 码格式表示为“0010 0101 1001”。BCD 码加法器就是对数字的 BCD 格式加 1，比如，“0010 0101 1001”(十进制格式为 259_{10})进行 BCD 码加法之后变成“0010 0110 0000”(十进制格式为 260_{10})。

(1) 设计一个 3 位数字 12 bit 的 BCD 加法器，并编写代码；

(2) 编写 TestBench 并使用仿真工具进行仿真；

(3) 利用测试平台进行测试验证，将结果显示在三位的七段数码管上；

(4) 综合电路，编程，下载到 FPGA，并进行验证。

第五章 时序逻辑设计

时序电路带有记忆功能，它包含有很多内部状态，其输出是输入与内部状态的函数。时序电路设计中常采用同步电路设计的原则。在同步电路中，所有存储单元被同一个全局时钟控制，数据的采集和存储在时钟的上升沿或下降沿发生，而且它允许将数据存储从电路中分离，从而最大程度地简化设计。同步设计方法在复杂的大型数字系统中非常重要，也是大多数情况综合、仿真以及测试的基本设计原则。本章所有关于时序电路的讨论都是基于同步电路的原理。

5.1 时序电路基础

时序电路之所以带有记忆功能，是因为其包含了带有存储功能的基本元件。其基本元件是 D 触发器(D-type Flip-Flop，DFF)，而多个 D 触发器又组成了寄存器(Register)，多个寄存器在一起又形成存储文件(Register File)，这些以 D 触发器为基本单元组成的存储元件按照同步电路的设计原理在时钟驱动下形成同步时序电路。本节重点介绍时序逻辑的基本元件和同步电路设计的基本原理。

5.1.1 时序电路基本存储单元

在时序电路中，最基本的存储器元件就是 D 触发器，其符号和真值表如图 5-1(a)所示，其作用是在时钟 clk 的上升沿采样信号 d 的值，然后存储到触发器(FF)当中。D 触发器可以包含一个异步复位信号来对触发器清零，基本符号表示和真值表如 5-1(b)所示。这里要注意，异步复位操作与时钟是无关的。图 5-1(c)为包含同步复位的 DFF 的基本符号表示和真值表。

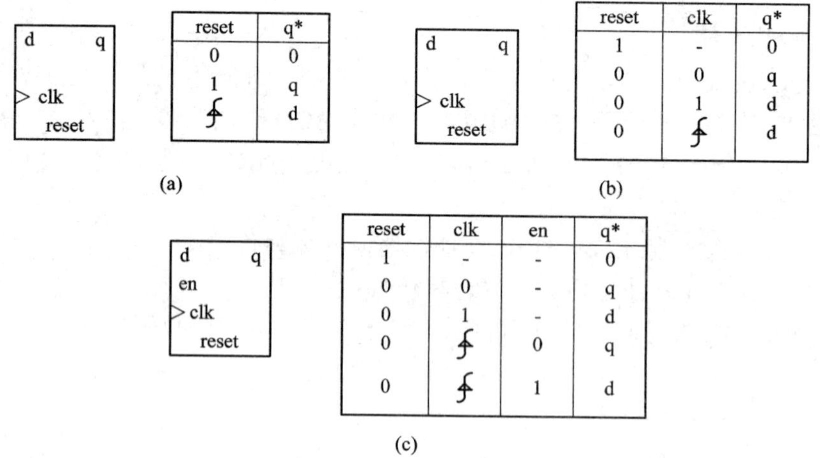

reset	q*
0	0
1	q
↑	d

reset	clk	q*
1	-	0
0	0	q
0	1	d
0	↑	d

reset	clk	en	q*
1	-	-	0
0	0	-	q
0	1	-	d
0	↑	0	q
0	↑	1	d

图 5-1 DFF 功能图以及真值表

D 触发器有三个重要的时序参数，分别是 t_{CQ}(时钟到数据输出延时)、t_{SU}(建立时间)和 t_{HOLD}(保持时间)。

(1) t_{CQ} 是指自时钟上升沿来临，信号传输到 q 寄存器所需要的时间。如图 5-2 所示。

(2) 建立时间 t_{SU} 是指时钟上升沿来临之前数据已经稳定的时间，是在时钟翻转(对于正沿触发寄存器为 0→1 的翻转)之前数据输入(d 端)必须有效的时间。

(3) 保持时间 t_{HOLD} 是指在时钟上升沿来临之后数据输入必须保持有效的时间。

t_{SU} 和 t_{HOLD} 的具体含义如图 5-2 描述更为直观和形象。

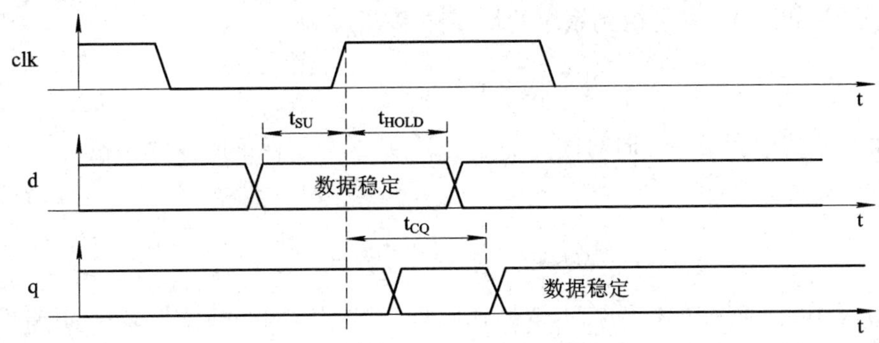

图 5-2　D 触发器的三种时序参数的定义

5.1.2　同步时序电路

1. 同步时序电路基本模型

同步时序电路由三部分组成：状态寄存器、下一状态逻辑模块、输出逻辑模块。其基本电路框图如图 5-3 所示。

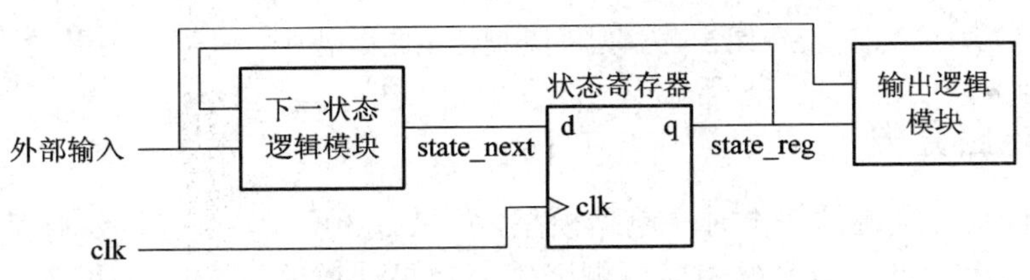

图 5-3　同步系统原理框图

(1) 状态寄存器是指由同一时钟信号控制的所有 D 触发器。

(2) 下一状态逻辑是指由外部输入和内部状态所决定的状态寄存器新的组合逻辑值，在下一个时钟沿有效。

(3) 输出逻辑是指在当前状态下的输出组合逻辑。

2. 系统最高工作频率

在时序电路设计中，往往最关注的是时序电路的最高工作频率，也就是确保系统时序不违犯建立时间和保持时间约束的同时，能够保证系统正常工作的最高时钟频率。通常在同步系统中，采用静态时序分析方法对单个 D 触发器进行时序电路分析。

时序电路最高工作频率用 f_{MAX} 来表示，它标志着电路执行的最高频率。对应 f_{MAX} 的倒数 $T_{clock}=1/f_{MAX}$，也就是两次采样时钟的时间间断，称为最小时钟周期。为了确保电路的正确操作，需要确保两次采样时钟的时间间隔一定要小于最小时钟周期，也就是说同步时序逻辑电路对时钟激励做出的响应是同时发生的，但是运行结果必须等到下一个时钟翻转时才能到下一级。为了保证时序电路的采集和处理的正确性，时钟周期必须能容纳电路中任何一级的最长延时 t_{LOGIC}，可以建立如图 5-4 所示的基本时序模型，时序电路正确工作要求的最小时钟为

$$t_{CLK} = t_{CQ} + t_{LOGIC} + t_{NET} + t_{SU} \tag{5-1}$$

那么通过公式(5-1)很容易得到系统的最高频率 f_{MAX} 为

$$f_{MAX} = 1 / t_{CLK} \tag{5-2}$$

假设寄存器的固有最小延时时间为 $t_{CQregister}$，那么为了保证时序电路正常工作，还需要如下的约束：

$$t_{CQregister} + t_{LOGIC} \geqslant t_{HOLD} \tag{5-3}$$

这一约束保证了时序元件的输入数据在时钟边沿之后能够维持足够长的时间，并且不会由于新进入的数据流而过早的改变。

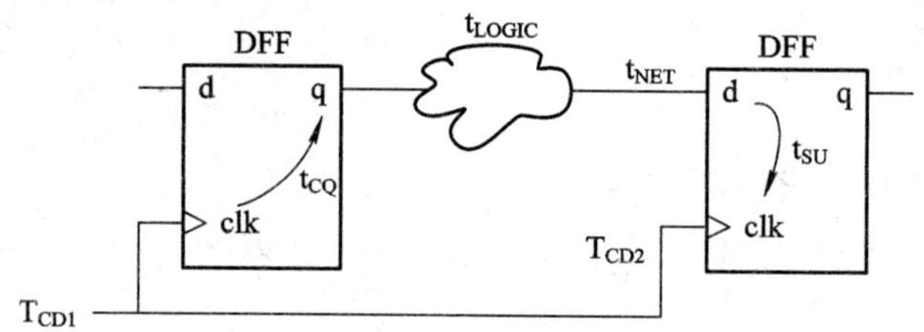

图 5-4　基本同步时序电路模型图

5.1.3　时序电路分类

时序电路代码开发遵循基本时序电路模型，如图 5-3 所示。关键是要将存储单元从系统中分离出来，因为一旦寄存器被隔离，剩余部分都是纯粹的组合逻辑电路，组合逻辑电路的编码与分析方法就可以完全按照第四章所讨论的方法处理。虽然这样也会使得代码相对冗繁，但是有利于电路结构的理解，而且可以避免意想不到的锁存器和缓存器产生。

根据时序电路的记忆特征，可以将其分成三类：

(1) 规则时序电路：状态变化具有规律性，如在计数器和移位寄存器中，下一状态逻辑是严格遵循一定规律的，如加法器、移位寄存器等都是规则时序电路。

(2) FSM 有限状态机：其下一状态逻辑变换不是按照简单可重复的模式进行的，而是“随机逻辑”，所以其应该称为“随机时序电路”，但通常称之为有限状态机电路。

(3) 带有数据路径的状态机：电路包括规则数据电路和有限状态机两部分。这两部分分别称为数据路径和控制路径。组合在一起称为带有数据路径的状态机。此电路主要使用寄存器传输方法来描述数学运算的电路。

关于此三种基本时序电路，后续章节将详细讨论。

5.2　时序电路基本单元的 HDL 描述

使用 HDL 语言来描述存储器程序非常简单，也有很多方法可以完成，然而对于初学者来说，往往会意料不到地描述出锁存器和缓冲器。所以这里不列举所有的存储器描述方式，而是介绍一种有效的编码模板来描述赋以代表意义的几种存储器单元。另外，由于我们开发的程序将寄存器和组合逻辑电路分开，所以这些存储单元的描述在别的例中也经常用到，具体包括如下：

(1) D 触发器；

(2) 寄存器；

(3) 寄存器文件。

所有存储器都可以用 always 模块来描述。如前面第四章所述，在时序逻辑中使用非阻塞描述方式来描述，其格式为

[变量名] <= [表达式]；

5.2.1　D 触发器

可以考虑三种 D 触发器：

(1) 不带异步复位的 D 触发器；

(2) 带异步复位的 D 触发器；

(3) 带同步使能的 D 触发器。

前两个为通用的寄存器元件，在任何元件库里就有，第三个由简单 D 触发器演变而来，也是使用频率非常高的寄存器元件，可以布线到 Spartan-3 器件的逻辑单元中。

1．不带异步复位的 D 触发器

不带异步复位的 D 触发器的真值表如图 5-1(a)所示。代码描述如程序 5-1 所示。

【程序 5-1】　不带异步复位的 D 触发器。

```
module d_ff
   (
      input wire clk,
      input wire d,
      output reg q
   );
   //程序主体
   always @(posedge clk)
      q <= d;
endmodule
```

上升沿用“posedge”描述，“posedge clk”列举在敏感量列表当中，关键字“posedge”表示时钟 clk 的变化是从逻辑“0”到逻辑“1”，也反映了 always 模块仅仅在时钟 clk 的上升沿才被激活，D 触发器激活的条件属于沿触发。注意到 d 信号不包含在敏态量列表当中，

所以 d 信号仅仅在时钟上升沿被采样，其本身值的变化不会激活任何语句执行。

2. 带异步复位的 D 触发器

如图 5-1(b)所示，D 触发器包含有一个异步复位信号。异步复位信号一旦有效，就将 D 触发器清零，而且它不被时钟控制，所以异步复位优先级高于采样操作。由于使用异步复位违背了同步设计的原则，一般不推荐使用，它主要用在系统的初始化，比如，可以通过一个小的复位脉冲，强制系统上电之后寄存器进入一个确定的状态。带异步复位的 D 触发器 HDL 描述如程序 5-2 所示。

【程序 5-2】 带异步复位的 D 触发器。

```
module d_ff_reset
  (
    input wire clk, reset,
    input wire d,
    output reg q
  );
  //程序主体
  always @(posedge clk, posedge reset)
    if (reset)
        q <= 1'b0;
    else
        q <= d;
endmodule
```

需要注意的是，“posedge reset”同样包括在敏态量列表中。因为 if 语句是有优先级的，所以 reset 一旦有效，q 被清零而与 clk 无关。

3. 带同步使能的 D 触发器

D 触发器往往增加一个 en 使能信号，en 信号有效时允许 D 触发器采样输入，信号无效时，触发器保持原值。由于 en 信号仅仅在时钟的上升沿采样，所以属于同步系统，其元件符号和真值表如图 5-1(c)所示。HDL 代码描述如程序 5-3 所示。

【程序 5-3】 带同步使能的 D 触发器。

```
module d_ff_en
  (
    input wire clk, reset,
    input wire en,
    input wire d,
    output reg q
  );

  //程序主体
  always @(posedge clk, posedge reset)
```

```
        if (reset)
            q <= 1'b0;
        else if (en)
            q <= d;
endmodule
```

注意：在第二个 if 语句后没有其他的分支。按照 Verilog 的定义，变量如果没有新值赋予，则保持原来的值；如果 en 为 0，则 q 保持原来的值，所以省略了“else”的分支描述。

D 触发器的使能经常用于系统的同步。比如，假设两个子系统运行频率分别为 50 MHz 和 1 MHz，分别称其为快速时钟和慢速时钟，如果要求慢速时钟与快速时钟同步，则除了使用分频器来产生 1 MHz 时钟来驱动低速系统，还可以通过产生周期性的使能时钟信号，控制每 50 个时钟周期里有一个时钟周期慢速子系统被使能，其他 49 个周期慢速子系统被禁止(保持原来的状态)。同样的方案也可以用于门控时钟信号。

由于“en”使能信号为同步信号，此电路也可以用 D 触发器和简单的状态逻辑来描述。代码如程序 5-4 所示，框图如图 5-5 所示。

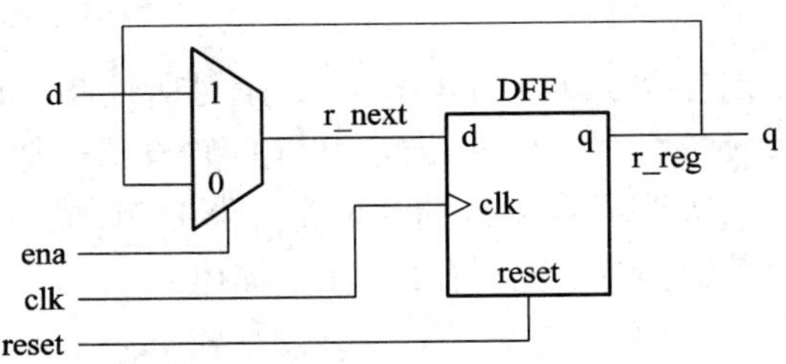

图 5-5　带同步使能的 DFF

【程序 5-4】　带同步使能的 DFF。

```
module d_ff_en_2seg
    (
     input wire clk, reset,
     input wire en,
     input wire d,
     output reg q
    );

    //信号声明
    reg r_reg, r_next;
    //程序主体
    //D FF
    always @(posedge clk, posedge reset)
        if (reset)
            r_reg <= 1'b0;
        else
```

```
        r_reg <= r_next;
    //下一状态逻辑
    always @*
        if (en)
            r_next = d;
        else
            r_next = r_reg;
    //输出逻辑
    always @*
        q = r_reg;
endmodule
```

程序中下一个输入值和寄存器输出值分别用带后缀 _next 和 _reg 的信号来表示，直接连接 D 触发器的 d 和 q 信号。程序 5-3 可以认为是简洁而且更加直观的描述。

5.2.2 寄存器

寄存器为 D 触发器的组合，同样被 clk 和 reset 信号所控制。和 D 触发器一样，也可以选择带有异步复位或同步使能信号。HDL 描述也与 D 触发器类似，唯一区别在于相关的输入输出信号为数组类型，比如带异步复位的 8 位寄存器 HDL 描述，如程序 5-5 所示。

【程序 5-5】　带异步复位的 8 位寄存器 HDL 描述。

```
module reg_reset
    (
     input wire clk, reset,
     input wire [7:0] d,
     output reg [7:0] q
    );
    //程序主体
    always @(posedge clk, posedge reset)
        if (reset)
            q <= 0;
        else
            q <= d;
endmodule
```

5.2.3 寄存器文件

寄存器文件是由多个寄存器，另加上一个输入端口和一个或多个输出端口组成的。写地址信号 w_addr，表明数据写的地址；读地址信号 r_addr，指定数据的来源地址。寄存器文件通常用来描述快速的临时存储。程序 5-6 描述了一个参数为 $2^W \times B$ 的寄存器文件。参数 W 描述地址的位宽，表明有 2^W 个字；参数 B 表示数据位宽，表示每个字中的数据位宽。

【程序 5-6】　参数为 2W × B 的寄存器文件。

```
module reg_file
   #(
    parameter B = 8,              //数据位宽参数
              W = 2               //地址位宽参数
   )
   (
    input wire clk,
    input wire wr_en,
    input wire [W-1:0] w_addr, r_addr,
    input wire [B-1:0] w_data,
    output wire [B-1:0] r_data
   );

   //信号声明
   reg [B-1:0] array_reg [2**W-1:0];
   //主体部分
   //写操作
   always @(posedge clk)
      if (wr_en)
         array_reg[w_addr] <= w_data;
   //读操作
   assign r_data = array_reg[r_addr];
endmodule
```

对于寄存器文件的 HDL 描述，和以前针对寄存器的描述不同：

首先，定义了一个二维数组：

```
reg [B-1:0] array_reg [2**W-1:0]
```

表示 array_reg 变量是一个数组，共有 2^W 个元素，每个元素数据类型为 reg 型，数据位宽为 B；

其次，w_addr 信号为写入数组的地址索引信号。描述非常简洁，而且 Xilinx 综合软件认识这种语句结构并能正确执行。针对数组的引用和赋值可以分别用 array_reg[…] = …和… = array_reg[…]来描述。

5.3 简单例程

5.3.1 移位寄存器

1. 自由移位寄存器

自由移位寄存器在每个时钟周期左移或者右移一位数据，没有任何控制信号。程序 5-7

为一个 N 位自由移位右移寄存器。

【程序 5-7】 N 位自由移位右移寄存器。

```
module free_run_shift_reg
  #(parameter N=8)//8 位自由移位
  (
   input wire clk, reset,
   input wire s_in,
   output wire s_out
  );

  //信号声明
  reg [N-1:0] r_reg;
  wire [N-1:0] r_next;
  //主体部分
  //寄存器
  always @(posedge clk, posedge reset)
     if (reset)
        r_reg <= 0;
     else
        r_reg <= r_next;

  //下一个逻辑状态
  assign r_next = {s_in, r_reg[N-1:1]};
  //输出逻辑
  assign s_out = r_reg[0];
endmodule
```

下一状态逻辑模块是 1 位移位寄存器。r_reg 寄存器被右移一位，然后将输入信号 s_in 插在最高位。由于 1 位移位寄存器仅仅连接输入输出信号，所以不需要消耗任何实际的逻辑资源。其传播延迟也就是组合逻辑所延迟的时间，对应的最高时钟频率 f_{max} 也仅与器件有关。

2. 通用移位寄存器

通用移位寄存器可以置入并行数据，进行左移、右移或者保持原来的状态的操作。它可以进行并—串转换操作(首先将所要转换的并行数据输入，然后进行移位)或者串—并转换操作(首先进行移位，然后进行并行输出)。功能控制用一个 2 位的控制信号 ctrl 来控制，HDL 代码如程序 5-8 所示。

【程序 5-8】 通用移位寄存器。

```
module univ_shift_reg
```

```
#(parameter N=8)
(
 input wire clk, reset,
 input wire [1:0] ctrl,
 input wire [N-1:0] d,
 output wire [N-1:0] q
);

//信号声明
reg [N-1:0] r_reg, r_next;
//主体部分
//寄存器
always @(posedge clk, posedge reset)
    if (reset)
        r_reg <= 0;
    else
        r_reg <= r_next;

//下一状态逻辑
always @*
   case(ctrl)
      2'b00: r_next = r_reg;                          //不进行操作
      2'b01: r_next = {r_reg[N-2:0], d[0]};           //左移
      2'b10: r_next = {d[N-1], r_reg[N-1:1]};         //右移
      default: r_next = d;                            //置数
   endcase
//输出逻辑
assign q = r_reg;
endmodule
```

程序中采用 4 选 1 的数据选择器来选择下一个逻辑值。需要注意的是，数据移位需要考虑移位的方向，即左移还是右移。

在 Xilinx Spartan-3E 器件中，4 输入查找表可以被配置为 16 × 1 的 SRAM。这些 SRAM 也同样可以被认为是 16 bit 的 1 位移位器。这样就可以用来综合上述的移位操作。

5.3.2　二进制计数器和变量

1．自由二进制计数器

以二进制方式顺序进行重复计数，比如，一个 4 位的二进制计数器，计数值从“0000”、

"0001"一直到"1111"，然后回到"0000"。程序 5-9 为一个 N 位的自由二进制计数器的例子。

【程序 5-9】　自由二进制计数器。

```
module free_run_bin_counter
    #(parameter N=8)
    (
     input wire clk, reset,
     output wire max_tick,
     output wire [N-1:0] q
    );

    //信号声明
    reg [N-1:0] r_reg;
    wire [N-1:0] r_next;

    //主体部分
    //寄存器部分
    always @(posedge clk, posedge reset)
        if (reset)
            r_reg <= 0;   // {N{1b'0}}
        else
            r_reg <= r_next;

    //下一状态逻辑
    assign r_next = r_reg + 1;
    //输出逻辑
    assign q = r_reg;
    assign max_tick = (r_reg==2**N-1) ? 1'b1 : 1'b0;
endmodule
```

本程序中"下一状态逻辑"模块为一个加法器，对当前数值进行加 1 操作；当计数器满后(r_reg 值为"1…1")，计数器清零。在本程序中还有一个 max_tick 标志信号，当计数器达到最大值时，"max_tick"信号输出 1。max_tick 信号有效时间为一个时钟周期，所以常称其为脉冲(tick)信号，经常作为其他时序电路的同步使能信号。

2. 通用二进制计数器

通用二进制计数器要灵活的多，可以实现升序或降序计数、暂停、输入特殊值、同步清零等功能。其功能见表 5-1。要注意 reset 和 syn_clk 两个信号的区别，前者为异步信号，且仅用于系统的初始化，后者在每个时钟上升沿采样，可以被用在普通的同步设计中。HDL 描述见程序 5-10。

表 5-1　通用二进制计数器功能表

syn_clr	load	en	up	q*	操　作
1	-	-	-	00…00	同步清零
0	1	-	-	d	并行置数
0	0	1	1	q+1	加法计数
0	0	1	0	q-1	减法计数
0	0	0	-	q	暂停

【程序 5-10】　通用二进制计数器。

```
module univ_bin_counter
   #(parameter N=8)
   (
    input wire clk, reset,
    input wire syn_clr, load, en, up,
    input wire [N-1:0] d,
    output wire max_tick, min_tick,
    output wire [N-1:0] q
   );

   //信号声明
   reg [N-1:0] r_reg, r_next;
   //主体部分
   //寄存器部分
   always @(posedge clk, posedge reset)
      if (reset)
         r_reg <= 0;
      else
         r_reg <= r_next;
   //下一状态逻辑
   always @*
      if (syn_clr)
         r_next = 0;
      else if (load)
         r_next = d;
      else if (en & up)
         r_next = r_reg + 1;
      else if (en & ~up)
          r_next = r_reg - 1;
      else
```

```
            r_next = r_reg;
    //输出逻辑
    assign q = r_reg;
    assign max_tick = (r_reg==2**N-1) ? 1'b1 : 1'b0;
    assign min_tick = (r_reg==0) ? 1'b1 : 1'b0;
endmodule
```

根据真值表的逻辑，下一状态逻辑用 always 模块来描述，包含一条 if 语句来规定操作的优先级。

3．模 M 计数器

模 M 计数器指的是计数器从 0 计数直到 M−1，然后清零。如程序 5-11 为一个模 M 的计数器的例子，参数 M 为计数值，N 为计数值的位数，那么 N 的值为 lbM(即 $\log_2 M$)。程序 5-11 的模 M 为 10。

【程序 5-11】　模 10 计数器。

```
module mod_m_counter
    #(
     parameter N=4,              //计数器位宽
               M=10              //模 10 计数器
    )
    (
     input wire clk, reset,
     output wire max_tick,
     output wire [N-1:0] q
    );

    //信号声明
    reg [N-1:0] r_reg;
    wire [N-1:0] r_next;

    //主体部分
    //寄存器部分
    always @(posedge clk, posedge reset)
        if (reset)
            r_reg <= 0;
        else
            r_reg <= r_next;


    //下一状态逻辑
    assign r_next = (r_reg==(M-1)) ? 0 : r_reg + 1;
    //输出逻辑
```

```
    assign q = r_reg;
    assign max_tick = (r_reg==(M-1)) ? 1'b1 : 1'b0;
endmodule
```

以上代码中下一状态逻辑由条件操作符组成。如果计数器达到 M-1，则计数器清零，否则计数器加 1。

参数 N 依赖于参数 M，可以定义一个函数来通过 M 计算 N 的值。后续章节将谈及。

5.4　时序电路的 TestBench

TestBench 是缩小的物理实验室测试。本章以通用二进制计数器为例，讨论针对时序电路的简单测试电路设计，也可以套用在别的时序电路测试上。HDL 代码如 5-12 所示。

【程序 5-12】　二进制计数器 TestBench。

```
'timescale 1 ns/10 ps
   //'timescale 定义仿真单位时间为 1 ns，精度为 10 ps
module bin_counter_tb();
   //在 Testbench 中无需定义端口
   //信号声明
   localparam   T=20;            //时钟周期
   reg clk, reset;
   reg syn_clr, load, en, up;
   reg [2:0] d;
   wire max_tick, min_tick;
   wire [2:0] q;
   //例化被测试单元
   univ_bin_counter #(.N(3)) uut
      (.clk(clk), .reset(reset), .syn_clr(syn_clr),
       .load(load), .en(en), .up(up), .d(d),
       .max_tick(max_tick), .min_tick(min_tick), .q(q));

   //产生周期为 20 ns 的时钟信号
   always
   begin
      clk = 1'b1;
      #(T/2);
      clk = 1'b0;
      #(T/2);
   end
   //产生 reset 信号，信号宽度为半个 clk
   initial
```

```
begin
   reset = 1'b1;
   #(T/2);
   reset = 1'b0;
end

//其它激励
initial
begin
    //==== initial 输入 =====
    syn_clr = 1'b0;
    load = 1'b0;
    en = 1'b0;
    up = 1'b1;                    //加法计数
    d = 3'b000;
    @(negedge reset);             //等待 reset 信号有效
    @(negedge clk);               //等待一个时钟周期
    // ==== 测试置数=====
    load = 1'b1;
    d = 3'b011;
    @(negedge clk);               //等待一个时钟周期
    load = 1'b0;
    repeat(2) @(negedge clk);
    // ==== test syn_clear ====
    syn_clr = 1'b1;                    //clear 信号有效
    @(negedge clk);
    syn_clr = 1'b0;
    // ==== 测试加法计数和暂停 ====
    en = 1'b1;                         //计数
    up = 1'b1;
    repeat(10) @(negedge clk);
    en = 1'b0;                         //暂停
    repeat(2) @(negedge clk);
    en = 1'b1;
    repeat(2) @(negedge clk);
    // ==== 测试减法计数 ====
    up = 1'b0;
    repeat(10) @(negedge clk);
    // ==== 等待状态====
```

```
        wait(q==2);
        @(negedge clk);
        up = 1'b1;
        //等待 min_tick 为 1
        @(negedge clk);
        wait(min_tick);
        @(negedge clk);
        up = 1'b0;
        // ==== 绝对时间延迟  ====
        #(4*T);                    //等待 80 ns
        en = 1'b0;                 //暂停
        #(4*T);                    //等待 80 ns
        // ==== 仿真停止  ====
        // 返回仿真
        $stop;
    end
endmodule
```

在以上 TestBench 中包含了三个部分的内容：时钟信号产生、复位信号产生和功能验证输入。

时钟信号产生用 always 模块产生：

```
always
begin
  clk = 1'b1;
  #(T/2);
  clk = 1'b0;
  #(T/2);
end
```

其中 T 为常数，表示为 T 个时间周期，它定义为

```
localparam  T=20;    //时钟周期
```

注意：在 always 模块中没有敏感量列表，并且无限地重复执行。clk 信号不断重复输出 0 和 1，0 和 1 各占半个时钟周期。

复位信号用 initial 模块产生：

```
initial
begin
  reset = 1'b1;
  #(T/2);
  reset = 1'b0;
end
```

initial 模块在仿真开始时立即执行。将 reset 信号初始化为 1，半个时钟周期之后 reset

信号赋值为 0，主要用来实现“上电复位”的功能。注意：在默认情况下，变量为不定状态。可以使用复位信号对系统的所有寄存器进行初始化，使之保持一个固定的状态。

第二个 initial 模块为其他输入信号产生激励。首先测试 load 和 clear 信号，然后测试两个方向的计数，最后用 $stop 强制仿真结束。

对于同步系统来说，由触发器的沿来对输入数据采样。要求输入数据必须在时钟的上升沿附近稳定，并能够满足建立时间和保持时间的约束。一种简单的方法就是在时钟的下降沿时刻改变输入信号的值，可以用下列语句实现：

```
@(negedge clk);
```

“negedge”表明在时钟从 1 变为 0 的时刻发生变化。注意：每一个新的下降沿来临时，所有的语句都要执行一次，所以在应用中对于多个时钟周期操作可以用如下语句：

```
repeat(10) @(negedge clk); //重复 10 次
```

在 initial 模块后面有很多条件时间控制，如“当 q 值为 2”表示为

```
wait(q= =2);
```

或者当信号 min_tick 为 1：

```
wait(min_tick);
```

或者等待绝对时间为 4 × T：

```
#(4*T);
```

如果输入信号在这些语句之后改变了，则需要保证输入数据不在时钟上升沿改变，如果需要，则需加上语句：

```
@(negedge clk)
```

编译和仿真代码之后，波形如图 5-6 所示。

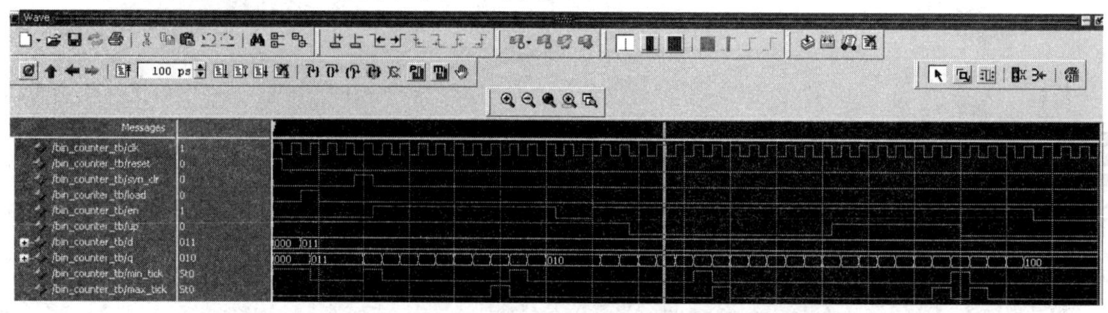

图 5-6　仿真波形图

5.5　工 程 实 践

5.5.1　LED 时序动态选择电路

S3 开发板上有 4 个数码管。每个数码管包括七个数码段和一个小数点，因而每个数码管需要的信号线为 8 根数据线和一根使能线，总共 9 根线。四位数码管需要 FPGA 的 I/O 口数为 36，数目相当可观。为了减少对 FPGA 的 I/O 口使用，S3 开发板用时序动态扫描的方式来驱动 4 位数码管。每个数码管有一个使能信号(低有效)，8 根数据线共用，硬件连线方

式如图 5-7 所示，比如要显示“3”在最右端 LED 上，使能信号输出为“1110”，选通最右端 LED，数据线输出显示信号为“00001101”。按照这样的方式连线，每一时刻只能使能一个数码管，所以如果要点亮四个数码管，则需要轮流使能每个数码管，如图 5-8 所示时序。如果刷新足够快，则可以欺骗人眼，看不到数码管有灭掉的时刻，这样就可以实现在不同时刻数码管显示不同的字符，但是视觉上每个数码管同时显示不同的数字。这样一来，通过时序动态扫描电路将 I/O 口从 36 个降低到 12 个。下面讲解动态扫描电路的具体原理。

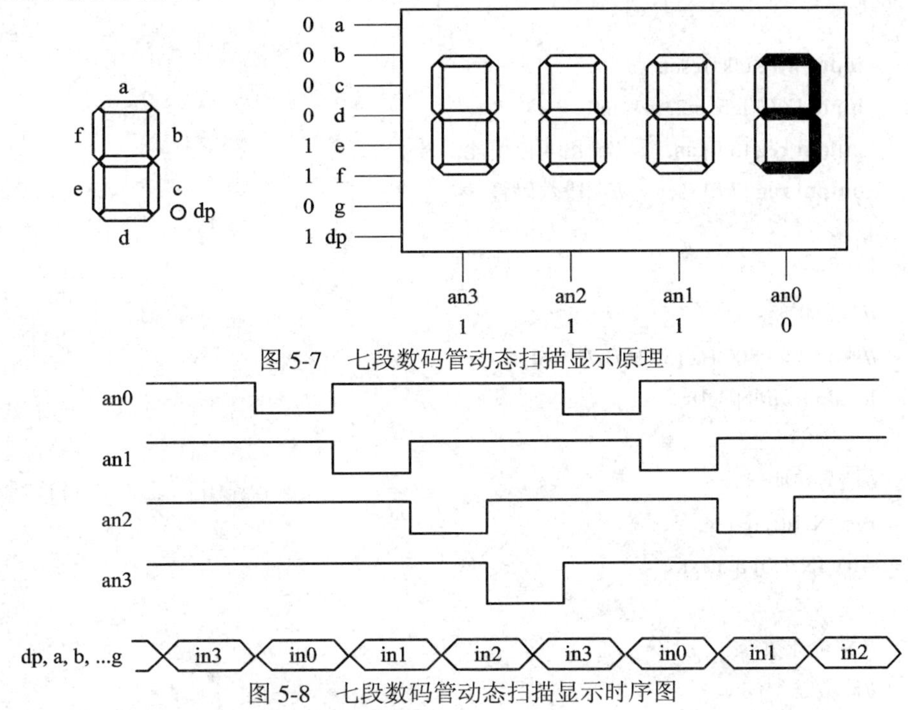

图 5-7　七段数码管动态扫描显示原理

图 5-8　七段数码管动态扫描显示时序图

1．动态 LED 时序扫描电路

电路框图如图 5-9 所示，有四个七段数码管的十六进制数据输入：in0、in1、in2、in3，根据使能信号状态输出到 sseg 端口。

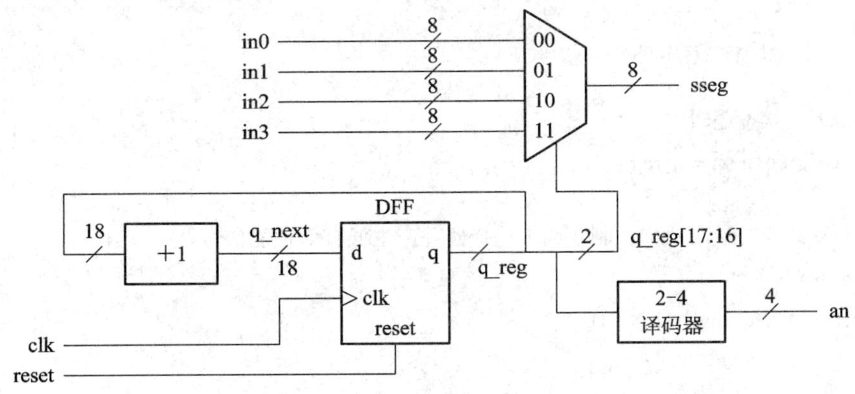

图 5-9　动态扫描电路框图

动态刷新电路的数码管使能信号需要足够快，以致可以欺骗人眼。但是也不能太快，太快了 LED 就会完全显示在亮或者灭的状态。实践证明，刷新率在 1000 Hz 左右时可以工作正常。所以在我们设计中，采用 18 bit 的计数器，最高两位信号用来产生 LED 使能信号并且用做 LED 数据选择信号。对于每个数码管来说，刷新率为 $\frac{50\,\text{M}}{2^{16}}$ Hz，大约 800 Hz。代码如程序 5-13 所示。

【程序 5-13】　七段数码管动态刷新电路。

```
module disp_mux
  (
   input wire clk, reset,
   input [7:0] in3, in2, in1, in0,
   output reg [3:0] an,      //输出 4 位使能信号
   output reg [7:0] sseg     //七段数码管
  );

  //常数声明
  //刷新率约 800 Hz (50 MHz/2^16)
  localparam N = 18;

  //信号声明
  reg [N-1:0] q_reg;
  wire [N-1:0] q_next;

  // N 位计数器
  //计数器
  always @(posedge clk,  posedge reset)
     if (reset)
        q_reg <= 0;
     else
        q_reg <= q_next;

  //下一状态逻辑
  assign q_next = q_reg + 1;

  //计数器的最高两位控制 4 选 1 选择器并产生低有效使能信号
  always @*
     case (q_reg[N-1:N-2])
        2'b00:
           begin
              an = 4'b1110;
              sseg = in0;
```

```
            end
        2'b01:
            begin
                an =    4'b1101;
                sseg = in1;
            end
        2'b10:
            begin
                an =    4'b1011;
                sseg = in2;
            end
        default:
            begin
                an =    4'b0111;
                sseg = in3;
            end
      endcase
endmodule
```

下面按照图 5-10 所示的电路测试此电路。采用 8 位寄存器存储 LED 要显示的图案，作为每个数码管的显示输入。但是每个数码管都有单独的使能信号(用按键控制)，当按键按下时，对应 LED 数码管寄存器使能并将显示图案加载到对应的寄存器当中。对应的代码如程序 5-14 所示。

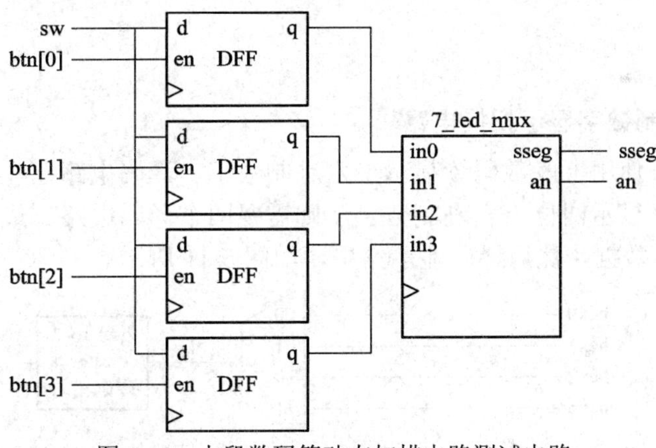

图 5-10　七段数码管动态扫描电路测试电路

【程序 5-14】　七段数码管动态扫描测试电路。

```
module disp_mux_test
   (
    input wire clk,
    input wire [3:0] btn,
    input wire [7:0] sw,
```

```
  output wire [3:0] an,
  output wire [7:0] sseg
 );

 //信号声明
 reg [7:0] d3_reg, d2_reg, d1_reg, d0_reg;

 //例化七段数码管动态扫描电路
 disp_mux disp_unit
     (.clk(clk), .reset(1'b0), .in0(d0_reg), .in1(d1_reg),
      .in2(d2_reg), .in3(d3_reg), .an(an), .sseg(sseg));

 //4 位数码管显示寄存器
 always @(posedge clk)
 begin
     if (btn[3])
         d3_reg <= sw;
     if (btn[2])
         d2_reg <= sw;
     if (btn[1])
         d1_reg <= sw;
     if (btn[0])
         d0_reg <= sw;
  end
endmodule
```

2．动态十六进制数字显示扫描电路

大多数情况下，使用七段数码管显示十六进制数字。译码电路已在第四章介绍，如果要采用动态扫描电路显示四位十六进制数字，则需要四个译码电路。最好的办法是首先多路选择十六进制显示数据，然后译码显示结果，如图 5-11 所示。

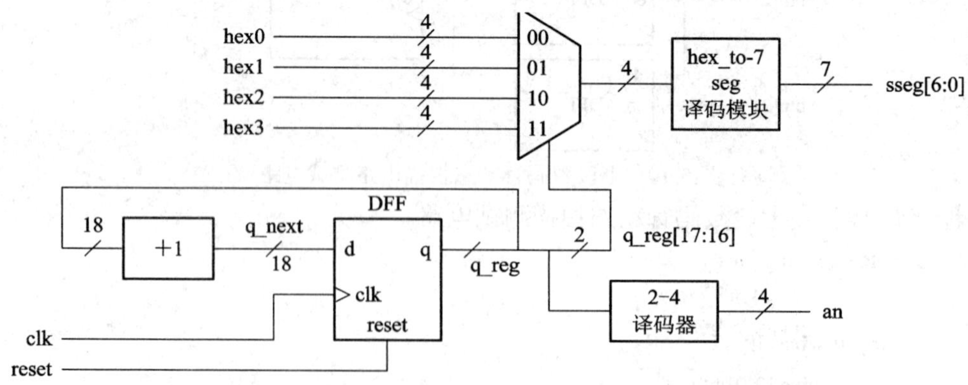

图 5-11　七段数码管十六进制数值显示动态扫描框图

此方案需要一个译码电路，并将 4 选 1 选择器的位宽从 8 位降低到 5 位(4 位为十六进制数据，1 位为小数点)。另外有 clk 和 reset 信号，输出包括数码管使能信号和数码管输出数值。具体代码如程序 5-15 所示。

【程序 5-15】　十六进制七段数码管显示程序。

```
module disp_hex_mux
  (
   input wire clk, reset,
   input wire [3:0] hex3, hex2, hex1, hex0,        //十六进制输入显示数据
   input wire [3:0] dp_in,                          //4 位小数点位
   output reg [3:0] an,                             //4 选 1 LED 使能信号
   output reg [7:0] sseg                            //七段数码管
  );

  //常数声明刷新率约为 800 Hz (50 MHz/2^16)
  localparam N = 18;
  //内部信号声明
  reg [N-1:0] q_reg;
  wire [N-1:0] q_next;
  reg [3:0] hex_in;
  reg dp;

  // N 位计数器
  //寄存器描述
  always @(posedge clk, posedge reset)
     if (reset)
        q_reg <= 0;
     else
        q_reg <= q_next;

  //下一状态逻辑
  assign q_next = q_reg + 1;
  //计数器的最高两位控制 4 选 1 选择器并产生低有效使能信号
  always @*
     case (q_reg[N-1:N-2])
        2'b00:
           begin
              an = 4'b1110;
              hex_in = hex0;
              dp = dp_in[0];
```

```
            end
        2'b01:
            begin
                an =   4'b1101;
                hex_in = hex1;
                dp = dp_in[1];
            end
        2'b10:
            begin
                an =   4'b1011;
                hex_in = hex2;
                dp = dp_in[2];
            end
        default:
            begin
                an =   4'b0111;
                hex_in = hex3;
                dp = dp_in[3];
            end
      endcase
//七段数码管显示十六进制数
always @*
begin
    case(hex_in)
        4'h0: sseg[6:0] = 7'b0000001;
        4'h1: sseg[6:0] = 7'b1001111;
        4'h2: sseg[6:0] = 7'b0010010;
        4'h3: sseg[6:0] = 7'b0000110;
        4'h4: sseg[6:0] = 7'b1001100;
        4'h5: sseg[6:0] = 7'b0100100;
        4'h6: sseg[6:0] = 7'b0100000;
        4'h7: sseg[6:0] = 7'b0001111;
        4'h8: sseg[6:0] = 7'b0000000;
        4'h9: sseg[6:0] = 7'b0000100;
        4'ha: sseg[6:0] = 7'b0001000;
        4'hb: sseg[6:0] = 7'b1100000;
        4'hc: sseg[6:0] = 7'b0110001;
        4'hd: sseg[6:0] = 7'b1000010;
        4'he: sseg[6:0] = 7'b0110000;
```

```
            default: sseg[6:0] = 7'b0111000;   //4'hf
        endcase
        sseg[7] = dp;
    end
endmodule
```

为了验证此电路，可以采用开发板上的八位拨码开关作为两个四位无符号数值的输入，将此值进行相加，采用四个七段数码管显示这两个四位无符号值并显示它们的和。具体代码如程序 5-16 所示。

【程序 5-16】 十六进制七段数码显示电路的验证电路。

```
module hex_mux_test
   (
    input wire clk,
    input wire [7:0] sw,
    output wire [3:0] an,
    output wire [7:0] sseg
   );

   //信号声明
   wire [3:0] a, b;
   wire [7:0] sum;

   //七段数码管 LED 显示模块
   disp_hex_mux disp_unit
      (.clk(clk), .reset(1'b0),
       .hex3(sum[7:4]), .hex2(sum[3:0]), .hex1(b), .hex0(a),
       .dp_in(4'b1011), .an(an), .sseg(sseg));

   //加法器
   assign a = sw[3:0];
   assign b = sw[7:4];
   assign sum = {4'b0,a} + {4'b0,b};

endmodule
```

3. 仿真

上述时序电路速度都非常低，比如动态扫描电路，数码管的使能信号由一个 18 位的计数器产生，这个计数器在程序中是这样使用的：

```
localparam N = 18;
//内部信号声明
```

```
reg [N-1:0] q_reg;
wire [N-1:0] q_next;
assign q_next = q_reg + 1;
```

由于计数器数值非常大，所以在仿真时要注意，其实我们感兴趣的只是动态扫描的使能信号变化的接口部分电路，所以没有必要花大量时间仿真我们不关注的计数器电路工作波形，因而应该采用一个小的计数器来仿真。可以定义计数器为 4 位，如：

```
localparam N = 4;
```

这样一来，编写 TestBench，仿真周期仅仅需要 2^4 个时钟周期，关注接口部分关键电路就可以了。这里我们同样可以体会到使用参数的方便之处，仅仅需要修改参数就可以方便地进行仿真和综合之间的切换。

5.5.2　秒表设计

考虑秒表的设计流程：秒表显示时间采用三个七段数码管，计数从 00.0 到 99.9，另外还有清零功能，所以包含一个同步清零信号 clr；另外还有一个使能信号 go，用来使能或者停止计数。设计采用 BCD 码计数器，采用 BCD 格式计数，一位十进制数值采用多个 4 bit 的 BCD 码表示，比如 138_{10} 表示为“0001 0011 1000”。

由于开发板上面的时钟为 50MHz，我们首先需要一个模 5 000 000 计数器产生一个 0.1 秒的时钟，用它来使能三个 BCD 码计数器。

1．设计方法一

设计一个嵌套模 10 计数器(BCD 码)，代表 0.1 秒、1 秒和 10 秒。十进制计数器除了使能信号之外，在计数到 9 时还可以产生一个时钟宽度的脉冲信号。可以用这个脉冲信号将三个计数器关联起来，例如，10 秒计数器使能的条件是模 5 000 000 计数器有效并产生一个时钟的脉冲的同时，0.1 秒和 1 秒计数器都为 9。具体代码如程序 5-17 所示。

【程序 5-17】　嵌套模 10 计数器。

```
module stop_watch_cascade
   (
    input wire clk,
    input wire go, clr,
    output wire [3:0] d2, d1, d0
   );

   //信号声明
   localparam   DVSR = 5000000;
   reg [22:0] ms_reg;
   wire [22:0] ms_next;
   reg [3:0] d2_reg, d1_reg, d0_reg;
   wire [3:0] d2_next, d1_next, d0_next;
   wire d1_en, d2_en, d0_en;
```

```
wire ms_tick, d0_tick, d1_tick;

//主体部分
//寄存器逻辑
always @(posedge clk)
begin
    ms_reg <= ms_next;
    d2_reg <= d2_next;
    d1_reg <= d1_next;
    d0_reg <= d0_next;
end

//下一状态逻辑
//用模 5 000 000 产生 0.1 秒计数器
assign ms_next = (clr || (ms_reg==DVSR && go)) ? 4'b0 :
                                    (go) ? ms_reg + 1 :
                                           ms_reg;
assign ms_tick = (ms_reg==DVSR) ? 1'b1 : 1'b0;
//0.1 秒计数器
assign d0_en = ms_tick;
assign d0_next = (clr || (d0_en && d0_reg==9)) ? 4'b0 :
                              (d0_en) ? d0_reg + 1 :
                                        d0_reg;
assign d0_tick = (d0_reg==9) ? 1'b1 : 1'b0;
//1 秒计数器
assign d1_en = ms_tick & d0_tick;
assign d1_next = (clr || (d1_en && d0_reg==9)) ? 4'b0 :
                              (d1_en) ? d1_reg + 1 :
                                        d1_reg;
assign d1_tick = (d1_reg==9) ? 1'b1 : 1'b0;

//10 秒计数器
assign d2_en = ms_tick & d0_tick & d1_tick;
assign d2_next = (clr || (d2_en && d2_reg==9)) ? 4'b0 :
                              (d2_en) ? d2_reg + 1 :
                                        d2_reg;

//输出逻辑
assign d0 = d0_reg;
```

```
    assign d1 = d1_reg;
    assign d2 = d2_reg;
endmodule
```

注意：所有的寄存器都由同一时钟控制。以上例子展示了如何采用单时钟脉冲信号同步整个系统。为了实现这个目的，更差的办法就是用低一级的计数器输出作为下一级时钟信号。虽然操作起来非常简单，但却是同步电路设计中的一个普遍的原则，希望读者仔细体会和理解。

2．设计方法二

用三个 BCD 码计数器通过 if 嵌套语句来描述整个电路结构，嵌套条件来控制计数器达到 0.9 秒、9.9 秒和 99.9 秒，具体代码如程序 5-18 所示。

【程序 5-18】 嵌套方式描述三个 BCD 码。

```
module stop_watch_if
    (
     input wire clk,
     input wire go, clr,
     output wire [3:0] d2, d1, d0
    );

    //信号声明
    localparam   DVSR = 5000000;
    reg [22:0] ms_reg;
    wire [22:0] ms_next;
    reg [3:0] d2_reg, d1_reg, d0_reg;
    reg [3:0] d2_next, d1_next, d0_next;
    wire ms_tick;

    //主体部分
    //寄存器逻辑
    always @(posedge clk)
    begin
        ms_reg <= ms_next;
        d2_reg <= d2_next;
        d1_reg <= d1_next;
        d0_reg <= d0_next;
    end

    //下一状态逻辑
    //采用模 5 000 000 计数器产生 0.1 秒计数器
```

```
assign ms_next = (clr || (ms_reg==DVSR && go)) ? 4'b0 :
                                                  (go) ? ms_reg + 1 :
                                                      ms_reg;
assign ms_tick = (ms_reg==DVSR) ? 1'b1 : 1'b0;
//3 位 BCD 计数器
always @*
begin
   //默认保持原值
   d0_next = d0_reg;
   d1_next = d1_reg;
   d2_next = d2_reg;
   if (clr)
      begin
         d0_next = 4'b0;
         d1_next = 4'b0;
         d2_next = 4'b0;
      end
   else if (ms_tick)
      if (d0_reg != 9)
         d0_next = d0_reg + 1;
      else                          //计数达到 XX9
         begin
            d0_next = 4'b0;
            if (d1_reg != 9)
               d1_next = d1_reg + 1;
            else                    //计数达到 X99
               begin
                  d1_next = 4'b0;
                  if (d2_reg != 9)
                     d2_next = d2_reg + 1;
                  else              //计数达到 999
                     d2_next = 4'b0;
               end
         end
end

//输出逻辑
assign d0 = d0_reg;
assign d1 = d1_reg;
```

```
    assign d2 = d2_reg;

endmodule
```

3．验证电路

为了验证秒表电路，可以采用前面学过的动态七段数码管扫描电路来显示秒表的输出。具体代码如程序 5-19 所示。注意：开始时的数码管值为 0；另外，go 和 clr 信号需要映射到开发板的按键上去。

【程序 5-19】 秒表验证电路。

```
module stop_watch_test
    (
     input wire clk,
     input wire [1:0] btn,
     output wire [3:0] an,
     output wire [7:0] sseg
    );

    //信号声明
    wire [3:0]   d2, d1, d0;

    //初始化七段数码管显示模块
    disp_hex_mux disp_unit
        (.clk(clk), .reset(1'b0),
         .hex3(4'b0), .hex2(d2), .hex1(d1), .hex0(d0),
         .dp_in(4'b1101), .an(an), .sseg(sseg));

    //例化秒表模块
    stop_watch_if counter_unit
        (.clk(clk), .go(btn[1]), .clr(btn[0]),
         .d2(d2), .d1(d1), .d0(d0) );

endmodule
```

5.5.3 FIFO 缓冲器设计

FIFO(First-In-First-Out)缓冲器是两个子系统之间数据交换的一个弹性存储空间，常用于不同时钟域之间的数据异步交换。如图 5-12 所示为 FIFO 缓冲器的读写结构图。FIFO 缓冲器由两个控制信号 rd 和 wr 控制读写操作。当 wr 有效时，输入数据写入缓冲器，而 FIFO 缓冲器的指针头部经常处于有效状态，所以可以随时读取；rd 信号也可以理解为一个“移除”信号，当它有效时，当前 FIFO 缓冲器单元的数据被移除，下一个单元数据有效。

图 5-12　FIFO 缓冲器的读写结构图

1. 基于队列操作的应用

实现 FIFO 缓冲器的一种方法是针对寄存器文件增加一个 FIFO 控制电路以完成 FIFO 的构建。在寄存器文件中，寄存器排列成带有读写指针的队列，写指针指向队列的开头，读指针指向队列的末尾。每次读写操作都会使指针加 1。8 个存储单元的队列操作如图 5-13 所示。

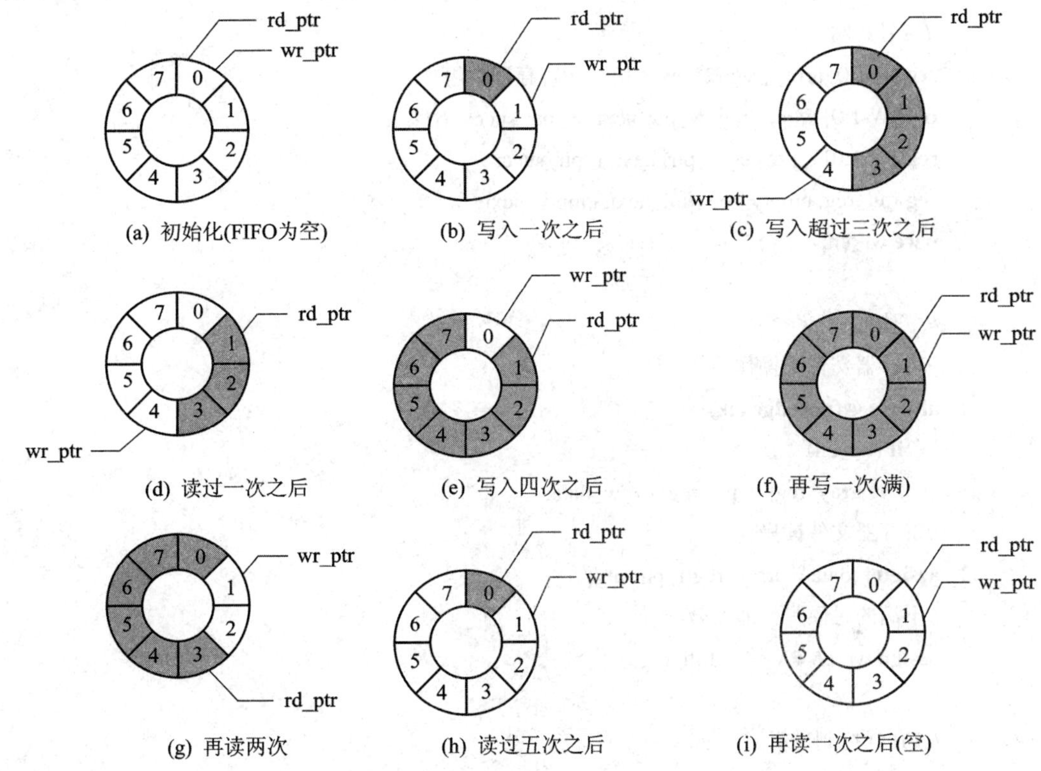

图 5-13　FIFO 缓冲器读写时序图

FIFO 缓冲器通常包含两个状态信号：full 和 empty，用来指示 FIFO 处于满状态(不能再进行写操作)和空状态(不能再进行读操作)。然而不管哪种情况发生，读写指针值都会相同，那么对于控制器来说，最大的困难在于分辨到底是哪种情况发生了。可以采用两个寄存器来追踪空和满状态，初始化时寄存器分别设置为 1 和 0，然后通过 wr 和 rd 信号来修改其值。具体代码如程序 5-20 所示。

【程序 5-20】　FIFO 控制器。

```
module fifo
  #(
   parameter B=8,              //数据位宽
             W=4               //地址位宽
```

```
)
(
  input wire clk, reset,
  input wire rd, wr,
  input wire [B-1:0] w_data,
  output wire empty, full,
  output wire [B-1:0] r_data
);

//信号声明
reg [B-1:0] array_reg [2**W-1:0];    //寄存器数组
reg [W-1:0] w_ptr_reg, w_ptr_next, w_ptr_succ;
reg [W-1:0] r_ptr_reg, r_ptr_next, r_ptr_succ;
reg full_reg, empty_reg, full_next, empty_next;
wire wr_en;

//主体部分
//寄存器文件写操作
always @(posedge clk)
    if (wr_en)
        array_reg[w_ptr_reg] <= w_data;
//寄存器文件读操作
assign r_data = array_reg[r_ptr_reg];
//不满的时候写使能有效
assign wr_en = wr & ~full_reg;

// FIFO 控制逻辑
//寄存器读写指针
always @(posedge clk, posedge reset)
    if (reset)
        begin
            w_ptr_reg <= 0;
            r_ptr_reg <= 0;
            full_reg <= 1'b0;
            empty_reg <= 1'b1;
        end
    else
        begin
            w_ptr_reg <= w_ptr_next;
```

```
            r_ptr_reg <= r_ptr_next;
            full_reg <= full_next;
            empty_reg <= empty_next;
        end

//读写指针的下一状态逻辑
always @*
begin
    // 指针加 1 操作
    w_ptr_succ = w_ptr_reg + 1;
    r_ptr_succ = r_ptr_reg + 1;
    //默认保持原值
    w_ptr_next = w_ptr_reg;
    r_ptr_next = r_ptr_reg;
    full_next = full_reg;
    empty_next = empty_reg;
    case ({wr, rd})
        // 2'b00: 不做操作
        2'b01:                              //读操作
            if (~empty_reg)             //非空
                begin
                    r_ptr_next = r_ptr_succ;
                    full_next = 1'b0;
                    if (r_ptr_succ==w_ptr_reg)
                        empty_next = 1'b1;
                end
        2'b10:                              //写操作
            if (~full_reg)              //非满
                begin
                    w_ptr_next = w_ptr_succ;
                    empty_next = 1'b0;
                    if (w_ptr_succ==r_ptr_reg)
                        full_next = 1'b1;
                end
        2'b11: //写和读
            begin
                w_ptr_next = w_ptr_succ;
                r_ptr_next = r_ptr_succ;
            end
```

```
            endcase
        end

        //输出
        assign full = full_reg;
        assign empty = empty_reg;
    endmodule
```

程序包括两部分：寄存器文件和 FIFO 控制器。控制器包括两个指针和两个状态标志寄存器。下一状态逻辑首先检查 wr 和 rd 信号，然后进行相应操作。比如考虑“10”状态，表示仅有一个写操作发生，状态指示寄存器进行检查并确保缓冲器不满；如果条件满足，则写指针加 1 并清除空状态寄存器标志；如果写指针与读指针值相等(w_prt_succ == r_ptr_reg)，再额外存储一个单元的数据，则会导致满标志有效。

2．FIFO 的验证电路

对数据位宽为 3、深度为 16 的 FIFO 缓冲器进行验证，可以使用三个拨码开关产生输入数据，两个按钮作为 wr 和 rd 信号，3 位数据以及空、满标志用 5 个 LED 显示。由于按钮的机械接触容易引起抖动，所以需要一个按键检测电路产生一个干净的单时钟脉宽(按键检测电路在第六章中将介绍，我们权当这个模块已经设计好，可以直接例化使用)，按键检测电路的原始按键输入为 btn[0]和 btn[1]，检测输出信号为 db_btn[0]和 db_btn[1]。整个测试 HDL 代码如程序 5-21 所示。

【程序 5-21】　FIFO 测试电路。

```
module fifo_test
   (
    input wire clk, reset,
    input wire [1:0] btn,
    input wire [2:0] sw,
    output wire [7:0] led
   );

   //信号声明
   wire [1:0] db_btn;

   //按键 0 检测电路
   debounce btn_db_unit0
      (.clk(clk), .reset(reset), .sw(btn[0]),
       .db_level(), .db_tick(db_btn[0]));
   //按键 1 检测电路
   debounce btn_db_unit1
      (.clk(clk), .reset(reset), .sw(btn[1]),
```

```
        .db_level(), .db_tick(db_btn[1]));
    //初始化 4 × 3 fifo
    fifo #(.B(3), .W(2)) fifo_unit
        (.clk(clk), .reset(reset),
        .rd(db_btn[0]), .wr(db_btn[1]), .w_data(sw),
        .r_data(led[2:0]), .full(led[7]), .empty(led[6]));
    //熄灭不用的灯
    assign led[5:3] = 3'b000;
endmodule
```

本章小结

本章详细介绍了时序逻辑设计的基本元件，描述方法以及同步设计原理和方法。读者应该重点掌握如下知识点：

(1) 时序逻辑电路的基本存储单元；

(2) 同步时序电路基本模型；

(3) 同步时序电路的系统最大频率以及 D 触发器建立时间、保持时间的概念；

(4) 时序电路根据记忆功能分类；

(5) 同步时序电路的 HDL 描述；

(6) 时序逻辑电路基本存储单元的 HDL 描述，包括不带异步复位的 D 触发器、带异步复位的 D 触发器和带同步使能的 D 触发器；

(7) 七段数码管动态扫描电路描述；

(8) 秒表电路中单时钟脉冲信号同步整个数字系统的设计思想；

(9) FIFO 的基本原理和 HDL 描述方法。

思考与练习

1. 可编程方波产生器

可编程方波产生器电路指描述一个可以灵活配置方波输出逻辑 1 和逻辑 0 的持续时间的电路。

要求采用位宽为 4 的控制信号 m 和 n 作为输入，配置逻辑 1 和逻辑 0 的周期分别为 m × 100 ns 和 n × 100 ns，设计一个全同步的可编程方波产生电路，并采用 S3 开发板上的晶振配合逻辑分析仪进行验证。

2. 基于 PWM 波的 LED 调节器

PWM(Pulse Width Modulation)波为占空比可调的方波。设计一个 4 位可调节的 PWM 波，4 位输入信号 w 可以实现 16 级可调节 PWM 波。占空比调节精度为 w/16。

(1) 设计 4 输入 PWM 波电路并采用逻辑分析仪进行验证。

(2) 修改七段数码管动态扫描电路，采用 PWM 电路调节七段数码管的显示亮度，并对电路进行验证。

(3) 修改程序 5-14 的数码管动态扫描测试电路，使用 8 个拨码开关的低 4 位控制占空比，验证数码管的亮度从灭到最亮。

3. 电子广告滚动显示

在验证板上有 4 个七段数码管，采用动态扫描显示仅仅可以显示 4 个符号，如果可以滚动显示就可以显示更多的内容。比如可以滚动显示 10 个数字“0123456789”，电路可以分步显示“0123”，“1234”，…，“7890”，…，“0123”。设计一个输入使能信号 en，用来控制滚动和停止，dir 信号作为滚动方向(左和右)控制信号。

设计此电路并在开发板上进行验证，确保滚动的速率在人们视觉正常分辨的范围。

4. 改进秒表功能

按照如下的要求修改工程实践中的秒表程序：

(1) 增加加法方向控制信号 up，当 up 信号有效时，进行加法计数，否则进行减法计数。

(2) 增加分钟显示数码管，数码管显示的格式为 M.SS.D。其中，D 代表 0.1 秒的精度显示，其值范围为 0 到 9；SS 代表秒，其值的范围在 0 到 59 之间；M 代表分钟，其值的范围在 0 到 9 之间。

设计新的秒表并对电路进行测试验证。

5. 栈设计

栈是“后进先出”型的缓冲器，往栈里面存储数据为压栈操作(push)，从栈里面取数据为出栈操作(pop)。栈的 I/O 口信号和 FIFO 缓冲器一样，只是使用 push 信号和 pop 信号替代 wr 和 rd 信号，使用寄存器文件设计一个栈并仿照程序 5-21 的 FIFO 测试电路对所设计的栈电路进行验证。

第六章　时序状态机设计

有限状态机及其设计是数字系统设计的重要组成部分，也是实现高效可靠逻辑控制的重要途径之一。在前面讲述的规则同步时序电路中，其主要组成部分为状态寄存器、下一状态逻辑模块以及输出逻辑模块。其中下一状态逻辑的产生方式一般比较简单且有重复，结构上也往往由一些固定的结构化模块组成，如加法器或者移位寄存器等。然而，在数字设计中，有时下一状态逻辑不是按照一个预定的模式产生的，而需要根据当前状态和外部输入同时决定下一状态逻辑的输出，并且数据传输状态有限，所以称为有限状态机(Finite State Machine，FSM)。有限状态机在数字系统中应用很广泛，例如，可以作为计算单元与处理中的数据通路控制器和大型数字系统的控制器。

本章中概要介绍有限状态机的基本特征、分类以及 HDL 描述方式，并且介绍应用广泛的带数据路径状态机及其典型应用。分析摩尔(Moore)状态机和米利(Mealy)状态机的区别，以及状态机输出毛刺、编码原则的处理技巧，并通过大量实例使读者理解状态机在数字系统中的应用技巧。

6.1　有限状态机

6.1.1　Moore 和 Mealy 状态机

有限状态机的基本组成和规则时序电路是一样的，由状态寄存器、下一状态逻辑模块和输出逻辑模块组成，如图 6-1 所示。如果输出逻辑仅仅是状态寄存器的函数，也就是仅与状态寄存器有关，则为摩尔状态机；如果输出逻辑是当前状态和外部输入的函数，则为米利状态机。

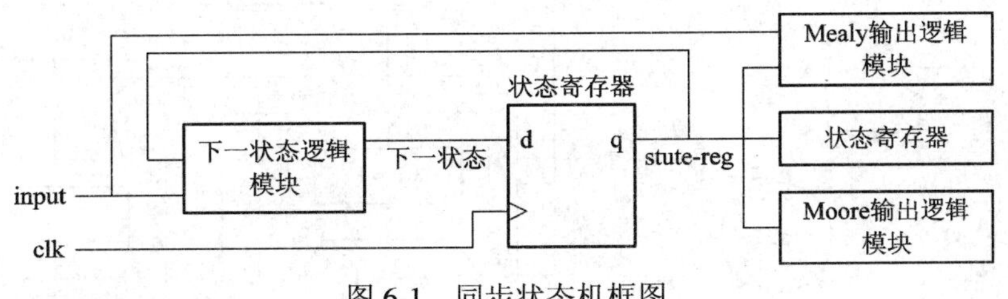

图 6-1　同步状态机框图

6.1.2　有限状态机的描述方式

常用的描述有限状态机的方法是状态转移图(State Transition Graph，STG)和算法状态机表(ASM chart)。这两种方法都是用来描述系统内部以及系统与周围接口信号的有效输入与状态转移关系的，其中状态转移图描述比较紧凑简洁，非常适合简单的应用，而算法状态图类似于软件流程图，适合描述复杂的状态转换和数据传输。

1. 状态转移图

状态转移图是一种有向图，由节点和弧线组成。节点与时序状态机的状态一一对应，弧线为有向线，表示起点状态在输入信号的作用下可能发生的状态转移的条件，当条件满足时，触发起点状态跳转到新的状态。如图 6-2(a)所示为一个简单的状态转移图节点，标注在弧线上的外部输入信号的逻辑表达式为状态跳转的条件。

摩尔状态机的输出值仅与当前状态有关，所以其值在节点圆中表示。而米利状态机的输出值与当前状态和外部输入都有关，为了简化状态图的分支，输出值随跳转条件一起在弧线上列举出来，如果没有列举，则输出值保持默认值。

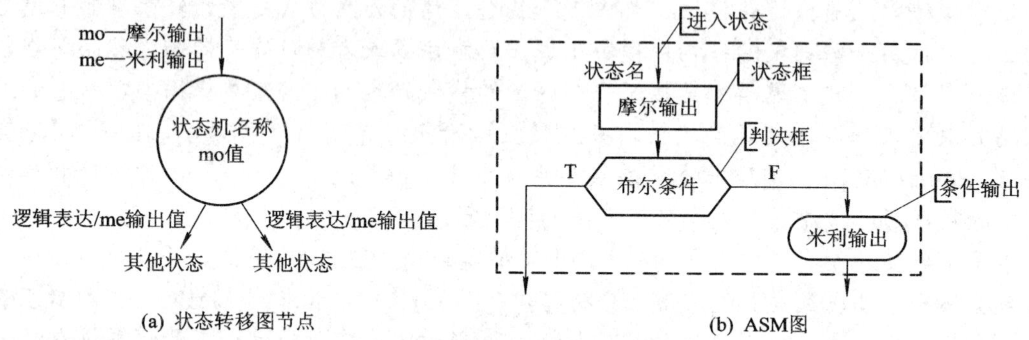

(a) 状态转移图节点　　(b) ASM图

图 6-2　状态机符号描述

图 6-3(a)所示为一个复杂的状态图，包含有三个状态、两个外部输入信号(a 和 b)、一个摩尔输出(y1)和一个米利输出(y0)。y1 在状态机状态为 s0 和 s1 时逻辑输出；y0 在状态为 s0 并且 a 和 b 信号为“11”时逻辑输出。

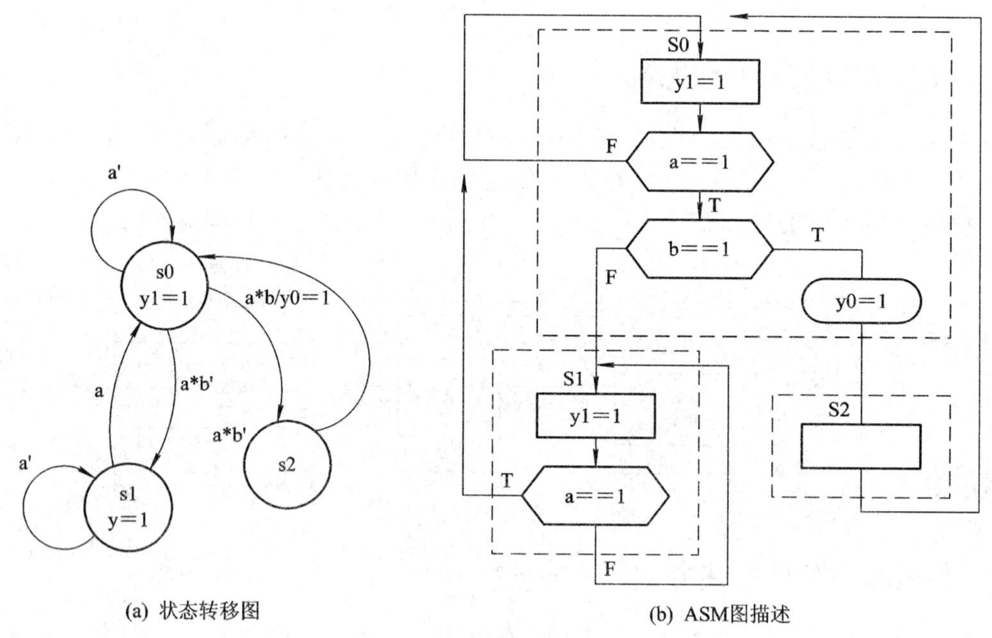

(a) 状态转移图　　(b) ASM图描述

图 6-3　状态机 STG 和 ASM 图描述

2. 算法状态机图

算法状态机(Algorithmic State Machine，ASM)图是时序状态机功能的抽象表达方式，类似于软件流程图。该图在描述时序状态机的行为方面以及设计状态机来控制数据通道方面都是非常有用的。其描述主要由四部分组成：状态转移框、条件输出、寄存器操作框和判决框。状态转移框为状态机主体，对于摩尔状态机，其输出逻辑值在状态转移框中表示，并且仅有一条输出路径。对于米利状态机，条件判决框通过判断外部输入决定状态输出路径，它有两条输出路径，标记为 T 和 F，分别对应外部输入条件为真和假两种情况下的输出路径。米利状态机的输出逻辑在条件判断框之后，表示在对应状态条件和外部条件同时满足的情况下，米利状态机才可输出。

状态转移图和 ASM 图之间可以灵活转换，如图 6-2(a)和(b)及图 6-3(a)和(b)所示，采用两种不同的描述方式描述同一个状态机。

6.1.3　有限状态机的 HDL 开发

有限状态机的 HDL 开发和时序电路非常相似，主要包括时序状态划分、状态转移产生以及每个状态对应逻辑输出三部分。它与时序电路的最大区别是下一逻辑状态的产生是根据状态图或 ASM 图产生的，相对于时序电路要复杂的多，不过只要将状态转移图或者 ASM 图画出来，代码的开发完全可以套用模板程序开发。因此，这里重点介绍状态机描述中的编码方式以及常用状态机的 HDL 代码开发模板。

1．状态机描述的编码方式

在状态机的描述中，为了更清楚地表示状态，一般采用带有意义的常数符号来定义状态参数。如图 6-3 所示的三个状态可以定义为

```
localparam[1:0]     s0 = 2'b00,
                    s1 = 2'b01,
                    s2 = 2'b10;
```

需要注意的是，状态机的定义用 localparam 或者 parameter，不推荐使用'define 宏定义的方式。这是因为采用'define 宏定义在编译时会自动替换整个设计中所有的宏，而 parameter 仅仅定义模块内部的参数，定义的参数不会与模块外的其他状态机混淆。

状态机的编码方式很多，包括顺序编码、格雷玛(Gray Encoding)、一位热码(One-Hot Encoding)、BCD 码等。虽然在综合过程中，综合工具可以辨别出状态机结构，并可以根据需求将这些状态机符号常数映射为各种二进制形式，但是在 FPGA 设计中，编码方式可影响状态机的执行效率和功能，所以建议读者在设计中根据不同的需求，选择不同的编码方式，具体请参考表 6-1。

表 6-1　状态机编码方式以及说明

设计要求	编码方式	说　明
面积优先	顺序编码	最简单，使用触发器少，剩余非法状态少，但增加了译码状态逻辑
速度优先且有足够的触发器资源	一位热码	虽然使用了较多的触发器，但是简化了状态译码逻辑，并且在同一时间只有一位状态位变化，增强了状态跳变的稳定性
状态数多	顺序编码	默认的编码方式
状态机后有大型数据译码器	顺序编码或格雷码	顺序编码在同一时间有超过一位在变化，而格雷码在同一时间只有一位在变化

2．状态机 HDL 描述

状态机 HDL 描述包含三部分：同步时序描述状态转移、下一状态逻辑跳转产生、摩尔和米利逻辑输出。

【程序 6-1】 三段式状态机描述。

```
module three_seg_fsm
   (
    input wire   clk, reset,
    input wire   a, b,
    output wire   y0, y1
   );
   // 定义状态常数
   localparam [1:0]    s0 = 2'b00,
                       s1 = 2'b01,
                       s2 = 2'b10;
   // 信号声明
   reg [1:0] state_reg, state_next;

   // 状态机寄存器描述
    always @(posedge clk, posedge reset)
       if (reset)
          state_reg <= s0;
       else
          state_reg <= state_next;

   // 下一状态逻辑
   always @*
      case (state_reg)
         s0: if (a)
                 if (b)
                    state_next = s2;
                 else
                    state_next = s1;
              else
                 state_next = s0;
         s1: if (a)
                 state_next = s0;
              else
                 state_next = s1;
         s2: state_next = s0;
```

```
            default: state_next = s0;
        endcase

    // 摩尔输出逻辑
    assign y1 = (state_reg==s0) || (state_reg==s1);

    //米利输出逻辑
    assign y0 = (state_reg==s0) & a & b;

endmodule
```

产生下一状态逻辑为逻辑状态转换的关键，其中 always 的敏感列表为当前状态 state_reg，下一状态逻辑由当前状态(state_reg)和外部输入共同决定。为了避免不确定的状态的产生，case 语句中如果还有未列举的状态，则需要采用 others 语句对未列举的状态进行赋值。

还有一种更为简洁的描述方式，将摩尔输出和米利输出融合在下一状态逻辑代码段当中，如程序 6-2 所示。

【程序 6-2】 两段式状态机描述。

```
module fsm_two_seg
    (
     input wire   clk, reset,
     input wire   a, b,
     output reg   y0, y1
    );

    //状态常数声明
    localparam [1:0] s0 = 2'b00,
                     s1 = 2'b01,
                     s2 = 2'b10;

    //信号声明
    reg [1:0] state_reg, state_next;

    //同步状态寄存器描述
     always @(posedge clk, posedge reset)
        if (reset)
            state_reg <= s0;
        else
            state_reg <= state_next;

    //下一逻辑状态和输出逻辑
    always @*
    begin
```

```
        state_next = state_reg;        //默认下一状态逻辑不变
        y1 = 1'b0;                //默认输出为 0
        y0 = 1'b0;                //默认输出为 0
        case (state_reg)
          s0: begin
                 y1 = 1'b1;
                 if (a)
                   if (b)
                     begin
                       state_next = s2;
                       y0 = 1'b1;
                     end
                   else
                     state_next = s1;
               end
          s1: begin
                y1 = 1'b1;
                if (a)
                  state_next = s0;
              end
          s2: state_next = s0;
          default: state_next = s0;
        endcase
      end
    endmodule
```

需要注意的是，输出默认值需要在 **always** 语句开始时赋值。

下一状态逻辑和输出逻辑严格按照 ASM 图产生。如果 ASM 图有细微的改变，则转换成 HDL 代码的过程并不难，读者可以将程序 6-1 和程序 6-2 作为这个转换过程的模板来套用。因而 Xilinx ISE 包含一个 StateCAD 的工具，可以帮助用户方便设计状态转换图，并且自动产生 HDL 代码。建议大家可以采用它练习一些简单的状态机的例子。

在上述状态机描述中，输出都是用组合逻辑描述的，而组合逻辑容易产生毛刺等不稳定因素，并且在 FPGA 中，过多的组合逻辑会影响实现的速率。所以如果在上述状态机描述中在后级电路对组合逻辑输出用寄存器“打一拍”，则可以有效地消除毛刺。

6.2　状态机设计实例

6.2.1　上升沿检测电路

上升沿检测电路在实际电路中应用非常广泛。其主要功能是当被检测信号一旦有一个从 0 到 1 的跳变时，则电路输出一个脉宽为 1 个时钟周期的脉冲。上升沿检测电路经常用来检测缓慢变化的输入信号。

下面分别采用摩尔状态机和米利状态机设计，并对比两种状态机的设计。

1. 基于摩尔状态机的设计

基于摩尔状态机设计的上升沿检测电路的状态转移图和 ASM 图如图 6-4 所示。从 idle 跳变到 get_edg 状态，表示输入信号从 0 变成 1。当状态机处于 idle 状态时，如果在时钟的上升沿采集到输入信号为 1，则表示检测到信号上升沿，状态机转换到 edg 状态，并且输出 tick 信号有效，其时序如图 6-5 所示，代码如程序 6-3 所示。

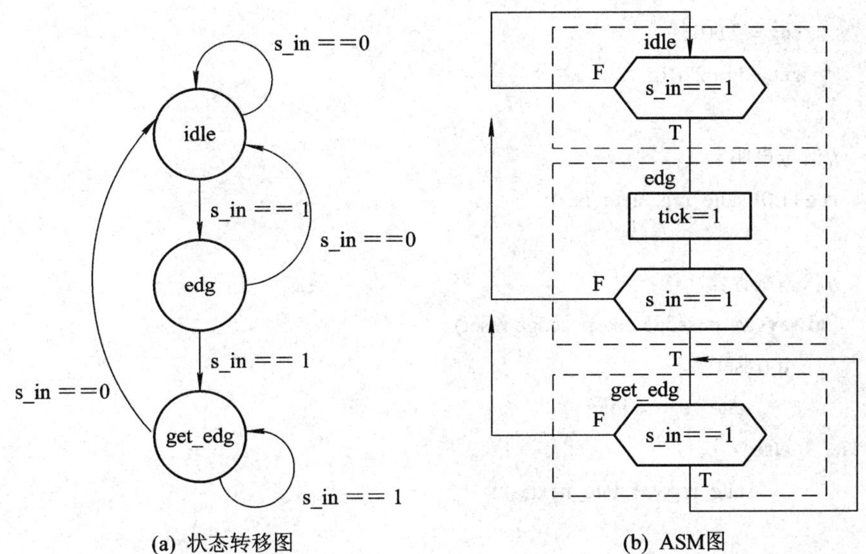

图 6-4　基于摩尔状态机的上升沿检测电路状态图

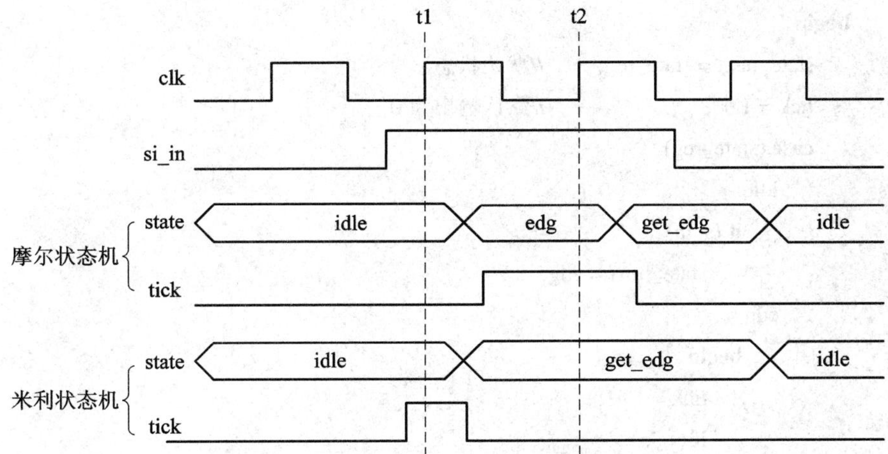

图 6-5　两种状态机描述时序的对比

【程序 6-3】　基于摩尔状态机的上升沿检测电路的 HDL 描述。

```
module edge_detect_moore
```

```
(
 input wire clk, reset,
 input wire s_in,
 output reg tick
);

//状态常量声明
localparam [1:0]
    idle= 2'b00,
    edg = 2'b01,
    get_edg= 2'b10;

//信号声明
reg [1:0] state_reg, state_next;

//状态寄存器
 always @(posedge clk, posedge reset)
    if (reset)
        state_reg <= idle;
    else
        state_reg <= state_next;

//下一状态逻辑和输出逻辑
always @*
begin
    state_next = state_reg;        //默认状态
    tick = 1'b0;                   //默认输出为 0
    case (state_reg)
        idle:
            if (s_in)
                state_next = edg;
        edg:
            begin
                tick = 1'b1;
                if (s_in)
                    state_next = get_edg;
                else
                    state_next = idle;
            end
```

```
            get_edg:
                if (~s_in)
                    state_next = idle;
            default: state_next = idle;
        endcase
    end
endmodule
```

2．基于米利状态机的设计

基于米利状态机设计的上升沿检测电路的状态转移图和 ASM 图如图 6-6 所示。idle 和 get_edg 状态具有同样的意义，当状态寄存器处于 idle 状态时，如果输入信号从 0 变成了 1，则输出信号置位，下一个时钟来临时改变状态为 get_edge 状态，输出信号清零。具体时序对比如图 6-5 所示。需要注意的是，在下一个时钟的上升沿来临时输出信号依然有效。具体实现代码如程序 6-4 所示。

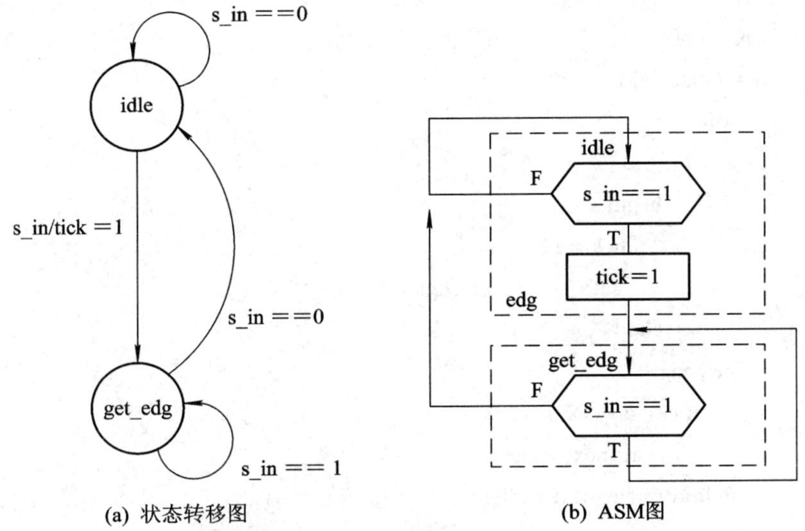

图 6-6　基于米利状态机的上升沿检测电路

【程序 6-4】　基于米利状态机的上升沿检测电路。

```
module mealy_edge_detect
    (
     input wire   clk, reset,
     input wire   s_in,
     output reg tick
    );

    //状态机状态声明
    localparam idle= 1'b0,
               get_edg = 1'b1;
```

```
//信号声明
reg state_reg, state_next;

//状态寄存器
 always @(posedge clk, posedge reset)
    if (reset)
        state_reg <= idle;
    else
        state_reg <= state_next;

//下一状态逻辑和输出逻辑
always @*
begin
    state_next = state_reg;        //默认状态
    tick = 1'b0;                   //默认输出为 0
    case (state_reg)
        idle:
            if (s_in)
                begin
                    tick = 1'b1;
                    state_next = get_edg;
                end
        get_edg:
            if (~s_in)
                state_next = idle;
        default: state_next = idle;
    endcase
end

endmodule
```

3．直接实现上升沿检测

上升沿检测电路非常简单，完全可以不用状态机实现。上升沿检测电路的直接实现电路如图 6-7 所示，可以简单地描述为如果寄存器上个时钟沿来临时赋值为 0(被暂时存储在寄存器当中)，而当前时钟寄存器赋值为 1，则输出有效，具体代码如程序 6-5 所示。

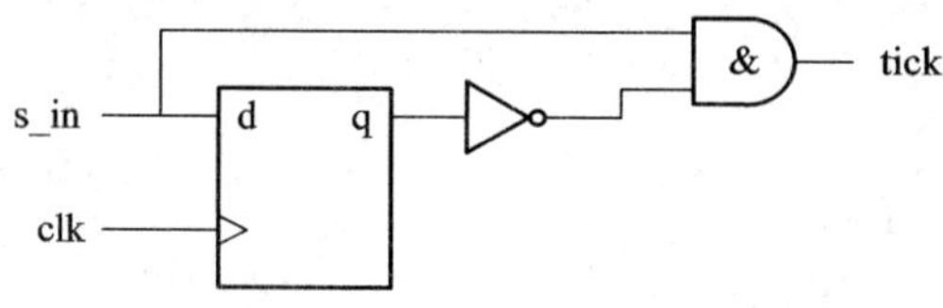

图 6-7　上升沿检测电路的直接实现电路结构图

【程序 6-5】　直接实现上升沿检测电路。

```
module edge_detect
   (
    input wire    clk, reset,
    input wire    level,
    output wire tick
   );

   //信号声明
   reg delay_reg;

   //延迟寄存器的描述
    always @(posedge clk, posedge reset)
       if (reset)
          delay_reg <= 1'b0;
       else
          delay_reg <= level;

   //译码逻辑
   assign tick = ~delay_reg & level;
endmodule
```

虽然程序 6-4 和程序 6-5 的描述方式不同，但是描述的是同一个电路。

4．结果对比与分析

虽然采用摩尔状态机和米利状态机都可以产生检测输入信号上升沿的脉冲信号，但两者依然有一些细微的差别。根据图 6-6 结果所示，采用米利状态机设计需要更少的状态而且反应速度更快，但是容易引入毛刺信号到输出。

所以选择摩尔状态机和米利状态机需要根据子系统的输出信号来决定。大部分情况下，子系统为同步系统，采用同样的时钟，由于状态机的输出仅仅在时钟上升沿采样，脉冲和毛刺不会影响输出信号在时钟沿附近的稳定性。注意到米利状态机输出信号在 t1 时刻有效，而摩尔状态机在 t2 时刻有效，所以米利状态机比摩尔状态机的反应快一个时钟周期，适合子系统为同步系统情况下的应用。

6.2.2　按键防抖动电路

开关和按键为机械部件，当按键按下去时，会产生短暂的抖动，然后状态才能稳定。可是这短暂的抖动却会引入信号的毛刺，从而导致误操作。根据经验测试，反弹时间通常小于 20 ms。按键防抖动电路就是用来滤除按键按下去之后短暂的小于 20 ms 的抖动信号，然后输出正确的按键信号。其原理如图 6-8 所示。

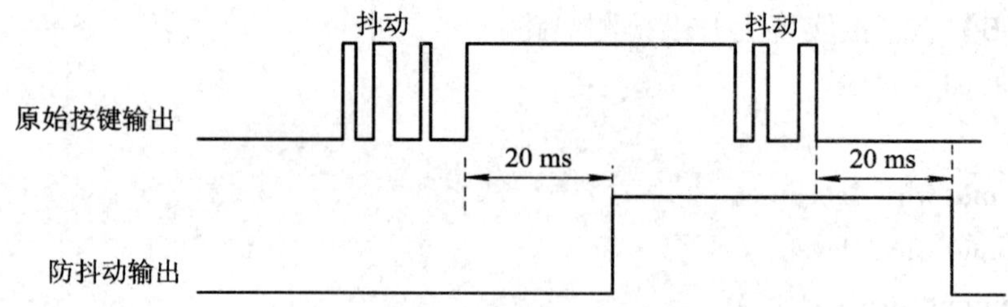

图 6-8　按键防抖动以及原始按键输出对比时序图

采用基于 FSM 的设计方法进行设计，系统包含一个 10 ms 自由计数器和一个状态机，计数器每隔 10 ms 产生一个时钟脉宽的使能信号，然后状态机根据使能信号判断外部输入是否稳定。设计中，状态机忽略短的毛刺，仅仅在输入稳定保持 20 ms 时，输出值才发生改变。状态转移如图 6-9 所示，zero 和 one 状态显示输入信号 sw 稳定在值 0 和 1，如果状态机在 zero 状态初始化，则当 sw 信号变为 1 时状态改变到 wait1_1 状态。在 wait1_1 状态，状态机等待 m_tick 信号，如果此时 sw 变成 0，则表示逻辑 1 的脉冲宽度不够长，属于毛刺，那么状态机返回到 zero 状态，然后继续重复 wait1_2 和 wait1_3 状态。

由于 10 ms 计数器是自由计数器，m_tick 脉冲随时可以被赋值，状态机检测三次确保 sw 信号至少稳定 20 ms(事实上在 20 ms 到 30 ms 之间)，具体实现代码如程序 6-6 所示。

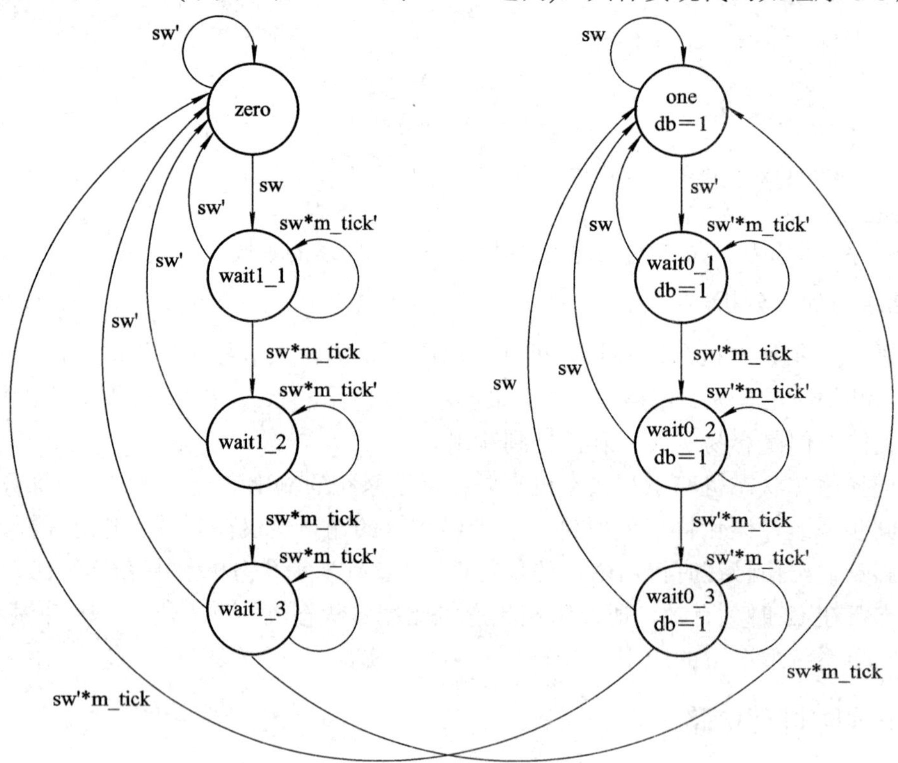

图 6-9　防抖动电路状态转移图

【程序 6-6】　按键防抖动电路的 HDL 描述。

```
module db_fsm
   (
```

```
 input wire clk, reset,
 input wire sw,
 output reg db
);

//状态常数声明
localparam   [2:0]
             zero    = 3'b000,
             wait1_1 = 3'b001,
             wait1_2 = 3'b010,
             wait1_3 = 3'b011,
             one     = 3'b100,
             wait0_1 = 3'b101,
             wait0_2 = 3'b110,
             wait0_3 = 3'b111;

//计数器计数位宽值(2^N * 20ns = 10ms tick)
localparam N =19;
//信号声明
reg [N-1:0] q_reg;
wire [N-1:0] q_next;
wire m_tick;
reg [2:0] state_reg, state_next;

//程序主体

//==============================================
//产生 10 ms 的自由计数器
//==============================================
always @(posedge clk)
    q_reg <= q_next;
// 下一状态逻辑
assign q_next = q_reg + 1;
//输出脉冲
assign m_tick = (q_reg==0) ? 1'b1 : 1'b0;

//==============================================
//按键反弹检测状态机
//==============================================
```

```
//状态寄存器
 always @(posedge clk, posedge reset)
    if (reset)
       state_reg <= zero;
    else
       state_reg <= state_next;

//下一状态逻辑和输出逻辑
always @*
begin
   state_next = state_reg;        //默认状态
   db = 1'b0;                     //默认输出为 0
   case (state_reg)
      zero:
         if (sw)
            state_next = wait1_1;
      wait1_1:
         if (~sw)
            state_next = zero;
         else
            if (m_tick)
               state_next = wait1_2;
      wait1_2:
         if (~sw)
            state_next = zero;
         else
            if (m_tick)
               state_next = wait1_3;
      wait1_3:
         if (~sw)
            state_next = zero;
         else
            if (m_tick)
               state_next = one;
      one:
         begin
           db = 1'b1;
           if (~sw)
              state_next = wait0_1;
```

```
                end
            wait0_1:
                begin
                    db = 1'b1;
                    if (sw)
                        state_next = one;
                    else
                      if (m_tick)
                          state_next = wait0_2;
                end
            wait0_2:
                begin
                    db = 1'b1;
                    if (sw)
                        state_next = one;
                    else
                      if (m_tick)
                          state_next = wait0_3;
                end
            wait0_3:
                begin
                    db = 1'b1;
                    if (sw)
                        state_next = one;
                    else
                      if (m_tick)
                          state_next = zero;
                end
            default: state_next = zero;
        endcase
    end

endmodule
```

6.2.3　电路硬件验证

采用模拟抖动计数的方式来验证上升沿检测和反弹电路，验证框图如图 6-10 所示。电路的输入由按键产生，在上半部分，输入信号直接送到上升沿电路而不经过按键反弹滤波电路，每次按键同样产生一个时钟宽度的脉冲使能计数器计数，计数值在左边的七段数码管上显示。这部分电路其实每次按键反弹都会触发计数器计数。

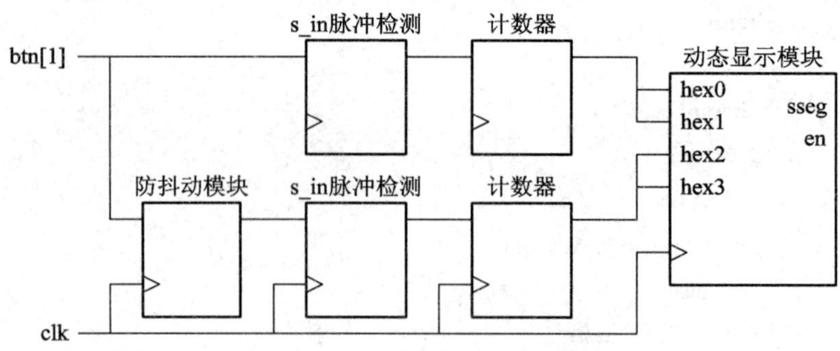

图 6-10　防抖动验证框图

在下半部分，信号首先经过按键反弹电路，然后进行上升沿检测电路，所以，每次按键按下去然后松开将产生一个时钟脉宽的脉冲。这个脉冲控制 8 位计数器的计数使能端，计数器的计数值通过 LED 动态扫描电路显示在左边的另外一个七段数码管上。

具体实现代码如程序 6-7 所示。

【程序 6-7】　测试抖动电路和上升沿检测电路的 HDL 描述。

```
module debounce_test
   (
    input wire clk, reset,
    input wire [1:0] btn,
    output wire [3:0] an,
    output wire [7:0] sseg
   );

   //信号声明
   reg [7:0]   b_reg, d_reg;
   wire [7:0] b_next, d_next;
   reg   btn_reg, db_reg;
   wire db_level, db_tick, btn_tick, clr;

   //例化七段数码管动态扫描电路
   disp_hex_mux disp_unit
      (.clk(clk), .reset(reset),
       .hex3(b_reg[7:4]), .hex2(b_reg[3:0]),
       .hex1(d_reg[7:4]), .hex0(d_reg[3:0]),
       .dp_in(4'b1011), .an(an), .sseg(sseg));

   //例化防抖动电路
   db_fsm db_unit
      (.clk(clk), .reset(reset), .sw(btn[1]), .db(db_level));
```

```
//沿检测电路
always @(posedge clk)
   begin
      btn_reg <= btn[1];
      db_reg <= db_level;
   end
assign btn_tick = ~btn_reg & btn[1];
assign db_tick = ~db_reg & db_level;

//两个计数器
assign clr = btn[0];
always @(posedge clk)
   begin
      b_reg <= b_next;
      d_reg <= d_next;
   end
assign b_next = (clr) ? 8'b0 :
                      (btn_tick) ? b_reg + 1 : b_reg;
assign d_next = (clr) ? 8'b0 :
                      (db_tick) ? d_reg + 1 : d_reg;

endmodule
```

通过多次按键，会发现两个数码管显示的数值是不同的。由于没有经过按键检测电路的部分会将毛刺也当作按键来处理，所以计数值明显要大。

6.3 带数据路径的状态机(FSMD)

带数据路径的状态机(Finite State Machine with Data path，FSMD)由有限状态机和规则时序电路两部分组成。其中，状态机有时称为控制路径，用来检测外部命令、状态并产生针对规则时序电路(通常称为数据路径)的控制。带数据路径的状态机主要用来描述寄存器传输级(Register Transfer，RT)的电路。

6.3.1 简单寄存器传输操作

一个简单寄存器传输(RT)操作如下面的公式所示，通过寄存器将源寄存器数据按照某种操作传输到目的寄存器中：

$$r_{dest} \leftarrow f(\cdot)\ r_{dest} \leftarrow f(r_{src1}, r_{src2}, \ldots, r_{srcn})$$

其中，r_{dest} 为目的寄存器；r_{src1}，r_{src2}，…，r_{srcn} 为源寄存器；$f(\cdot)$ 表示执行的操作。源寄存器

为 f(·)函数的输入，由组合逻辑实现，执行的结果在下一个时钟沿存储到目的寄存器中。常用的 RT 操作及其功能有如下几种：

(1) r1←0：为 r1 寄存器赋值 0；

(2) r1←r1：r1 寄存器的内容写回到自身；

(3) r2←r2 >> 3：r2 寄存器右移 3 位，然后写回自身；

(4) r2←r1：r1 寄存器的内容传输到 r2 寄存器中；

(5) i←i+1：i 寄存器内容加 1 后的结果送到自身；

(6) d←s1+s2+s3：s1、s2 和 s3 寄存器的值相加之和送到 d 寄存器中；

(7) y←a*a：a 的平方值送到 y 寄存器中。

简单 RT 操作可以首先通过构造组合电路实现 f(·) 的功能，然后连接寄存器的输入输出口。比如对于操作 a←a−b+1，f(·) 功能包括一个减法和一个加法，具体框图如图 6-11(a)所示。为了描述清楚，我们采用_reg 和_next 后缀分别表示信号的输入和输出寄存器。需要注意的是，RT 操作的输入是同步的，f(·) 的输出结果在下个时钟沿到来时将结果存储到目的寄存器中。具体的时序如图 6-11(b)所示。

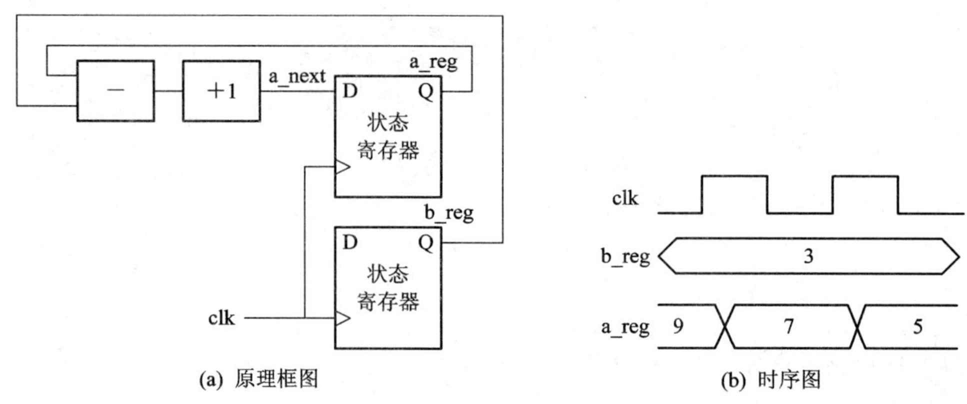

(a) 原理框图　　(b) 时序图

图 6-11 RT 操作的原理框图以及时序图

6.3.2 FSMD 状态描述

在同步电路中，寄存器传输(RT)都是以时钟为节拍的，所以基于 RT 操作的电路时序上也是以时钟为单位单步执行的，和有限状态机(FSM)的状态传输时序相类似。所以可以采用 FSM 来描述 RT 操作，也就是在原来的 ASM 图上增加 RT 操作，形成新的被称为 ASMD(ASM With Data Chart)的新的状态机描述图，这时寄存器传输操作可以当作另外一种逻辑输出类型放在输出信号中。

我们举例来讲述 ASMD 图的用法。如图 6-12 所示 ASMD 图，描述的功能是：初始化值为 5 的目的寄存器 r1，与 r2 寄存器值相加之后再左移两位，返回值到 r1。在整个数据传输的过程中，r1 寄存器在每个寄存器传输状态都要有确定的值，当 r1 值不变时，需要采用操作 r1←r1，使其保持当前值，如图 6-12 中的 s3 状态。为了方便起见，经常将操作 r←r 作为寄存器 r 的默认操作而不包含在 ASMD 图中。

为了实现如图 6-12(a)所示的电路，需要采用多路选择器配合 D 触发器来完成，如图

6-12(b)所示。由状态机的当前状态(状态寄存器的输出)控制选择器的选择信号，选择合适的结果送到目的寄存器中。

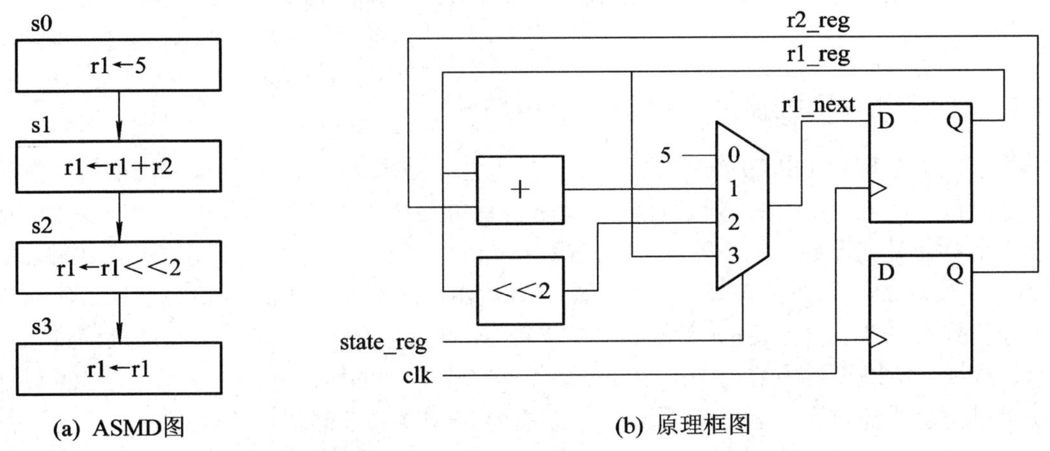

(a) ASMD图 (b) 原理框图

图 6-12 ASMD 图举例以及原理框图

6.3.3 FSMD 的模块框图

FSMD 的模块框图主要分为数据路径和控制路径两部分，如图 6-13 所示。数据路径执行需要的寄存器传输操作，内容包含：

(1) 数据寄存器：存储计算的立即结果；

(2) 功能单元：通过 RT 操作执行功能函数；

(3) 布线网络：在存储器和功能单元之间传输数据。

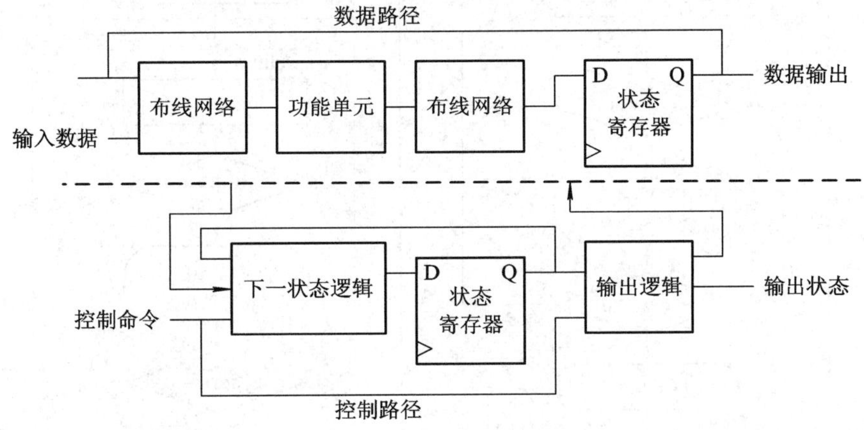

图 6-13 FSMD 模块框图

数据路径根据控制信号的状态执行所需要的 RT 操作并产生内部状态信号。

控制路径实际上是一个状态机(FSM)，它包含状态寄存器、下一状态逻辑以及输出逻辑。外部信号和数据路径状态作为状态机状态转换的条件，控制数据路径操作，状态机同时产生额外的状态信号来反映 FSMD 的状态。

需要注意的是，虽然 FSMD 包含两种类型的时序电路，但是都受同一时钟控制，所以依然属于同步系统。

6.4　FSMD 的 HDL 代码开发

6.4.1　基于 FSMD 描述的按键防抖动电路

为了形象地理解 FSMD 的 HDL 代码开发方法，我们采用 FSMD 状态机重新开发按键防抖动电路。在 6.2.2 节中，所设计的按键防抖动电路使用了状态机和一个计数器来完成，由于两个单元是完全独立的，并且状态机没有控制计数器，所以不是采用寄存器传输(RT 操作)方法来实现的。现在重新分析这个电路，既然 10 ms 使能脉冲可以随时产生，所以当状态机检测到第一个脉冲之后(处于 wait1_1 或者 wait0_1 状态)，实际上不知道已经过了多少个时钟周期，所以设计中等待 20～30 ms 而不是一个精确的时间间隔，采用基于 RT 设计方法就可以完全避免这个问题。下面详细讨论基于 FSMD 的按键防抖动电路。

基于 RT 操作，可以使用状态机控制计数器的初始化从而获得精确的时间间隔。ASMD 流程图如图 6-14 所示，电路包含两个输出信号 db_lever 和 db_tick。

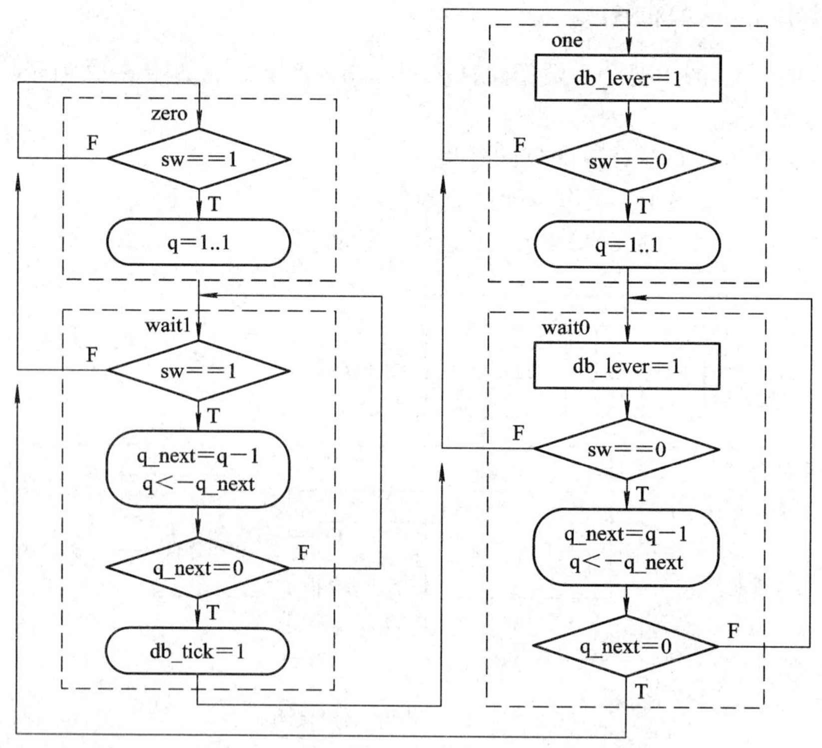

图 6-14　按键防抖动电路的 ASMD 方式实现

db_lever 为经过防抖动之后的输出，而 db_tick 为 zero 到 one 状态转换时产生的长度为一个时钟宽度的脉宽使能信号。zero 和 one 状态表示输入信号处于稳定的 0 和 1 状态，同时 wait1 和 wait0 状态用来滤除毛刺信号。系统输入信号必须在一定的时间间隔中保持稳定，否则就被认为属于毛刺信号而被滤除。数据路径包含一个 21 位宽的寄存器 q，假设 FSMD 从 zero 状态开始，当 sw 有输入信号，为“1”时，FSMD 将状态改变到 wait1 状态并且初始化 q 寄存器为“1…1”。在 wait1 状态，每来一个时钟，q 值便减 1；如果 sw 保持为“1”，则 FSMD 状态保持，直到 q 值为“0…0”时，返回到 one 状态。

考虑到验证板上系统时钟为 50 MHz，由于 FSMD 停留在 wait1 状态，为 2^{21} 个时钟周期，时间长度应为 40 ms。当然，也可以修改 q 寄存器的初值而获得合适的等待间隔。

实际用 HDL 代码描述时，通常有两种方法：一种是显性描述数据路径部分，另外一种是隐性描述数据路径部分。下面就两种描述方法分别作一介绍。

6.4.2　显性描述数据路径

显性描述 FSMD 是将控制状态机和关键数据路径分开，在 ASMD 图上，首先在数据路径上罗列关键路径以及相关联的控制信号，然后在独立的代码段描述这些元件。

对于按键防抖动电路来说，关键数据路径就是 21 位减法计数器，因为其拥有三项功能：

(1) 可以被初始化为某一固定值；

(2) 支持减法计数和计数暂停；

(3) 当计数器为 0 时为状态信号赋值。

可以设计一个带置数和使能的二进制计数器，信号名分别为 cnt_load 和 cnt_dec，计数器同样产生一个 cnt_zero 状态信号；当计数器为 0 时置位，完整的数据路径由 q 寄存器和减法计数器的下一状态逻辑组成；比较电路用来产生 cnt_zero 状态信号；控制路径包括一个状态机，用来接收 sw 输入和 cnt_zero 状态，并且给控制信号 cnt_load 和 cnt_dec 赋值。根据 ASMD 图的设计流程，HDL 设计如程序 6-8 所示。

【程序 6-8】　基于 RT 操作的按键防抖动电路设计。

```
module debounce_explicit
   (
    input wire clk, reset,
    input wire sw,
    output reg db_level, db_tick
   );

   //状态机参数声明
   localparam   [1:0]
                zero   = 2'b00,
                wait0 = 2'b01,
                one     = 2'b10,
                wait1 = 2'b11;

   //计数器位宽(2^N * 20ns = 40ms)
   localparam N=21;

   //信号声明
   reg [1:0] state_reg, state_next;
```

```
reg [N-1:0] q_reg;
wire [N-1:0] q_next;
wire cnt_zero;
reg cnt_load, cnt_dec;

//主体部分
// FSMD 状态和数据寄存器
 always @(posedge clk, posedge reset)
    if (reset)
       begin
          state_reg <= zero;
          q_reg <= 0;
       end
    else
       begin
          state_reg <= state_next;
          q_reg <= q_next;
       end

// FSMD 数据路径(计数器)下一逻辑状态
assign q_next = (cnt _load) ? {N{1'b1}} :          //置数全 1
                 (cnt _dec)   ? q_reg - 1 :       //减法计数
                               q_reg;
//状态信号
assign cnt _zero = (q_next==0);

// FSMD 控制路径下一状态逻辑
always @*
begin
   state_next = state_reg;                         //默认状态
   cnt _load = 1'b0;                               //默认输出为 0
   cnt _dec = 1'b0;                                //默认输出为 0
   db_tick = 1'b0;                                 //默认输出为 0
   case (state_reg)
      zero:
         begin
            db_level = 1'b0;
            if (sw)
               begin
```

```
                state_next = wait1;
                cnt _load = 1'b1;
            end
    end
wait1:
    begin
        db_level = 1'b0;
        if (sw)
            begin
                cnt_dec = 1'b1;
                if (cnt _zero)
                    begin
                        state_next = one;
                        db_tick = 1'b1;
                    end
            end
        else // sw==0
            state_next = zero;
    end
one:
    begin
        db_level = 1'b1;
        if (~sw)
            begin
                state_next = wait0;
                cnt _load = 1'b1;
            end
    end
wait0:
    begin
        db_level = 1'b1;
        if (~sw)
            begin
                cnt _dec = 1'b1;
                if (q_zero)
                    state_next = zero;
            end
        else // sw==1
            state_next = one;
```

```
            end
          default: state_next = zero;
        endcase
      end

endmodule
```

6.4.3 隐含描述数据路径

另外一种描述方法是在 FSM 控制路径中嵌入 RT 操作，无需定义数据路径模块，只需在状态机中列举 RT 操作。此种描述方法称为隐含描述数据路径法。具体描述代码如程序 6-9 所示。

【程序 6-9】 隐含描述数据路径。

```
module debounce
   (
    input wire clk, reset,
    input wire sw,
    output reg db_level, db_tick
   );

   //状态常数声明
   localparam   [1:0]
                zero   = 2'b00,
                wait0 = 2'b01,
                one    = 2'b10,
                wait1 = 2'b11;

   //计数器位宽 (2^N * 20ns = 40ms)
   localparam N=21;

   //信号声明
   reg [N-1:0] q_reg, q_next;
   reg [1:0] state_reg, state_next;

   //主体部分
   // FSMD 状态及数据寄存器
    always @(posedge clk, posedge reset)
       if (reset)
          begin
             state_reg <= zero;
```

```
            q_reg <= 0;
        end
    else
        begin
            state_reg <= state_next;
            q_reg <= q_next;
        end

//带数据路径功能的下一状态逻辑
always @*
begin
    state_next = state_reg;                    //默认状态
    q_next = q_reg;                            // q 默认值
    db_tick = 1'b0;                            //默认输出为 0
    case (state_reg)
        zero:
            begin
                db_level = 1'b0;
                if (sw)
                    begin
                        state_next = wait1;
                        q_next = {N{1'b1}};    //置数全 1
                    end
            end
        wait1:
            begin
                db_level = 1'b0;
                if (sw)
                    begin
                        q_next = q_reg - 1;
                        if (q_next==0)
                            begin
                                state_next = one;
                                db_tick = 1'b1;
                            end
                    end
                else // sw==0
                    state_next = zero;
            end
```

```
        one:
            begin
                db_level = 1'b1;
                if (~sw)
                    begin
                        state_next = wait0;
                        q_next = {N{1'b1}}; //置数全 1
                    end
            end
        wait0:
            begin
                db_level = 1'b1;
                if (~sw)
                    begin
                        q_next = q_reg - 1;
                        if (q_next==0)
                            state_next = zero;
                    end
                else // sw==1
                    state_next = one;

            end
        default: state_next = zero;
    endcase
end

endmodule
```

代码包含存储段和组合逻辑单元。前一部分代码包含状态寄存器和数据路径数据寄存器，后一部分代码基于状态机控制路径的下一状态逻辑。

显性和隐性两种描述方法各有其优缺点。相对来说，如果数据路径的 RT 操作比较复杂，则最好采用显性描述，因为这样有利于模块的划分和使 RTL 的层次更加清晰，最主要的是在 RT 操作复杂时，有利于综合工具的实现。

6.5 设计举例

6.5.1 斐波纳契序列(Fibonacci Number)实现电路

斐波纳契序列定义方程为

$$fib(i)=\begin{cases}0 & (i=0)\\ 1 & (i=1)\\ fib(i-1)+fib(i-2) & (i>1)\end{cases} \tag{6-1}$$

最基本的方法就是根据斐波纳契序列方程进行电路设计。分析方程式(6-1)，很显然需要两个临时寄存器存储 fib(i−1)和 fib(i−2)的值，还需要一个索引计数器，用来追踪当前迭代运算的次数。ASMD 图如图 6-15 所示，其中，t1 和 t0 为临时存储器，n 为索引计数器。系统除了需要数据输入输出信号 i 和 f 之外，还需要增加一个命令信号 start，代表操作的开始；还有两个状态信号：idle 和 ready 信号，分别代表电路处于空闲状态和准备好接收新数据输入状态；done_tick 为单脉冲输出信号，代表操作完成。考虑到斐波纳契序列产生电路与其他系统之间的良好调用接口，以上罗列的信号都能够与其他系统进行对接。

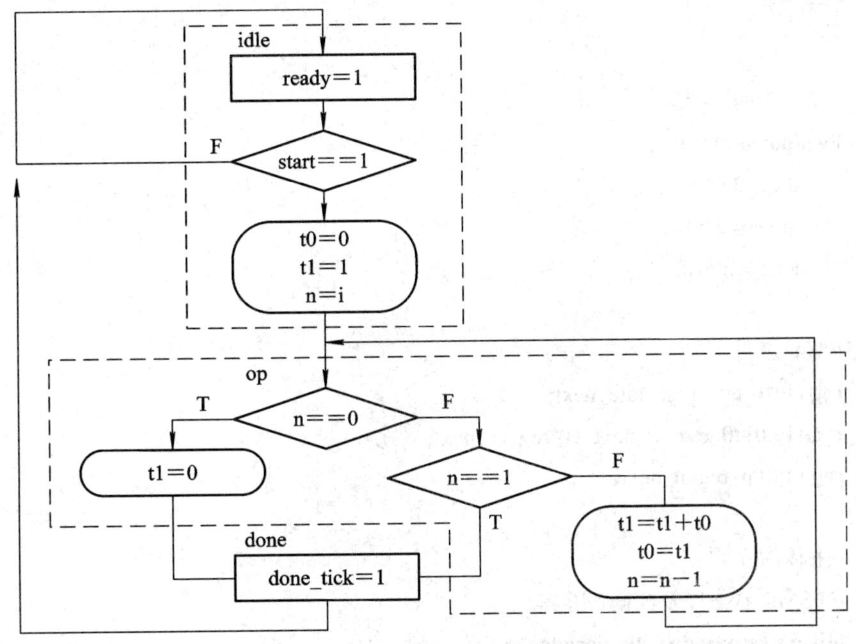

图 6-15　斐波纳契序列产生电路 ASMD 图

该状态机包含三个状态，即 idle、op 和 done 操作三个状态。其中，idle 状态代表空闲状态，当 start 信号有效时，电路进入操作状态；然后为三个寄存器装载初始值，t0 和 t1 寄存器分别被初始化为 0 和 1，代表 fib(0)和 fib(1)，同时寄存器 n 被初始化为输入值 i，代表序列迭代的次数。

主要的计算都在 op 状态下进行，包含三个 RT 操作：

(1) t1←t1 + t0

(2) t0←t1

(3) n = n − 1

所有操作都在同一时钟沿下并行执行，且所有 RT 操作都在 op 状态下执行。如此一来，减少了运算的时间。需要注意的是，t1 和 t0 寄存器的值在 FSMD 退出 op 状态之后的下一个时钟上升沿都确保完成了赋值。所以状态 done 只是为了输出单时钟脉冲的 done_tick 时钟信号，表示 RT 操作的结束。这个状态其实在系统不需要时完全可以删除。系统 RTL 代码设计如程序 6-10 所示。需要注意的是，斐波纳契序列产生的速度很快，所以输出序列的位宽一定要设置的宽些。

【程序 6-10】 斐波纳契序列产生电路。

```
module fib
   (
    input wire clk, reset,
    input wire start,
    input wire [4:0] i,
    output reg ready, done_tick,
    output wire [19:0] f
   );

   //状态声明
   localparam [1:0]
       idle = 2'b00,
       op    = 2'b01,
       done = 2'b10;

   //信号声明
   reg [1:0] state_reg, state_next;
   reg [19:0] t0_reg, t0_next, t1_reg, t1_next;
   reg [4:0] n_reg, n_next;

   //主体部分
   // FSMD 状态以及数据寄存器
   always @(posedge clk, posedge reset)
       if (reset)
           begin
               state_reg <= idle;
               t0_reg <= 0;
               t1_reg <= 0;
               n_reg <= 0;
           end
       else
           begin
               state_reg <= state_next;
               t0_reg <= t0_next;
               t1_reg <= t1_next;
```

```
            n_reg <= n_next;
        end
// FSMD 下一状态逻辑
always @*
begin
    state_next = state_reg;
    ready = 1'b0;
    done_tick = 1'b0;
    t0_next = t0_reg;
    t1_next = t1_reg;
    n_next = n_reg;
    case (state_reg)
        idle:
            begin
                ready = 1'b1;
                if (start)
                    begin
                        t0_next = 0;
                        t1_next = 20'd1;
                        n_next = i;
                        state_next = op;
                    end
            end
        op:
            if (n_reg==0)
                begin
                    t1_next = 0;
                    state_next = done;
                end
            else if (n_reg==1)
                state_next = done;
            else
                begin
                    t1_next = t1_reg + t0_reg;
                    t0_next = t1_reg;
                    n_next = n_reg - 1;
                end
        done:
```

```
                begin
                    done_tick = 1'b1;
                    state_next = idle;
                end
            default: state_next = idle;
        endcase
    end
    //输出
    assign f = t1_reg;
endmodule
```

6.5.2 频率检测器设计

频率检测器通常采用检测输入周期信号的周期，然后根据频率 f 和周期 p 的换算关系(f=1/p)计算出频率。为了测量周期输入信号的周期时间宽度，通用的方法就是在输入信号的两个时钟上升沿之间计数系统时钟的脉冲值。由于系统时钟的频率值是已知的，所以很容易计算出输入信号的周期值。假如系统时钟的频率为 f，所计算的脉冲数为 N，则输入信号的周期值为 $N\times\frac{1}{f}$。

本小节我们设计检测毫秒级周期输入信号的频率。ASMD 设计流程图如图 6-16 所示。

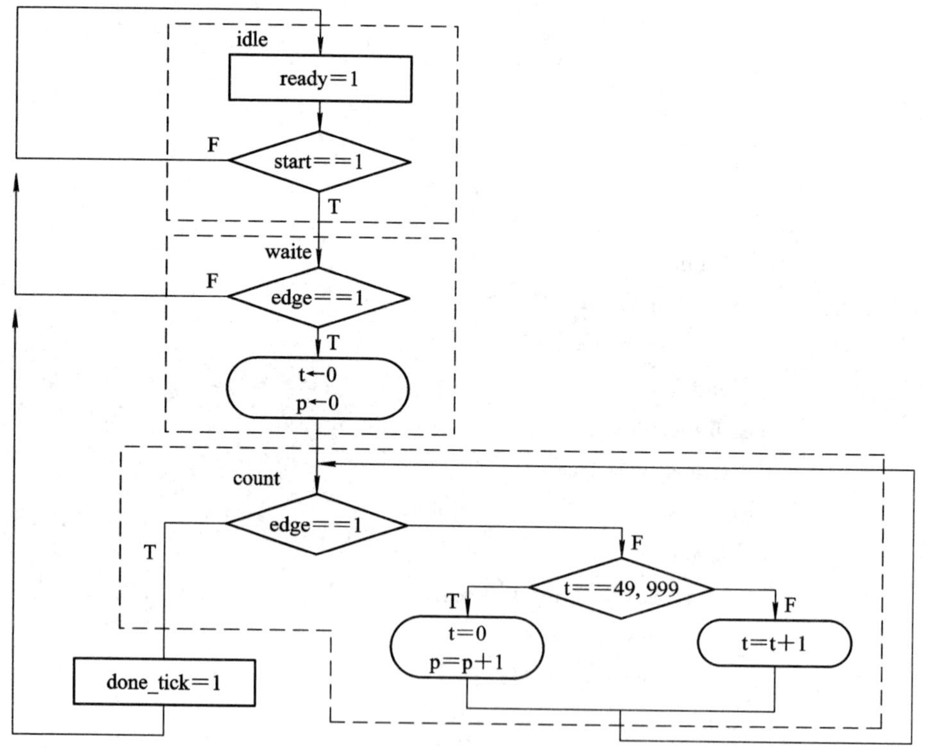

图 6-16　频率检测器 ASMD 图

当 start 信号有效时，周期计数器开始计数。我们采用上升沿检测电路来生成一个时钟脉冲，代表信号输入的上升沿来临。当 start 信号有效时，FSMD 状态机停留在 waite 状态，等待输入信号第一个上升沿的到来。一旦检测到信号上升沿到来，立即跳转到 count 状态。在 count 状态，系统输入时钟为 50 MHz，对应的时钟周期为 20 ns。所以如果需要计数 1 ms 时间，则需要的计数周期为 50 000 个时钟周期。由于输入信号为毫秒级的信号频率，所以采用两个寄存器进位计数的方式来计数。计数器 t 的计数周期最大值为 50 000，当计数器计数到 49 999 时，另外一个计数器 p 计数加 1，而 t 计数器重新从 0 开始计数且不断循环。这样一来，很明显计数器 p 在 ASMD 结束时，其寄存器中存储的就是系统计数的毫秒值；同时 done_tick 有效，表示测量结束。其 RTL 代码设计如程序 6-11 所示。

【程序 6-11】　频率检测器设计。

```
module freq_detect
   (
    input wire clk, reset,
    input wire start, si,
    output reg ready, done_tick,
    output wire [9:0] prd
   );

   //状态机声明
   localparam [1:0]
      idle   = 2'b00,
      waite = 2'b01,
      count = 2'b10,
      done   = 2'b11;

   //常数声明
   localparam CLK_MS_COUNT= 50000;   // 1 ms tick

   //信号声明
   reg [1:0] state_reg, state_next;
   reg [15:0] t_reg, t_next;                          // up to 50000
   reg [9:0] p_reg, p_next;                       // up to 1 sec
   reg delay_reg;
   wire edg;

   //主体
   // FSMD 数据状态寄存器
   always @(posedge clk, posedge reset)
      if (reset)
```

```
        begin
            state_reg <= idle;
            t_reg <= 0;
            p_reg <= 0;
            delay_reg <= 0;
        end
    else
        begin
            state_reg <= state_next;
            t_reg <= t_next;
            p_reg <= p_next;
            delay_reg <= si;
        end

//上升沿检测
assign edg = ~delay_reg & si;

// FSMD 下一状态逻辑
always @*
begin
    state_next = state_reg;
    ready = 1'b0;
    done_tick = 1'b0;
    p_next = p_reg;
    t_next = t_reg;
    case (state_reg)
        idle:
            begin
                ready = 1'b1;
                if (start)
                    state_next = waite;
            end
        waite:                          //等待第一个上升沿
            if (edg)
                begin
                    state_next = count;
                    t_next = 0;
                    p_next = 0;
                end
```

```
        count:
            if (edg)                                //第二个沿到来
                state_next = done;
            else                                    //计数器计数
                if (t_reg == CLK_MS_COUNT-1)        // 1 ms 计数器满
                    begin
                        t_next = 0;
                        p_next = p_reg + 1;
                    end
                else
                    t_next = t_reg + 1;
        done:
            begin
                done_tick = 1'b1;
                state_next = idle;
            end
        default: state_next = idle;
      endcase
    end

    //输出
    assign prd = p_reg;
endmodule
```

6.5.3 除法电路设计

由于除法电路的复杂性，除法操作符不可以直接被综合。可以使用 FSMD 实现一个长除法运算电路，算法如图 6-17 所示，为两个 4 位的无符号整数相除。

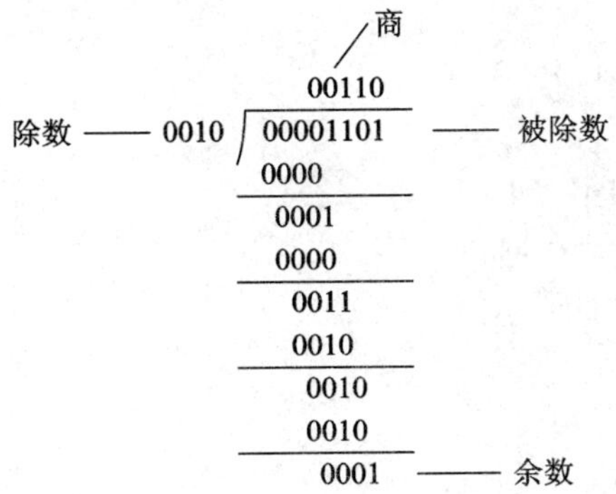

图 6-17　4 位无符号整数除法实现详细过程图

算法可以总结如下：

(1) 在被除数高位填 0，扩展位宽为原来的两倍，使得位宽扩展之后的被除数和除数左端对齐；

(2) 如果被除数对应位大于等于除数，被除数对应位减去除数，使得对应商位为 1，否则，保持原来被除数位，使得商位为 0；

(3) 在原来结果上补一位被除数，然后将除数向右移一位；

(4) 重复步骤(2)和(3)，直到所有被除数位都被使用。

数据路径如图 6-18 所示。一开始除数存储到 d 寄存器中，然后扩展后的被除数存储到 rh 和 rl 寄存器中。在每次重复操作过程中，rh 和 rl 寄存器向左移一位，对应除数向右移位运算；然后我们对比 rh 和 d 寄存器，如果 rh 大于等于 d，则执行减法运算；当 rh 和 rl 向左移动，rl 的最右端位有效时，它可以用来存储当前商位；当重复完所有被除数位之后，最后一次减法结果存储在 rh 中，为余数，所有商移位到 rl 中。

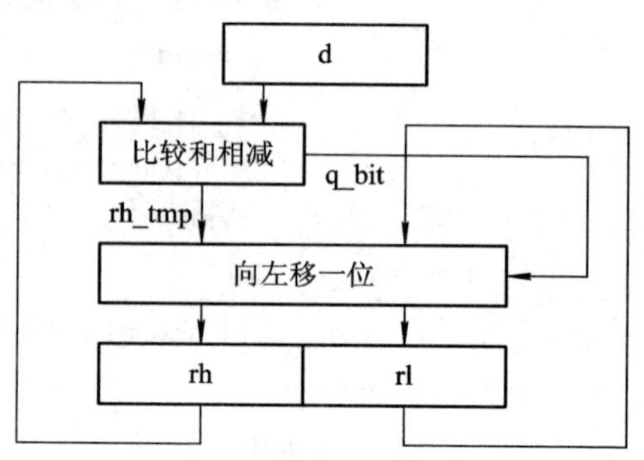

图 6-18　除法电路运算过程框图

除法电路的 ASMD 图和斐波纳契序列电路很像。ASMD 图包括四个状态：idle、op、last 和 done。为了使得代码看起来清晰，可以将比较和减法电路分成两段。主要的运算在 op 状态执行，执行被除数位和除数位比较并进行减法和向左移位 1 bit。需要注意的是，在最后一次重复时，余数不可以移位，所以设计一个单独的状态 last 来完成这个特殊的需求。和前面的例一样，done 状态是一个时钟脉冲宽度的信号，用来指示运算结束。整个代码如程序 6-12 所示。

【程序 6-12】　除法电路设计。

```
module div
   #(
     parameter W = 8,
               CBIT = 4              // CBIT=log2(W)+1
    )
   (
    input wire clk, reset,
    input wire start,
    input wire [W-1:0] dvsr, dvnd,
    output reg ready, done_tick,
    output wire [W-1:0] quo, rmd
   );

   //状态机信号声明
   localparam [1:0]
      idle = 2'b00,
      op   = 2'b01,
```

```
        last = 2'b10,
        done = 2'b11;

    //信号声明
    reg [1:0] state_reg, state_next;
    reg [W-1:0] rh_reg, rh_next, rl_reg, rl_next, rh_tmp;
    reg [W-1:0] d_reg, d_next;
    reg [CBIT-1:0] n_reg, n_next;
    reg q_bit;

    //主体部分
    // FSMD 状态和数据寄存器
    always @(posedge clk, posedge reset)
        if (reset)
            begin
                state_reg <= idle;
                rh_reg <= 0;
                rl_reg <= 0;
                d_reg <= 0;
                n_reg <= 0;
            end
        else
            begin
                state_reg <= state_next;
                rh_reg <= rh_next;
                rl_reg <= rl_next;
                d_reg <= d_next;
                n_reg <= n_next;
            end

    // FSMD 下一状态逻辑
    always @*
    begin
        state_next = state_reg;
        ready = 1'b0;
        done_tick = 1'b0;
        rh_next = rh_reg;
        rl_next = rl_reg;
        d_next = d_reg;
```

```
        n_next = n_reg;
        case (state_reg)
            idle:
                begin
                    ready = 1'b1;
                    if (start)
                        begin
                            rh_next = 0;
                            rl_next = dvnd;        //被除数
                            d_next = dvsr;         //除数
                            n_next = CBIT;         //索引值
                            state_next = op;
                        end
                end
            op:
                begin
                    //左移 rh 和 rl
                    rl_next = {rl_reg[W-2:0], q_bit};
                    rh_next = {rh_tmp[W-2:0], rl_reg[W-1]};
                    //递减索引量
                    n_next = n_reg - 1;
                    if (n_next==1)
                        state_next = last;
                end
            last: //重复最后一次
                begin
                    rl_next = {rl_reg[W-2:0], q_bit};
                    rh_next = rh_tmp;
                    state_next = done;
                end
            done:
                begin
                    done_tick = 1'b1;
                    state_next = idle;
                end
            default: state_next = idle;
        endcase
    end
```

```
//比较和相减电路
always @*
    if (rh_reg >= d_reg)
        begin
            rh_tmp = rh_reg - d_reg;
            q_bit = 1'b1;
        end
    else
        begin
            rh_tmp = rh_reg;
            q_bit = 1'b0;
        end

//输出逻辑
assign quo = rl_reg;
assign rmd = rh_reg;

endmodule
```

本章小结

状态机在数字电路中具有非常重要的地位。本章详细地介绍了状态机以及带有数据路径状态机的原理以及 HDL 描述，并通过大量的练习帮助读者理解状态机编程要领。读者需要重点理解的知识点如下：

(1) 有限状态机的概念、分类以及描述方法；
(2) 有限状态机的编码方式以及区别；
(3) 有限状态机的 HDL 描述方法；
(4) 沿检测电路的 HDL 描述，理解摩尔状态机和米利状态机的区别；
(5) 带数据路径状态机(FSMD)的概念；
(6) FSMD 的模块框图；
(7) FSMD 的 HDL 描述，显性数据路径和隐性数据路径的描述方法。

思考与练习

1. 双沿检测电路

顾名思义，双沿检测电路就是当被检测信号的上升沿或下降沿来临时，电路都能够输出一个时钟脉冲的信号，代表检测到了信号的变化。

设计要求：

(1) 基于摩尔状态机设计电路，完成状态转移图以及 ASM 表。

(2) 根据 ASM 表的状态转移设计 RTL 代码。

(3) 编写 TestBench 并用 ModelSim 工具仿真和验证所设计的代码。

(4) 验证双沿检测电路。

(5) 采用米利状态机完成步骤(1)～(4)。

2. 精确低频信号频率检测器

在测试输入信号的频率时，通常先对输入信号在单位时间(比如 1 s)里信号沿采样进行计数，然后计算出信号的频率。对于信号频率高的信号，此方法比较准确。但对于低频信号(比如 2.345 Hz 信号)，显然此种方法误差太大。所以对于低频信号，需要先对信号周期进行测量，然后根据 f = 1/p 公式轻松得到频率值。试按照下面的步骤完成频率信号的检测：

(1) 测试信号周期。

(2) 利用除法电路求频率。

(3) 完成频率值的显示。

设计 HDL 代码并进行仿真、综合和验证。

3. 停车场占用统计器

假设停车场只有一个入口和出口，两对光电传感器用来监视汽车的活动状态，如图 6-19 所示。当有目标在光电发送传感器和接收传感器之间时，信号被阻塞，对应输出为 1，通过监视两个传感器就可以确定是否有车进入或者出去或者有行人穿过。比如检测到下面一系列状态就表示有车进入停车场：

(1) 初始状态，两个传感器处于未阻塞状态(比如传感器 a 和传感器 b 的信号都是 0，即 ab 为“00”)；

(2) 传感器 a 被阻塞(ab 信号为“10”)；

(3) 两个传感器都被阻塞(ab 信号为“11”)；

(4) 传感器 a 首先变成未阻塞状态(ab 信号为“01”)；

(5) 两个传感器都处于未阻塞状态(ab 信号为“00”)。

按照如下要求设计一个停车场占用计数系统：

(1) 设计一个状态机，带有两个输入信号 a 和 b，以及两个输出信号 enter 和 exit，enter 和 exit 信号在每次有车进入和离开停车场时分别有效一个时钟周期。

(2) 设计状态机的 HDL 代码。

(3) 设计一个计数器，带有两个控制信号 inc 和 dec，inc 有效时，控制计数器进行增计数，dec 有效时，控制计数器进行减计数。

(4) 将计数器电路、状态机电路以及 LED 动态扫描电路结合在一起。采用两个按键模拟传感器的输出，验证所设计的停车场占用计数系统。

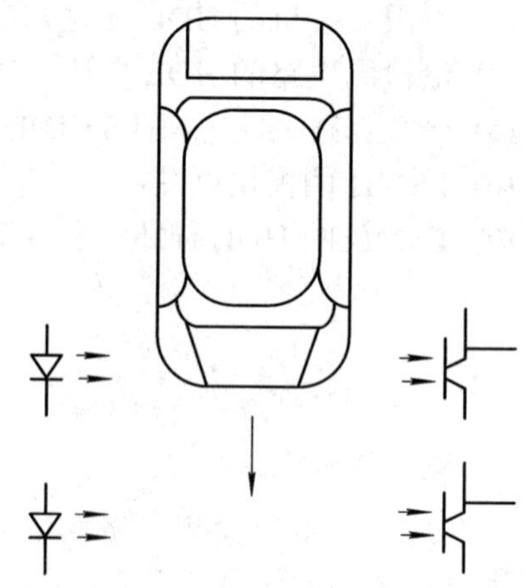

图 6-19　光电传感器监视汽车出入状态原理图

第七章　数字电路设计原则与 VerilogHDL 难点解析

本章主要针对 VerilogHDL 语言描述可综合逻辑设计的难点进行分析，包括数字电路的时序参数、同步时序电路与异步时序电路的区别、同步电路设计方法、VerilogHDL 设计难点解析(包括阻塞与非阻塞赋值所引起的不同综合效果、锁存器带来的严重后果以及 Xilinx 要求的数字电路设计代码风格等)。最后详细介绍 VerilogHDL 语言在 TestBench 设计中的应用。通过本章的学习，读者能够对数字电路有深层次的认识，熟练地掌握 VeilogHDL 常用设计技巧以及对大型数字系统的验证有更深入的理解。

7.1　时序电路基础

如今在 FPGA 上实现大规模的逻辑电路工作频率越来越高。为了保证设计的稳定可靠性，必须要理解影响数字电路运行频率以及可靠性的因素。只有理解了这些因素的存在原因，才有办法提高代码设计的质量，以达到提高逻辑电路运行频率的目的。下面通过简单的数字电路时序模型来分析影响数字电路的基本参数。

首先对于纯组合逻辑电路来说，其逻辑功能块的输出仅仅与当前的输入值有关系。其电路延时分析也非常简单，只考虑输入到输出的信号延时 Tdelay。但是影响 Tdelay 时间的因素比较多，比如，不同的器件输入到输出的延时时间不同，不同的工艺条件以及在不同的环境下，Tdelay 的时间也不同。所以组合逻辑电路的延时参数是不固定的，研究组合逻辑电路的延时没有实际意义。

对于绝大部分的电路来说，输出不仅取决于当前的输入值，也取决于原先的输入值。也就是说，电路具有记忆功能。这属于同步时序电路，其基本时序模型如图 7-1 所示。t_{CLK} 是时钟的最小周期，t_{CQ} 是寄存器固有的时钟输出延时，t_{LOGIC} 是同步元件之间的组合逻辑延迟，t_{NET} 是网线的延迟，t_{SU} 是寄存器固有的时钟建立时间，t_{CLK_SKEW} 是两个 DFF 之间的时钟扭曲，同步时序电路由寄存器和组合逻辑组成，系统中所有的寄存器均在一个全局时钟的控制下工作。以下三个重要的时序参数与寄存器有关。

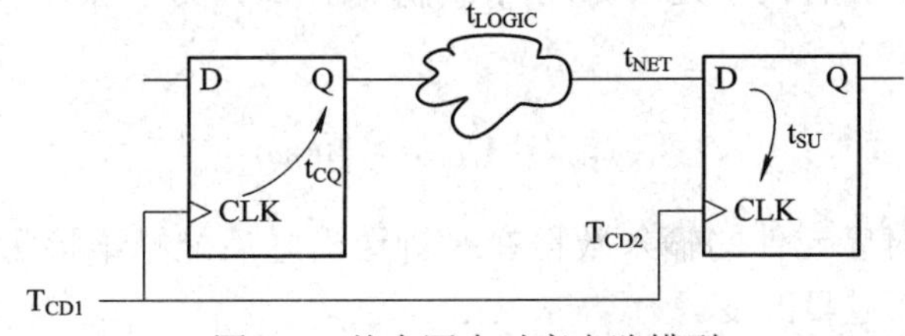

图 7-1　基本同步时序电路模型

1. 建立时间 t_{SU}

建立时间 t_{SU} 是在时钟翻转(对于正沿触发寄存器为 0→1 的翻转)之前数据输入(D)必须有效的时间。

2. 保持时间 t_{HOLD}

保持时间 t_{HOLD} 是在时钟边沿之后数据输入必须仍然有效的时间。

假设建立和保持时间都满足，那么输入端 D 处的数据则在最坏情况下的传播延时(t_{NET})之后被赋值到了输出端 q，如图 7-2 所示。

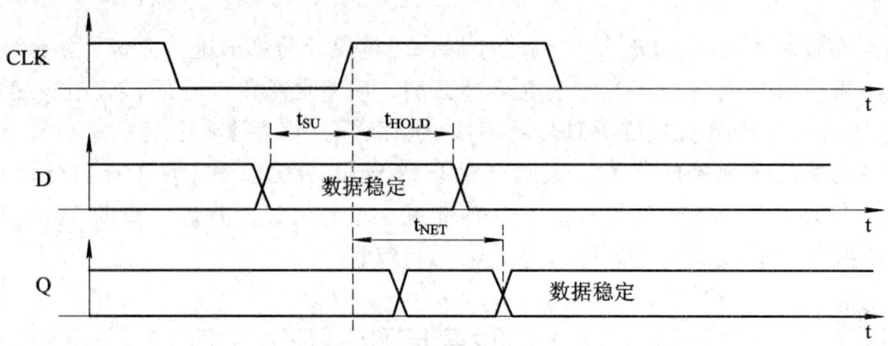

图 7-2　同步寄存器的建立时间、保持时间以及传播延迟的定义

3. 最高时钟频率 f_{MAX}

在熟悉了建立时间、保持时间以及传播延迟的基本概念之后，下面通过这三个基本参数来推导时钟的最高频率 f_{MAX}。对于同步时序逻辑电路，对时钟激励做出响应的开关事件是同时发生的，但是运行结果必须等到下一个时钟翻转时才能进入到下一级。也就是说，只有在当前所有的计算都已经完成并且系统开始闲置时下一轮的操作才能开始，因此，为了保证时序电路数据采集和处理的正确性，时钟周期 t_{CLK} 必须能容纳电路中任何一级的最长延时。

假设该组合逻辑的最长延时等于 t_{LOGIC}，那么时序电路正确工作要求的最小时钟为

$$t_{CLK} = t_{CQ} + t_{LOGIC} + t_{NET} + t_{SU} \tag{7-1}$$

其中 t_{NET} 为传输延迟，t_{CQ} 是寄存器固有的时钟输出延时，那么通过公式(7-1)很容易得到系统的最高频率，常用 f_{MAX} 表示：

$$f_{MAX} = \frac{1}{t_{CLK}} \tag{7-2}$$

我们假设寄存器的固有最小延时时间为 $t_{CQregister}$，那么为了保证时序电路正常工作，还需要如下的约束：

$$t_{CQregister} + t_{LOGIC} \geqslant t_{HOLD} \tag{7-3}$$

这一约束保证了时序元件的输入数据在时钟边沿之后能够维持足够长的时间，并且不会由于新来的数据流而过早改变。

7.1.1　同步电路的时序分析

时钟是时序电路的脉搏，采用同步时序电路是由时钟的本质特点决定的。下面通过分析时钟固有的两个特征：时钟扭曲和时钟抖动，来分析同步时序电路的优越性。

1．时钟扭曲(Clock Skew)

时钟扭曲指同源时钟到达两个不同寄存器时钟端的时间差别。时钟扭曲主要是由时钟路径的静态不匹配以及时钟在负载上的差异造成的。时钟扭曲造成的是时钟相位的偏移，并不会造成时钟周期的变化。时钟扭曲包括正扭曲和负扭曲，如图 7-3 所示为时钟的正扭曲。

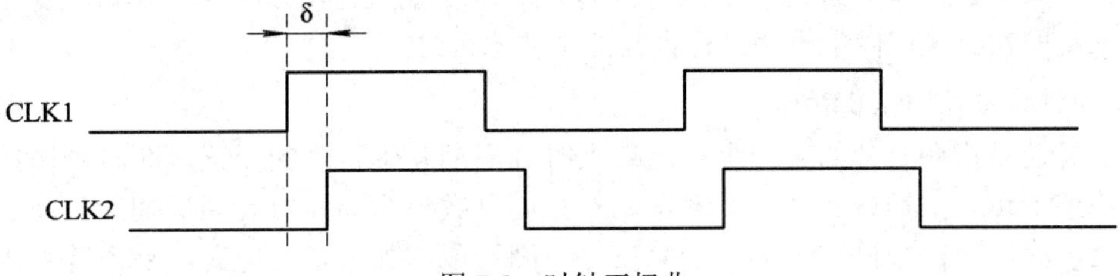

图 7-3　时钟正扭曲

下面依然以图 7-1 所示的时序模型来分析。假如考虑两个时钟之间的扭曲(Skew)，那么电路的时钟周期的公式就变成了下式：

$$t_{CLK} = t_{CQ} + t_{LOGIC} + t_{NET} + t_{SU} - t_{CLK\_SKEW} \tag{7-4}$$

令

$$t_{DELAY} = t_{CQ} + t_{LOGIC} + t_{NET}$$

并且令

$$t_S = t_{CLK} + t_{CLK\_SKEW} - t_{DELAY}$$

$$t_H = t_{DELAY} - t_{CLK\_SKEW}$$

则

条件 1：如果 $t_{SU} < t_S$，则 $t_{SU} = t_{CLK} + t_{CLK\_SKEW} - t_{DELAY}$。这说明信号相对时钟有效沿到达触发器的 D 端的时间超过了 t_{SU}，满足建立时间要求；反之，则不满足。

条件 2：如果 $t_{HOLD} < t_H$，则 $t_{HOLD} = t_{DELAY} - t_{CLK\_SKEW}$。这说明在时钟有效沿到达之后，信号能维持足够长的时间，满足保持时间要求；反之，则不满足。

由条件 1 和条件 2 得出，当 $t_{CLK\_SKEW} > 0$ 时，t_{HOLD} 受影响；当 $t_{CLK\_SKEW} < 0$ 时，t_{SU} 受影响；最好的办法就是让 t_{CLK_SKEW} 几乎为 0。所以在 FPGA 中设计同步电路，必须要保证时钟的扭曲非常小，所有的时钟都要来自全局时钟驱动。因为全局时钟信号在 FPGA 内部作有特殊处理，能够保证时钟信号的良好特性。

如果采用异步时钟信号，那么图 7-1 所示的基本模型如图 7-4 所示。

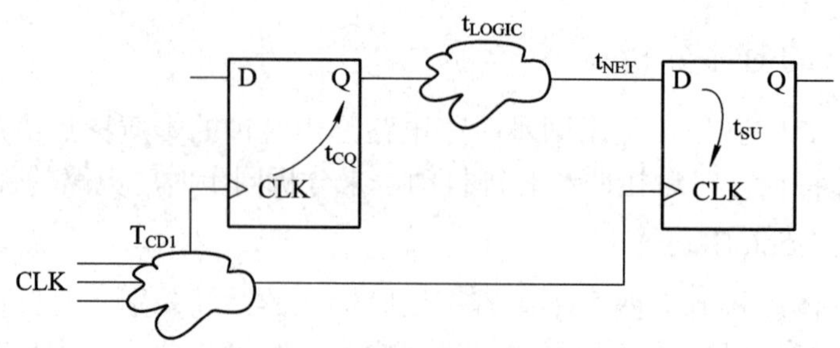

图 7-4　异步电路时序模型

这样一来，到达两个 D 触发器的时钟的 t_{CLK_SKEW} 更大，所以系统会非常不稳定。这就是为什么我们建议采用同步电路进行设计的重要原因之一。

2．时钟抖动(Clock Jitter)

时钟抖动是指在芯片的某一个给定点上时钟周期发生暂时的变化。即时钟周期在每个不同的周期上可以缩短或者加长。最常用的抖动参数称为周期抖动和周期间抖动。周期抖动一般比较大，也比较确定，常由于第三方原因造成，如干扰、电源、噪声等；周期间抖动由环境因素造成，满足高斯分布，一般难以跟踪。

常用避免时钟抖动的方法有：

(1) 采用全局时钟资源，增强时钟的抗干扰能力，从而改善时钟抖动；

(2) 在 FPGA 系统硬件设计时考虑时钟的抗干扰布局布线。

7.1.2　异步电路和同步电路的区别

异步电路和同步电路的主要区别在于时钟。下面对异步电路和同步电路各自的特点进行比较。

1．异步电路

(1) 电路的核心逻辑是组合电路，比如异步的 FIFO/RAM 读写信号、地址译码信号等电路。

(2) 电路的输出不依赖于某一个时钟，也就是说，不是由时钟信号驱动触发器产生的。

(3) 异步电路非常容易产生毛刺，且易受环境的影响，不利于器件的移植。

2．同步电路

(1) 电路的核心逻辑是由各种各样的触发器实现的，所以比较容易使用寄存器的异步复位/置位端，以使整个电路有一个确定的初始状态。

(2) 整个电路是由时钟沿驱动的。

(3) 以触发器为主体的同步时序电路可以很好地避免毛刺的影响，使设计更可靠。

(4) 同步时序电路利于器件移植，因为环境以及器件工艺对同步电路的影响几乎可以不考虑。

(5) 同步电路可以容易地组织流水线，提高芯片的运行速率。

(6) 同步电路可以很好地利用先进的设计工具，如静态时序分析工具等，为设计者提供最大便利条件，便于对电路错误进行分析，加快设计进度。

综上所述，同步时序电路更适合现代 FPGA 设计。随着 FPGA/CPLD 的规模越来越大，设计者无需像以前一样经常使用行波计数器或者异步脉冲生成器等典型的异步逻辑设计方式，以节约设计所消耗的面积资源，而新型 FPGA 丰富的逻辑资源、强大的 EDA 综合实现工具为时序驱动优化提供了良好的条件。现代 FPGA 推荐使用同步时序逻辑设计。

7.1.3　同步时序设计规则

进行同步时序设计时应该遵循以下几个规则：

(1) 尽可能在整个设计中只使用一个主时钟，同时只使用同一个时钟沿；主时钟走 FPGA 全局网络，因为 FPGA 器件中的全局时钟资源是专门为降低时钟的抖动和扭曲而设计的。在 Xilinx FPGA 中，采用专门的时钟管理模块(CMT)来管理全局时钟资源，有效地提高了时钟的质量。

(2) 在 FPGA 设计中，所有输入、输出信号均应通过寄存器寄存；寄存器接口当作异步接口考虑。

(3) 当全部电路不能用同步电路设计时，也就是说需要多个时钟来实现时，原则上将电路分成多个局部同步电路来设计，各局部电路接口之间采用异步电路来考虑。

(4) 电路设计中需要考虑时序余量，当设计无法满足理论最高频率时，芯片就会无法可靠工作。

(5) 电路中所有寄存器、状态机在单板上电复位时，应处于一个已知的状态。

7.2　异步电路中的同步处理方法

在数字系统中，往往不可避免地要使用异步电路。如在时钟的使用上，使用组合逻辑时钟、级联时钟和多时钟网络，采用异步复位、置位、自清零、自复位等。这些异步电路大量存在，都对电路的时序以及可靠性有很大的影响。根据数字电路的同步设计原则，我们一般都将异步电路进行同步化，把可以转换的逻辑进行转化，不可以转化的逻辑应将异步的成分减小到最少，或者模块化采用同步设计，仅仅保留异步接口。下面重点讨论在数字设计中经常会遇到的时钟同步处理方法、异步数据接口的同步化处理以及常用的其他异步转同步电路模型。

7.2.1　时钟的同步处理

时钟是数字电路中所有信号的参考。没有时钟或者时钟信号处理不得当，都会影响系统的性能甚至功能。所以在一般情况下，我们在同一个设计中使用同一个时钟源，当系统中有多个时钟时，需要根据不同情况选择不同的处理方法。

(1) 当有多个时钟在同一个数字电路中，且有一个时钟(假设为 SysClk)的频率大于其它时钟频率的两倍以上时，在接口部分就必须要对其他时钟进行同步化处理，将其处理为与 SynClk 同步的时钟信号。这样处理的好处是：① 便于处理电路内部时序；② 时钟间边界条件只在接口部分电路进行处理。

一般的时钟同步电路如图 7-5 所示。

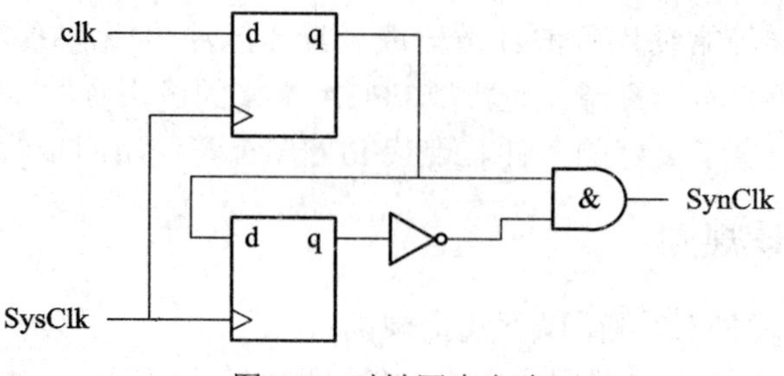

图 7-5　时钟同步电路

实质上，时钟采样的同步处理方法就是上升沿提取电路。上升沿提取的输出信息中带有系统时钟的信息，有利于保障电路的可靠性和可移植性。

(2) 当系统中所有时钟没有一个时钟频率达到其他时钟频率的两倍时，无法满足采样定理，在接口部分就必须对其他时钟和数据通过 FIFO 进行隔离，并将其他时钟信息转换为和系统时钟同步的允许信号。比如，在高速的数据采集系统中，AD 的采集时钟频率往往比较高，大于系统时钟频率的一半以上，这时采用同步化处理无法满足时序设计。

(3) 系统中多个时钟之间存在数据互相采样，如图 7-6 所示的情况。clk1 和 clk2 来自不同的时钟源，该电路既可能出现在同一芯片里，也可能出现在不同的芯片里，但是都存在同样的危险性。由于时钟源不同，对于寄存器 reg2 和 reg3 来说，在同一时刻，极有可能一个认为 reg1 输出为“1”，另一个认为是“0”，必然导致电路结果的错误。对于这种电路，必须先在 reg1 之后添加一个触发器，用 clk2 的时钟沿进行采样，然后用该触发器的输出经过组合逻辑输出到 reg2 和 reg3 中，如图 7-7 所示。

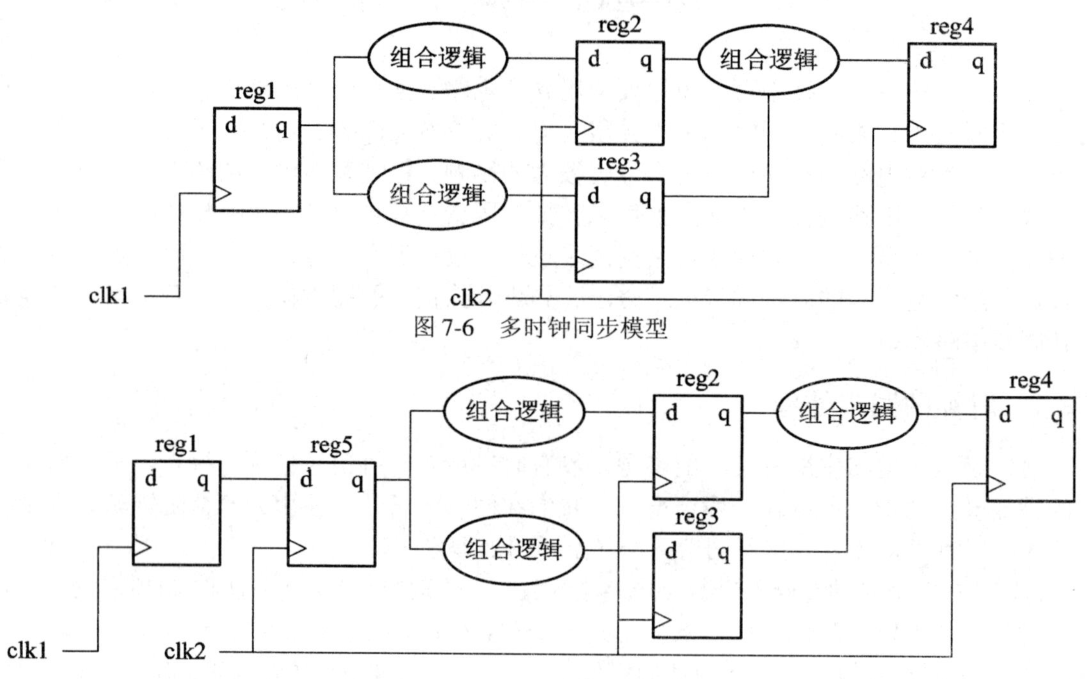

图 7-6　多时钟同步模型

图 7-7　多时钟同步处理改进后的模型

(4) 由于时钟建立— 保持时间的限制，FPGA 设计中应尽量避免采用多时钟网络，或者尽量减少时钟的个数。在 FPGA 对 ASIC 芯片进行验证时，必须要将时钟网络进行简化，因为 FPGA 内部时钟资源不像 ASIC 一样具有很强的穿透性和灵活性。图 7-8 为一个含有危险的多级时钟的例子，多路选择器的输入是 clk 和 clk 的 2 分频，时钟由 SEL 引脚控制的多路选择器输出，在这两个时钟均为逻辑“1”且 SEL 的状态改变时，存在静态冒险竞争现象。所以为了确保电路的正常工作，需要进行修改。修改之后的电路如图 7-9 所示。

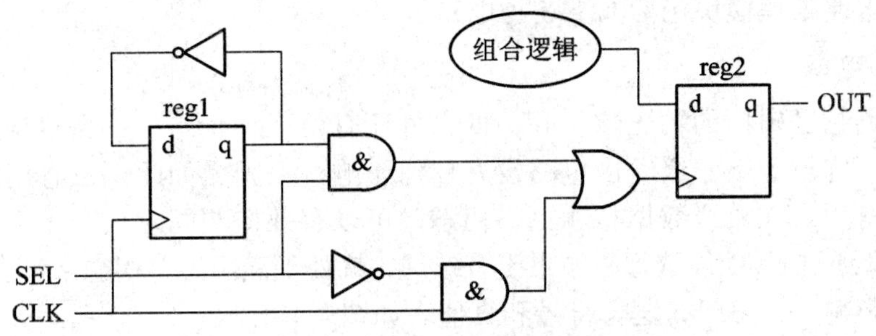

图 7-8　多级时钟处理存在竞争冒险模块

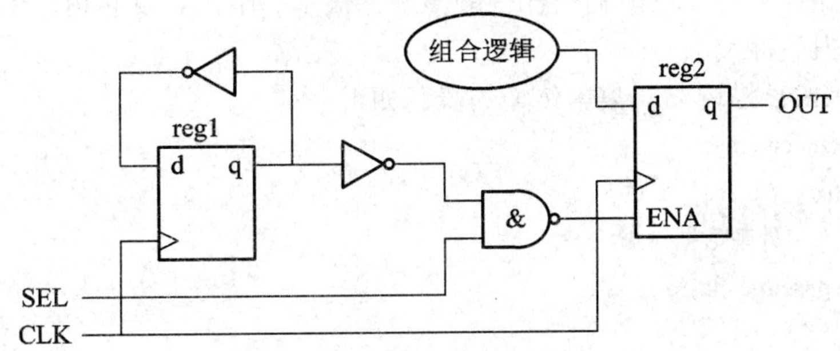

图 7-9　修改之后的多级时钟处理模块

7.2.2　接口电路处理

FPGA 经常作为粘合逻辑，与别的芯片之间进行数据交换。为了保证电路的数据接口能够稳定地传输数据，需要专用的接口电路来处理外部芯片和 FPGA 之间良好的接口时序，如图 7-10 所示。

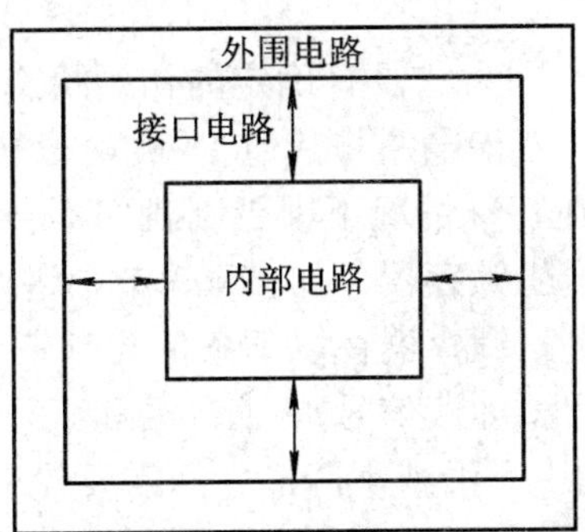

图 7-10　接口电路功能示意图

接口电路为 FPGA 和外部芯片之间架起了一座桥梁。其功能主要体现在如下几个方面：

(1) 接口电路隔离了外围电路和内部电路，它并不改变外围电路的时序和相位要求，而是要力求保证内部电路的处理更加理想化和理论化。

(2) 接口电路使得内部电路有统一的系统时钟，如果外部处理器接口有非系统时钟，则需要进行处理。

(3) 为了使内部电路接收的信号更稳定，需要对有可能的干扰进行滤波。

(4) 如果双向数据传输，则需要提供三态控制，保证内部电路没有双向信号。

常用接口电路处理模块包括如下 5 种电路。

1. 三态门电路

三态门电路指逻辑门的输出除了高、低之外还有第三种状态——高阻状态。高阻态相当于隔断状态，它对于下一级输出电路没有任何影响，正因为如此，三态门在扩展逻辑接口功能时非常有用。在总线数据传输上，三态门可以有效控制同时只有一个从设备占有总线，每个从设备通过 oe 使能选通；如果没有选通，就处于高阻态，相当于没有接在总线上，不会产生任何影响。三态门的逻辑符号和真值表如图 4-1 所示。

在接口电路中，使用三态门可以很轻松地将外围的双向电路引入内部电路，使内部电路中没有三态电路。另外，三态输出在一般情况下输出高阻，只有必须输出时才输出数据，避免与外围电路发生冲突。

使用 VerilogHDL 描述双向数据传输的表示如下：

```
input datain,clk,ena;
inout data,
//使用三态门处理数据输出
always@(posedge clk , ena)
if (ena)
        data <= datain;
else
        data <= 'Z';
//对于数据输入，直接赋值就可以
assign data = data_in;
```

2. 透明锁存器(Latch)

锁存器是非常危险的电路，因为它没有确定的初始状态，而且输出随着输入变化，这就意味着毛刺可以通过锁存器。若该电路与其他 D 触发器电路相连，则会影响这些触发器的建立、保持时间。所以除非在特殊情况下，否则我们不会使用锁存器来锁存。在同步数字电路中，应力求避免不小心产生锁存器，如在 4.3 节中讲述的 if-else 语句以及 case 语句使用中避免锁存器的描述。但是，锁存器在以下条件同时满足的情况下可以使用：

(1) 要锁存的数据在数据标志(如读信号)的上升沿和下降沿之间可能变化；

(2) 内部电路在数据标志的上升沿或下降沿之间需要使用要锁存的数据；

(3) 内部电路在数据标志结束后可能还需要使用要锁存的数据。

在 51 单片机与 FPGA/CPLD 接口电路中，对于单片机数据接口读时序和写时序电路分别如图 7-11 和 7-12 所示。为了正确接收数据，在 FPGA/CPLD 方需要采用锁存器在 ALE 信号下降沿将地址锁存，然后当 WR 读信号为低的情况下，从数据端口接收数据，同时在 RD 信号为高的情况下，将数据写到 51 单片机数据总线上。

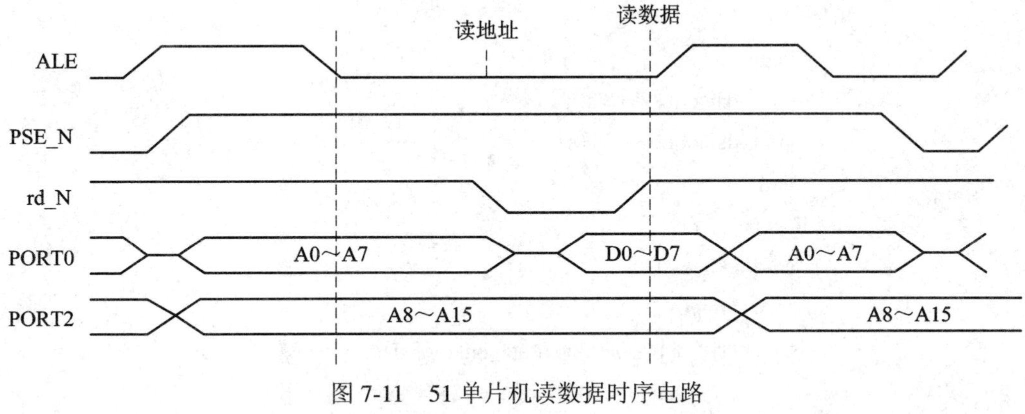

图 7-11　51 单片机读数据时序电路

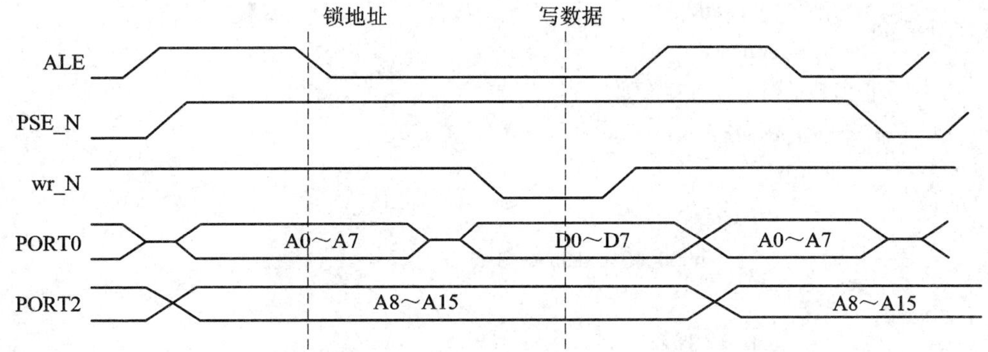

图 7-12　51 单片机写数据时序电路

根据需求采用 VerilogHDL 描述，如程序 7-1 所示。

【程序 7-1】　透明锁存器实例。

```
module mcu_interface(
    input wire clk,
    input wire reset,
    input wire wr_n,rd_n,ale,
    input wire [7:0] datai_in,
    inout wire [7:0] data,
    output wire [7:0] data_out1,
    output wire [7:0] data_out2);
    reg [7:0] addr;
    //通过锁存器锁存地址
    always@(negedge ale , negedge reset)
        if(!reset)
            addr <= 8'h0;
       else
            addr <= data;
    //根据地址读数据
    always@(posedge clk , negedge rst)
```

```
            if(!rst)
                begin
                    dataout1 <= 8'h0;
                    dataout2 <= 8'h0;
                end
            else if(!wr)
                case(address)
                    begin
                        8'b00000000: data_out1 <= data;
                        8'b00000001: data_ou2 <= data;
                    end
                endcase
        //根据地址向单片机写数据
        always@(posedge clk)
            if(!rd)
                if(address)
                    8'b00000010:data <= data_in;
            else
                data <= 8'hZ;
    endmodule
```

3．移位寄存器

FPGA 的最大优势在于并行处理，所以串并转换和并串转换在 FPGA 设计中应用非常广泛。在普通的设计中，采用移位寄存器构成的串—并/并—串转换接口电路来处理 FPGA 的并行处理速度问题。一般情况下，内部电路的处理速度较慢，通常使用移位寄存器进行速率变换。移位寄存器非常简单，在此不作冗述。

4．滤波电路

当输入信号不稳定或有干扰的情况下，可以使用滤波器过滤不需要的信号。一般情况下根据采集时钟和过滤对象的速率倍数选择不同的滤波器形式。下面提供两种常用的滤波器电路形式，如图 7-13 和 7-14 所示，第一种滤波电路适合 1 位的信号滤波，而且滤波

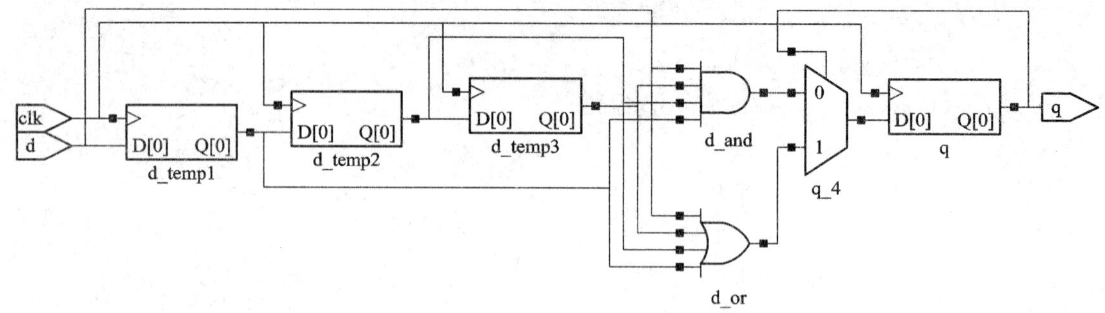

图 7-13 滤波电路(一)

采样的次数并不多的情况下使用，其 RTL 源码如程序 7-2 所示。可以根据输入信号的特点，对滤波器进行不同的修改和调整。

【程序 7-2】　滤波电路。

```
module filter(
    input wire clk,
    input wire d,
    output reg q);

    reg d_temp1,d_temp2,d_temp3;
    wire d_or,d_and;
    always@(posedge clk)
        begin
            d_temp1 <= d;
            d_temp2 <= d_temp1;
            d_temp3 <= d_temp2;
            if(q)
                q <= d_or;
            else
                q <= d_and;
            end
    assign d_or = d | d_temp1 | d_temp2 | d_temp3;
    assign d_and = d & d_temp1 & d_temp2 & d_temp3;
endmodule
```

另外一种滤波级数较多的电路如图 7-14 所示。

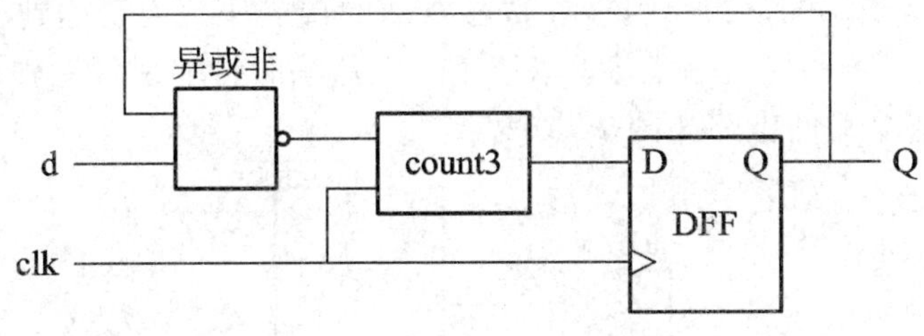

图 7-14　滤波电路(二)

以上两种电路可根据实际情况选择使用。一般而言，第一种滤波方法使用较多。

5. 异步 FIFO 模块

异步 FIFO 模块在接口电路中应用非常广泛。使用它是跨时钟域传输数据的良好解决方法。异步 FIFO 模块的结构如图 7-15 所示，数据输入输出分别在输入时钟和输出时钟的驱动下进行操作，所以异步 FIFO 缓存结构为跨时钟域传输提供了很好的隔离作用，只要 FIFO 缓存空间大小设置合理，就能良好地控制两个时钟域之间数据的正确传输。

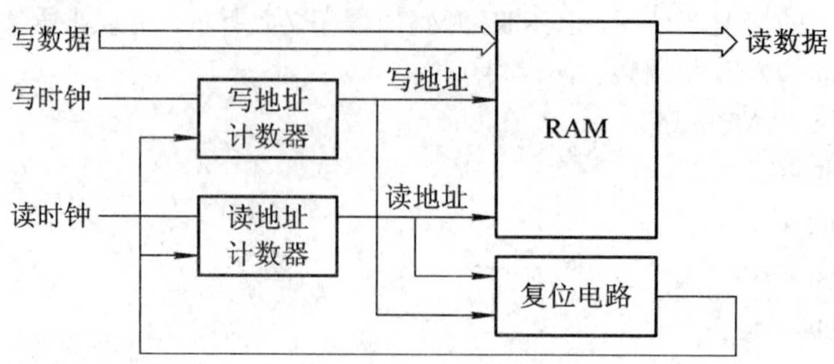

图 7-15　异步 FIFO 模块的结构示意图

7.2.3　全局信号处理

在 FPGA 设计中，对于全局信号，包括时钟、异步清零、置位等信号，都不允许存在毛刺，也不允许异步清零、置位信号同时有效。下面列举几种时钟信号、异步清零、置位信号可能会有毛刺的情况。

1．时钟信号、异步清零、置位信号为组合逻辑输出

组合电路最大的缺点就是对电平敏感，因此非常容易产生毛刺。而组合逻辑的微小毛刺如果放置在异步全局信号或者时钟信号上，极易造成时序电路发生错误。所以针对这些非常重要的信号，应尽量采用同步电路。如果一定要采用组合逻辑，就必须用卡诺图严格地分析时序电路，确定彻底消除竞争与冒险后，方可引入到时序电路中使用。针对下面两种情况分别说明如何避免组合逻辑对时序电路的影响。

1) 时钟信号、异步清零、置位信号来源于多个信号中的一个

如图 7-16 所示电路，同一个时钟源，必须要通过组合逻辑控制其通断，触发器的时钟由 clk 和 sel 信号相与之后产生，目的是通过控制触发器的时钟的通断来控制触发器的输出。这时 clock 和 sel 不是严格同步的，则有可能在触发器的时钟管脚产生毛刺。而在 FPGA 中，触发器对毛刺是非常敏感的，很有可能导致触发器的误操作。为了达到相同的目的，可以将选择信号 sel 与触发器的使能端连接，以避免触发器的时钟端引入毛刺，同时又能够达到所需要的功能。改善之后的电路如图 7-17 所示。

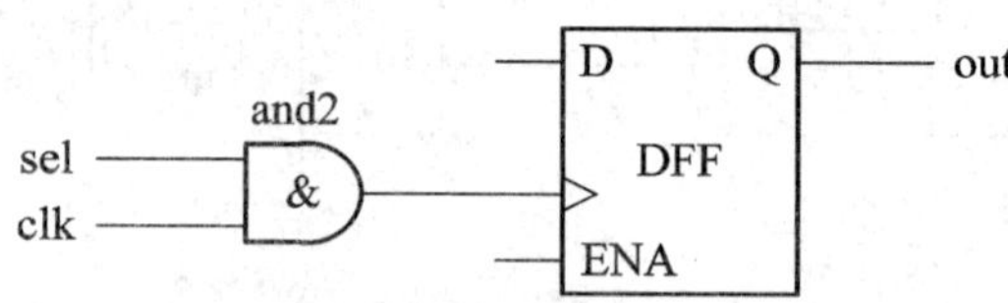

图 7-16　原时钟选择控制电路

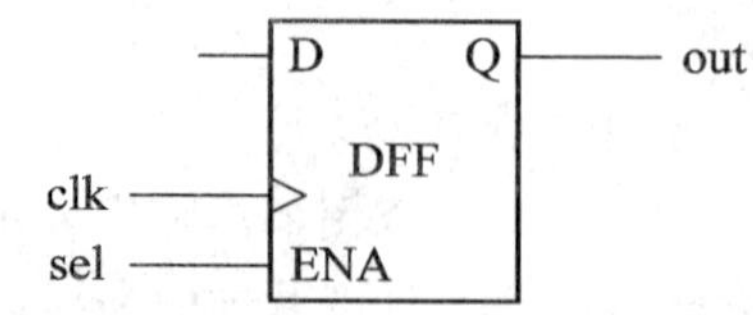

图 7-17　改善之后的时钟选择控制电路

2) 通过组合逻辑对触发器的时钟在多个时钟中选择一个

在通信系统中，往往为了保证单板的可靠工作，会作备份电路；需要备份时钟、复位、置位等信号，通过控制信号对主电路信号和备份电路信号进行切换，如图 7-18 所示电路。为了在 clka 和 clkb 两个时钟中二选一，采用了直接组合逻辑实现。然而，组合电路由于不同的路径而延迟不同，所以在电路的时钟输出很容易产生毛刺。显然此法不妥。为了避免毛刺，正确的方法是对控制切换的 sel 信号分别用两个触发器进行同步化，这样在输出时钟时就不会再出现毛刺。如图 7-19 所示为改善之后的时钟切换电路。

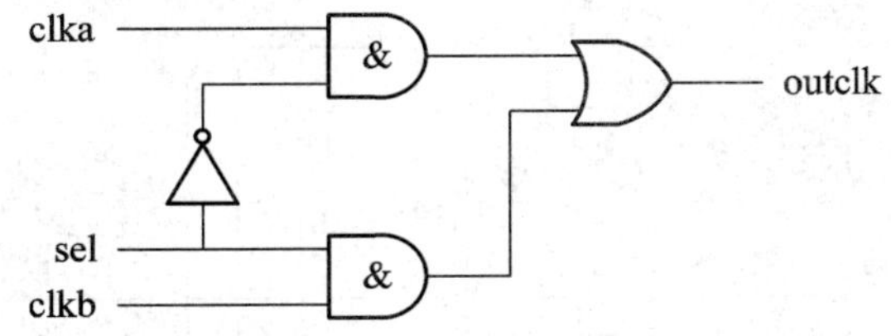

图 7-18 原时钟切换电路

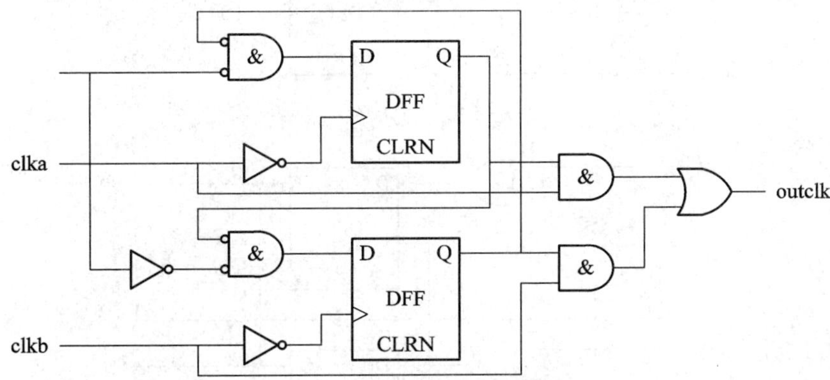

图 7-19 改善之后的时钟切换电路

对于改善之后的时钟切换电路，其时序图如图 7-20 所示。其中，regA 代表接 clka 的触发器，其对应的与门输出为 regA_clk；同样定义 regB 和 regB_clk。显然，当 regA 和 regB 前后“偏移”在一定的范围之内时，outclk 不会出现毛刺。

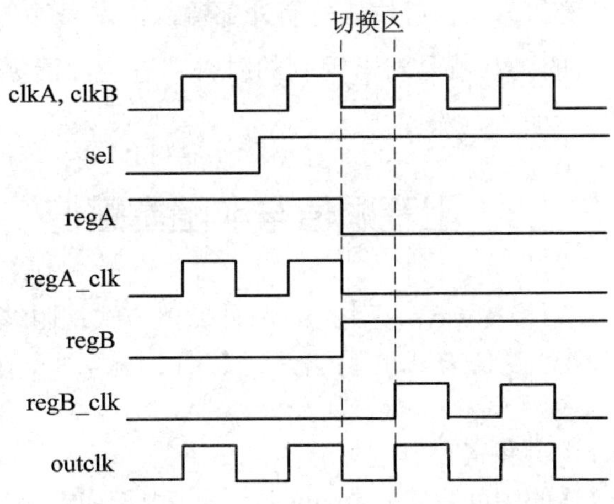

图 7-20 改善之后的时钟切换电路的时序图

2．使用自我清除、自我置位和自我钟控的寄存器

对于自我清除、自我置位，最好通过组合逻辑将其转变成对输入端数据的置位与清除，从而提高电路的可靠性；对于自我钟控电路，尽量使用触发器的使能端达到钟控的目的。

下面举例介绍自我清除和自我置位电路。如图 7-21 所示为自我清除电路图，当输出端均为“1”时，电路复位，虽然使能端复位延迟了一个时钟周期，但是消除了产生毛刺的隐患。如图 7-22 所示为自我置位电路图，当输出端均为“0”时，电路置位，这样输出端置位延迟了一个时钟周期，但是消除了毛刺。

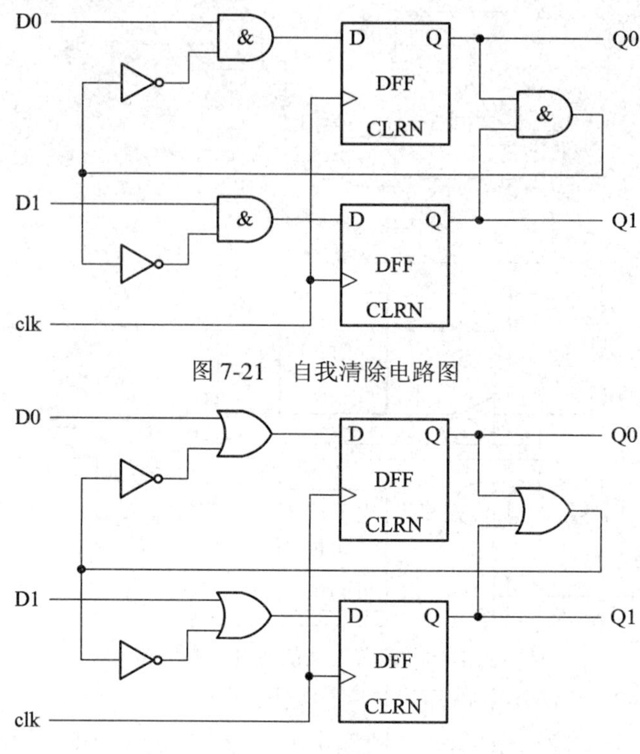

图 7-21　自我清除电路图

图 7-22　自我置位电路图

3．时钟信号、异步清零信号、置位信号有外部输入，本身输入信号有毛刺

对于此种情况，采取的办法就是对有毛刺的时钟、置位、清零信号使用内部触发器进行锁存，使其同步化。

7.3　阻塞赋值与非阻塞赋值

VerilogHDL 语言中，对于 always 模块，有两种赋值方式：阻塞赋值和非阻塞赋值。对于初学者，往往迷惑这两种赋值方式的用法，在第四、五章中，总结过以下三条简单的原则：

(1) 将电路中的组合逻辑和寄存器进行分离；

(2) 为寄存器选择合适的中间变量，在 always 语句内部用非阻塞赋值；

(3) 在描述组合逻辑的 always 模块中用阻塞赋值。

7.3.1 节举例分析了两种赋值语句的用法。

7.3.1　概述

1．阻塞赋值(Blocking Assignment)

阻塞赋值的基本描述格式为

[变量] = [逻辑表达式];

阻塞赋值在执行时，右端表达式执行并赋值到左边变量，不会受任何情况打断。所以在本次赋值结束之前它“阻塞”了当前其他的赋值任务。阻塞赋值的操作和 C 语言中的变量赋值非常相似。

2．非阻塞赋值(Nonblocking Assignment)

非阻塞赋值的基本描述格式为

[变量] <=　[逻辑表达式];

非阻塞赋值行为有些细微之处比较难以理解。最好从硬件角度来理解，always 模块可以被认为是纯硬件模块，当 always 模块被激活时，非阻塞赋值的右侧表达式就开始执行；当 always 模块所有表达式执行结束之后，所有执行结果才赋值到左侧变量中。之所以称为“非阻塞”，就是在本条赋值语句执行的过程中，其他赋值语句也可以执行。

3．举例

为了更形象地理解阻塞与非阻塞赋值，以三输入与门电路来介绍这两种赋值方法得到的结果的差异。程序 7-3 采用阻塞赋值，程序 7-4 采用非阻塞赋值描述。

【程序 7-3】　阻塞赋值举例。

```
module block_example
  (
  input wire a, b, c,
  output reg y
  );

  always @*
  begin
     y = a;
     y = y & b;
     y = y & c;
  end
endmodule
```

分析：阻塞赋值描述与 C 语言中的描述一样，y 最终得到的值为 a&b&c。所以分开三条阻塞赋值语句，只会使得代码比较繁琐，没有多少实际意义。

【程序 7-4】　非阻塞赋值举例。

```
module and_nonblock
  (
```

```
    input wire a, b, c,
    output reg y
    );

    always @*
    begin
        y <= a;
        y <= y & b;
        y <= y & c;
    end
endmodule
```

分析：根据非阻塞赋值的原则，赋值语句前两条就没有起作用，实际上程序 7-4 相当于：

```
always@*
y <= y & c;
```

显然，如果我们是想描述 y 赋值为 a、b 和 c 相与的值，则该描述不符合要求。

7.3.2 组合逻辑电路中的赋值描述

前面举例属于极端情况。除了默认值外，大部分组合电路都会多次赋值同一变量。阻塞赋值和非阻塞赋值虽然都可以用来描述同一电路，但是有微弱的差别。下面以 1 位比较器举例来解释这种差别。程序 7-5 采用阻塞赋值。

【程序 7-5】 阻塞赋值实现 1 位比较器。

```
module eq1_block
  (
  input wire i0, i1,
  output reg eq
  );
  reg p0, p1;
  always @(i0,i1)                  // i0 和 i1 在敏感量列表当中
  //语句描述的顺序非常关键
  begin
      p0 = ~i0 & ~i1;
      p1 = i0 & i1;
      eq = p0 | p1;
  end
endmodule
```

分析：程序 7-5 中，敏感量列表中包含 i0 和 i1，只要这两个变量有一个发生改变，都会激活 always 语句，那么 p0、p1 和 eq 就会顺序赋值，最终 eq 赋值就会被更新。但是这三条语句的描述顺序非常关键。假如将最后一条语句提前，则程序如下：

```
always @(i0,i1)
```

```
begin
    eq = p0 | p1;
    p0 = ~i0 & ~i1;
    p1 = i0 & i1;
end
```

在第一条描述中，由于 p0 和 p1 还没有被赋予新值，所以 p0 和 p1 依然保持原来的赋值，这样得到的最终结果显然是错误的。

下面将程序 7-5 用非阻塞赋值来替换，如程序 7-6 所示。

【程序 7-6】 非阻塞赋值实现 1 位比较器。

```
module eq1_non_block
  (
  input wire i0, i1,
  output reg eq
  );
  reg p0, p1;

  always @(i0,i1,p0,p1)                    // p0，p1 依然在敏感量列表中
  // 描述顺序无关紧要
  begin
      p0 <= ~i0 & ~i1;
      p1 <= i0 & i1;
      eq <= p0 | p1;
  end
endmodule
```

分析：p0 和 p1 包含在敏感量列表中。当 i0 或者 i1 有所变化时，always 模块被激活；p0 和 p1 在第一个时钟节拍结束时赋值。由于 eq 值为基于 p0 和 p1 原来保持值的赋值，所以 eq 不变。当前赋值结束时，always 模块重新被激活。由于 p0 和 p1 被改变(这就是 p0 和 p1 放在敏感量列表中的原因)，因而 eq 变量在第二个时钟节拍被赋予了新值。从以上分析可知，即使将以上语句的顺序发生改变，也不会影响最终结果，因为 eq 的赋值以及 always 模块的激活与这些语句的顺序并没关系。

总结：虽然两种描述方法都可以描述同一电路，但是两个电路的结果是有区别的，采用非阻塞赋值法描述仿真所花费的时间更长一些，电路输出结果在时序上也有微弱差别。鉴于此，我们有这么一条原则：“在组合逻辑电路描述中采用阻塞赋值”。

7.3.3 时序电路赋值描述

就单独一个寄存器来说，阻塞赋值和非阻塞赋值都可以描述存储单元，如 DFF 可以描述为

```
always@(posedge clk)
    q <= d;
```

也可以描述为

```
always@(posedge clk)
    q = d;
```

但是当设计中存在多个寄存器描述单元时，就会有细微的差别。假设有两个寄存器在每个时钟的上升沿进行数据交换，则采用阻塞赋值描述如下：

```
always@(posedge clk)
    a = b;
always@(posedge clk)
    b = a;
```

在时钟的上升沿，两个 always 语句同时被激活并且并行执行。一个时钟节拍后两条语句执行结束。按照 verilog 语法标准，两个 always 语句执行结果时间顺序上谁都有可能在前面。这样一来，如果第一个 always 语句执行在前面，由于阻塞赋值，所以变量 a 立即得到 b 的赋值，那么当第二个 always 块执行之后，变量 b 得到 a 的赋值；由于刚才第一个 always 执行时 b 值赋予了 a，所以现在 b 的值会维持不变，还是原来的值。同样的道理，如果第二个 always 模块先执行了，那么 a 就会保持自身值不变，从 Verilog 语法角度来看，两种结果都是有效的。但是从数字电路的角度来说，明显引起了竞争。

下面将阻塞赋值修改为非阻塞赋值，以上代码修改为

```
always@(posedge clk)
    a <= b;
always@(posedge clk)
    b <= a;
```

采用非阻塞赋值，由于原始信号在赋值语句中使用，所以 a 和 b 都会得到正确的值，而与顺序没有关系。因此在时序逻辑描述中，阻塞赋值往往会引起条件竞争，应采用非阻塞赋值方式赋值。

7.3.4 时序电路中的混合赋值

DFF 是最简单的时序电路，很有可能在同一 always 模块中既包含阻塞赋值，又包含非阻塞赋值。可以通过一个简例来解释各种混合描述的变量行为，从而更好地理解两种赋值的区别。

下面举例描述 a 与 b 的与操作，并将结果在时钟的上升沿存储到存储器中。基于前面的描述方法，可以将寄存器和组合逻辑分开两段描述，如程序 7-7 所示。

【程序 7-7】 寄存器和组合逻辑分为两段描述。

```
module ab_and
    (
     input wire clk,
     input wire a, b,
     output reg q
    );
```

```
    reg q_next;

    // D FF
    always @(posedge clk)
        q <= q_next;

    //组合逻辑电路
    always @*
        q_next = a & b;

endmodule
```

如果一定要将以上两段描述放在同一个 always 模块中，为了分析阻塞和非阻塞的影响，有六种组合产生六种结果，如程序 7-8 所示。

【程序 7-8】　六种组合产生六种结果。

```
module ab_ff_all
    (
     input wire clk,
     input wire a, b,
     output reg q0, q1, q2, q3, q4, q5
    );
    reg ab0, ab1, ab2, ab3, ab4, ab5;
    //第一种情况
    always @(posedge clk)
    begin
        ab0 = a & b;
        q0 <= ab0;
    end

    //第二种情况
    always @(posedge clk)
    begin
        ab1 <= a & b;
        q1 <= ab1;
    end

    //第三种情况
    always @(posedge clk)
    begin
        ab2 = a & b;
```

```
        q2 = ab2;
    end

    //第四种情况
    always @(posedge clk)
    begin
        q3 <= ab3;
        ab3 = a & b;
    end

    //第五种情况
    always @(posedge clk)
    begin
        q4 <= ab4;
        ab4 <= a & b;
    end

    //第六种情况
    always @(posedge clk)
    begin
        q5 = ab5;
        ab5 = a & b;
    end
endmodule
```

在第一种情况下，由于第一条语句为阻塞赋值，所以 ab0 值立即得到更新，q0 得到 a&b 的值，其数据执行原理图如图 7-23(a)所示。由于 ab0 在 always 模块中没有输出，因而 ab0 输出寄存器可以省略掉，结果如图 7-23(b)所示。所以第一种情况满足设计需求。

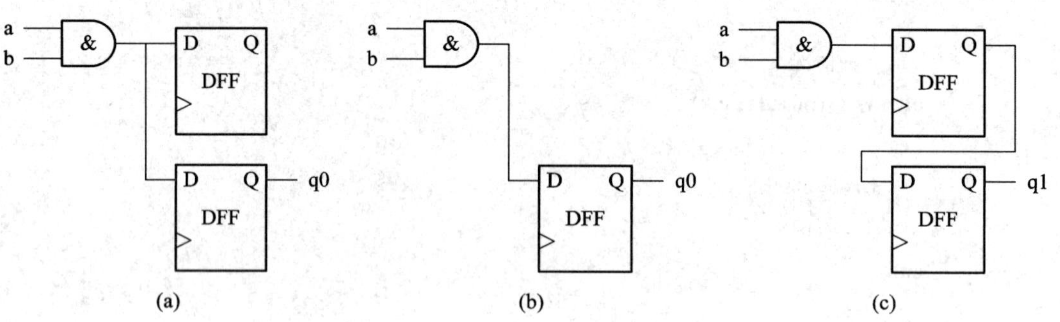

图 7-23　混合赋值电路原理图

在第二种情况下，ab1 采用非阻塞赋值，在时钟第一个节拍，q1 赋值为 ab1 原来保持的值，而 ab1 得到赋值 a&b；时钟第二个节拍时，q1 才得到 ab1 的新的赋值，所以中间会产生一个意外的缓冲器，a&b 值输出到 q1 上时延迟了一个时钟节拍。

在第三种情况下，ab2 和 q2 都用阻塞赋值，根据 7.3.3 节描述，很容易产生条件竞争，所以此种情况不可以选用。

用同样的方法分析后面三种情况，会发现第四种情况是在第一种情况下将两条赋值语句的顺序对调，如此一来，ab3 在新值赋值之前就赋值给了 q3，所以 q3 得到的是 ab3 锁存的值，其实现的电路如图 7-23(a)所示。在第五种情况下，赋值语句对调依然会造成竞争。在第六种情况下，ab5 先是在赋值之前就被使用，然后 q5 才得到 a&b 的值，所代表的电路和第三种情况是一样的。

综上所述，只有第一种情况所描述的电路是正确而稳定的。

7.4　优秀 HDL 代码风格

在现代 FPGA 设计中，逻辑电路规模越来越大，对代码的书写和设计要求也越来也多。优秀的 HDL 代码遵循可移植性强、执行稳定可靠等原则，其优秀的代码风格可以避免不必要的错误发生，从而提高设计效率，达到事半功倍的效果。

7.4.1　代码风格的含义

代码风格有两层含义，其一是代码的书写习惯，这一点也是大家对代码风格的最原始的理解，那就是如何书写代码，达到易于理解、易于调试以及易于移植的效果。而代码风格还有一层更为深刻的含义，就是指对特定电路采用特定的描述习惯和描述方法，使得电路实现起来更加可靠。

在 FPGA 设计中，代码风格分为通用风格和专用风格两类。前者不依赖于 FPGA 开发的 EDA 工具和 FPGA 芯片类型，为数字电路设计通用代码风格，适合于 ASIC 设计；后者指与开发软件和芯片类型都有很大关系。作为 FPGA 设计，应该在坚持通用风格的基础上，熟悉专用风格，以更有利于设计出高可靠性的产品。

7.4.2　通用代码风格

1. 逻辑复用和逻辑复制

1) 逻辑复用

逻辑复用是通过提高工作频率来节省面积的一种优化设计方法。在代码复用上下工夫，比工具优化要强的多，也是 FPGA 设计的核心思想。举个补码平方器的例子，系统输入 8 bit 补码，求其平方和，由于输入的是补码，所以当最高位是 1 时，表示原值是负数，需要按位取反，加 1 之后再求平方；当最高位是 0 时，表示原值是正数，直接求平方。下面举例采用普通处理方式和逻辑复用两种方式来描述。

普通处理方法实现方式为

```
module square_genral_way
(
    input wire [7:0] data_in,
```

```
        output wire [15:0] square
    )
    wire [7:0] data_bar;
    assign data_bar = ~data_in + 1;
    assign square = (data_in[7])?(data_bar*data_bar):(data_in*data_in);
    endmodule
```

逻辑复用方式为

```
    module square_resource_share
    (
        input wire [7:0] data_in,
        output wire [15:0] square
    )
    wire [7:0] data_tmp;
    assign data_tmp =(data_in[7])? ( ~data_in + 1): datai_in;
    assign square = data_tmp * data_tmp;
    endmodule
```

经过比较，第一种实现方式需要两个 16 位乘法器，同时平方，然后根据输入补码符号选择输出结果，其关键在于使用了两个乘法器，选择器在乘法器之后；第二种实现方式首先根据输入补码的符号将补码换算为正数，然后做平方，仅需要 1 个 16 位乘法器，乘法器资源减少一半。虽然很多 EDA 工具支持逻辑复用综合功能，但是很多情况下不能智能发现可以复用的逻辑，所以最好在代码上体现。

2) 逻辑复制

逻辑复制是通过增加面积而改善设计时序的优化方法，经常用于调整信号扇出。如果信号具有很高的扇出，即要驱动很多后续电路，则要添加缓存器来增强驱动能力。但是这样会增大信号的延时。通过逻辑复制，使用多个相同信号来分担驱动任务，有利于降低每路信号的扇出，便不需要额外的缓冲器来增强驱动，可减少信号的路径延迟。例如，用于产生控制信号的模块一般都有高的扇出，这时就要考虑逻辑复制。如图 7-24(a)所示为未使用逻辑复制的设计模式，占用资源较少，但是延迟大，容易出错，而采用逻辑复制设计，如图 7-24(b)所示，延迟小，占用资源多。

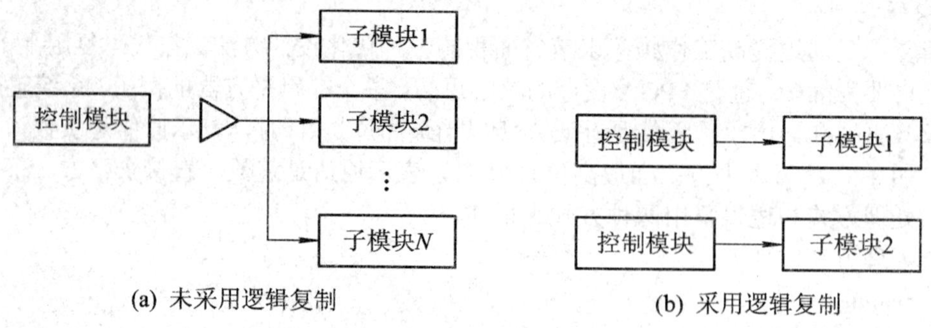

图 7-24　逻辑复制举例

逻辑复用和逻辑复制是矛盾统一体，一个是通过提高速度换取面积，另一个是通过面积增加换取速度提高，两者之间存在平衡。在 XST 中用户可以设定最大扇出数，当某信号的扇出超过最大扇出值时，该信号会自动被综合工具复制，以降低扇出。

2．if 和 case 语句的使用区别

if 语句执行具有优先级，而 case 语句执行是并行的，不具有优先级，所以 if-else 结构执行速度较慢，但是占用面积小。如果对速度没有什么要求而对面积要求很高，则可用 if-else 语句完成编解码。case 语句执行较快，但是占用面积大，因而 case 语句实现对速度要求较高的编解码电路；if-else 语句嵌套太长会导致延时，所以应根据实际情况合理地使用 if 和 case 语句。

3．关键路径信号处理原则

在系统中经常有一些信号路径过长，从而造成建立时间不够，这种信号路径称为关键路径。在复杂电路设计中必须有效地处理关键信号，尽量减少其延时，提高电路工作频率。

1) 简单组合电路关键路径提取

简单组合电路关键路径提取方法就是拆分逻辑，将复杂逻辑变成多个简单组合电路的进一步组合，缩短关键信号的逻辑路径。如对于语句

```
assign y = a & b & c | d & e & b;
```

信号 b 为关键信号，先计算其简单路径，再经过关键路径逻辑，即

```
assign temp = a & b & c | d & e;
assign y = temp & b;
```

2) 复杂时序电路关键路径提取

对于 always 模块中时间要求非常紧的信号，需要通过分步提取方法，让关键路径先行，保证修改后的描述与原 always 块逻辑等效。程序 7-9 给出了提取并改善 always 模块中关键信号的实例。

【程序 7-9】　always 块中关键路径的提取和优化实例。

```
always@(w,x,y,z,in1,in2)begin
    if(!w)begin
        if(x&&(!(y&&z)))
            out = in1;
        else
            out = in2;
    else if (y&&z)
        out = in1;
    end
    else begin
        out = out;
    end
```

```
    end
```

若 z = 0，则原代码等效于

```
if(!w) out = in1;
else out = out;
```

若 z=1，则代码等效于

```
if(!w && x && !y) out = in1;
else if (!w && x && y) out = in2;
else out = out;
```

对于信号 y 也有类似的分析结果。所以 y 和 z 都是关键信号，可通过首先计算关键路径进行优化。代码优化为

```
always@(w ,x,y,z,in1,in2)begin
    temp = y && z;
    if(!temp)begin
        if(x&&!w)
            out = in1;
        else
            out = in2;
    else if (temp)
        out = in1;
    end
    else
        out = out;
end
```

4．避免出现意外锁存器

锁存器是电平触发的存储器。触发器是边沿触发的存储器。在同步设计中要尽量减少锁存器的使用。因为锁存器对毛刺非常敏感，不能异步复位，在上电之后处于不确定状态。此外，锁存器还会使静态时序分析变得非常复杂，不具备可重用性；在 FPGA 芯片中，基本单元是由查找表和触发器组成的，若生成锁存器，反而需要更多的资源。因此，在设计中需要避免锁存器的产生。详细内容可参考 4.5 节关于 always 语句的用法所强调的三点。

5．流水线技术的使用

流水线处理基本思想是经过多级逻辑的长数据通路进行重新构造，通过将流水线型寄存器插入到组合逻辑的关键位置上，把原来必须在一个时钟周期内完成的操作分成在多个时钟周期内完成。这种方法减少了组合逻辑块中的级数，缩短了存储元件间的数据通道，并且允许更高的工作频率，从而提高了数据吞吐量。在 FPGA 器件中，拥有大量的寄存器资源，采用流水线设计可以动态地提升器件性能。

流水线在高速、宽字数据流传输和处理中变的非常重要。如图 7-25 所示的组合逻辑块由流水线寄存器分割成两个子快，得到另一种可选的电路。如果原多级组合逻辑电路最长路径时间为 Tmax，那么新电路的最长路径时间将缩短为原来的一半，也就是运行速率提高 1 倍。

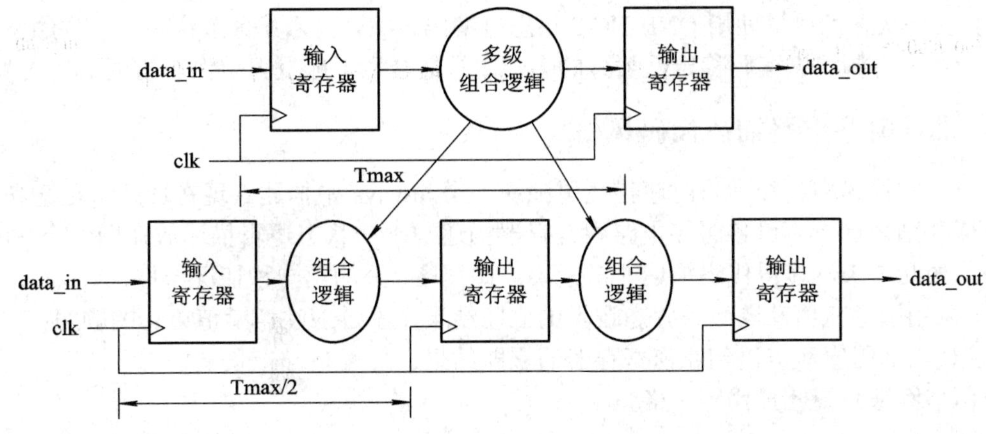

图 7-25　流水线插入实现过程

流水线可以提高电路的工作频率，但是却产生了输入输出的延迟。流水线的每一级在得到电路第一个输出之前，都要加上一个周期的延时。每增加一级流水线，时间延迟就增加 1 拍。所以需要先将电路合理地划分为 N 个步骤，分成不同的阶段，然后通过合理的安排时序前后级接口间数据的匹配，扩大数据吞吐量，完成并行运算。如果前级操作的时间等于后级操作时间，则直接输入即可；如果前级操作时间小于后级操作时间，则需要对前级数据进行缓存，然后才能输入到后级；如果前级操作时间大于后级操作时间，则需要用串/并转换方式进行数据分流，然后输入到后级。

7.4.3　Xilinx 芯片专用代码风格

1．时钟信号的分配策略

在 FPGA 中，拥有专门的时钟管理资源和时钟输入管脚。所以针对时钟的使用，需要参考如下准则：

(1) 使用全局时钟，可以为信号提供最短的延时和可以忽略的扭曲。全局网线由全局缓冲器 BUFG 来驱动。使用 BUFG 时，时钟信号经过 BUFG 驱动后，通过长线同时接到每个触发器的时钟端，减少传输延迟。

(2) FPGA 适合同步电路设计，尽可能减少使用时钟信号的种类，避免由组合逻辑生成多个时钟来分别驱动多个触发器的设计方法。因为在 FPGA 内部专用时钟资源是有限的，如果不使用专用时钟资源，则各个负载点上的时钟延迟偏差很大，会引起数据保持时间问题，降低工作速度。

(3) 减小时钟扭曲的有效方法是，使用一个时钟信号，生成多个时钟使能信号，分别驱动触发器的时钟使能端，所有触发器的数据装入都由同一个时钟控制。但是只有时钟使能信号有效的触发器才会装入数据，时钟使能信号无效的触发器则仅保持数据。

2．触发器资源的分配技术

(1) 尽量使用库中的触发器资源。FPGA 触发器资源丰富，而且开发系统在划分逻辑块时，对 D 触发器等元件直接利用 CLB 中的触发器，而对自建触发器认为是组合电路，需要使用 CLB 中的组合逻辑资源实现。这样一来，占据了更多的 CLB 资源。

(2) 设计状态机尽量使用 ONE-HOT 状态机编码方案，因为其每个状态由 1 位触发器来表示，相对二进制状态编码稳定性要好的多，非常适合用于触发器资源丰富的 FPGA 器件。

7.4.4 推荐时序电路描述代码风格

在以往的描述中，经常将时序描述单独在一个 always 中描述。现在理解了阻塞和非阻塞的赋值区别之后，可以将时序电路中寄存器描述与下一状态逻辑描述放在同一个 always 模块中。如此一来，显得代码描述非常紧凑，如程序 7-8 的第一种情况一样：

(1) 采用阻塞赋值获取下一状态逻辑的立即结果，不过应注意赋值语句的顺序；

(2) 使用非阻塞赋值语句赋值寄存器的立即结果。

下面举例来介绍此种代码风格。

1. 二进制计数器

自由二进制计数器在前面的章节中描述过，现在用新的代码风格描述，如程序 7-10 所示。

【程序 7-10】　二进制计数器。

```
module bin_counter
   #(parameter N=8)
   (
    input wire clk, reset,
    output wire max_tick,
    output wire [N-1:0] q
   );

   //信号声明
   reg [N-1:0] r_next, r_reg;
   //寄存器以及下一状态逻辑
   always @(posedge clk, posedge reset)
      if (reset)
         r_reg <= 0;   // {N{1b'0}}
      else
         begin
            //下一状态逻辑
            r_next = r_reg + 1;
            //寄存器描述
            r_reg <= r_next;
         end
   //输出逻辑
   assign q = r_reg;
   assign max_tick = (r_reg==2**N-1) ? 1'b1 : 1'b0;
endmodule
```

需要注意的是，输出逻辑：

```
assign max_tick = (r_reg==2**N-1) ? 1'b1 : 1'b0;
```

必须放在 always 模块的外面，如果放在 always 模块里面，max_tick 输出就会产生一个多余的时钟延迟。

由于 r_next 信号没有在别的地方用到，可以将以下两条语句：

```
r_next = r_reg + 1;
r_reg <= r_next;
```

合并为

```
r_reg <= r_reg + 1;
```

如此一来，自由计数器可以描述为更为精简的形式，如程序 7-11 所示。

【程序 7-11】 自由计数器描述的精简形式。

```
module bin_counter_terse
   #(parameter N=8)
   (
    input wire clk, reset,
    output wire max_tick,
    output reg [N-1:0] q
   );
   always @(posedge clk, posedge reset)
      if (reset)
         q <= 0;
      else
         q <= q + 1;
  //输出逻辑
   assign max_tick = (q= =2**N-1) ? 1'b1 : 1'b0;
endmodule
```

2. 状态机电路描述

在状态机描述中，下一状态逻辑可以被合并到寄存器控制模块中，如前面讲述的程序 6-1，可以被重新写成如程序 7-12 所示。

【程序 7-12】 合并下一状态逻辑到寄存器控制模块。

```
module fsm_merged
   (
     input wire    clk, reset,
     input wire    a, b,
     output wire y0, y1
   );

   //状态信号声明
```

```
parameter [1:0] s0 = 2'b00,
                s1 = 2'b01,
                s2 = 2'b10;

//信号声明
reg [1:0] state_reg;

//状态跳转以及下一状态逻辑产生
always @(posedge clk, posedge reset)
  if (reset)
    state_reg <= s0;
  else
    case (state_reg)
      s0: if (a)
            if (b)
              state_reg <= s2;
            else
              state_reg <= s1;
          else
            state_reg <= s0;
      s1: if (a)
            state_reg <= s0;
          else
            state_reg <= s1;
      s2: state_reg <= s0;
      default state_reg <= s0;
    endcase

// Moore 输出逻辑
assign y1 = (state_reg==s0) || (state_reg==s1);

// Mealy 输出逻辑
assign y0 = (state_reg==s0) & a & b;

endmodule
```

总之，将下一状态逻辑合并到寄存器模块中在很多情况下都可以使用。如此一来，代码显得紧凑，而且所需要的变量也减少。但是在使用这种方法时，要小心以防产生不需要的寄存器。读者在对阻塞和非阻塞赋值理解非常清楚的情况下可以这样做。

7.5　TestBench 编写

TestBench 就是测试平台的意思。软件设计讲究仿真验证，硬件设计同样注重对设计的仿真以及验证。仿真验证在数字设计中属于非常复杂的一部分，本节仅仅精简地介绍常用的 TestBench 的编写，使得读者能够对大部分常用的设计有能力编写 TestBench。若要继续深入学习，则请参考别的更为专业的介绍 TestBench 的书。

TestBench 的功能就是先产生激励输入到待测设计(DUT)中，然后检查 DUT 的输出是否与预期的一致，达到验证设计功能的目的，如图 7-26 所示。

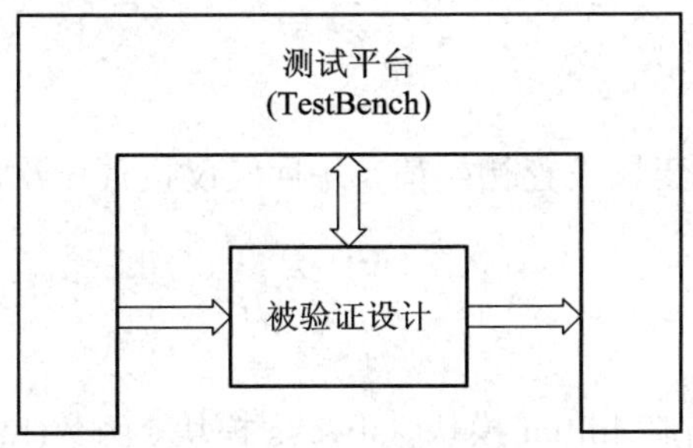

图 7-26　TestBench 的概念

7.5.1　基于 HDL 的 TestBench 编写

很多仿真工具都支持基于 HDL 的 TestBench，比如 ModelSim、ISE12.1 中自带的 ISim、NC_Verilog 等等。采用 HDL 编写 TestBench，对设计添加激励，通过波形或者自动比较工具或者输出文件等分析设计的正确性，并分析 TestBench 自身的覆盖率和正确性。基于 HDL 的 TestBench 仿真步骤如下：

(1) 为待测试设计(Design Under Test，DUT)提供激励信号；

(2) 正确例化 DUT；

(3) 将仿真数据显示在终端或者存为文件，也可以显示在波形窗口中以供分析检查；

(4) 对于复杂的设计，可根据设计需要使用 EDA 工具，通过用户接口自动化比较仿真结果与理想值，实现结果的自动检查。

TestBench 不属于可综合代码开发，所有对于 TestBench 的开发，相对来说，VerilogHDL 中很多复杂的语法结构以及算法都可以使用，很多地方和 C 语言相似。下面根据功能介绍常用激励语句的写法。

7.5.2　always 和 initial 模块

Verilog 语句中包含两种基本的过程结构语句：always 和 initail 语句。always 模块中包含顺序执行语句，其模块的激活与执行都是由敏感量列表中的变量触发的。always 模块可以包含时序控制来产生相关如延时或者等待，敏感量列表有时可以省略，比如可以采用 always 语句产生时钟信号：

```
always
beign
    clk = 1'b1;
    #20;
    clk = 1'b0;
    #20
end
```

initial 语句同样可以包含顺序执行语句，然而，它只执行一次，其语法结构为

```
initial
begin
    [过程语句]
end
```

initial 语句通常用来给变量设置初始值，并且仅仅执行一次的 initial 模块通常不能够被综合。

7.5.3 顺序执行语句

顺序执行语句通常包含在 initial 模块、always 模块、函数(functions)模块以及任务(tasks)模块中，常用的过程语句包括：① 阻塞赋值语句；② 非阻塞赋值语句；③ if 判断语句；④ case 选择语句；⑤ 循环语句。

if 语句、case 语句在前面的章节中都有介绍，这里重点介绍循环语句。Verilog 支持的循环语句包括 for、while、repeat 以及 forever 语句。

for 语句的语法结构为

```
for ([初始化]; [结束条件]; [步进])
    begin
        [过程语句]
    end
```

比如给 16 字的寄存器文件清零：

```
integer i;
for (i = 0; i<16; i=i+1)
    reg_file[i] = 0;
```

循环体的语句一直重复执行，直到结束条件满足。比如，前面寄存器文件清零语句同样可以采用 while 语句和 repeat 语句完成，分别如下：

```
integer i;
    i = 0;
while (i<16)
begin
    reg_file[i] = 0;
    i = i + 1;
end
```

采用 repeat 语句可以表示为

```
integer i;
i = 0;
repeat (16)
begin
    reg_file[i] = 0;
    i = i + 1;
end
```

为了更实用地介绍仿真模块的编写，下面按照功能介绍 TestBench 的编写。

7.5.4　时序控制语句

在 TestBench 中，有三种精确控制时序的结构：

(1) 延时控制：#[delay time]；

(2) 事件控制：@[event,event ,…]

(3) 等待语句：wait[布尔表达式]

除此之外，时序定义语句'timescale 也与时序有关。'timescale 定义时序单位以及时序单位的精度，如'timescale 1ns/1ps，代表在当前文件中的时间单位是 1 ns，时间可以精确到 1 ps。下面举例介绍时序控制语句的使用。

1．普通时钟信号

(1) 采用 initial 语句产生时钟的方法如下：

```
parameter PERIOD = 10;
reg clk;
initial
begin
    clk = 0;
    forever
        #(PERIOD/2) clk = ~ clk;
end
```

(2) 采用 always 语句产生时钟的方法如下：

```
parameter PERIOD = 10;
reg clk;
initial
    clk = 0;//将 clk 初始化为 0
always
    #(PERIOD/2) clk = ~ clk;
```

2．占空比不是 50%的时钟信号

有时在设计中用到的时钟占空比不是 50%。比如用 always 语句实现占空比为 40%的时钟，其代码如下：

```
parameter   HI_TIME = 4;
            LO_TIME =6;
reg clk;
always
begin
    # HI_TIME   clk = 0;
    # LO_TIME   clk = 1;
end
```

3. 固定数目时钟信号

如果需要产生固定数目的时钟脉冲，则可以在 initail 语句中使用 repeat 语句来实现，其代码如下：

```
//两个高脉冲的时钟
parameter PULSE_COUNT = 4,FAST_PERIOD = 10;
reg clk;
initial
begin
    clk = 0;
    repeat (PULSE_COUNT)
        #(FAST_PERIOD/2) clk = ~ clk;
end
```

4. 相移时钟信号

系统中往往有好几个时钟，并且时钟之间有相位差别，下面举例描述相移时钟信号：

```
parameter   HI_TIME = 5, LO_TIME = 10, PHASE_SHIFT = 2;
reg    absolute_clk;
wire   derived_clk;
always
    beign
        #HI_TIME   absolute_clk = 0;
        #LO_TIME   absolute_clk = 1;
    end
assign #PHASE_SHIFT derived_clk = absolute_clk;
```

5. 异步复位信号

复位信号不是周期信号，而是在系统开始时复位有效，所以采用 initial 语句赋值产生：

```
parameter PERIOD = 10;
reg   reset_N;
initial
begin
reset_N = 1;
```

```
    # PERIOD reset_N = 0;
    # (5*PERIOD) reset_N = 1;
end
```

复位信号低有效，复位在 10 ns 时开始，持续 50 ns。

6. 同步复位信号

同步复位信号的实现如下：

```
initial
begin
    reset_N = 1;
    @(negedge clk);
    reset_N = 0;
    #30
    @(negedge clk);
    reset_N = 1;
end
```

该代码首先将 reset_N 初始化为 1，然后在第一个 clk 的下降沿处开始复位，再延时 30 ns，最后在下一个时钟沿处撤销复位。如此一来，复位的产生和撤销都避开了时钟的有效上升沿，因此这种复位属于同步复位。

另外一种同步复位信号的实现方法如下：

```
initial
begin
    reset_N = 1;
    @(negedge clk);
    reset_N = 0 ; // 复位开始
    repeat (3) @(negedge clk);
    reset_N = 1; //复位撤销
end
```

首先将 reset_N 初始化为 1，在第一个 clk 的下降沿处开始复位，然后经过 3 个时钟下降沿，在第三个时钟下降沿处撤销复位信号 reset_N。

7.5.5 系统函数和任务

在 Verilog 中包含一些预定义的系统任务和函数，执行系统相关操作，如仿真控制和文件存取；预定义函数都以“$”开头。下面介绍常用的系统任务和函数。

1. 仿真时间函数

仿真时间函数用来返回当前仿真时刻，Verilog 中包含三种系统仿真时间函数：$time，$stime 和$realtime。

(1) $time 可以返回一个以 64 位的整数表示当前的仿真时刻值。该时刻是以当前的仿真时间尺度为基准的。

下面以程序 7-13 例说明。

【程序 7-13】 $time 返回 64 位整数。

```
'timescale 1ns/1ns
module test_time;
reg set;
parameter p=1.7;
initial
    begin
        $monitor($time, "set =" ,set);
        # p set = 0;
        #p set = 1;
    end
endmodule
```

输出结果为：

```
0    set = x
2    set = 0
4    set = 1
```

(2) $realtime 和$time 是一样的，只是返回的时间数字是一个实型数。该数字也是以时间尺度为基准的。下面以程序 7-14 为例说明。

【程序 7-14】 $realtime 返回实型数。

```
'timescale 1ns/1ns
module test_time;
    reg set;
    parameter p=1.55;
    initial
        begin
            $monitor($realtime, "set =" ,set);
            # p set = 0;
            #p set = 1;
        end
endmodule
```

输出结果为

```
0     set = x
1.6   set = 0
3.2   set = 1
```

(3) $stime 和$time 是一样的，只是返回的时间数字是一个 32 位整数。

2．仿真控制任务

有两种仿真控制任务：$finish 和$stop，用来控制仿真的流程。

1) $finish 的作用

$finish 的使用格式为$finish 或者$finish(n)。系统任务$finish 的作用是退出仿真器，返回主操作系统，也就是结束仿真过程。任务函数$finish 也可以带参数，根据参数的值输出不同的特征信息；如果不带参数，则默认$finish 的参数值为 1。下面给出对于不同的参数值时系统输出的特征信息：

0 表示不输出任何信息；

1 表示输出当前仿真时刻和位置；

2 表示输出当前仿真时刻、位置以及在仿真过程中所用的 CPU 和 memory 的统计时间。

2) $stop 的作用

$stop 的格式为$stop 或者$stop(n)。$stop 任务的作用是将仿真挂起，在 ModelSim 中，它返回仿真到交互模式，将控制权交给用户。我们经常在 TestBench 中采用$stop 将仿真暂停，然后查看波形。

3. 显示任务

针对仿真显示，有四种显示任务：$display、$write、$strobe 和$monitor，它们在仿真中有相同的语法格式。在 ModelSim 中，字符显示在控制面板上。

1) $display 任务

$display 的格式和 C 语言的打印格式一样，如下例：

```
$display ("at %d";signal x = %b",$time, x);
```

%d 和%b 分别代表系统仿真时间和 x 以十进制和二进制来显示，其输出结果格式如下：

```
at 5100，signal x= 00110001；
```

通常的显示格式包括%d、%b、%o、%h、%c、%s、%g，分别代表整数、二进制、十进制、十六进制、字符型、字符串型、实数型数据格式。

2) $write 任务

$write 任务和$display 任务相同，只是$write 任务无法添加换行符。在使用过程中，在当前位置显示相关输出，如果需要换行，则需要手工添加“\n”符进行换行。

3) $strobe 任务

$strobe 任务和$display 任务相同，但是它不是立即执行，而是在当前仿真时间节拍结束时执行，可以有效防止由于条件竞争所带来的数据显示不匹配。

4) $monitor 任务

$monitor 任务是非常通用的命令。前面讲述的三个显示任务每次执行时仅仅执行一次显示，而$monitor 可以在被监视任务时只要发生改变就进行输出。$monitor 提供了一种简单而灵活的方法来追踪仿真。如 3.5 节中的 TestBench 可以加入下面这段代码：

```
initial
begin
    $display("time test_in0,test_in1,test_out");
    $monitor("%d   %b   %b   %b",$time, test_in0, test_in1,test_out);
end
```

则在仿真过程中，ModelSim 显示面板显示结果为

time	test1	test2	test_out
0	00	00	1
200	01	11	0
400	01	11	0
600	10	10	1
800	10	00	0
1000	11	11	1
1200	11	01	0

4．文件接口系统函数和任务

1) $fopen 和$fclose 函数

在 Verilog 中提供了与外部文件的函数接口，文件可以被$fopen 和$fclose 打开和关闭。其语法格式如下：

[文件返回标志]= **$fopen**(“[文件名]”)；

$fopen 返回与文件相关的 32 位多通道描述符，可以认为是 32 位的代表某个文件的标志。最低位保留标准输出。当函数被调用时，文件立即被打开。返回的描述符有一位被赋值，如 0…0010 代表第一个文件被打开，0…0100 代表第二个文件被打开，等等，如果打开文件失败，则返回全 0。一旦文件被打开了，可以用下面的显示任务函数对文件进行写操作，具体包括“$fdisplay，$fwrite，$fstrobe，$fmonitor”。如程序 7-15 例。

【程序 7-15】 $fopen 函数例。

```
integer log_file,both_file;
localparam con_file = 16'h0000_0001;
initial
begin
    log_file = $fopen ("my_log");
    if (log_file == 0)
        $display("Fail to open log file");
    both_file = log_file | con_file;
    $fdisplay (both_file, "Simulation started");
    $fdisplay(log_file,…);
    $fdisplay(both_file, "Simulation ended");
    $fclose(log_file);
end
```

2) $readmemb 和$readmemh 任务

在 Verilog 中有两个系统任务用来从文件中读取数据到存储器中。这两个系统任务可以在仿真的任何时刻执行。$readmemb 和$readmemh 读取的数据格式不一样，前者为二进制格式，后者为十六进制格式。其语法格式如下：

```
$readmemb("数据文件名"，[存储器变量名]);
$readmemh("数据文件名"，[存储器变量名]);
```

例如，取回一个 8×4 的存储器中的数据：

```
reg [3:0] v_mem [0:7];
…
$readmemb("vector.txt",v_mem);
…
```

vector.txt 中应包括 8 个 4 位的二进制数，并且每个二进制数之间用空格隔开。在仿真中，经常使用外部文件作为遍历测试数据，然后记录仿真结果，在程序 3-5 中的 TestBench 可以修改为如下的方式，如程序 7-16 所示。

【程序 7-16】　程序 3-5 修改后的例。

```
'timescale 1 ns/10 ps
module eq2_file_tb;
   //信号声明
   reg   [1:0] test_in0, test_in1;
   wire   test_out;
   integer log_file, console_file, out_file;
   reg [3:0] v_mem [0:7];
   integer i;

   //例化被测试电路
   eq2_sop uut
      (.a(test_in0), .b(test_in1), .aeqb(test_out));

   initial
   begin
      //建立输出文件
      log_file=$fopen("eqlog.txt");
      if (!log_file)
         $display("Cannot open log file");
      console_file = 32'h0000_0001;
      out_file = log_file | console_file;

      //读测试向量
      $readmemb("vector.txt", v_mem);

      //产生 8 组反复测试数据
      for(i=0; i<8; i=i+1)
        begin
           {test_in0, test_in1} = v_mem[i];
           #200;
        end
```

```
        //停止仿真
        $fclose(log_file);
        $stop;
    end

    //显示字符
    initial
    begin
        $fdisplay(out_file, "        time   test_in0   test_in1   test_out");
        $fdisplay(out_file, "                 (a)         (b)       (aeqb) ");
        $fmonitor(out_file, "%10d       %b          %b           %b",
                           $time, test_in0, test_in1, test_out);
    end
endmodule
```

在文件 vector.txt 中保存的测试数据为 4 位二进制格式，具体内容如下：

```
00_00
01_00
01_11
10_10
10_00
11_11
11_01
00_10
```

文件被读回到二维存储器变量 v_mem 中，测试模块采用 loop 循环产生 8 组测试数据，其仿真结果写到控制台和 log 文件中。log 文件的内容如下：

```
time   test1   test2   test_out
        (a)     (b)     (aeqb)
   0    00      00      1
 200    01      11      0
 400    01      11      0
 600    10      10      1
 800    10      00      0
1000    11      11      1
1200    11      01      0
1400    00      10      0
```

7.5.6　用户自定义函数和任务

一个覆盖全面的 TestBench 有时会非常复杂且不容易被读懂。降低复杂度的最有效的办法就是将代码分成许多较小的函数和任务，输入、输出和总线信号的值可以传入传出任务和函数。任务和函数往往在大的程序模块中可以重复调用，从而简化程序的结构，使得整个程序容易理解。下面分别介绍任务和函数的用法。

1．自定义函数

函数的目的是为了输出一个返回值。函数的语法使用规则为

```
function <返回值的类型或范围> (函数名);
    <端口说明语句>
    <变量类型说明语句>
        begin
            <语句>
            …
        end
endfunction
```

函数的返回值与定义函数时的<返回值的类型和范围>是一致的。函数的调用是通过将函数作为表达式中的操作数来实现的。函数的使用中，要注意以下几条规则：

(1) 函数的定义不能包含有任何的时间控制语句，即任何用 #、@或者 wait 来标示的语句；

(2) 函数不能启动任务；

(3) 定义函数时至少要有一个输入参数；

(4) 在函数的定义中必须有一条赋值语句给函数中的一个内部变量赋以函数的结果值，该内部变量具有和函数名相同的名。

如程序 7-17 所示为采用函数的方式实现 2 位比较器。

【程序 7-17】　用函数的方式实现 2 位比较器。

```
module eq2_function
  (
  input   wire [1:0] a, b,
  output reg aeqb
  );
   reg e0, e1;

  always @*
  begin
      #2 e0 = equ_fnc(a[0], b[0]);
      #2 e1 = equ_fnc(a[1], b[1]);
      aeqb = e0 & e1;
  end

//函数定义
function equ_fnc(input i0, i1);
```

```
    begin
        equ_fnc = (~i0 & ~i1) | (i0 & i1);
    end
endfunction

endmodule
```

2．自定义任务

和函数相比，任务则显得更加灵活。它可以有输入、输出以及双向交互，并且可以包含时序控制。任务定义的语法规则如下：

```
task<任务名>
    <端口及数据类型声明语句>
    <语句一>
    <语句二>
      …
      <语句 n>
endtask
```

任务的调用和变量传递的语法如下：

```
<任务名>(端口 1，端口 2，…，端口 n);
```

任务的使用中需要遵循如下几条原则：

(1) 任务可以定义自己的仿真时间单位；

(2) 函数不能启动任务，而任务可以启动其他的任务和函数；

(3) 函数至少要有一个输入变量，而任务可以没有或有多个任何类型的变量；

(4) 函数返回一个值，而任务则不返回值。

下面举例采用任务的方式实现 2 位比较器，如程序 7-18 所示。

【程序 7-18】　用任务的方式实现 2 位比较器。

```
module eq2_task
  (
  input   wire [1:0] a, b,
  output reg aeqb
  );

  reg e0, e1;

  always @*
  begin
      equ_tsk(2, a[0], b[0], e0);
      equ_tsk(2, a[1], b[1], e1);
      aeqb = e0 & e1;
```

```
    end

  //任务定义
  task equ_tsk
     (
      input integer delay,
      input i0, i1,
      output eq1
     );
     begin
        #delay eq1 = (~i0 & ~i1) | (i0 & i1);
     end
  endtask

  endmodule
```

7.5.7 TestBench 举例

我们依然以通用二进制计数器(见程序 5-10)为例，设计一个全面的 TestBench。测试框图如图 7-26 所示。除了计数器模块之外，还有 bin_gen 计数模块、测试向量产生模块以及监视模块，来监视输入激励以及输出反应。

1．测试向量产生模块

在程序 5-4 所示的 TestBench 中，测试向量部分非常复杂而繁琐。如果能够针对各种操作设置一系列操作，那么代码就会显得组织性更强且容易读。所以可以采用一个单独的任务来完成一种操作，如定义一个装载二进制数据的任务：

```
task   load_data (input wire [N-1:0] data_in);
begin
   @(negedge clk);   //等待时钟下降沿
   load = 1'b1;
   d = data_in;
   @(negedge clk);
   load = 1'b0;
end
endtask
```

在这个任务中，在两个下降沿之间 load 有效，保证 data、data_in 放在数据线 d 上。同样，可以用同样的方法定义其他的任务，包括：

(1) clr_counter_async：产生一个 reset 脉冲异步清零计数器；

(2) clr_counter_sync：通过激活 ayn_clr 信号一个时钟周期对计数器同步清零；

(3) count：使能计数器计数一定的时钟周期；

(4) initialize：为仿真设置初始值并产生一个 reset 脉冲。

有了这些任务程序，测试向量程序就可以用一种精简的方式来写了：

```
initial
begin
        initialize();           //初始化
        count(12,1);            //上升计数 12 个时钟周期
        count(6,0);             //下降计数 5 个时钟周期
        load_data(3'b011);      //置数 3'b011
        count(2， 1);           //上升计数 2 个时钟周期
    clr_counter_sync();
    count(3, 1);                //上升计数 3 个时钟周期
    clr_counter_async();
    count(5, 1);                //上升计数 5 个时钟周期
    $stop;                      //仿真停止
end
```

完整的测试向量代码如程序 7-19 所示。

【程序 7-19】　完整测试向量。

```
module bin_gen
   #(parameter N=8, T=20)
   (
    output reg clk, reset,
    output reg syn_clr, load, en, up,
    output reg [N-1:0] d
   );

   //时钟产生模块
   always
   begin
      clk = 1'b1;
      #(T/2);
      clk = 1'b0;
      #(T/2);
   end

   //测试过程
   initial
   begin
      initialize();
      count(12, 1);                 //上升计数 12 个时钟周期
```

```
    count(6, 0);                //下降计数 6 个时钟周期
    load_data(3'b011);          //置数 3'b011
    count(2, 1);                //上升计数 2 个时钟周期
    clr_counter_sync();
    count(3, 1);                //上升计数 3 个时钟周期
    clr_counter_async();
    count(5, 1);                //上升计数 3 个时钟周期
    $stop;                      //仿真停止
end

//========================================
//任务定义
//========================================
//两个下降沿时钟之间置位 reset
task clr_counter_async();
begin
    @(negedge clk);             //等待下降沿
    reset = 1'b1;
    #(T/4);
    reset = 1'b0;
end
endtask

task initialize();              //系统初始化
begin
    en = 0;
    up = 0;
    load = 0;
    syn_clr = 0;
    d = 3'b000;
    clr_counter_async();
end
endtask

//置位信号 syn_clr 一个时钟周期
task clr_counter_sync();
begin
    @(negedge clk);             //等待下降沿
    syn_clr = 1'b1;             //置位 syn_clr 信号
```

```
        @(negedge clk);
        syn_clr = 1'b0;
    end
    endtask

    //寄存器置数
    task load_data(input wire [N-1:0] data_in);
    begin
        @(negedge clk);          //等待下降沿
        load = 1'b1;
        d = data_in;
        @(negedge clk);
        load = 1'b0;
    end
    endtask

    //上升或者下降计数 C 个时钟周期
    task count(input integer C, input integer UP_DOWN);
    begin
        @(negedge clk);          //等待下降沿
        en = 1'b1;
        if (UP_DOWN==1)          //如果 up_down 为 1，则上升计数
            up = 1'b1;
        repeat(C) @(negedge clk);
        en = 1'b0;
        up = 1'b0;
    end
    endtask
endmodule
```

2. 监视模块

监视模块监视和记录计数器以及其操作结果，完整的代码如程序 7-20 所示。

【程序 7-20】　监视模块监视和记录计数器。

```
module bin_monitor
    #(parameter N=3)
    (
     input wire clk, reset,
     input wire syn_clr, load, en, up,
     input wire [N-1:0] d,
```

```
 input wire max_tick, min_tick,
 input wire [N-1:0] q
);

reg [N-1:0] q_old, d_old, gold;
reg syn_clr_old, en_old, load_old, up_old;
reg [39:0] err_msg;

initial                                    //开始
   $display("time    syn_clr/load/en/up    q\n");

always @(posedge clk)
begin
   //第一个时钟沿采集的数据以_old 为后缀
   syn_clr_old <= syn_clr;
   en_old <= en;
   load_old <= load;
   up_old <= up;
   q_old <= q;
   d_old <= d;

   if (syn_clr_old)
       gold = 0;
   else if (load_old)
       gold = d_old;
   else if (en_old & up_old)
       gold = q_old + 1;
   else if (en_old & ~up_old)
       gold = q_old - 1;
   else
       gold = q_old;

   //错误信息
   if (q==gold)
       err_msg = "         ";          // result passes
   else
       err_msg = "ERROR";              // result fails
   //
   $display("%5d,   %b%b%b%b   %d   %s",
```

```
                $time, syn_clr, load, en, up, q, err_msg);
    end
endmodule
```

由于计数器是同步时序电路，所以监视模块重点关注时钟上升沿时电路的活动，目的是检查计数器操作的正确性。由于计数器电路相对来说很简单，可以记录采样输入值以及预采样沿的计数器状态来决定新的计数状态。比如说，syn_clr 预采样值为 1，则在下一个时钟上升沿计数器清零并计数值为 0。

监视模块主要部分是 always 模块，它在时钟上升沿触发，程序包括三段。第一段采用非阻塞赋值来推断带_old 后缀的寄存器并且预采样其值，然后保存起来；第二段使用这些值计算期望的计数器输出；最后一段比较计数器的期望输出和实际输出值并显示出来。如果不匹配，则显示错误信息。需要注意的是，在 Verilog 中字符作为 8 bit 的数据来对待，所以包含 5 个字符的字符信息—err_msg 定义为 reg[39：0]。

3. 顶层模块

顶层模块代码如程序 7-21 所示。

【程序 7-21】　顶层模块。

```
'timescale 1 ns/10 ps

module bin_counter_tb3();

    //定义
    localparam   T=20;          //时钟周期
    wire clk, reset;
    wire syn_clr, load, en, up;
    wire [2:0] d;
    wire max_tick, min_tick;
    wire [2:0] q;

    //例化被测试模块(uut)
    univ_bin_counter #(.N(3)) uut
       (.clk(clk), .reset(reset), .syn_clr(syn_clr),
        .load(load), .en(en), .up(up), .d(d),
        .max_tick(max_tick), .min_tick(min_tick), .q(q));

    //测试向量模块
    bin_gen #(.N(3),.T(20)) gen_unit
       (.clk(clk), .reset(reset), .syn_clr(syn_clr),
        .load(load), .en(en), .up(up), .d(d));


    //监视模块
```

```
    bin_monitor #(.N(3)) mon_unit
      (.clk(clk), .reset(reset), .syn_clr(syn_clr),
       .load(load), .en(en), .up(up), .d(d),
       .max_tick(max_tick), .min_tick(min_tick), .q(q));
endmodule
```

除了波形输出之外，还有控制面板输出下面的内容：

```
time    syn_clr/load/en/up  q
0       0000                x       ERROE
20      0000                0       ERROR
40      0011                0
60      0011                1
80      0011                2
100     0011                3
120     0011                4
140     0011                5
160     0011                6
180     0011                7
200     0011                0
220     0011                1
240     0011                2
260     0011                3
280     0000                4
300     0010                4
320     0010                3
340     0010                2
360     0010                1
380     0010                0
400     0010                7
420     0000                6
440     0100                6
460     0000                3
480     0011                3
500     0011                 4
520     0000                 5
540     1000                 5
560     0000                 0
580     0011                 0
600     0011                 1
620     0011                 2
```

640	0000	3	ERROR
660	0000	0	
680	0011	0	

本章小结

本章由浅入深，首先从同步电路基础开始讲述了同步电路的基本时序原理，常用异步电路的同步处理方法，然后讲述 VerilogHDL 语言中阻塞与非阻塞的区别和优秀 HDL 代码风格，最后讲述了 TestBench 测试平台的编写。读者需要重点掌握的知识点包括：

(1) 同步电路和异步电路的区别；

(2) 同步时序设计基本原则；

(3) 时钟同步处理方法；

(4) 接口电路处理方法；

(5) 全局信号处理；

(6) 阻塞与非阻塞赋值的区别；

(7) 通用 HDL 代码风格；

(8) Xilinx 专用代码风格；

(9) 推荐时序电路设计风格；

(10) TestBench 测试平台。

思考与练习

(1) 系统最高时钟频率 f_{max} 怎么表示？它与时钟频率有什么关系？

(2) 建立时间和保持时间的含义是什么？

(3) 阻塞与非阻塞赋值的区别在哪里？

(4) 描述同步时序电路的基本模型，并分析同步电路基本参数。

(5) 避免锁存器的具体方法有哪些？

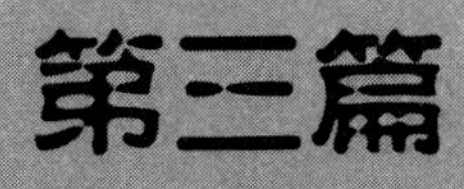

基于 FPGA 的接口开发

第八章　UART 串口通信控制器

通常意义上的串口，即通用异步收发器(Universal Asynchronous Receiver and Transmitter，UART)。串口在嵌入式系统中的应用非常广泛，常用作上下位机数据传输或简单系统的调试信息打印。其传输速率不是很高，但是它的传输协议却比较简单。另外，它支持的传输距离相对高速传输协议(如 USB2.0)要长的多，所以在速度要求不高的情况下经常用串口来实现数据传输。

UART 串行通信在工业中数据传输时按照 RS-232 电气标准，而 RS-232 标准对电气、机械和功能等方面都有要求。根据 RS-232 电气标准，FPGA 接口需要一个电平转换芯片进行电平信号的转换，通常选用 MAX3232 一类的芯片作为电平转换。

在 S3 实验开发板上有一个标准的 9 针 RS-232 端口，并且包含有电平转换芯片来配置与 PC 端口之间的数据交换，所以只需要标准串口电缆连接开发板和 PC 串口，按照 UART 的标准协议进行开发电路就可以进行数据传输。

8.1　UART 传输系统

UART 整个系统包含两个部分：发送器和接收器。发送器主要是使用移位寄存器将并行的数据一位一位地按照某特定速率发送出去，而接收器恰好相反，它将数据使用移位寄存器一位一位地接收回来，然后再进行打包。

整个 UART 数据传输在单线上进行，发送和接收信号线分别标记为 TXD 和 RXD。具体传输过程如下：首先在不进行数据传输时，处于空状态(即 idle 状态)，串行线 RXD 或者

TXD 上面信号置 1(高电平)。在数据发送过程中，开始时发送 0(Start 状态，意味着发送数据开始)，然后依次发送数据位(可选择 6 位、7 位和 8 位的数据位宽)、奇偶校验位(位数可选)、停止位。在这里，奇偶校验是为了检验传输中是否有误码。对于偶校验来说，当传输数据中有偶数个 1 时，校验位为 0。对于奇校验，当传输数据中有奇数个 1 时，校验位为 0；停止位置 1(高电平)，可以是 1 位、1.5 位或者 2 位。如图 8-1 所示为 8 位数据传输位，无校验位，1 位停止位的 UART 传输数据格式。在这里要注意，数据传输为 LSB 方式，即低位在前，高位在后；另外，还有 MSB 方式，即高位在前，低位在后。所以数据处理时一定要注意数据的传输方式。

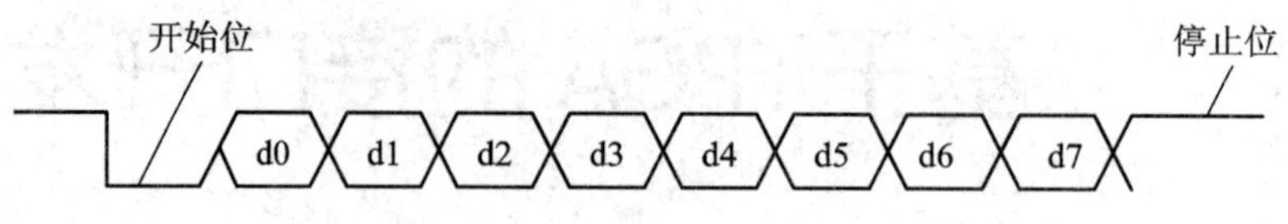

图 8-1　8 位 UART 数据传输协议

另外，要注意串口传输过程中物理连线仅仅有三根信号线：TXD、RXD 和 GND 信号。所以 UART 传输过程当中，没有时钟信息包含在里面。那么发送端与接收端需要协商一个数据传输的速率才能进行传输，通常称为传输波特率，即每秒钟传输多少位数据。波特率的计算包括了数据位数、停止位、校验位。通常所用的波特率包括以下几种：2400，9600，19 200 Bps(即 B/s，波特每秒)等。本节举例以如下的通信方式为标准：波特率为 19 200，8 位数据宽，1 位停止位且没有校验位。

8.2　UART 接收模块设计

由于在传输数据上没有包含时钟信息，接收器如果要相对稳定地采集到每一位数据，必须要保证采集数据时刻的可靠和稳定。通常选用过采样的方法比较精确地估计每位数据的中间时刻，然后采集它。

8.2.1　设计方案

通常选用 16 倍于波特率的时钟进行采样，也就是说串行通信线上的每个数据位都采样 16 次。假设在数据传输中有 N 位的数据和 M 位的停止位，那么过采样的具体步骤如下：

(1) 等待接收信号为 0，按照 UART 协议，数据传输以 0(低电平)为起始位，开启采样时钟计数器。

(2) 当计数器计数到 7，也就是已经计数到起始位数据的中间时刻时，开始清零计数器，然后重新开始。

(3) 当计数器计到 15 时，从时间上分析已经到第一位数据的中间，这时开始采集数据，并移位到寄存器中，然后重新启动计数器。

(4) 重复 N−1 次步骤(3)，接收剩余的数据。

(5) 如果使用了校验位，那么再重复一次步骤(3)来获取校验位值。

(6) 重复 M 次步骤(3)，获取停止位。

采用上述方法有如下优点：使用采样时钟来估计数据到达的中间时刻，然后采样，即使在数据起始位采集不准时，估计的误差也仅仅在 1/16，也就是后续采集数据时刻会有距数据到达中间时刻有 1/16 的数据偏差，其实是不会影响数据的正确采集的。但是也有缺点：数据波特率不可以太高。如果波特率太高，要求的采样时钟就会太高，这样会引起系统的不稳定。

整个 UART 接收模块包括如下几个部分(如图 8-2 所示)：

(1) UART 接收器：用来接收串行传输数据；

(2) 波特率产生器：产生采样时钟；

(3) 接口电路：包括提供数据缓冲，UART 和其它系统之间的握手状态信号等。

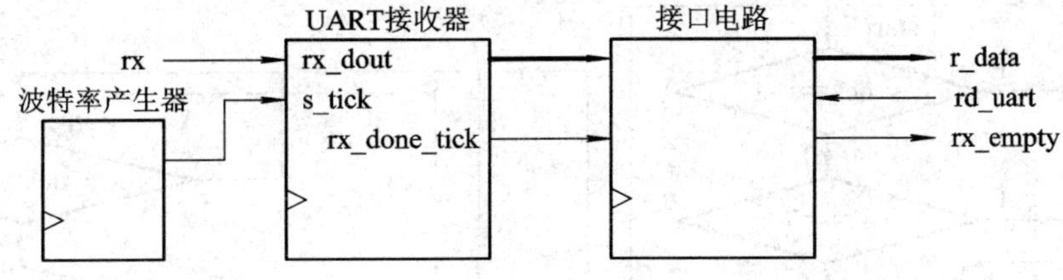

图 8-2　UART 接收器模块框图

8.2.2　波特率产生器

根据过采样采集原理，波特率产生器需要产生一个采样信号，其频率为 UART 传输波特率的 16 倍。为了不在 FPGA 系统中产生别的时钟域，从而违背 FPGA 同步设计的原则，应采用系统时钟的使能时钟脉冲来产生采样信号，而不是采用直接送到 UART 接收器的时钟信号。

对于 19 200 Bps 波特率来说，采样频率应该为 307 200(19 200 × 16)。由于系统时钟为 50 MHz，波特率产生器需要一个模 163 计数器 $\left(\dfrac{50\times10^6}{307\,200}\right)$，也就是每 163 个时钟产生一个时钟脉宽的脉冲信号作为接收采样信号。

8.2.3　UART 接收器

为了能够清晰地了解过采样数据采集方法，设计了如图 8-3 所示的 UART 接收模块流程图。为了增强程序的规范性并方便以后的修改，设置了两个常数 D_BIT 和 SB_TICK。D_BIT 表示数据的位宽，包括 16、32、24 位；SB_TICK 表示针对不同的停止位需要的采样时钟脉冲个数，对应停止位为 1、1.5 和 2 位，所选择的采样脉冲数为 16、24 和 32。选择 D_BIT 为 8 位，即停止位为 1 位，SB_TICK 为 16 位。

按照上述过采样原理，所设计流程图包括三个状态：开始、数据传输和停止状态，对应于 UART 传输协议当中的开始位、数据传输位、停止位。s_tick 信号为波特率产生模块提供的脉冲信号，它在每 16 个时钟周期有一个翻转。需要注意的是，状态机是在每次 s_tick 信号有效之后才进行状态变化的。同时设置两个寄存器(计数器)：s 和 n。s 寄存器用来追踪采样时钟数，在 start 状态时计数到 7，在数据传输状态时计数到 15，然后等 SB_TICK 信号来临时进入停止状态。n 计数器追踪在数据传输状态接收到的数据位数，接收到数据移位寄存到 b 寄存器当中。状态信号 rx_done_tick 用来指示接收状态的结束标志，在接收状态结束时输出一个时钟周期的高电平。对应代码如程序 8-1 所示。

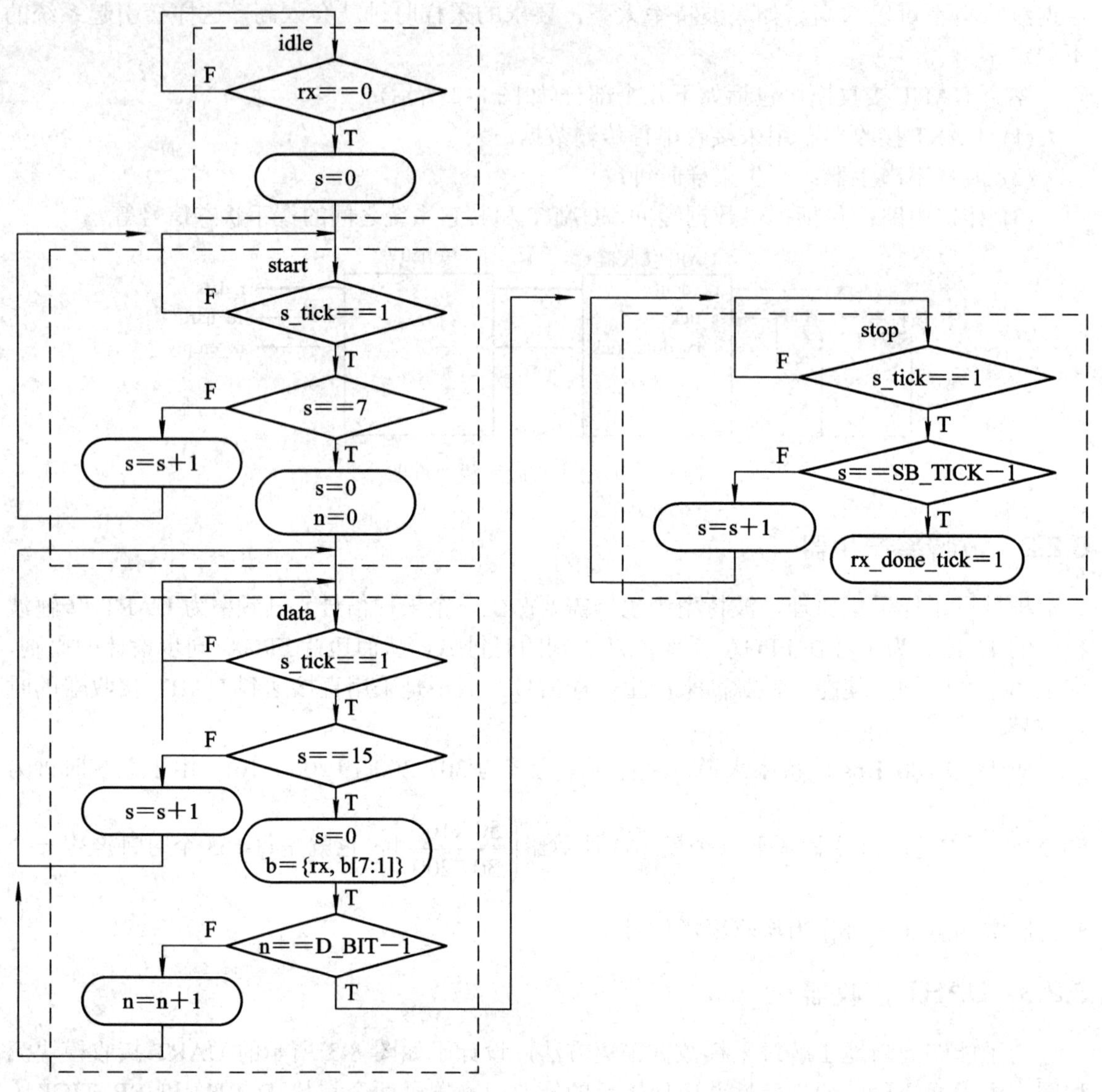

图 8-3　UART 接收器的 ASMD 状态转移图

【程序 8-1】 UART 接收器。

```
module uart_rx
  #(
   parameter DBIT = 8,              // 数据位宽
             SB_TICK = 16           // 对应停止位的采样脉冲数
  )
  (
  input wire clk, reset,
```

```
 input wire rx, s_tick,
 output reg rx_done_tick,
 output wire [7:0] dout
);

// 状态机状态声明
localparam [1:0]
    idle   = 2'b00,
    start  = 2'b01,
    data   = 2'b10,
    stop   = 2'b11;

// 信号声明
reg [1:0] state_reg, state_next;
reg [3:0] s_reg, s_next;
reg [2:0] n_reg, n_next;
reg [7:0] b_reg, b_next;

// FSMD 状态和数据寄存器
always @(posedge clk, posedge reset)
    if (reset)
        begin
            state_reg <= idle;
            s_reg <= 0;
            n_reg <= 0;
            b_reg <= 0;
        end
    else
        begin
            state_reg <= state_next;
            s_reg <= s_next;
            n_reg <= n_next;
            b_reg <= b_next;
        end

// FSMD 下一状态逻辑
always @*
begin
    state_next = state_reg;
```

```
rx_done_tick = 1'b0;
s_next = s_reg;
n_next = n_reg;
b_next = b_reg;
case (state_reg)
    idle:
        if (~rx)
            begin
                state_next = start;
                s_next = 0;
            end
    start:
        if (s_tick)
            if (s_reg==7)
                begin
                    state_next = data;
                    s_next = 0;
                    n_next = 0;
                end
            else
                s_next = s_reg + 1;
    data:
        if (s_tick)
            if (s_reg==15)
                begin
                    s_next = 0;
                    b_next = {rx, b_reg[7:1]};
                    if (n_reg==(DBIT-1))
                        state_next = stop ;
                     else
                        n_next = n_reg + 1;
                 end
            else
                s_next = s_reg + 1;
    stop:
        if (s_tick)
            if (s_reg==(SB_TICK-1))
                begin
                    state_next = idle;
```

```
                    rx_done_tick =1'b1;
                end
            else
                s_next = s_reg + 1;
    endcase
end
// 输出
assign dout = b_reg;

endmodule
```

8.2.4　接口电路

在 FPGA 系统设计中，UART 经常作为串行通信的接口，主系统通过周期性检测接收和发送状态字与 UART 进行通信。接收模块接口电路有两个功能：① 提供一种正确的数据传输机制，包括对单个数据或者数据包的正确传输，同时能够避免重复接收和漏接收；② 对于包传输来说，接口模块电路提供了主系统和 UART 接收器之间的缓冲器。

常用的接口方案有三种：

(1) 采用状态寄存器；

(2) 采用状态寄存器和单个数据缓冲器；

(3) 采用 FIFO 缓冲器。

注意在程序 8-1 中，UART 接收器在每次数据接收完之后置位 rx_ready_tick 信号，就是用来跟主系统进行握手用的。

1．方案一

第一种方案是采用一个状态寄存器来检测是否有新的有效数据到达，这个寄存器有两个输入信号，一个为置位标志：set_flag，用来置位寄存器。一个为清零标志：clr_flag，用来清零寄存器。状态标识信号 rx_ready_tick 信号与 set_flag 信号相连，如果新的有效数据到来将置位 set_flag，而对于主系统来说，通过检测标识信号的输出来判断是否有新的有效数据来临。等接收到一个字节时，延时一个时钟周期之后 clr_flag 信号有效，如图 8-4(a)所示为第一种方案的接口电路顶层原理图。

为了与外界电路进行通信，标识寄存器输出取反并产生最终 rx_empty 信号，表示没有新的有效数据。在本方案中，主系统直接从 UART 的移位寄存器接收到数据，并没有做任何的缓冲，那么很有可能在主系统还在传输旧的数据时(状态寄存器有效)，UART 系统开始一个新的传输，这时旧数据就会被新数据覆盖，而导致发生错误。

2．方案二

为了改善上述电路，采用第二种方案。在第一个方案的基础上增加一个字的缓冲器，如图 8-4(b)所示。当信号 rx_ready_tick 有效时，接收数据存储到缓冲器，同时状态寄存器有效，接收器可以持续接收数据而不会影响已经接收到的旧的数据。这样，如果主系统能够在新数据到达之前处理接收数据，则不会有数据被覆盖，如程序 8-2 所示。

【程序 8-2】　带缓冲器的 UART 接口程序。

```
module flag_buf
   #(parameter W = 8)                    // 缓冲区位宽
   (
    input wire clk, reset,
    input wire clr_flag, set_flag,
    input wire [W-1:0] din,
    output wire flag,
    output wire [W-1:0] dout
   );

   // 信号声明
   reg [W-1:0] buf_reg, buf_next;
   reg flag_reg, flag_next;

   // 寄存器
   always @(posedge clk, posedge reset)
      if (reset)
         begin
            buf_reg <= 0;
            flag_reg <= 1'b0;
         end
      else
         begin
            buf_reg <= buf_next;
            flag_reg <= flag_next;
         end

   // 下一状态逻辑
   always @*
   begin
      buf_next = buf_reg;
      flag_next = flag_reg;
      if (set_flag)
         begin
            buf_next = din;
            flag_next = 1'b1;
         end
      else if (clr_flag)
```

```
            flag_next = 1'b0;
        end
        // 输出逻辑
        assign dout = buf_reg;
        assign flag = flag_reg;

    endmodule
```

3. 方案三

第三种方案是采用 FIFO 缓冲器。采用 FIFO 缓冲器，为系统提供了更大的缓冲空间，从而进一步降低了数据溢出的几率。可以根据实际情况调节 FIFO 的深度来满足系统的需求，具体细节如图 8-4(c)所示。

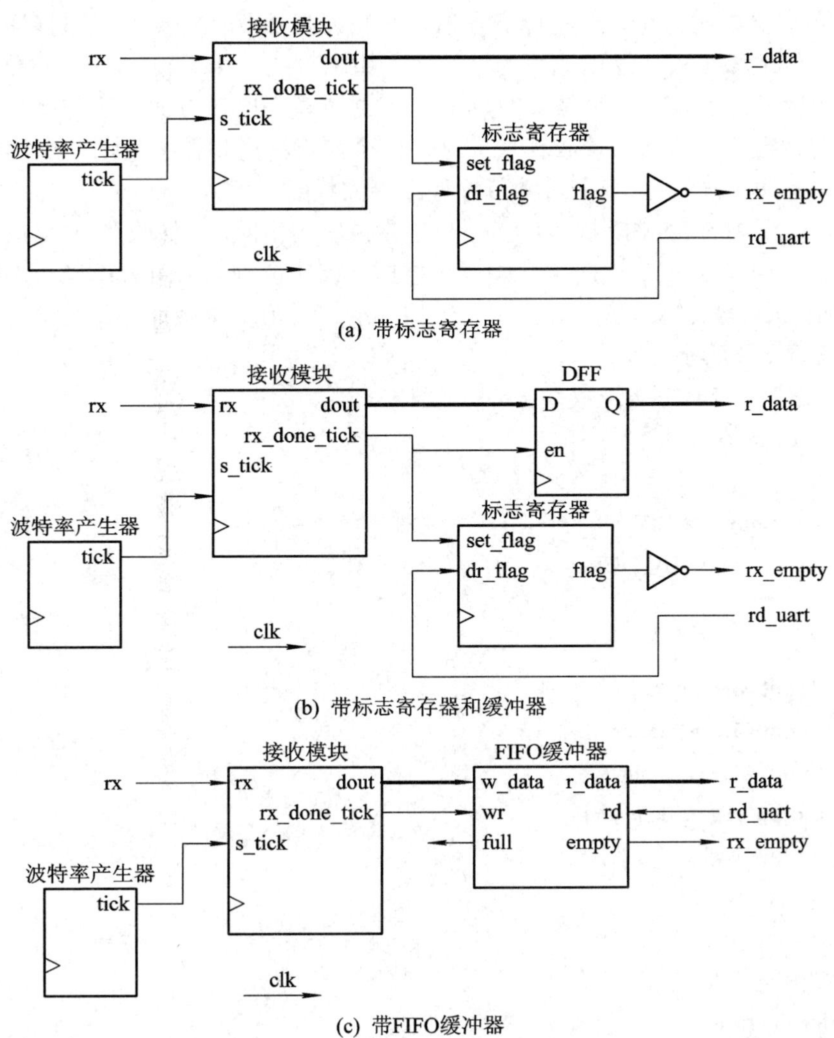

图 8-4　UART 接收器接口电路

rx_ready_tick 信号与 FIFO 的 wr 信号相连，当信号数据到达时，wr 信号有效一个时钟周期，将数据写入 FIFO 中。主系统从 FIFO 的读端口获取数据，当接收到一个字时，主系统有效 FIFO 的 rd 信号一个时钟周期，然后立即清除 rd 信号，从而结束与 FIFO 的通信。

FIFO 的空标志信号 empty 可以用来判断是否有效地接收到数据，而当 FIFO 的满标志有效时，如果有新的数据来临，则会发生数据溢出错误。

8.3　UART 发送模块设计

UART 发送模块在结构上与接收模块很相似，也包含三个部分：发送器、波特率产生器和接口电路。接口电路部分与接收模块的接口电路相似，不同之处在于，接收模块中，由主系统设置 FIFO 标志寄存器和写 FIFO 缓冲器，而 UART 发送模块清标志寄存器并读 FIFO 缓冲器。

UART 发送器本质上是一个移位寄存器，其功能是按照一定的波特率将移位寄存器中的数据一位一位地移出去，发送速率由波特率产生器产生。由于不存在过采样的问题，所以发送的时钟频率低于接收时钟频率的 1/16。发送模块在时钟方面为了与接收模块一致和避免产生新的计数器，通常与接收模块共享同一个波特率产生器并使用一个内部计数器来追踪接收时钟脉冲，确保每 16 个时钟节拍移出一位数据。

UART 发送模块的 ASMD 状态转移图与接收模块的相似。当接收到 tx_start 信号时，装载数据并按照 UART 协议依次发送开始位、数据、停止位到通信对方；当一次数据传输结束时，tx_done_tick 状态标志信号置位，其中 tx_reg 信号为 1 位缓冲器，用来过滤潜在的毛刺，具体如程序 8-3 所示。

【程序 8-3】　UART 发送模块。

```
module uart_tx
   #(
     parameter DBIT = 8,              // 数据位宽
                  SB_TICK = 16        // 脉冲采样数
   )
   (
    input wire clk, reset,
    input wire tx_start, s_tick,
    input wire [7:0] din,
    output reg tx_done_tick,
    output wire tx
   );

   // 状态机状态定义
   localparam [1:0]
      idle   = 2'b00,
      start  = 2'b01,
```

```
    data    = 2'b10,
    stop    = 2'b11;

// 信号声明
reg [1:0] state_reg, state_next;
reg [3:0] s_reg, s_next;
reg [2:0] n_reg, n_next;
reg [7:0] b_reg, b_next;
reg tx_reg, tx_next;

// FSMD 状态及数据寄存器
always @(posedge clk, posedge reset)
    if (reset)
        begin
            state_reg <= idle;
            s_reg <= 0;
            n_reg <= 0;
            b_reg <= 0;
            tx_reg <= 1'b1;
        end
    else
        begin
            state_reg <= state_next;
            s_reg <= s_next;
            n_reg <= n_next;
            b_reg <= b_next;
            tx_reg <= tx_next;
        end

// FSMD 下一状态逻辑及功能单元
always @*
begin
    state_next = state_reg;
    tx_done_tick = 1'b0;
    s_next = s_reg;
    n_next = n_reg;
    b_next = b_reg;
    tx_next = tx_reg ;
    case (state_reg)
```

```
idle:
    begin
        tx_next = 1'b1;
        if (tx_start)
            begin
                state_next = start;
                s_next = 0;
                b_next = din;
            end
    end
start:
    begin
        tx_next = 1'b0;
        if (s_tick)
            if (s_reg==15)
                begin
                    state_next = data;
                    s_next = 0;
                    n_next = 0;
                end
            else
                s_next = s_reg + 1;
    end
data:
    begin
        tx_next = b_reg[0];
        if (s_tick)
            if (s_reg==15)
                begin
                    s_next = 0;
                    b_next = b_reg >> 1;
                    if (n_reg==(DBIT-1))
                        state_next = stop ;
                    else
                        n_next = n_reg + 1;
                end
            else
                s_next = s_reg + 1;
    end
```

```
            stop:
                begin
                    tx_next = 1'b1;
                    if (s_tick)
                        if (s_reg==(SB_TICK-1))
                            begin
                                state_next = idle;
                                tx_done_tick = 1'b1;
                            end
                        else
                            s_next = s_reg + 1;
                end
        endcase
    end
    // 输出逻辑
    assign tx = tx_reg;
endmodule
```

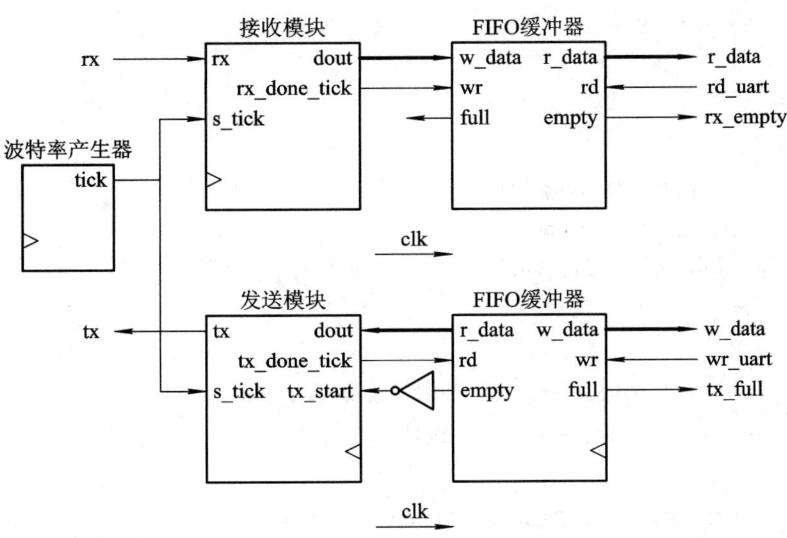

图 8-5　完整 UART 系统方案

8.4　UART 系统的总结

8.4.1　完整 UART 系统

UART 的接收和发送子模块结合起来，就可以建立完整的 UART 模块。顶层框图如 8-5 所示。详细程序如 8-4 所示。

【程序 8-4】　完整 UART 系统。

```
 module uart
#( // 默认设置
   // 19 200 波特率，8 位数据位宽，1 位停止位，2^2 的 FIFO
   parameter DBIT = 8,          //数据位宽
      SB_TICK = 16,             //根据停止位宽不同脉冲计数值不同，对应停止位为
                                // 1/1.5/2，则脉冲计数值分别为 16/24/32
      DVSR = 163,               //波特率分频值 DVSR = 50M/(16 × 波特率)
      DVSR_BIT = 8,             // DVSR 的位宽
      FIFO_W = 2                // FIFO 地址位宽
                                // FIFO 容量为 2^2 地址
)
(
 input wire clk, reset,
 input wire rd_uart, wr_uart, rx,
 input wire [7:0] w_data,
 output wire tx_full, rx_empty, tx,
 output wire [7:0] r_data
);

// 信号声明
wire tick, rx_done_tick, tx_done_tick;
wire tx_empty, tx_fifo_not_empty;
wire [7:0] tx_fifo_out, rx_data_out;

//程序主体部分
mod_m_counter #(.M(DVSR), .N(DVSR_BIT)) baud_gen_unit
   (.clk(clk), .reset(reset), .q(), .max_tick(tick));

uart_rx #(.DBIT(DBIT), .SB_TICK(SB_TICK)) uart_rx_unit
   (.clk(clk), .reset(reset), .rx(rx), .s_tick(tick),
    .rx_done_tick(rx_done_tick), .dout(rx_data_out));

fifo #(.B(DBIT), .W(FIFO_W)) fifo_rx_unit
   (.clk(clk), .reset(reset), .rd(rd_uart),
    .wr(rx_done_tick), .w_data(rx_data_out),
    .empty(rx_empty), .full(), .r_data(r_data));

fifo #(.B(DBIT), .W(FIFO_W)) fifo_tx_unit
```

```
        (.clk(clk), .reset(reset), .rd(tx_done_tick),
         .wr(wr_uart), .w_data(w_data), .empty(tx_empty),
         .full(tx_full), .r_data(tx_fifo_out));

    uart_tx #(.DBIT(DBIT), .SB_TICK(SB_TICK)) uart_tx_unit
        (.clk(clk), .reset(reset), .tx_start(tx_fifo_not_empty),
         .s_tick(tick), .din(tx_fifo_out),
         .tx_done_tick(tx_done_tick), .tx(tx));

    assign tx_fifo_not_empty = ~tx_empty;

endmodule
```

8.4.2 UART 验证电路

在 PC 机上有超级终端，实际上就是在 Windows 操作系统下已经开发好的可以与串口进行通信的上位机软件。可以采用环路测试方法用PC机来验证UART电路发送和接收模块，其电路原理框图如 8-6 所示。测试时采用如下方案。

(1) 硬件连接：FPGA 验证板串口与 PC 连接好。

(2) 功能方案：当PC发送一个字符时，FPGA 接收模块将接收到的数据(通过 r_data_port)保存在 4words 容量的 FIFO 当中；当重新接收新数据时，将接收的数据加 1，然后发送到发送模块(w_data_port)。

(3) 设置当按钮按下时产生一个时钟宽度的脉冲，并将 rd_uart 与 wr_uart 信号与按钮连在一起。这样一来，如果按钮被按下，将移除接收 FIFO 中一个字节数据，然后进行加 1 并写入到发送 FIFO 中。比如说，一开始在 PC 上发送三个字符“HAL”，三个字符存在接收模块的 FIFO 中，然后按下按钮三次，将有三个字符“IBM”发送出来并显示。

(4) 为了显示直观，同时将 rx_data 端口与七段数码管相连，tx_full 和 rx-empty 与开发板右端两个七段数码管的小数点位相连。

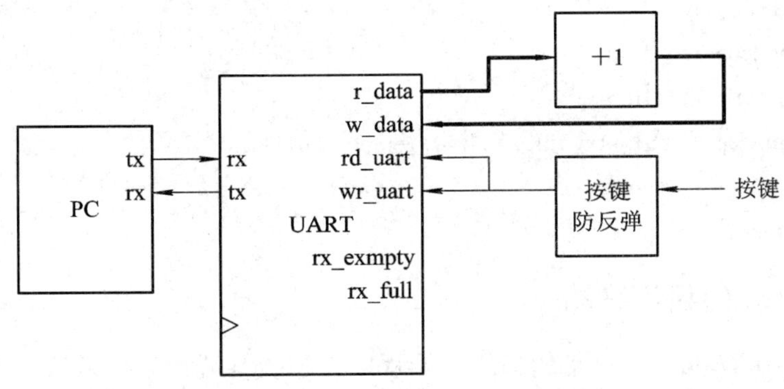

图 8-6　UART 验证电路原理图

实现代码如程序 8-5 所示。

【程序 8-5】 UART 验证电路。

```
module uart_test
   (
    input wire clk, reset,
    input wire rx,
    input wire [2:0] btn,
    output wire tx,
    output wire [3:0] an,
    output wire [7:0] sseg, led
   );

   // 信号声明
   wire tx_full, rx_empty, btn_tick;
   wire [7:0] rec_data, rec_data1;

   // 例化 uart 模块
   uart uart_unit
      (.clk(clk), .reset(reset), .rd_uart(btn_tick),
       .wr_uart(btn_tick), .rx(rx), .w_data(rec_data1),
       .tx_full(tx_full), .rx_empty(rx_empty),
       .r_data(rec_data), .tx(tx));
   // 例化防反弹电路
   debounce btn_db_unit
      (.clk(clk), .reset(reset), .sw(btn[0]),
       .db_level(), .db_tick(btn_tick));
   // 接收到的数据加 1 并返回到发送数据端
   assign rec_data1 = rec_data + 1;
   // LED display
   assign led = rec_data;
   assign an = 4'b1110;
   assign sseg = {1'b1, ~tx_full, 2'b11, ~rx_empty, 3'b111};

endmodule
```

8.4.3 Windows 的超级终端

在 PC 端使用 Windows 自带的超级终端程序。超级终端程序可以认为是和实验板之间有虚拟接口。为了和我们设计的完整 UART 模块参数一致，需要设置超级终端波特率为 19 200 Bps，8 位数据，1 位停止位，不带校验。基本过程如下：

(1) 选择开始→程序→附件→通信→超级终端，打开超级终端，如图 8-7 所示。

图 8-7 打开超级终端

(2) 输入连接名称，如 fpga_test；点击 OK(确定)保存。

(3) 出现“连接到”对话框，选择端口为 com1，点击确定。

(4) 端口设置对话框出现，配置端口 0 如下参数：

① 波特率：19 200；

② 数据位宽：8；

③ 校验：(无)；

④ 停止位：1；

⑤ 数据位控制：无。

然后点击确定。

(5) 点击文件→属性→设置，点击 ASCII 设置“本地回显键入的字符”选项，点击 OK，设置结束，然后保存。

这样，超级终端就可以与 FPGA 验证板进行通信。注意，接收到的字符存在 FIFO 中，只有第一个接收到的数据可以显示出来，当按下按钮时，第一个数据从接收 FIFO 删去并加 1，然后送到发送 FIFO 中，形成一个闭环测试。

8.4.4 定制 UART

前面讲述的 UART 是针对特殊情况讨论的，经过简单的修改，即可以用作其他的要求。可修改的部分包含如下几个方面：

(1) 波特率：波特率由波特率产生器的采样时钟来控制，其频率可以通过改变模 M 计数器的参数 M 来修改，即代码中的 DVSR 常数。

(2) 数据位宽：数据位宽可以通过修改 n_reg 寄存器的位宽来改变，即代码中的 DBIT 常数。

(3) 奇偶校验：在数据传输与停止状态之间增加一个新的状态机产生奇偶校验。

(4) 停止位宽：通过修改 s_reg 寄存器的位宽来改变停止位的位宽。常数 SB_TICK 即用来调节这个位宽，可以为 16、24 或 32 位，对应停止位为 1、1.5 和 2 位。

(5) 错误检查：UART 模块中有三类错误：

① 奇偶校验错：如果要求奇偶校验，接收器则对接收的数据进行奇偶校验检查。

② 帧错误：在停止状态，接收器检查接收的值，如果不是 1，则出现帧错误。

③ 缓存区溢出：如果主系统没有及时处理接收模块接收的信息，则会发生缓存区溢出。

UART 接收器接收到数据并准备存储时，会检查缓冲器标志信号 flag_reg 或者 FIFO 的满标志信号。如果这两个信号还保持有效，则产生缓冲区溢出，因为接收到的数据没有及时处理，再存储接收到的数据，就会将原来接收的数据覆盖。

本章小结

UART 接口协议属于串行通信常见协议，掌握了 UART 串行接口协议设计后，触类旁通，I^2C、SPI 等串行协议接口都很容易开发。在进行 UART 串行接口开发时需要掌握以下几点：

(1) UART 串行通信的内容；

(2) UART 接收系统设计方案；

(3) 接口电路的三种接口处理方法；

(4) UART 发送模块设计；

(5) UART 完整系统设计与验证。

思考与练习

可以根据可定制参数灵活配置实现不同参数的 UART 模块，如增加额外的接口，设置波特率、检验类型、数据位宽和停止位宽等，同时包含错误信息报告。除了图 8-4 所列举的信号外，新的 UART 还包含如下信号：

(1) bd_rate：2 位输入信号，指定 4 种输入波特率选择 1200，2400，4800 与 9600；

(2) d_num：1 位输入信号，指定输入数据的位宽，7 位或 8 位；

(3) s_num：1 位输入信号，指定停止位数据位宽，1 位或 2 位；

(4) par：2 位输入信号，指定校验类型：无校验、奇校验或偶校验；

(5) err：3 位输出信号，指示校验错误、数据帧错误和数据溢出错误。

设计电路的思路如下：

(1) 根据新需求修改图 8-3 所示的 ASMD 流程图。

(2) 根据 ASMD 流程图重新修改 UART 的接收与发送模块。

(3) 根据需求重新修改验证电路的顶层模块，采用验证板上的其他开关作为增加的输入信号，并用 3 个 LED 灯指示错误信号，综合验证电路。

(4) 建立新的超级终端进行验证。

第九章　PS/2 键盘接口控制器

PS/2 协议是主机与键盘和鼠标之间广泛应用的通信方式。PS/2 端口也是采用两条线进行通信，但是与 UART 不一样的是其中一条为数据线，用来传输串行数据流，另外一条为时钟线，用来传送时钟信息。信息传输由 11 位数据组成，包括起始位、8 位数据位、奇偶校验位和停止位。尽管对键盘和鼠标来说，数据传输包的格式是一样的，但是数据位有差别，S3 验证板上有一个 PS/2 的主控制端口。本章主要讨论 PS/2 键盘接口方式。

PS/2 端数据传输其实是双向的，主机端可以给键盘或者鼠标发送特定命令。然而对于键盘来说，这种功能过于复杂，所以所讨论的 PS/2 的键盘接口仅限于单向通信，由键盘发送信息到 FPGA 主机端。对于 PS/2 接口的鼠标就不一样，鼠标在上电之后本身不发送任何信息，需要 PS/2 主机端(FPGA 端)发送一系列初始化命令来启动鼠标的数据流模式，所以在 PS/2 的鼠标应用中，需要的是双向数据传输。为了使大家能够容易地理解 PS/2 的传输协议，这里首先介绍单向数据传输的 PS/2 键盘接口协议，较为复杂的双向 PS/2 数据传输——PS/2 鼠标接口数据传输将在下一章介绍。

9.1　PS/2 基础

9.1.1　PS/2 端口的物理接口

除了数据线和时钟线之外，PS/2 端口还包括电源线(V_{CC})和地(GND)。电源由主系统提供，V_{CC}是 5 V 供电，数据和时钟线是开漏极的。不过现在大部分的键盘和鼠标支持 3.3 V 供电，所以在 S3 开发板上针对 PS/2 接口有两个电源供电，一个是 5 V，针对老的计算机，另外一个是 3.3 V 供电，针对新的计算机，可以通过跳线来选择。另外，大家不必担心电平匹配的问题，FPGA 的引脚是支持 PS/2 端口的 5 V 电平的。

9.1.2　PS/2 接口主从设备通信协议

PS/2 设备与其主系统之间通过包的方式进行通信。基本的从设备到主系统的数据传输协议如图 9-1 所示，其中，数据与时钟信号分别标为 ps2d 和 ps2c。

数据以串行比特流传输，其格式与 UART 的非常相似，传输从开始位开始，然后进行 8 位的数据和奇偶校验，最后是停止位。与 UART 不同的是时钟信息由单独的时钟信号线提供，每次 ps2c 的下降沿时刻数据线 ps2d 上的数据开始有效并可以存取。时钟信号 ps2c 的周期在 60 到 100 μs 之间(约 10～16.7 kHz)，而且要求 ps2d 信号在 ps2c 信号来临之前已经保持稳定的时间为 5 μs，同时在 ps2c 下降沿结束之后同样保持有 5 μs 的稳定时间。按照前面讲述的数字电路术语，就是建立时间和保持时间都是 5 μs。

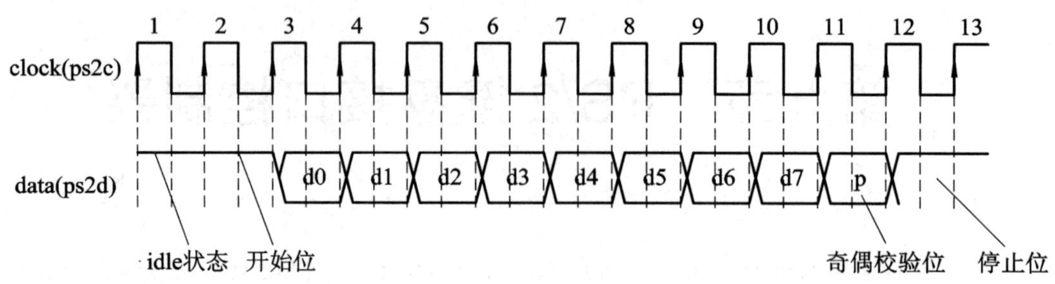

图 9-1　PS2 的端口时序图

9.1.3　PS/2 接收模块设计

基于 PS/2 端口的接收系统设计与 UART 的接收模块很相似，只是在采样过程中不需要过采样。根据 PS/2 的协议，信号 ps2c 的下降沿为接收数据的参考点。子系统包含一个下降沿检测电路，其功能是当检测到 ps2c 信号下降沿来临时，生成一个时钟宽度的脉冲信号，同时接收器从串行线移位一位数据并存储下来。

在这里要注意，下降沿检测过程中需要考虑杂波的干扰，因而需要增加滤波电路来过滤毛刺，其代码如下：

```
always  @(posedge clk, posedge reset)
filter-reg  <=  filter-next ;
...
//1-bit  移位寄存器
assign  filter-next  =  {ps2c,  filter-reg [7:11]};
//滤波器
assign  f_ps2c_next =  (filter_reg= =8' bllllllll) ? l'bl:
                       (filter_reg= =8'b00000000) ? 1'b0:
                       f-ps2c-reg;
```

滤波电路主要包含一个 8 位的移位寄存器电路，另外还有判断部分。当 8 位数据全部为 1 或 0 时，对应返回值为 1 或 0，因此小于 8 个时钟周期的信号变化都会当作毛刺被忽略，而通过滤波器的信号输出到下降沿检测电路中。

接收电路的 ASMD 流程图如图 9-2 所示，接收器一开始处于 idle 状态，系统包含了一个 rx_en 的控制寄存器，用来使能或停止接收操作，目的是为了双向传输操作的控制。在本系统中，由于键盘为单向操作，可以固定设置为 1(仅用来做接收操作)。

当检测到下降沿并且 rx_en 信号为有效时，状态机将起始位移入并进入数据传输状态 dps。由于接收数据模式固定，所以连续移入 10 bit 数据，而不是分数据、校验和停止三个状态移入数据。然后状态机进入置位状态，多余一个时钟用来完成停止位的移位操作，并置位 psrx_done_tick 信号一个时钟周期。具体滤波电路和 ASMD 状态机描述如程序 9-1 所示。

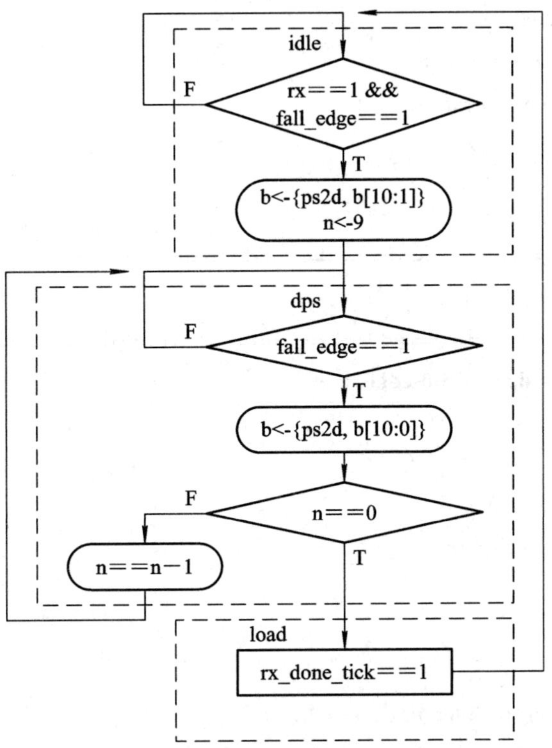

图 9-2　PS/2 接收部分状态机流程图

【程序 9-1】　PS/2 接收程序。

```
module ps2_rx
    (
     input wire clk, reset,
     input wire ps2d, ps2c, rx_en,
     output reg rx_done_tick,
     output wire [7:0] dout
    );

    //状态机信号声明
    localparam [1:0]
        idle = 2'b00,
        dps = 2'b01,
        load = 2'b10;

    //信号声明
    reg [1:0] state_reg, state_next;
    reg [7:0] filter_reg;
    wire [7:0] filter_next;
    reg f_ps2c_reg;
```

```
wire f_ps2c_next;
reg [3:0] n_reg, n_next;
reg [10:0] b_reg, b_next;
wire fall_edge;

//主体
//==================================================
//滤波和下降沿检测 ps2c
//==================================================
always @(posedge clk, posedge reset)
if (reset)
    begin
        filter_reg <= 0;
        f_ps2c_reg <= 0;
    end
else
    begin
        filter_reg <= filter_next;
        f_ps2c_reg <= f_ps2c_next;
    end

assign filter_next = {ps2c, filter_reg[7:1]};
assign f_ps2c_next = (filter_reg==8'b11111111) ? 1'b1 :
                     (filter_reg==8'b00000000) ? 1'b0 :
                      f_ps2c_reg;
assign fall_edge = f_ps2c_reg & ~f_ps2c_next;

//==================================================
//FSMD
//==================================================
//FSMD 状态和数据寄存器
always @(posedge clk, posedge reset)
    if (reset)
        begin
            state_reg <= idle;
            n_reg <= 0;
            b_reg <= 0;
        end
    else
        begin
```

```
            state_reg <= state_next;
            n_reg <= n_next;
            b_reg <= b_next;
        end
//FSMD 下一状态逻辑
always @*
begin
    state_next = state_reg;
    rx_done_tick = 1'b0;
    n_next = n_reg;
    b_next = b_reg;
    case (state_reg)
        idle:
            if (fall_edge & rx_en)
                begin
                    //从开始位移位
                    b_next = {ps2d, b_reg[10:1]};
                    n_next = 4'b1001;
                    state_next = dps;
                end
        dps: //8 位数据+1 位校验+1 位停止
            if (fall_edge)
                begin
                    b_next = {ps2d, b_reg[10:1]};
                    if (n_reg==0)
                        state_next = load;
                    else
                        n_next = n_reg - 1;
                end
        load: //额外一个时钟周期完成最后一位移位
            begin
                state_next = idle;
                rx_done_tick = 1'b1;
            end
    endcase
end
//输出
assign dout = b_reg[8:1]; //数据位
endmodule
```

以上代码描述中，没有涉及电路错误检查。更加健壮的电路设计，需要检查开始位、奇偶检验、停止位的正确性，同时应该增加一个看门狗计数器来防止键盘在错误的状态下死机。这些留作为思考与练习题 2。

9.2　PS/2 键盘扫描设计

9.2.1　关于键盘扫描编码

键盘包括矩阵按键和一个嵌入式控制器。嵌入式控制器用来监视键盘的动态以及发送键盘扫描码。有三种键盘状态需要嵌入式控制器进行检测：

(1) 当按键按下去时，按键编码被发送。

(2) 当按键一直保持被按下状态时，即处于打字状态，按键编码会以一个固定的频率重复发送同样的按键编码。一般情况下，当按键被按下去 0.5 s 后，按键编码每 100 ms 被发送一次。

(3) 当按键释放时，停止编码被发送。

图 9-3 展示了大部分的 PS/2 键盘编码表，普通按键编码由一个字节(两位十六进制数)组成。比如，按键 A 编码为 1C。这些编码在传输过程中被打包传输，某些特定功能的按键由 2 到 4 字节组成；图 9-3 中也显示了一部分，比如向上按键 E0 75，这类编码传输需要多个包传输；弹起键编码为在普通按键前面加 F0，比如，A 键的弹起编码为 F0 1C。

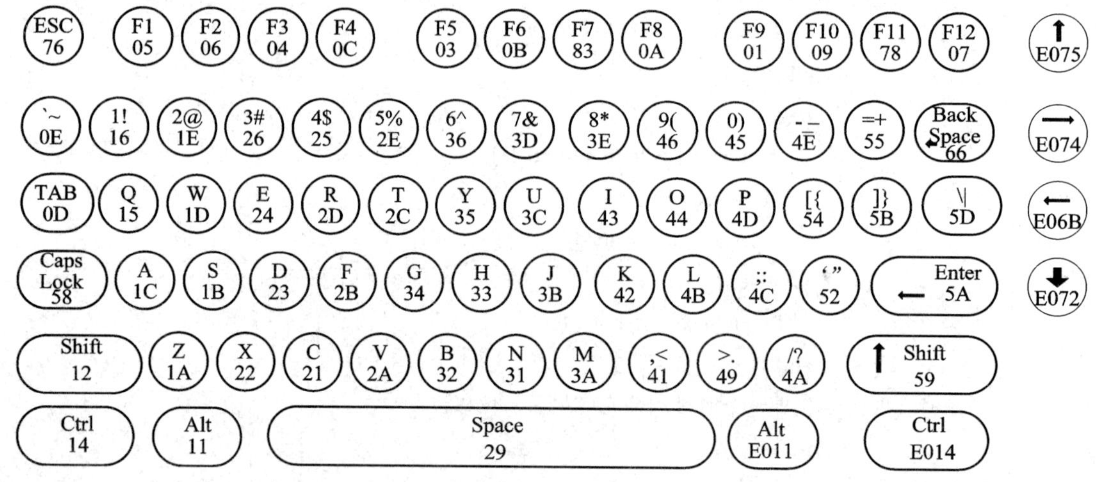

图 9-3　PS/2 键盘扫描编码表

PS/2 编码传输过程中会根据键盘的活动情况不同而形成不同的序列，如将 A 键按下去再弹上来，发送的键盘编码为

1C　F0　1C

如果把 A 键按下去一直不让弹上来，发送的按键编码就会发送多次：

1C　1C　1C　1C ⋯ F0 1C

复合键可以同时被按下。比如，按下 Shift 键，再按下 A 键，然后释放 A 键，再释放

Shift 键，这个过程的按键代码为

12　1C　F0　1C　F0　12

以上步骤也就是如何获得大写字母 A 的按键编码顺序。注意，没有专门的编码针对大写或小写，只是主机通过对 Shift 键的跟踪来判断属于哪一种情况。

9.2.2　按键扫描电路设计

按键扫描监视电路用来接收 PS/2 端发送的按键编码数据，并在超级终端上显示对应的按键。其基本设计思想为：首先，将收到的键盘编码分解成两个 4 位的编码，并将它们当作十六进制数转换成 ASCII 码，再通过 UART 发送到 PC 终端。接收扫描码的方法与上述步骤相似。具体代码如程序 9-2 所示。

【程序 9-2】　PS/2 键盘扫描电路。

```
module kb_monitor
   (
    input wire clk, reset,
    input wire ps2d, ps2c,
    output wire tx
   );

   //常数定义
   localparam SP=8'h20;                    //空格的 ASCII 码

   //状态机状态符号定义
   localparam [1:0]
      idle   = 2'b00,
      send1 = 2'b01,
      send0 = 2'b10,
      sendb = 2'b11;

   //信号声明
   reg [1:0] state_reg, state_next;
   reg [7:0] w_data, ascii_code;
   wire [7:0] scan_data;
   reg wr_uart;
   wire scan_done_tick;
   wire [3:0] hex_in;

   //==================================================
   //例化 ps2 接收器
   //==================================================
   ps2_rx ps2_rx_unit
```

```
    (.clk(clk), .reset(reset), .rx_en(1'b1),
     .ps2d(ps2d), .ps2c(ps2c),
     .rx_done_tick(scan_done_tick), .dout(scan_data));

//例化 UART
uart uart_unit
    (.clk(clk), .reset(reset), .rd_uart(1'b0),
     .wr_uart(wr_uart), .rx(1'b1), .w_data(w_data),
     .tx_full(), .rx_empty(), .r_data(), .tx(tx));

//状态寄存器
always @(posedge clk, posedge reset)
    if (reset)
        state_reg <= idle;
    else
        state_reg <= state_next;

//下一状态逻辑
always @*
begin
    wr_uart = 1'b0;
    w_data = SP;
    state_next = state_reg;
    case (state_reg)
        idle:
            if (scan_done_tick)         //扫描接收到的字符
                state_next = send1;
        send1:                          //发送十六进制字符的高 8 位
            begin
                w_data = ascii_code;
                wr_uart = 1'b1;
                state_next = send0;
            end
        send0:                          // 发送十六进制字符的低 8 位
            begin
                w_data = ascii_code;
                wr_uart = 1'b1;
                state_next = sendb;
            end
```

```
            sendb:                          //发送空格字符
              begin
                w_data = SP;
                wr_uart = 1'b1;
                state_next = idle;
              end
        endcase
    end

    //===================================================
    //扫描码转换成 ASCII 码显示
    //===================================================
    //分离扫描码为两个 4 bit
    assign hex_in = (state_reg==send1)? scan_data[7:4] :
                                         scan_data[3:0];
    //十六进制数到 ASCII 码转换
    always @*
     case (hex_in)
        4'h0: ascii_code = 8'h30;
        4'h1: ascii_code = 8'h31;
        4'h2: ascii_code = 8'h32;
        4'h3: ascii_code = 8'h33;
        4'h4: ascii_code = 8'h34;
        4'h5: ascii_code = 8'h35;
        4'h6: ascii_code = 8'h36;
        4'h7: ascii_code = 8'h37;
        4'h8: ascii_code = 8'h38;
        4'h9: ascii_code = 8'h39;
        4'ha: ascii_code = 8'h41;
        4'hb: ascii_code = 8'h42;
        4'hc: ascii_code = 8'h43;
        4'hd: ascii_code = 8'h44;
        4'he: ascii_code = 8'h45;
        default: ascii_code = 8'h46;
     endcase

  endmodule
```

状态机用来控制溢出操作，当新的按键被扫描到时(即当 scan-done-tick 信号有效时)，UART 被初始化，FSM 电路通过 send1、send0 与 sendb 三个状态，将高十六进制数值和低十六进制数值，以及空格数据写入 UART 中去。由于 UART 的 FIFO 深为 4 个字宽，所以不会有溢出发生。如果要用在第八章开发的完全 UART 程序，则需要注意的是，UART 的接收功能未用，相关通信端口需要例化为常数。

9.3　PS/2 键盘接口电路

如上一节讨论，简单的按键操作其实对应在 PS/2 端口上，是一个串行序列包的发送，如果要覆盖所有的按键情况，则是很复杂的。比如说，考虑特殊功能按键。本节中将介绍仅考虑只有一个按键按下再释放的情况，设计一个按键接收电路返回被按下按键的编码。

9.3.1　接口电路设计

实际应用中，与 UART 电路一样，按键电路也作为主系统的接口电路，并需要一种与主系统之间的通信方法。之前讲述的 UART 接口电路中，采用状态标志和缓冲器来实现与主系统之间的接口电路的方法，在按键电路中也同样适用。采用 4 个字符的 FIFO 缓冲器来设计按键接口电路，系统框图如图 9-4 所示。

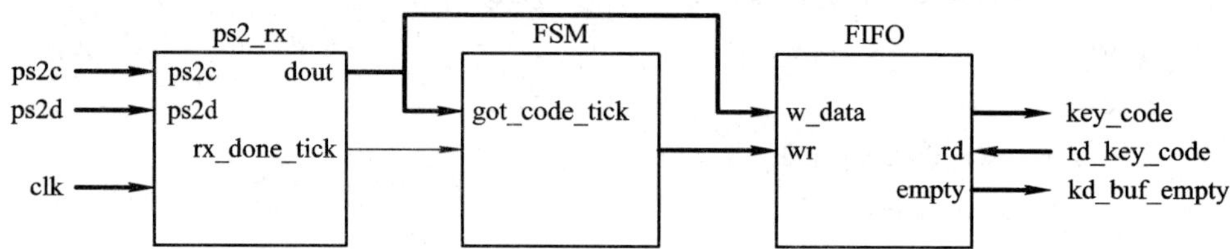

图 9-4　PS/2 键盘通信接口电路

系统由 PS/2 接收器、FIFO 缓冲器和控制状态机三部分组成。其基本设计思想为：用状态机来追踪 F0 数据包(即弹起编码)，当接收到该数据时，下一个数据包一定是按键编码，所以要将此按键编码写入到 FIFO 缓冲区中。需要注意的是，这个方案对复合按键情况是不适合的，因为其编码是多个包发送的。具体代码如程序 9-3 所示。

【程序 9-3】　PS/2 键盘通信接口电路。

```
module kb_code
   #(parameter W_SIZE = 2)
   (
    input wire clk, reset,
    input wire ps2d, ps2c, rd_key_code,
    output wire [7:0] key_code,
    output wire kb_buf_empty
   );

   //常数声明
   localparam BRK = 8'hf0;          //暂停编码
   //状态定义
```

```
localparam
    wait_brk = 1'b0,
    get_code = 1'b1;

//信号声明
reg state_reg, state_next;
wire [7:0] scan_out;
reg got_code_tick;
wire scan_done_tick;

//程序主体部分
//例化 PS/2 接收器
ps2_rx ps2_rx_unit
    (.clk(clk), .reset(reset), .rx_en(1'b1),
     .ps2d(ps2d), .ps2c(ps2c),
     .rx_done_tick(scan_done_tick), .dout(scan_out));

//例化 FIFO 缓冲器
fifo #(.B(8), .W(W_SIZE)) fifo_key_unit
   (.clk(clk), .reset(reset), .rd(rd_key_code),
    .wr(got_code_tick), .w_data(scan_out),
    .empty(kb_buf_empty), .full(),
    .r_data(key_code));

//==============================================================
//接收到 F0 时状态机获得按键扫描码
//==============================================================
//状态寄存器
always @(posedge clk, posedge reset)
    if (reset)
        state_reg <= wait_brk;
    else
        state_reg <= state_next;

//下一状态逻辑
always @*
begin
    got_code_tick = 1'b0;
    state_next = state_reg;
```

```
case (state_reg)
    wait_brk:                //等待暂停码——F0
        if (scan_done_tick==1'b1 && scan_out==BRK)
            state_next = get_code;
    get_code:                //接收后面的扫描码
        if (scan_done_tick)
            begin
                got_code_tick =1'b1;
                state_next = wait_brk;
            end
endcase
end

endmodule
```

程序的主体控制部分是状态机，它隐蔽弹起码，并控制其它两个模块工作。不断地在 wait-brk 状态下检测接收包，当 F0 被检测到时，状态转移到 get-done 状态，然后等待下一个状态获取按键编码。当 code-done-tick 信号有效再来一个时钟时，FSM 返回到 wait-brk 状态。

9.3.2 接口电路验证

设计一个简单的串行接口译码电路来验证 PS/2 键盘接口电路。系统框图如图 9-5 所示.此电路的功能是将按键编码转换成 ASCII 码并发送给 UART，在超级终端上显示按键代表的符号或者数字。转换译码电路如程序 9-4 所示。

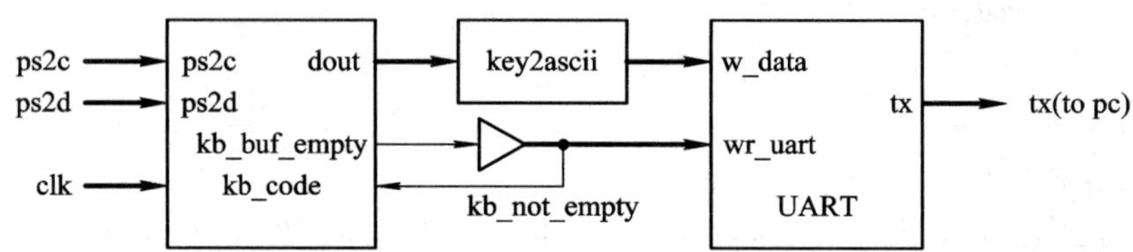

图 9-5　PS/2 串口验证电路

【程序 9-4】　PS/2 译码程序。

```
module key2ascii
  (
   input wire [7:0] key_code,
   output reg [7:0] ascii_code
  );

always @*
  case(key_code)
    8'h45: ascii_code = 8'h30;     //0
```

```
8'h16: ascii_code = 8'h31;      //1
8'h1e: ascii_code = 8'h32;      //2
8'h26: ascii_code = 8'h33;      //3
8'h25: ascii_code = 8'h34;      //4
8'h2e: ascii_code = 8'h35;      //5
8'h36: ascii_code = 8'h36;      //6
8'h3d: ascii_code = 8'h37;      //7
8'h3e: ascii_code = 8'h38;      //8
8'h46: ascii_code = 8'h39;      //9

8'h1c: ascii_code = 8'h41;      //A
8'h32: ascii_code = 8'h42;      //B
8'h21: ascii_code = 8'h43;      //C
8'h23: ascii_code = 8'h44;      //D
8'h24: ascii_code = 8'h45;      //E
8'h2b: ascii_code = 8'h46;      //F
8'h34: ascii_code = 8'h47;      //G
8'h33: ascii_code = 8'h48;      //H
8'h43: ascii_code = 8'h49;      //I
8'h3b: ascii_code = 8'h4a;      //J
8'h42: ascii_code = 8'h4b;      //K
8'h4b: ascii_code = 8'h4c;      //L
8'h3a: ascii_code = 8'h4d;      //M
8'h31: ascii_code = 8'h4e;      //N
8'h44: ascii_code = 8'h4f;      //O
8'h4d: ascii_code = 8'h50;      //P
8'h15: ascii_code = 8'h51;      //Q
8'h2d: ascii_code = 8'h52;      //R
8'h1b: ascii_code = 8'h53;      //S
8'h2c: ascii_code = 8'h54;      //T
8'h3c: ascii_code = 8'h55;      //U
8'h2a: ascii_code = 8'h56;      //V
8'h1d: ascii_code = 8'h57;      //W
8'h22: ascii_code = 8'h58;      //X
8'h35: ascii_code = 8'h59;      //Y
8'h1a: ascii_code = 8'h5a;      //Z

8'h0e: ascii_code = 8'h60;      //‘
8'h4e: ascii_code = 8'h2d;      //-
```

```
        8'h55: ascii_code = 8'h3d;       //=
        8'h54: ascii_code = 8'h5b;       //[
        8'h5b: ascii_code = 8'h5d;       //]
        8'h5d: ascii_code = 8'h5c;       //\
        8'h4c: ascii_code = 8'h3b;       //;
        8'h52: ascii_code = 8'h27;       //'
        8'h41: ascii_code = 8'h2c;       //,
        8'h49: ascii_code = 8'h2e;       //.
        8'h4a: ascii_code = 8'h2f;       ///

        8'h29: ascii_code = 8'h20;       //(space)
        8'h5a: ascii_code = 8'h0d;       //(enter, cr)
        8'h66: ascii_code = 8'h08;       //(backspace)
        default: ascii_code = 8'h2a;     //*
      endcase

endmodule
```

最终验证电路的程序如程序 9-5 所示。

【程序 9-5】　PS/2 验证程序。

```
module kb_test
   (
    input wire clk, reset,
    input wire ps2d, ps2c,
    output wire tx
   );

   //信号声明
   wire [7:0] key_code, ascii_code;
   wire kb_not_empty, kb_buf_empty;

   //主体
   //例化键盘扫描电路
   kb_code kb_code_unit
      (.clk(clk), .reset(reset), .ps2d(ps2d), .ps2c(ps2c),
       .rd_key_code(kb_not_empty), .key_code(key_code),
       .kb_buf_empty(kb_buf_empty));

   //例化 UART 电路
   uart uart_unit
```

```
        (.clk(clk), .reset(reset), .rd_uart(1'b0),
         .wr_uart(kb_not_empty), .rx(1'b1), .w_data(ascii_code),
         .tx_full(), .rx_empty(), .r_data(), .tx(tx));

    //例化 key-to-ascii 转换电路
    key2ascii k2a_unit
        (.key_code(key_code), .ascii_code(ascii_code));
    assign kb_not_empty = ~kb_buf_empty;
endmodule
```

本章小结

本章重点介绍了作为鼠标和键盘的常用数据传输协议——PS/2 协议，以及 HDL 代码设计和接口验证。PS/2 接口开发需要重点掌握的知识点如下：

(1) PS/2 从设备到主设备数据传输时序图；

(2) PS/2 接收系统设计方案；

(3) 键盘扫描编码；

(4) 按键扫描电路接口设计；

(5) PS/2 完整系统设计与验证。

思考与练习

1．键盘接口练习

将 9.3 节接口电路功能进一步扩展，增加对 Shift 按键的判断，这样就可以键入大小写字符。按照如下的思路进行修改：

(1) 按键码输出要从原来的 8 bit 扩展为 9 bit，增加的 1 bit 用来显示 Shift 键是否按下。

(2) 状态机也要增加一个分支来处理按下 Shift 或者终止 Shift 按键，同时设置相应的通信数据位。

(3) FIFO 缓冲区位宽也要扩展为 9 bit。

设计扩展接口电路，修改 key2ascii 电路，要求能够处理字符的大小写，重新综合和编译电路，验证扩展功能是否可以正常工作。

2．带看门狗功能的 PS/2 接收子系统

9.2 节中描述的 PS/2 接收子系统没有纠错能力，所以 ps2c 信号线上面潜在的干扰和噪声都会引起状态机进入非法状态。一种解决方法就是增加一个看门狗计数器。这个计数器在 get_bit 状态 fall_edge_tick 信号有效时初始化，如果在后来的 20 μs 之内 ps2c 信号下降沿没有到来，则 time_out 信号就置位返回到 idle 状态。

设计修改之后的电路，并编写 TestBench 进行仿真，采用仿真波形验证设计的正确性。

3. 键盘控制秒表

如果对前面设计的秒表功能进行扩展(用开发板上面的拨码开关来控制秒表)，则现在可以尝试用键盘为其发送控制命令。

(1) 当 C 键按下时，秒表清除当前计数器为 0，同时设置计数为加法计数。

(2) 当 G 键按下时，秒表开始计数。

(3) 当 P 键按下时，计数器暂停。

(4) 当 U 键按下时，计数器反方向计数。

(5) 所有其他按键都不做响应。

设计这个新的秒表，综合并验证电路的正确性。

第十章　PS/2 鼠标接口控制器

10.1　PS/2 鼠标接口电路

10.1.1　关于鼠标

计算机上的鼠标是用来检测在平面二维空间中的移动状态和坐标的。其内部电路用来测量移动的相对距离以及按键状态。对于 PS/2 接口的鼠标，鼠标的传输信息打包成三个数据包通过 PS/2 口发送出去；在传输过程中，数据以串行方式发送并且按照预先设定的采样率持续传输。

PS/2 端口的通信是双向的。主设备可以发送命令参数给键盘和鼠标。对于键盘来说，不需要主设备向键盘发送参数，因为这样会对键盘提出更高的要求。而鼠标不一样，上电之后不发送任何信息给主设备，反而主设备需要首先发送命令初始化鼠标，使鼠标处于连续发送信息状态。所以 PS/2 鼠标接口是需要支持双向通信接口的。下面介绍 PS/2 的鼠标接口协议，并设计一个简单的双向鼠标数据传输接口电路。

10.1.2　鼠标 PS/2 通信协议

标准的 PS/2 鼠标接口数据不仅反映鼠标在 X 轴和 Y 轴的移动情况，而且还包括鼠标左键、中键、右键的状态信息。鼠标电路包含一个内部计数器，其用来计算鼠标的每次移动量。当数据传输给主机时，计数器清零后重新开始计数。该计数器的值为一个 9 bit 宽的带符号整数，其正值代表向右或向上运动，其负值代表向左或向下运动。

计数器与实际物理距离之间的关系由鼠标特性参数来决定。默认为每计数 4 次代表 1 mm。当鼠标持续移动时，数据以固定速率传输，这个速率由鼠标采样率决定。默认采样率为 100 次每秒。如果鼠标移动速率过快，采样期间移动量计数值则有可能超过计数器的最大值。计数器在适当的方向设置有最大幅度，并用两位溢出位来指示这种情况。

反映鼠标的移动及点击活动需要三个字节，它们被封装在 PS/2 协议中。3 个字节数据的具体格式以及含义如表 10-1 所示。包含有如下的信息：

(1) X8，…，X0：在 2 秒完全模式下的 X 轴移动量；

(2) Xv：X 轴移动溢出；

(3) Y8，…，Y0：在 2 秒完全模式下的 Y 轴移动量；

(4) Yv；Y 轴溢出；

(5) l：左键状态，当左键按下时为 1；

(6) r：右键状态，当右键按下时为 1；

(7) m：可选择中键，当键按下时为 1。

传输过程中，字节 1 首先被发送，字节 3 最后被发送。

表 10-1　鼠标数据包格式

字节 1	Yv	Xv	Y8	X8	1	M	R	L
字节 2	X7	X6	X5	X4	X3	X2	X1	X0
字节 3	Y7	Y6	Y5	Y4	Y3	Y2	Y1	Y0

10.1.3　初始化过程

鼠标的操作相对于键盘的操作要复杂的多。它有各种不同的模式，通常用的最多的是串行流模式，即鼠标检测有移动或者有键按下时，不断将数据发送给主机，如果运动是持续的，数据按照设计的采样率发送。

操作过程中，主机可以给鼠标发送命令，修改默认值或其他参数，来设置不同的操作模式，然后鼠标发送状态信号进行响应。在设计中要求所有设置为默认值，不做变化，唯一任务是设置鼠标为持续数据流模式。

这时 PS/2 和 FPGA 开发板之间的初始化步骤如下：

(1) 上电时鼠标首先进行上电自检，如果鼠标发送一个字节 AA，则表示自检通过；然后发送一个字节数据 00，为标准鼠标的 ID 号。

(2) FPGA 主机端发送命令 F4，使能数据流模式，鼠标返回 FE 来响应命令。

(3) 鼠标进入数据流模式，然后发送正常的数据包。

如果在 FPGA 板上电之前鼠标已经插在了 FPGA 验证板上，则当板子上电时，鼠标立即发送“AA 00”，由于 FPGA 芯片当时还没有被配置，那么将不能接收到鼠标发送的数据。所以通常会忽略上述步骤(1)，将鼠标接口时序电路做简化，仅需要发送 F4 命令来检测鼠标 FE 响应，然后直接进入正常工作状态来传输鼠标数据包。

也可以通过发送复位命令来强制鼠标返回到初始状态。

(1) FPGA 主机端发送命令 FE 复位鼠标，鼠标将返回 FE 来响应。

(2) 鼠标执行上电自测，然后发送“AA 00”，在这个过程中，数据流模式将被禁止。

新型鼠标增加了很多功能，比如鼠标带有滚轮或者另外增加新的按钮，这样就需要发送更多的信息，这些多出来的字节将和原始的三字节数据打包一起发送。

10.2　PS/2 传输子系统设计

10.2.1　主系统对 PS/2 设备的通信协议

主系统对 PS/2 设备的通信协议包含双向数据交换。鼠标数据和时钟为开漏极电路，可以认为它们为三态门。基本时序传输协议如图 10-1 所示，其中，数据和时钟信号线标为 ps2d 和 ps2c。可以清楚地发现，时序图被分成两部分，一部分反映主系统(host)的活动，而另一部分反映设备(mouse)的活动。基本操作时序如下：

(1) 主设备强行置低 ps2c 至少 100 μs 来禁止任何鼠标活动，可以认为是主系统请求发送数据包。

(2) 主设备强行置低 ps2d，禁止 ps2c，可以认为是主机发送一个开始信号。

(3) 此时 PS/2 从设备开始控制 ps2c，负责 PS/2 时钟信号的产生；当检测到开始信号时，PS/2 设备产生 1 到 0 的信号传输。

(4) 一旦检测到传输开始，主系统串行移位最低位数据在 ps2d 线上，并一直保持原值直到 PS/2 设备在 ps2c 线上产生 1 到 0 的跳变，也称数据响应位。

(5) 重复步骤(4)，直到剩余的 7 位数据和 1 位奇偶校校验位发送结束。

(6) 发送完奇偶校验位之后，主机禁止 ps2d(设为高阻态)，PS/2 从设备接管 ps2d 数据线并通过置 ps2d 为 0 来响应传输完成。根据需要，主设备可以通过在 ps2c 从 1 到 0 跳变时刻检查 ps2d 上面的值来验证是否成功传输。

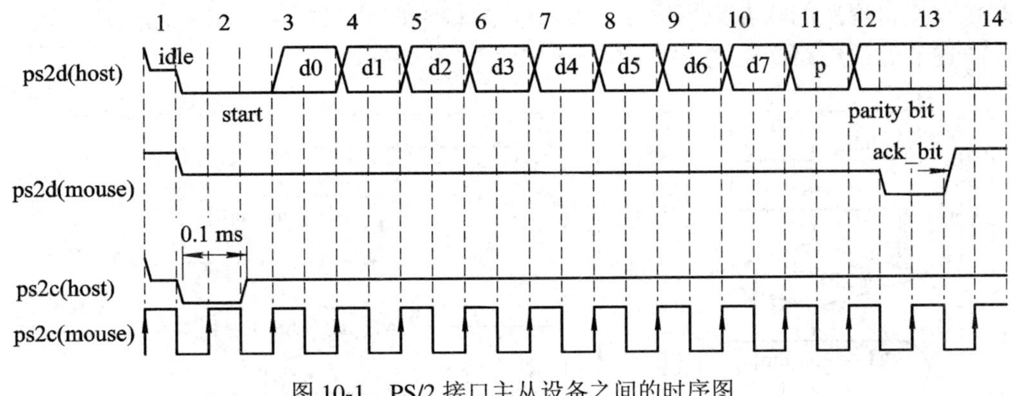

图 10-1　PS/2 接口主从设备之间的时序图

10.2.2　设计与编码

与前面讲述的接收子系统不同之处在于 ps2c 与 ps2d 信号为双向传输。每个信号都需要三态缓冲器，三态缓冲器的接口如图 10-2 所示。tri_c 与 tri_d 信号为三态缓冲器的使能信号，当置为 1 时，ps2c_out 与 ps2d_out 信号传输到输出端口，否则 ps2c_out 与 ps2d_out 信号为高阻状态。

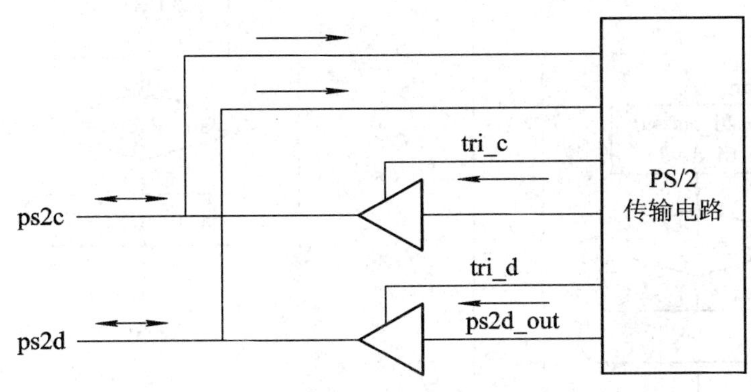

图 10-2　PS/2 传输子系统三态缓冲器

为了更加明确设计传输子系统的流程，根据鼠标数据传输控制协议来画出 ASMD 状态图，如图 10-3 所示。状态机起始状态为空状态(idle 状态)。当主机置位 wr_ps2 信号并将数据放在 din 上时，状态机启动并装载 din 信号和校验位 par，并一同送到移位寄存器 shift_reg 中，然后置 c_reg 寄存器为全 1，c_reg 寄存器由一个 13 位计数器组成，用来产生 164μs 的延迟。紧接着状态机进入请求发送状态(rts 状态)。在 rts 状态，状态机置位 ps2c_out 为 0，并将相对应三态缓冲器的使能位 tri_c 置位，判断 c_reg 还没有清零，状态机进入开始状态(start 状态)。这时，ps2 时钟信号被禁止，数据线被置为 0，PS/2 设备接管并生成时钟信号在 ps2c 信号线上。当通过 fall_edge 信号检测到 ps2c 信号下降沿时，状态机进入数据传输状态(data 状态)，开始移位 8 位数据和 1 位检验位，而寄存器 n 用来保持追踪移位数目。当寄存器 n 为 0，即数据移位传输结束时，状态机进入停止位(stop state)；此时，数据线被停止，当检测到最后一个下降沿时返回到 idle 状态。

另外，状态机还包含 tx_idle 信号来指示传输是否正在进行，此信号可以被用来作为与发送和接收接口模块的状态指示信号，具体细节如程序 10-1 所示。fall_edge 信号也是通过与前面所述的滤波电路产生的。

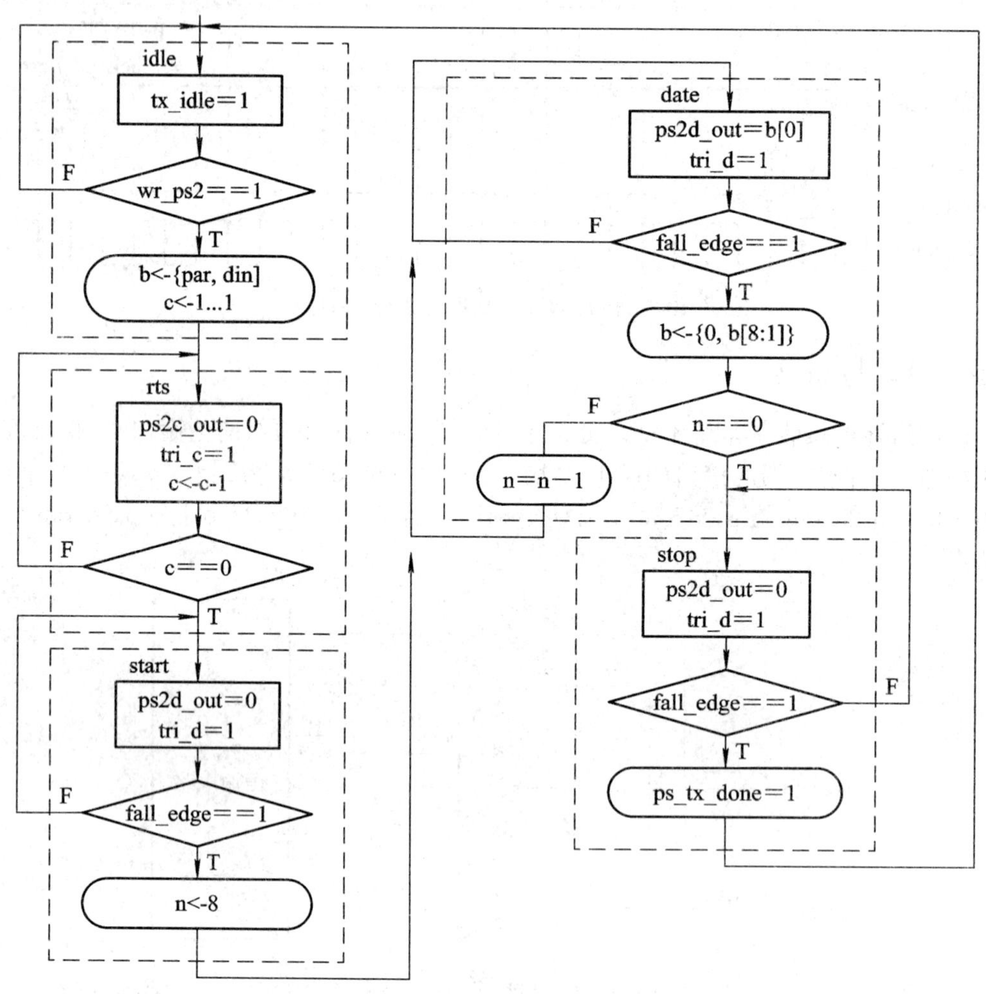

图 10-3　PS/2 发送子系统 FSM 流程图

【程序 10-1】　PS/2 发送子系统。

```
module ps2_tx
   (
    input wire clk, reset,
    input wire wr_ps2,
    input wire [7:0] din,
    inout wire ps2d, ps2c,
    output reg tx_idle, tx_done_tick
   );

   //状态机状态信号定义
   localparam [2:0]
      idle   = 3'b000,
      rts    = 3'b001,
      start  = 3'b010,
      data   = 3'b011,
      stop   = 3'b100;

   //信号声明
   reg [2:0] state_reg, state_next;
   reg [7:0] filter_reg;
   wire [7:0] filter_next;
   reg f_ps2c_reg;
   wire f_ps2c_next;
   reg [3:0] n_reg, n_next;
   reg [8:0] b_reg, b_next;
   reg [12:0] c_reg, c_next;
   wire par, fall_edge;
   reg ps2c_out, ps2d_out;
   reg tri_c, tri_d;
   //=================================================
   //滤波和 ps2c 的下降沿检测电路
   //=================================================
   always @(posedge clk, posedge reset)
   if (reset)
      begin
         filter_reg <= 0;
         f_ps2c_reg <= 0;
      end
```

```
else
    begin
        filter_reg <= filter_next;
        f_ps2c_reg <= f_ps2c_next;
    end

assign filter_next = {ps2c, filter_reg[7:1]};
assign f_ps2c_next = (filter_reg==8'b11111111) ? 1'b1 :
                                        (filter_reg==8'b00000000) ? 1'b0 :
                                         f_ps2c_reg;
assign fall_edge = f_ps2c_reg & ~f_ps2c_next;

//=====================================================
//FSMD
//=====================================================
//FSMD 状态和数据寄存器
always @(posedge clk, posedge reset)
    if (reset)
        begin
            state_reg <= idle;
            c_reg <= 0;
            n_reg <= 0;
            b_reg <= 0;
        end
    else
        begin
            state_reg <= state_next;
            c_reg <= c_next;
            n_reg <= n_next;
            b_reg <= b_next;
        end

//偶校验位
assign par = ~(^din);

//FSMD 下一状态逻辑
always @*
begin
    state_next = state_reg;
```

```
c_next = c_reg;
n_next = n_reg;
b_next = b_reg;
tx_done_tick = 1'b0;
ps2c_out = 1'b1;
ps2d_out = 1'b1;
tri_c = 1'b0;
tri_d = 1'b0;
tx_idle = 1'b0;
case (state_reg)
    idle:
        begin
            tx_idle = 1'b1;
            if (wr_ps2)
                begin
                    b_next = {par, din};
                    c_next = 13'h1fff;          //2^13-1
                    state_next = rts;
                end
        end
    rts:                                        //发送请求
        begin
            ps2c_out = 1'b0;
            tri_c = 1'b1;
            c_next = c_reg - 1;
            if (c_reg==0)
                state_next = start;
        end
    start:                                      //置位 start
        begin
            ps2d_out = 1'b0;
            tri_d = 1'b1;
            if (fall_edge)
                begin
                    n_next = 4'h8;
                    state_next = data;
                end
        end
    data:                                       //8 位数据+1 位校验
```

```
            begin
                ps2d_out = b_reg[0];
                tri_d = 1'b1;
                if (fall_edge)
                    begin
                        b_next = {1'b0, b_reg[8:1]};
                        if (n_reg == 0)
                            state_next = stop;
                        else
                            n_next = n_reg - 1;
                    end
            end
        stop:   //ps2d 置位为高
            if (fall_edge)
                begin
                    state_next = idle;
                    tx_done_tick = 1'b1;
                end
    endcase
end

//三态缓冲器
assign ps2c = (tri_c) ? ps2c_out : 1'bz;
assign ps2d = (tri_d) ? ps2d_out : 1'bz;

endmodule
```

本代码中没有错误检查电路。更健壮的设计要求检查校验位的正确性，并且包含一个看门狗计数器来防止鼠标在错误的状态下抖动。

10.3　PS/2 鼠标数据传输系统

10.3.1　双向传输 PS/2 接口电路设计

综合接收和发送系统来设计双向传输 PS/2 接口电路。图 10-4 为设计模块框图，用 tx_idle 和 rx_en 作为状态信号来调整传输和接收操作。传输操作优先级略高，当系统正在进行传输时，tx_idle 信号无效；否则，禁止接收操作。接收系统只有在传输系统为空的情况下才允许输入，两者轮流工作，具体细节如程序 10-2 所示。

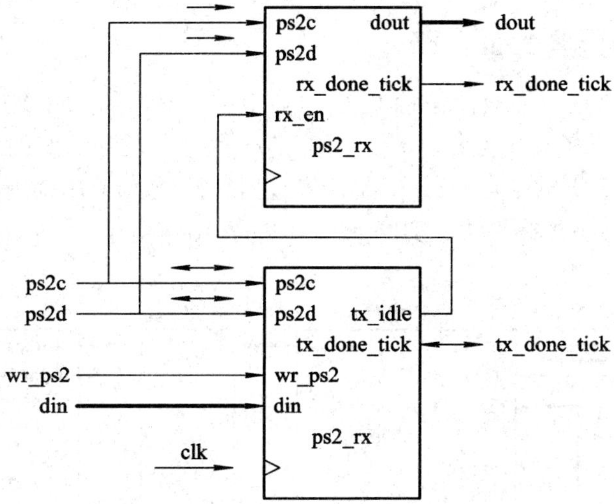

图 10-4　双向 PS/2 接口的顶层模块图

【程序 10-2】　双向传播 PS/2 接口电路。

```
module ps2_rxtx
    (
     input wire clk, reset,
     input wire wr_ps2,
     inout wire ps2d, ps2c,
     input wire [7:0] din,
     output wire rx_done_tick, tx_done_tick,
     output wire [7:0] dout
    );

    //信号声明
    wire tx_idle;
    //例化 PS/2 接收器
    ps2_rx ps2_rx_unit
        (.clk(clk), .reset(reset), .rx_en(tx_idle),
         .ps2d(ps2d), .ps2c(ps2c),
         .rx_done_tick(rx_done_tick), .dout(dout));
    //例化 PS/2 发送器
    ps2_tx ps2_tx_unit
        (.clk(clk), .reset(reset), .wr_ps2(wr_ps2),
         .din(din), .ps2d(ps2d), .ps2c(ps2c),
         .tx_idle(tx_idle), .tx_done_tick(tx_done_tick));

endmodule
```

10.3.2　双向传输 PS/2 验证电路

设计一个测试电路来验证双向传输 PS/2 接口电路，整体框图如 10-5 所示。人工发送传输命令，用 8 位拨码开关设置数据，然后用按键产生一个时钟脉宽的脉冲来发送数据包，接收数据包首先需要通过 byte-to-ascii 电路，将数据转接成 ASCII 码外加空格的形式，然后用 UART 发送到 PC 的超级终端上。具体细节如程序 10-3 所示。

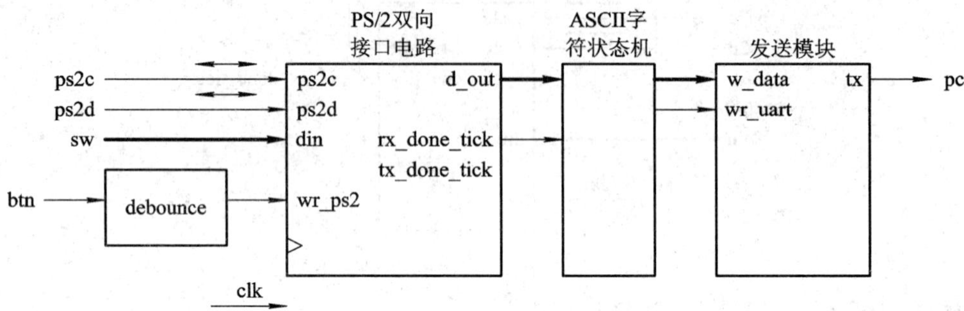

图 10-5　PS/2 双向接口验证电路

【程序 10-3】　双向传输 PS/2 验证电路。

```
module ps2_monitor
    (
     input wire clk, reset,
     input wire [7:0] sw,
     input wire [2:0] btn,
     inout wire ps2d, ps2c,
     output wire tx
    );

    //常数定义
    localparam SP=8'h20;                       //space in ASCII

   //状态声明
    localparam [1:0]
        idle   = 2'b00,
        send1 = 2'b01,
        send0 = 2'b10,
        sendb = 2'b11;

    //信号声明
    reg [1:0] state_reg, state_next;
    wire [7:0] rx_data;
```

```
reg [7:0] w_data, ascii_code;
wire psrx_done_tick, wr_ps2;
reg wr_uart;
wire [3:0] hex_in;
//=====================================================
//例化
//=====================================================
//例化 PS/2 传输接收
ps2_rxtx ps2_rxtx_unit
   (.clk(clk), .reset(reset), .wr_ps2(wr_ps2),
    .din(sw), .dout(rx_data), .ps2d(ps2d), .ps2c(ps2c),
    .rx_done_tick(psrx_done_tick), .tx_done_tick());

//例化 UART 发送模块
uart uart_unit
   (.clk(clk), .reset(reset), .rd_uart(1'b0),
    .wr_uart(wr_uart), .rx(1'b1), .w_data(w_data),
    .tx_full(), .rx_empty(), .r_data(), .tx(tx));

//例化按键防反弹电路
debounce btn_db_unit
   (.clk(clk), .reset(reset), .sw(btn[0]),
    .db_level(), .db_tick(wr_ps2));

//=====================================================
//发送 ASCII 字符状态机模块
//=====================================================
//状态寄存器
always @(posedge clk, posedge reset)
   if (reset)
      state_reg <= idle;
   else
      state_reg <= state_next;

//下一状态逻辑
always @*
begin
   wr_uart = 1'b0;
   w_data = SP;
```

```
    state_next = state_reg;
    case (state_reg)
        idle:
            if (psrx_done_tick)         //接收扫描码
                state_next = send1;
        send1:                                  //发送十六进制字符高字节
            begin
                w_data = ascii_code;
                wr_uart = 1'b1;
                state_next = send0;
            end
        send0:                                          //发送十六进制字符低字节
            begin
                w_data = ascii_code;
                wr_uart = 1'b1;
                state_next = sendb;
            end
        sendb:                                          //发送空格字符
            begin
                w_data = SP;
                wr_uart = 1'b1;
                state_next = idle;
            end
    endcase
end

//=====================================================
//显示扫描码
//=====================================================
//将扫描码分离成两个 4 bit 十六进制数
assign hex_in = (state_reg==send1)? rx_data[7:4] :
                                          rx_data[3:0];
//十六进制数到 ASCII 码转换电路
always @*
 case (hex_in)
     4'h0: ascii_code = 8'h30;
     4'h1: ascii_code = 8'h31;
     4'h2: ascii_code = 8'h32;
     4'h3: ascii_code = 8'h33;
```

```
        4'h4: ascii_code = 8'h34;
        4'h5: ascii_code = 8'h35;
        4'h6: ascii_code = 8'h36;
        4'h7: ascii_code = 8'h37;
        4'h8: ascii_code = 8'h38;
        4'h9: ascii_code = 8'h39;
        4'ha: ascii_code = 8'h41;
        4'hb: ascii_code = 8'h42;
        4'hc: ascii_code = 8'h43;
        4'hd: ascii_code = 8'h44;
        4'he: ascii_code = 8'h45;
        default: ascii_code = 8'h46;
    endcase
endmodule
```

10.4　PS/2 鼠标数据接口电路

10.4.1　传输 PS/2 接口电路设计

PS/2 接口电路是在 PS/2 双向传输电路外面再包一层电路。其主要功能是使能串行流模式和处理三个传输数据字节。电路的输出包括两个 9 位信号：xm 和 ym，分别代表鼠标在 X 轴和 Y 轴的移动信号；btm 为 3 位按键状态信号；信号 m_done_tick 为一位时钟脉宽长度的状态信号，当传输数据有效时置位。

具体细节如程序 10-4 所示。程序主体状态机由 7 个状态组成。int1、int2 和 int3 三个状态为在 reset 有效之后执行。在这三个状态中，状态机处理 F4 命令，等待数据传输后数据包开始响应，这时鼠标进入串行数据流模式。之后，状态机在 pack1、pack2 和 pack3 三个状态获取和处理下一个三字节数据包，然后在 done 状态激活 m_done_tick 信号，状态机不断循环后面四个状态。

【程序 10-4】　基本鼠标接口电路。

```
module mouse
  (
   input wire clk, reset,
   inout wire ps2d, ps2c,
   output wire [8:0] xm, ym,
   output wire [2:0] btnm,
   output reg   m_done_tick
  );
```

```
//常数声明
localparam STRM=8'hf4;          //数据流发送命令 F4

//状态声明
localparam [2:0]
    init1 = 3'b000,
    init2 = 3'b001,
    init3 = 3'b010,
    pack1 = 3'b011,
    pack2 = 3'b100,
    pack3 = 3'b101,
    done  = 3'b110;

//信号声明
reg [2:0] state_reg, state_next;
wire [7:0] rx_data;
reg wr_ps2;
wire rx_done_tick, tx_done_tick;
reg [8:0] x_reg, y_reg, x_next, y_next;
reg [2:0] btn_reg, btn_next;

//例化
ps2_rxtx ps2_unit
    (.clk(clk), .reset(reset), .wr_ps2(wr_ps2),
     .din(STRM), .dout(rx_data), .ps2d(ps2d), .ps2c(ps2c),
     .rx_done_tick(rx_done_tick),
     .tx_done_tick(tx_done_tick));

//FSMD 状态和数据寄存器
always @(posedge clk, posedge reset)
    if (reset)
        begin
            state_reg <= init1;
            x_reg <= 0;
            y_reg <= 0;
            btn_reg <= 0;
        end
    else
        begin
```

```
        state_reg <= state_next;
        x_reg <= x_next;
        y_reg <= y_next;
        btn_reg <= btn_next;
    end

//FSMD 下一状态逻辑
always @*
begin
    state_next = state_reg;
    wr_ps2 = 1'b0;
    m_done_tick = 1'b0;
    x_next = x_reg;
    y_next = y_reg;
    btn_next = btn_reg;
    case (state_reg)
        init1:
            begin
                wr_ps2 = 1'b1;
                state_next = init2;
            end
        init2:                          //等待发送完毕
            if (tx_done_tick)
                state_next = init3;
        init3:                          //等待数据包返回标志
            if (rx_done_tick)
                state_next = pack1;
        pack1:                  //等待第一个数据包
            if (rx_done_tick)
                begin
                    state_next = pack2;
                    y_next[8] = rx_data[5];
                    x_next[8] = rx_data[4];
                    btn_next =   rx_data[2:0];
                end
        pack2:                  //等待第二个数据包
            if (rx_done_tick)
                begin
                    state_next = pack3;
```

```
                x_next[7:0] = rx_data;
            end
        pack3:                    //等待第三个数据包
            if (rx_done_tick)
            begin
                state_next = done;
                y_next[7:0] = rx_data;
            end
        done:
            begin
                m_done_tick = 1'b1;
                state_next = pack1;
            end
    endcase
  end
  //输出逻辑
  assign xm = x_reg;
  assign ym = y_reg;
  assign btnm = btn_reg;
endmodule
```

本设计仅仅提供了最简单的功能设计。一个完备的电路需要有更好的方法初始化串行流模式，而且要增加一个缓冲器，如同讨论 UART 接口电路一样的方法。这样一来，和外部系统的接口就更加可靠了。

10.4.2　传输 PS/2 接口电路测试

我们设计一个简单的测试电路来验证 PS/2 接口电路。电路设计采用鼠标控制 FPGA 开发板上面 8 个灯，仅有一个点亮，灯的位置要根据鼠标距 X 轴的距离来决定，按左键或者右键电路，分别控制最左端和最右端位置的灯亮。

具体实现如程序 10-5 所示。采用 10 位计数器追踪鼠标当前 X 轴位置，当新接收数据有效(m_done_tick 信号有效)的时候计数器进行加法计数，当鼠标左键按下去的时候计数器清零，当鼠标右键按下去的时候计数器值最大。另外，增加了 X 轴运动扩展符号移动量。最后采用一个译码电路通过对计数器的高两位译码进行点灯操作。

【程序 10-5】　传播 PS/2 接口电路测试。

```
module mouse_led
  (
   input wire clk, reset,
   inout wire ps2d, ps2c,
   output reg [7:0] led
```

```
    );

    //信号声明
    reg [9:0] p_reg;
    wire [9:0] p_next;
    wire [8:0] xm;
    wire [2:0] btnm;
    wire m_done_tick;

    //例化
    mouse mouse_unit
       (.clk(clk), .reset(reset), .ps2d(ps2d), .ps2c(ps2c),
        .xm(xm), .ym(), .btnm(btnm),
        .m_done_tick(m_done_tick));

    //计数器
    always @(posedge clk, posedge reset)
       if (reset)
          p_reg <= 0;
       else
          p_reg <= p_next;

    assign p_next = (~m_done_tick) ? p_reg    :          //不做反应
                    (btnm[0])      ? 10'b0    :          //左边按键
                    (btnm[1])      ? 10'h3ff :           //右边按键
                    p_reg + {xm[8], xm};                 // X 轴运动

    always @*
       case (p_reg[9:7])
          3'b000: led = 8'b10000000;
          3'b001: led = 8'b01000000;
          3'b010: led = 8'b00100000;
          3'b011: led = 8'b00010000;
          3'b100: led = 8'b00001000;
          3'b101: led = 8'b00000100;
          3'b110: led = 8'b00000010;
          default: led = 8'b00000001;
       endcase
endmodule
```

本章小结

PS/2 鼠标接口传输属于双向传输。对于 PS/2 键盘接口来说，协议相对比较复杂。本章重点介绍了 PS/2 鼠标接口传输协议以及其验证电路接口。概括起来包括如下几点：

(1) 鼠标的接口初始化过程；

(2) PS/2 鼠标从设备向主设备数据传输时序图；

(3) PS/2 鼠标传输子系统设计；

(4) 双向传输 PS/2 接口电路的设计与验证；

(5) PS/2 传输接口电路测试。

思考与练习

1. 增强型鼠标

可以在前面所述的鼠标接口程序中扩展新的功能。选择使能或者禁止串行数据流模式，可以在 FPGA 开发板上采用两个按键来实现。一个按键执行复位命令，也就是发送命令 FF，在操作中禁止串行数据流模式；另外一个按键发送命令字 F4 来使能串行数据流模式，修改原来的接口程序，增加新的功能，然后重新综合和验证。

2. 鼠标控制七段数码管

采用鼠标在七段数码管上显示四位十进制数字，电路功能包括如下：

(1) 只有一个数码管点亮，电路的数码管显示所选择的数码管的位置。

(2) 所选择点亮哪个数码管根据鼠标在 X 轴的移动位置来决定。

(3) 所选择点亮的数码管显示一个十进制数值并随鼠标在 Y 轴的移动而改变。

设计和综合上面的电路并进行验证。

第十一章　RAM 接口控制器

在数字系统中，为了解决大量的数据存储问题，通常需要在系统上扩展异步随机存储器(Random Access Memory，RAM)。如果存储数据量不大，则可采用 FPGA 内嵌 RAM 资源构建 RAM、FIFO 等存储单元。不管采用哪种方式，对于 RAM 的读写操作相对于寄存器操作要复杂的多，它需要数据、地址和控制信号按照某一特定时序并能够在满足建立、保持时间的基础上才能正确执行。

在同步系统中对 SRAM 的操作通常是设计一存储器控制器作为数据读写接口，按照接口电路的设计原则，其主要功能是从主系统取得命令，然后产生合适的时序信号来读写 RAM。存储器控制器接口电路为主系统提供了一个简单的接口，避免了与复杂的时序打交道，使得其读写控制同步化。RAM 控制器的好与坏是根据其单位时间里存取的数据量来判断的，完成一个稳定、可靠、性能卓越的控制器并不是那么简单。通过本章对接口电路的进一步介绍，使得读者能够对接口电路的设计有更深入的理解。

在 S3 开发板上有 256k-by-16(1 MB)的异步静态 RAM 资源，同时在 Xilinx FPGA 芯片内部也有大量的 RAM 资源。本章重点讨论 FPGA 系统中与外部 SRAM 芯片的读写控制器设计和如何使用 FPGA 内嵌 RAM 资源以及如何设计对内部定制 RAM 的控制。

11.1　关于 IS61LV25616AL SRAM

11.1.1　芯片介绍以及 I/O 接口

S3 开发板上采用了两块 ISSI 公司的 IS61LV25616AL 器件，芯片容量为 256 × 16 bit。其结构如图 11-1 所示，主要包括 18 根地址线(address)、16 根数据线(data)和 5 根控制线。其中，数据总线可以高 8 位数据和低 8 位数据分开单独使用。5 根控制线分别是：

(1) ce_n 芯片使能信号；

(2) we_n 写信号(使能)；

(3) oe_n 输出使能信号；

(4) lb_n 低字节使能；

(5) ub_n 高字节使能信号。

所有信号后缀都带有“_n”，表示低电平有效。ce_n 信号用来选通 SRAM；we_n 和 oe_n 为写与读使能操作；lb_n 与 ub_n 用来做高低位字节配置。这里主要关注数据、地址和控制信号的有效操作时序。其完整真值如表 11-1 所示。

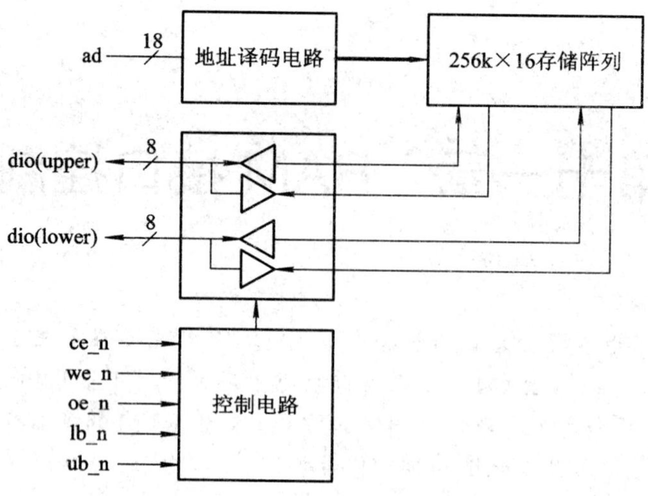

图 11-1　IS61LV25616AL 结构框图

表 11-1　IS61LV25616AL 读写操作真值表

操作	ce_n	we_n	oe_n	lb_n	ub_n	dio(lower)	dio(upper)
禁止操作	1	-	-	-	-	Z	Z
	0	1	1	-	-	Z	Z
	0	-	-	1	1	Z	Z
读操作	0	1	0	0	1	数据输出	Z
	0	1	0	1	0	Z	数据输出
	0	1	0	0	0	数据输出	数据输出
写操作	0	0	-	0	1	数据输入	Z
	0	0	-	1	0	Z	数据输入
	0	0	-	0	0	数据输入	数据输入

下面详细讨论 SRAM 控制器的设计与时序。为了使得描述清晰且容易理解，选用一块 SRAM 并按照 16 位数据模式操作，那么 ce_n、lb_n、ub_n 保持一直有效，所以真值表 11-1 得以简化为表 11-2。

表 11-2　简化 IS61LV25616AL 读写操作真值表

操作	we_n	oe_n	dio(16 位)
输出禁止	1	1	Z
读 16 位数据	1	0	数据输出
写 16 位数据	0	—	数据输入

11.1.2　时序参数

异步 SRAM 时序由于包含至少两个以上的时钟域，分析起来比较复杂。下面仅关注与设计相关的主要参数。

异步 SRAM 的两种读操作时序图如图 11-2(a)与(b)所示。图 11-2 中相关参数含义如下：

(1) t_{RC}：读时钟周期，即两次读操作的最小间隔时间。

(2) t_{AA}：地址存取时间，即每次地址变化之后获取稳定数据的必需时间。

(3) t_{OHA}：输出保持时间，即地址改变后输出数据依然保持有效的时间(这里不要与触发器的保持时间混淆了，它只是对输入 d 而言的)。

(4) t_{DOE}：输出使能时间，即 oe_n 信号有效之后，能够正确获取有效数据的时间。

(5) t_{HZOE}：高阻使能时间，即当 oe_n 无效之后，三态缓冲器进入高阻状态的时间。

(6) t_{LZOE}：低阻使能时间，即三态缓冲器当 oe_n 有效时，离开高阻状态的时间。注意，即使输出不在高阻态，数据依然无效。

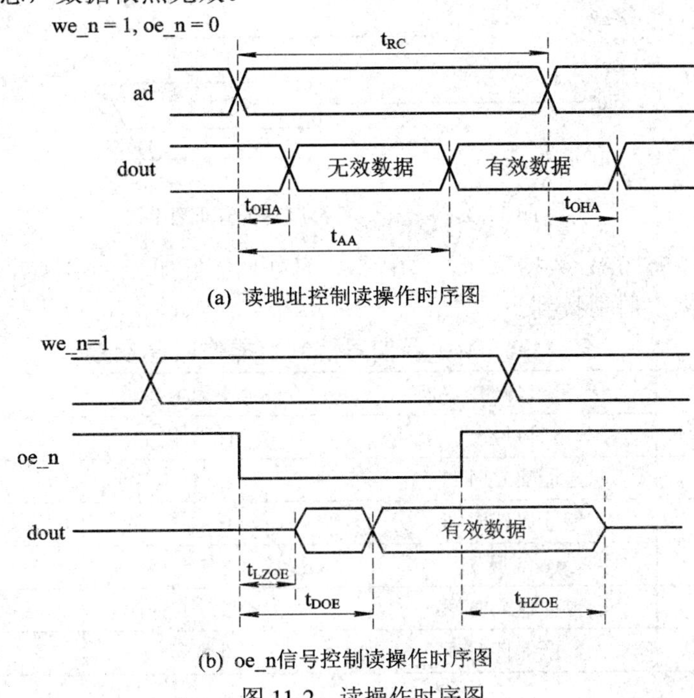

(a) 读地址控制读操作时序图

(b) oe_n信号控制读操作时序图

图 11-2　读操作时序图

根据 IS61LV25616AL 数据手册，以上参数信息具体值如表 11-3 所示。

表 11-3　时序参数值

参数信息	解　释	最小值	最大值
t_{RC}	读时钟周期	10	—
t_{AA}	地址存取时间	—	10
t_{OHA}	输出保持时间	2	—
t_{DOE}	输出使能时间	—	4
t_{HZOE}	高阻使能时间	—	4
t_{LZOE}	低阻使能时间	0	—

异步 SRAM 采用 we_n 信号进行写操作控制的时序图如图 11-3 所示。其相关参数如下：

(1) t_{WC}：写周期时间，即两次写操作的间隙时间。

(2) t_{SA}：地址建立时间，即 we_n 有效之前地址稳定的最小时间。

(3) t_{HA}：地址保持时间，即 we_n 无效之后地址保持稳定的最小时间。

(4) t_{PWE1}：we_n 脉宽，即 we_n 有效的最小宽度。

(5) t_{SP}：数据建立时间，即锁存沿来临之前数据需要稳定的时间。

(6) t_{HD}：锁存沿来临之后数据保持稳定的时间。

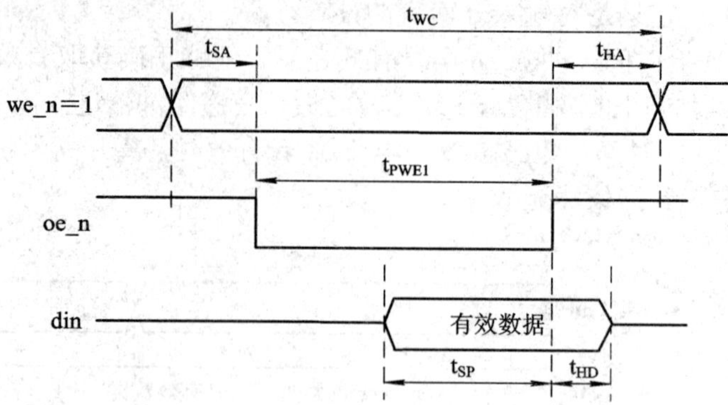

图 11-3　we_n 信号控制写操作时序图

根据 IS61LV25616AL 数据手册，以上参数信息具体值如表 11-4 所示。其实所有的参数信息都可以在数据手册中找到。

表 11-4　we_n 信号控制写操作时序参数

参数信息	信号解释	最小值	最大值
t_{WC}	读时钟周期	10	—
t_{SA}	地址建立时间	0	—
t_{HA}	地址保持时间	0	—
t_{PWE1}	we_n 脉宽	8	—
t_{SP}	数据建立时间	6	—
t_{HD}	数据保持时间	0	—

11.2　基本存储控制器

11.2.1　设计框图

基本 SRAM 的存储控制器的功能及 I/O 信号如图 11-4 所示。与 SRAM 通信的相关信号前面已讨论过，和主系统通信的信号主要包括：

(1) mem：若为 1，则表示初始化存储器操作。

(2) rw：若为“1”，则表示读；若为“0”，则表示写(0)操作信号。

(3) addr：18 位地址信号。

(4) date_f2s：写入 SRAM 的 16 位数据。

(5) date_s2f_r：从 SRAM 读回来并寄存的 16 位数据寄存器。

(6) date_s2f_ur：从 SRAM 返回来未寄存的数据。

(7) ready：表示控制器是否准备接收新命令。这个信号是必需的，读写操作在多个时钟周期完成时尤其需要。

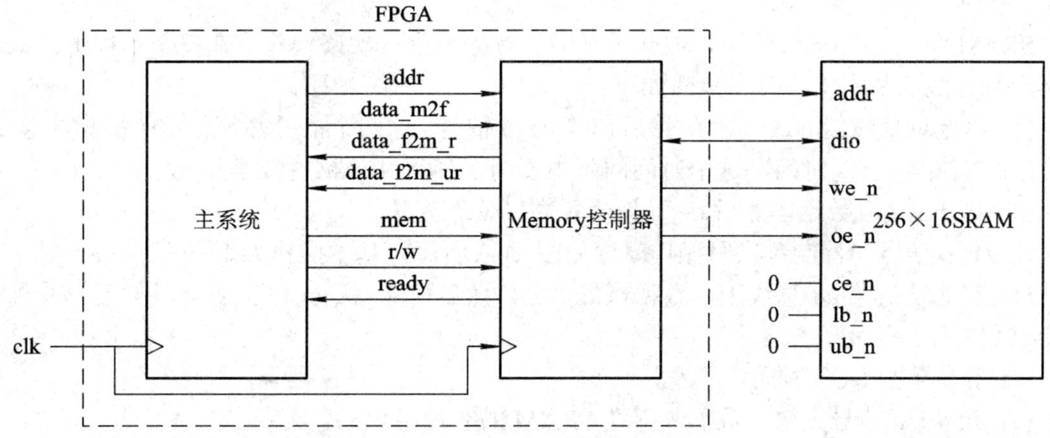

图 11-4　基本 SRAM 的存储控制器框图

存储控制器同时为 SRAM 包上了一层“同步壳”，使得主系统针对 SRAM 的操作为同步化操作。当主系统写数据到 SRAM 时，只需将地址与数据装载到相应总线上，然后激活控制命令，在时钟上升沿时刻，所有信号被存储控制器采集并执行写 RAM 的操作。对于读操作来说，数据会滞后一到两个时钟周期之后有效。

存储控制器基本结构框图如图 11-5 所示，其数据路径包括地址寄存器(用来存储地址)和两个数据寄存器(存储两个方向的数据)。由于数据总线 dio 为双向的，需要一个三态缓冲器。控制路径由状态机来控制，根据如图 11-2 和 11-3 所示读写时序来产生合适的控制时序。

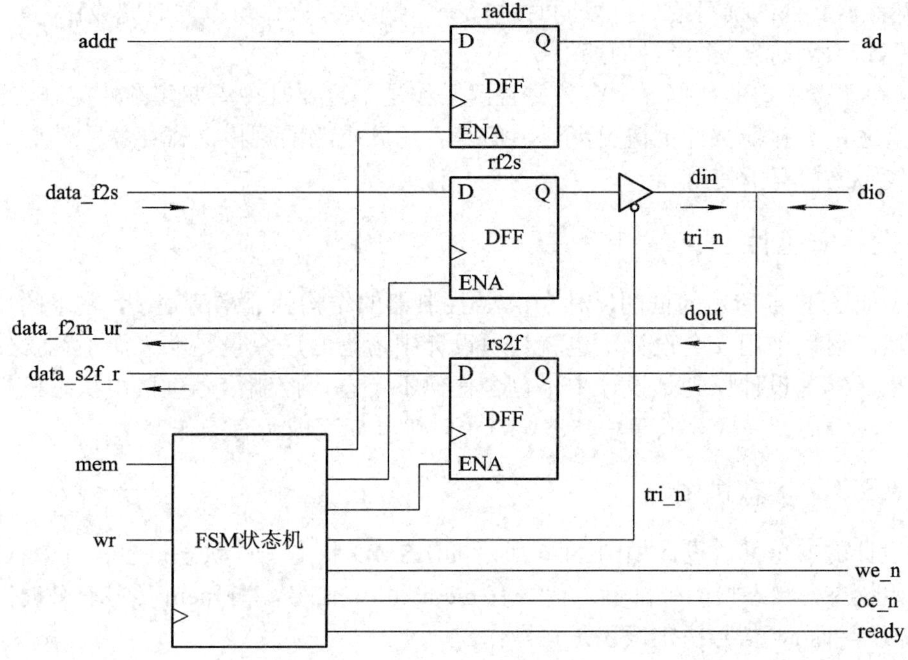

图 11-5　SRAM 控制器基本框图

11.2.2　时序要求

SRAM 的时序图虽较复杂，但并不难懂。首先考虑一次读操作，在整个过程中，we_n 一直保持无效，基本操作时序步骤如下：

(1) 将地址值赋给 addr 总线，然后使能 oe_n 信号，这两个信号必须在整个操作中稳定。

(2) 等待至少 t_{AA} 时间，这个时间间隔主要为了使得 SRAM 中数据有效。

(3) 从 dio 获取数据，然后 oe_n 信号置高，使之无效。

用 we_n 信号，控制单次写操作时序如图 11-3 所示，基本操作如下：

(1) 置地址值在 ad 总线上，数据在 dio 上，然后使能 we_n 信号(置为 0)。这些信号在整个过程中保持稳定。

(2) 等待至少 t_{PWE1} 时间。

(3) 置 we_n 信号无效，数据锁存在 SRAM 的时钟沿上。

(4) 清除 dio 总线的数据。

注意，t_{HD}(写操作结束之后数据保持时间)对 SRAM 来说是 0 ns，清除总线数据和置信号 we_n 无效可以同时进行。然而在实际电路中，为了保证锁存正确，一般确保 we_n 信号首先无效。

11.2.3　存储器文件与 SRAM 的对比

前面在第五章中我们讨论过寄存器文件，其基本单元为寄存器(DFFs)，所以它是全同步的。虽然存储器控制器使得对存储器的操作同步化了，可是两者还有一些区别：

(1) 寄存器文件通常有一个写端口和多个读端口；

(2) 寄存器文件的读写端口可以同时进行操作(即读写操作可以同时完成)；

(3) 写寄存器只需一个时钟周期；

(4) 寄存器读端口的数据通常有效并且读操作是不需要时钟周期和额外控制信号的。

总而言之，寄存器文件更快更灵活，但是考虑到电路的规模，寄存器文件更适合在存储容量比较小的情况下使用。

11.2.4　设计安全性

理解了如图 11-5 所示的框图，对 SRAM 控制器的结构就非常清楚了，剩下的任务就是设计控制器。可以采用安全设计，也就是说设计中考虑时序余量足够大而不包含任何严厉的时序约束。基本设计原则是设计中不包含任何不定态，控制信号直接由状态机产生，控制器用两个时钟周期完成存取，总共需要三个时钟周期完成所有操作。

11.2.5　ASMD 状态机图

考虑设计的安全性，设计如图 11-6 所示的 ASMD 状态图。状态机包含五个状态。idle 状态为初始状态，状态机的外部输入信号有 mem 和 rw 信号，当 mem 信号有效时，开始对 memory 操作，而 rw 信号决定读还是写操作。

对于读操作，状态机进入 rd1 状态，存储器地址线对 addr 采样，然后存储在 addr_reg 寄存器中，oe_n 信号在 rd1 与 rd2 状态下有效。在读周期完成后，FSM 返回到 idle 状态，获取的数据存储在 data_f2s_reg 寄存器中，oe_n 信号最后无效。注意图 11-6 有两个读端口，data_s2f_r 信号是当状态机退出 r2 状态时有效，数据直到下一个读周期来临一直保持不变，data_s2f_wr 信号直接与 SRAM 的 dio 总线相连，其数据在 rd2 状态后有效。当状态机进入 idle 状态时就失效了。一些应用中，主系统采集并存储数据在自身的寄存器中，而未寄存输出允许在整个操作完成之前一个周期完成。

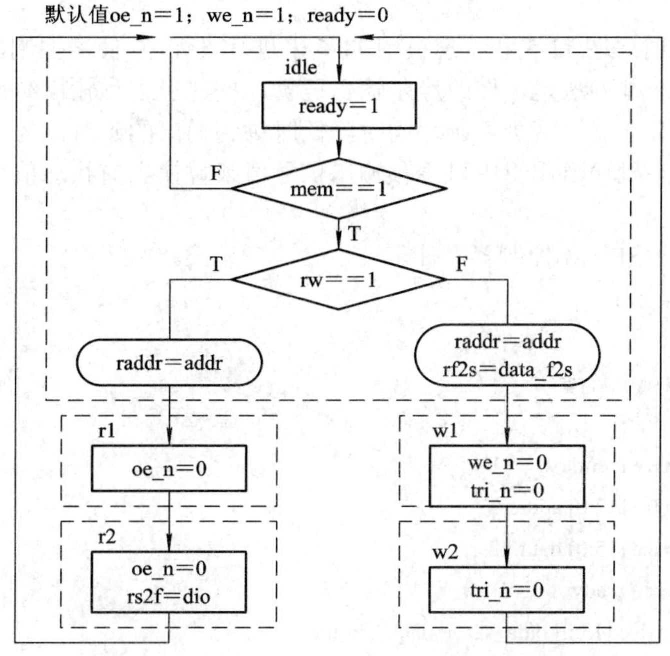

图 11-6　“安全”SRAM 控制器 ASMD 图

对于写操作来说，状态机进入 wr1 状态，地址信号线 addr 和数据信号线 data_f2s 同时采样并分别存储在 addr_reg 和 data_f2s_reg 寄存器中，we_n 与 tri_n 信号在 wr1 状态有效；然后，使能三态缓冲器将数据送到 SRAM 的 dio 总线上。当状态机进入 wr2 状态时，we_n 无效，但 tri_n 仍然有效，这样确保数据在 we_n 由 0 变为 1 时正确锁存在 SRAM 中；写周期结束后，状态机返回到 idle 状态，tri_n 无效且 dio 总线上的数据无效。

11.2.6　时序分析

为了确保时序操作的正确性，要检查是否满足条件时序参数，状态机的控制时钟为 50 MHz，那么状态机在每个状态停留时间为 20 ns。

在读周期中，oe_n 需 2 个状态有效，共 40 ns。对于时序要求为 10 ns 的 t_{AA} 参数提供了 30 ns 的余量，虽然表面上 oe_n 在 rd2 状态可以不赋值，但这样增加了一个更严厉的约束。当状态机由 rd2 状态转为 idle 状态时，数据存储在 data_s2f 寄存器中。虽然 oe_n 此时无效，但由于 FPGA 管脚的延迟以及 t_{HZOE} 的影响，数据依然会保持有效一小段时间，所以正好可以在时钟沿上被采样。

在写周期里，we_n 在 wr1 状态置 1 有效，20 ns 的间隔大于 8 ns 的 t_{PWE1} 的需求，tri_n 信号在 wr2 状态依然有效，所以确保数据在 we_n 信号由 0 到 1 的沿变化过程中稳定。

在整个操作中，读与写操作共用了两个时钟周期完成。在读操作期间，寄存器 data_s2d_ur 在第二个时钟周期后有效，寄存器 data_s2d_r 在第二个时钟上升沿有效。虽然存储器读写操作可以在两个时钟内完成，但是读和写操作在完成之后都要回到 idle 状态，主系统需要等待一个时钟周期开始新的操作，这样总共需要三个时钟周期完成操作。

11.2.7　HDL 代码设计

HDL 设计按照时序图 11-5 和状态机图 11-6 来进行设计，存储器控制器必须要产生快速毛刺滤除信号。有一种办法是，修改摩尔输出逻辑，使其包含预输出缓冲器，即对每一个输出信号增加驱动寄存器来减少毛刺，同时降低时钟到输出的延时。为了补偿插入缓冲器带来的延迟，在状态机输出逻辑中可用预输出信号值来替换当前状态值。完整的代码如程序 11-1 所示。

【程序 11-1】　SRAM 控制器设计。

```
module sram_ctrl
   (
    input wire clk, reset,
    //主系统端接口信号
    input wire mem, rw,
    input wire [17:0] addr,
    input wire [15:0] data_f2s,
    output reg ready,
    output wire [15:0] data_s2f_r, data_s2f_ur,
    //SRAM 端接口信号
    output wire [17:0] ad,
    output wire we_n, oe_n,
    //SRAM 接口信号
    inout wire [15:0] dio_a,
    output wire   ce_a_n, ub_a_n, lb_a_n
   );

   //状态机状态信号声明
   localparam [2:0]
      idle = 3'b000,
      rd1  = 3'b001,
      rd2  = 3'b010,
      wr1  = 3'b011,
      wr2  = 3'b100;

   //信号声明
   reg [2:0] state_reg, state_next;
```

```
reg [15:0] data_f2s_reg, data_f2s_next;
reg [15:0] data_s2f_reg, data_s2f_next;
reg [17:0] addr_reg, addr_next;
reg we_buf, oe_buf, tri_buf;
reg we_reg, oe_reg, tri_reg;
//FSMD 状态和数据寄存器
always @(posedge clk, posedge reset)
   if (reset)
      begin
         state_reg <= idle;
         addr_reg <= 0;
         data_f2s_reg <= 0;
         data_s2f_reg <= 0;
         tri_reg <= 1'b1;
         we_reg <= 1'b1;
         oe_reg <= 1'b1;
      end
   else
      begin
         state_reg <= state_next;
         addr_reg <= addr_next;
         data_f2s_reg <= data_f2s_next;
         data_s2f_reg <= data_s2f_next;
         tri_reg <= tri_buf;
         we_reg <= we_buf;
         oe_reg <= oe_buf;
      end

//FSMD 下一状态逻辑
always @*
begin
   addr_next = addr_reg;
   data_f2s_next = data_f2s_reg;
   data_s2f_next = data_s2f_reg;
   ready = 1'b0;
   case (state_reg)
      idle:
         begin
            if (~mem)
```

```
                state_next = idle;
            else
                begin
                    addr_next = addr;
                    if (~rw)                    //写
                        begin
                            state_next = wr1;
                            data_f2s_next = data_f2s;
                        end
                    else                        //读
                        state_next = rd1;
                end
            ready = 1'b1;
        end
    wr1:
        state_next = wr2;
    wr2:
        state_next = idle;
    rd1:
        state_next = rd2;
    rd2:
        begin
            data_s2f_next = dio_a;
            state_next = idle;
        end
    default:
        state_next = idle;
  endcase
end

//提前输出逻辑
always @*
begin
  tri_buf = 1'b1;                          //信号低电平有效
  we_buf = 1'b1;
  oe_buf = 1'b1;
  case (state_next)
    idle:
        oe_buf = 1'b1;
```

```
            wr1:
               begin
                  tri_buf = 1'b0;
                  we_buf = 1'b0;
               end
            wr2:
               tri_buf = 1'b0;
            rd1:
               oe_buf = 1'b0;
            rd2:
               oe_buf = 1'b0;
         endcase
      end

      //到主系统接口
      assign data_s2f_r = data_s2f_reg;
      assign data_s2f_ur = dio_a;
      //到 SRAM 接口
      assign we_n = we_reg;
      assign oe_n = oe_reg;
      assign ad = addr_reg;
      //SRAM 芯片 IO 口
      assign ce_a_n = 1'b0;
      assign ub_a_n = 1'b0;
      assign lb_a_n = 1'b0;
      assign dio_a = (~tri_reg) ? data_f2s_reg : 16'bz;

   endmodule
```

11.2.8　基本测试电路

可用两个测试电路来验证 SRAM 控制器，本节介绍的是基本读写测试电路。用手动方式执行一次读与写操作，除了 SRAM 芯片的 I/O 信号之外，增加下面的信号：

(1) sw：8 位地址与数据输入信号。

(2) led：8 位 LED 显示数据，用于显示接收到的数据。

(3) btn(0)：当其置 1 时，sw 当前值置入一个数据寄存器，其输出用来写操作的输入。

(4) btn(1)：当其置 1 时，sw 当前值用作存储器地址值并执行一个写操作。

(5) btn(2)：当其置 1 时，控制器用 sw 当前值作为存储器地址并执行一次读操作，输出送到 LED 信号线上。

在写操作过程当中，首先将所要写入的数据装载到内部寄存器中，然后指定地址并初始化写操作。在读操作过程中，可以指定地址，然后初始化读操作，返回数据显示在 8 个 LED 数码管上。完整的代码如程序 11-2 所示。

【程序 11-2】 SRAM 基本测试电路。

```
module ram_ctrl_test
  (
   input wire clk, reset,
   input wire [7:0] sw,
   input wire [2:0] btn,
   output wire [7:0] led,
   output wire [17:0] ad,
   output wire we_n, oe_n,
   inout wire [15:0] dio_a,
   output wire ce_a_n, ub_a_n, lb_a_n
  );

  //信号声明
  wire [17:0] addr;
  wire [15:0] data_s2f;
  reg [15:0] data_f2s;
  reg mem, rw;
  reg [7:0] data_reg;
  wire [2:0] db_btn;

  //例化模块
  sram_ctrl ctrl_unit
     (.clk(clk), .reset(reset), .mem(mem), .rw(rw),
      .addr(addr), .data_f2s(data_f2s), .ready(),
      .data_s2f_r(data_s2f), .data_s2f_ur(), .ad(ad),
      .we_n(we_n), .oe_n(oe_n), .dio_a(dio_a),
      .ce_a_n(ce_a_n), .ub_a_n(ub_a_n), .lb_a_n(lb_a_n));

   debounce deb_unit0
     (.clk(clk), .reset(reset), .sw(btn[0]),
      .db_level(), .db_tick(db_btn[0]));

   debounce deb_unit1
     (.clk(clk), .reset(reset), .sw(btn[1]),
      .db_level(), .db_tick(db_btn[1]));
```

```
    debounce deb_unit2
        (.clk(clk), .reset(reset), .sw(btn[2]),
         .db_level(), .db_tick(db_btn[2]));

  //数据寄存器
  always @(posedge clk)
     if (db_btn[0])
          data_reg <= sw;

  //地址
  assign addr = {10'b0, sw};

  always @*
  begin
     data_f2s = 0;
     if (db_btn[1])                    //写
        begin
           mem = 1'b1;
           rw = 1'b0;
           data_f2s = {8'b0, data_reg};
        end
     else if (db_btn[2])               //读
        begin
           mem = 1'b1;
           rw = 1'b1;
        end
     else
        begin
           mem = 1'b0;
           rw = 1'b1;
        end
  end
  //输出
  assign led = data_s2f[7:0];
endmodule
```

11.2.9　完整的 SRAM 测试电路

下面讨论第二种相对完整的 SRAM 测试电路。它不仅用于完成 SRAM 控制器的测试，而且检查 SRAM 芯片的完整性。电路由三部分组成：

(1) 以最快速度对整个芯片进行数据写测试；

(2) 最快速度读整个芯片，检查返回数据与原始数据相比较，并记录错误数目；

(3) 检查错误数据。

测试电路的 ASMD 状态转移图如图 11-7 所示。它针对三个功能包含了三个分支。中间分支为针对 SRAM 的写测试模块，wr_clk1、wr_clk2、wr_clk3 状态对应于 SRAM 控制器的 idle、wr1、wr2 状态，FSMD 状态机用 18 位的 c 寄存器作为计数器来对这些分支循环 2^{18} 次；c 寄存器的内容用作地址，同时其低 16 位用作写数据；当这个分支的循环结束时，SRAM 所有存储单元都被写入数据。

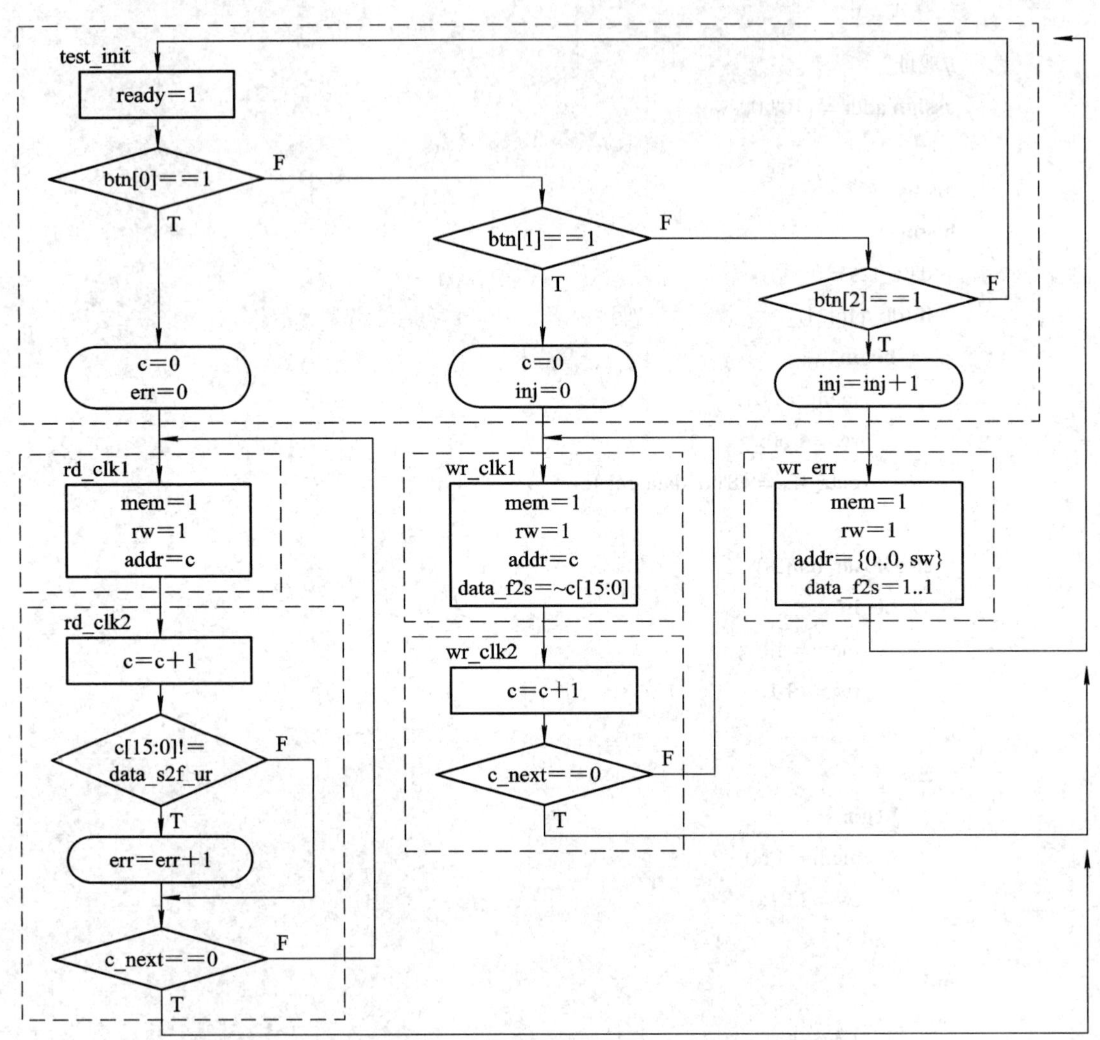

图 11-7 完整 SRAM 测试电路的 ASMD 状态转移图

左侧分支为从 SRAM 读数据，其三个状态对应于 SRAM 控制器中的 idle、rd1 和 rd2，状态机同样循环 2^{18} 次，返回数据与原始数据对比测试，eer 寄存器用来记录发生错误的个数。

右侧分支执行单次写操作，用 8 位的开关产生 SRAM 地址，然后写一个错误的测试模型给这个地址，inj 计数器用来追踪错误的次数。全部代码如程序 11-3 所示。

【程序 11-3】 完整 SRAM 测试电路。

```
module sram_test
  (
   input wire clk, reset,
   input wire [7:0] sw,
   input wire [2:0] btn,
   output wire [3:0] an,
   output wire [7:0] led, sseg,
   output wire [17:0] ad,
   output wire we_n, oe_n,
   inout wire [15:0] dio_a,
   output wire ce_a_n, ub_a_n, lb_a_n
  );

  //状态机状态定义
  localparam [2:0]
     test_init = 3'b000,
     rd_clk1   = 3'b001,
     rd_clk2   = 3'b010,
     rd_clk3   = 3'b011,
     wr_err    = 3'b100,
     wr_clk1   = 3'b101,
     wr_clk2   = 3'b110,
     wr_clk3   = 3'b111;

  //信号声明
  reg [2:0] state_reg, state_next;
  reg [17:0] addr;
  wire [15:0] data_s2f;
  reg [15:0] data_f2s;
  reg mem, rw;
  wire [2:0] db_btn;
  reg [17:0] c_next, c_reg;
  reg [7:0] inj_next, inj_reg;
  reg [15:0] err_next, err_reg;
  //============================================
  //例化子模块
  //============================================
  sram_ctrl ctrl_unit
```

```
    (.clk(clk), .reset(reset), .mem(mem), .rw(rw),
     .addr(addr), .data_f2s(data_f2s), .ready(),
     .data_s2f_r(), .data_s2f_ur(data_s2f), .ad(ad),
     .we_n(we_n), .oe_n(oe_n), .dio_a(dio_a),
     .ce_a_n(ce_a_n), .ub_a_n(ub_a_n), .lb_a_n(lb_a_n));

debounce deb_unit0
    (.clk(clk), .reset(reset), .sw(btn[0]),
     .db_level(), .db_tick(db_btn[0]));

debounce deb_unit1
    (.clk(clk), .reset(reset), .sw(btn[1]),
     .db_level(), .db_tick(db_btn[1]));

debounce deb_unit2
    (.clk(clk), .reset(reset), .sw(btn[2]),
     .db_level(), .db_tick(db_btn[2]));

disp_hex_mux disp_unit
    (.clk(clk), .reset(1'b0), .dp_in(4'b1111),
     .hex3(err_reg[15:12]), .hex2(err_reg[11:8]),
     .hex1(err_reg[7:4]), .hex0(err_reg[3:0]),
     .an(an), .sseg(sseg));

//==================================================
//  FSMD
//==================================================
//FSMD 状态和数据寄存器
always @(posedge clk, posedge reset)
    if (reset)
        begin
            state_reg <= test_init;
            c_reg <= 0;
            inj_reg <= 0;
            err_reg <= 0;
        end
    else
        begin
            state_reg <= state_next;
```

```
            c_reg <= c_next;
            inj_reg <= inj_next;
            err_reg <= err_next;
        end
//FSMD 下一状态逻辑
always @*
begin
    c_next = c_reg;
    inj_next = inj_reg;
    err_next = err_reg;
    addr = 0;
    rw = 1'b1;
    mem = 1'b0;
    data_f2s = 0;
    case (state_reg)
        test_init:
            if (db_btn[0])
                begin
                    state_next = rd_clk1;
                    c_next = 0;
                    err_next = 0;
                end
            else if (db_btn[1])
                begin
                    state_next = wr_clk1;
                    c_next = 0;
                    inj_next = 0;
                end
            else if (db_btn[2])
                begin
                    state_next = wr_err;
                    inj_next = inj_reg + 1;
                end
            else
                state_next = test_init;
        wr_err:                         //一次写错误，在第三个时钟周期完成
            begin
                state_next = test_init;
                mem = 1'b1;
```

```
            rw = 1'b0;
            addr = {10'b0, sw};
            data_f2s = 16'hffff;
        end
    wr_clk1:                //对应 sram 控制器的 idle 状态
        begin
            state_next = wr_clk2;
            mem = 1'b1;
            rw = 1'b0;
            addr = c_reg;
            data_f2s = ~c_reg[15:0];
        end
    wr_clk2:                //对应 SRAM 控制器的 wr1 状态
        state_next = wr_clk3;
    wr_clk3:                //对应 SRAM 控制器的 wr2 状态
        begin
            c_next = c_reg + 1;
            if (c_next==0)
                state_next = test_init;
            else
                state_next = wr_clk1;
        end
    rd_clk1:                //对应 SRAM 控制器的 idle 状态
        begin
            state_next = rd_clk2;
            mem = 1'b1;
            rw = 1'b1;
            addr = c_reg;
        end
    rd_clk2:                //对应 SRAM 控制器的 rd1 状态
        state_next = rd_clk3;
    rd_clk3:                //对应 SRAM 控制器的 rd2 状态
        begin
            //比较读输出，必须使用寄存器输出
            if (~c_reg[15:0] != data_s2f)
                err_next = err_reg + 1;
            c_next = c_reg + 1;
            if (c_next==0)
                state_next = test_init;
```

```
                else
                    state_next = rd_clk1;
            end
        endcase
    end
    //输出
    assign led = inj_reg;
endmodule
```

注意，读写错误的数目与七段数码管连接在一起并以四位十六进制的数字方式显示出来，输入错误的数目显示与 8 个 led 灯连在一起。

执行电路的方法如下：

(1) 执行读功能。由于 SRAM 还未被写，处于“上电状态”七段数码管应该显示大量错误。

(2) 执行写功能。如果 SRAM 控制器和 SRAM 器件本身都是正常工作的情况，则错误率应该为 0。

(3) 在不同的地址空间注入错误数据。

(4) 执行读操作，错误数目应该与注入错误数据一致。

11.3　更加完善的设计

虽然前面设计的存储控制器功能已经比较全面，但是应用起来还是不够理想。当 SRAM 存储器的读写时钟周期为 10 ns 时，存储器控制器存储接口完成一次存储需 60 ns(三个时钟周期)。本章研究时序参数方面相关细节，尝试并分析是否可以将设计速率提的更高，系统更加稳定，挖掘设计潜在问题的同时结合 FPGA 本身的特征来解决这些问题。

11.3.1　异步 SRAM 的时序信息

1．复杂异步 SRAM 控制器的时序问题

设计高性能的异步 SRAM 控制器在时序方面存在以下两个问题：

(1) we_n 信号无法有效。当 we_n 信号从 0 跳转到 1 时，数据被锁存并存储在内部存储器中。这与 D 触发器的时钟沿跳变后从 D 端数据寄存到 Q 端的功能有几分相似。但是需要注意的是，对 SRAM 来说，数据的保持时间是 0 ns，虽然表面上看取走数据然后同时置 we_n 无效是可以的，但实际上由于信号传输线的延迟，这样做是不可靠的，所以必须在数据从总线上取走之前置 we_n 无效。

(2) 数据总线 dio 的潜在冲突。我们知道，数据总线是一个双向总线，写操作时控制器将数据放到总线上，读操作时从总线上取数据，那么当 SRAM 器件与 SRAM 控制器同时将数据发送到总线上时，就会出现竞争。为了控制器的稳定操作，一定要避免这种现象。

2．估计传输延迟

设计一个好的存储控制器需要对各种传输信号延迟有很好的理解。首先在综合时，RTL

级的描述尽管已经是最优化的，但映射到 FPGA 内部逻辑单元和连线资源后，最终执行结果仍有可能与起初描述的不一样，这就给信号线的传输时间估计带来很大的困难。其次，存储器控制器的信号在传输过程中有片外的延时，也就是信号 PCB 板上存在延时，其延时明显大于信号在芯片内部传输的时间，而且延时的具体时间还与很多因素有关，比如芯片输出寄存器(IOB 或者 LE)、I/O 电平标准、驱动能力、负载大小等因素，因此需要我们通过对 FPGA 器件的正确理解，同时正确地采用软件工具来作出更好的时序综合和约束。

11.3.2　选择设计 I

1．设计思路

在前面的设计中，每次读写操作都要返回到 idle 状态，而现在要求存储器控制器可以在当前存储器操作(如 rd2 或者 wr2 状态)结束时检查 mem 信号的状态，然后决定下一步干什么。这样一来，如果有新的请求，就会立刻得到响应，从而避免了返回 idle 状态和延长操作周期。

SRAM 控制器的 ASMD 状态转移图如图 11-8 所示，在 rd2 和 wr2 状态，men 和 rw 信号被检测，如果有针对存储器操作的请求，状态机直接转到 rd1 或者 wr 状态。

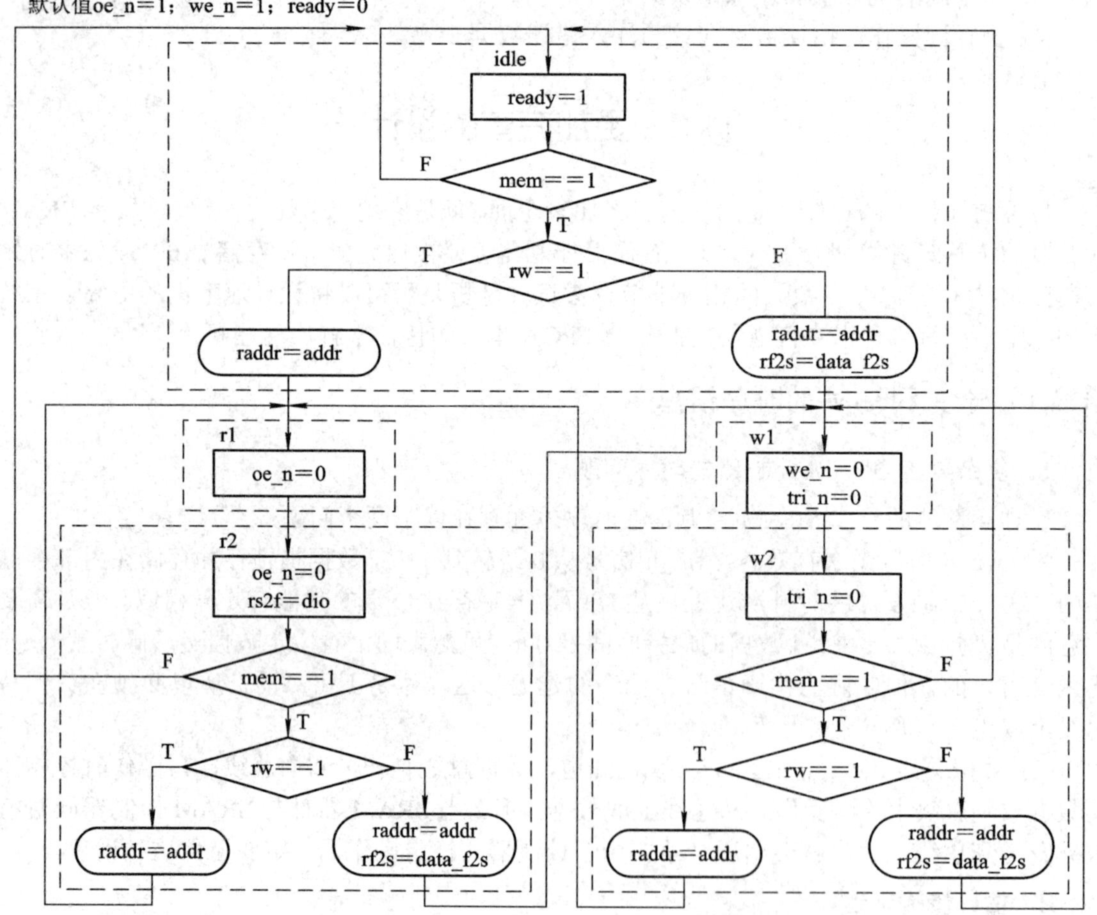

图 11-8　SRAM 控制器选择设计 I 的 ADMD 图

2. 时序分析

前面大部分的时序分析虽都可以使用，但是如果在不同类型的存储器操作执行时跳过 idle 状态，则会带来细微的冲突，即存在潜在的数据线冲突。

考虑存储器处于写操作状态突然立即转到读操作的情况。在读操作过程当中，数据流是从 SRAM 到 FPGA，为了这个数据流向，SRAM 的三态缓冲器需要“打开”(可以通过信号)而 FPGA 的三态缓冲器需要“关闭”(处于高阻态)；在写操作过程当中，数据流是从 FPGA 到 SRAM，这两个三态缓冲器恰好相反。注意，关闭和打开三态缓冲器需要一个小小的延时，即如图 11-2 所示的 SRAM 芯片中的 t_{HZOE}(oe_n 转到高阻状态)和 t_{LZOE}(oe_n 转到低阻状态)。

我们最初设计的 SRAM 控制器，两个三态缓冲器的关闭都在 idle 状态，拥有足够的时间使得数据线转到高阻状态。在新的设计中要求两个三态缓冲器在操作结束时同时导通，方向改变。比如，从 rd2 状态到 wr1 状态，状态机产生信号关闭 SRAM 的三态缓冲器和开启 FPGA 的三态缓冲器。在这个过程中，如果 SRAM 的三态缓冲器关闭的太慢或者 FPGA 的缓冲器开启的太快，都会产生问题。一个小小的时间间隔，两个缓冲器都允许数据送到总线上便会引起冲突。同理，从存储器读操作转到写操作，也会引起这样的问题。

虽然出问题的时间间隔非常小，不至于将设备弄坏，但是在数据流传输过程中会使得设计可靠性变差。我们得出的结论是，在设计过程中必须仔细分析时序特性并检查是否有冲突发生，然后分析是否通过调整时序能够解决这个问题。

11.3.3　选择设计Ⅱ

1. 设计方案

我们起初设计的 RAM 控制器具有好的时序余量。在这个设计中，存储器操作需要两个时钟周期，为 40 ns。由于 RAM 的读写周期全都是 10 ns，自然希望有机会降低存储器操作时间在单个 20 ns 的时钟周期。为了实现这个目标，需要将原来设计中的 rd2 和 wr2 状态去掉。如果采用这种方法来实现，则状态机框图如图 11-9 所示，即需要一个时钟周期完成存储器的存取，一共在两个时钟周期完成整个操作。

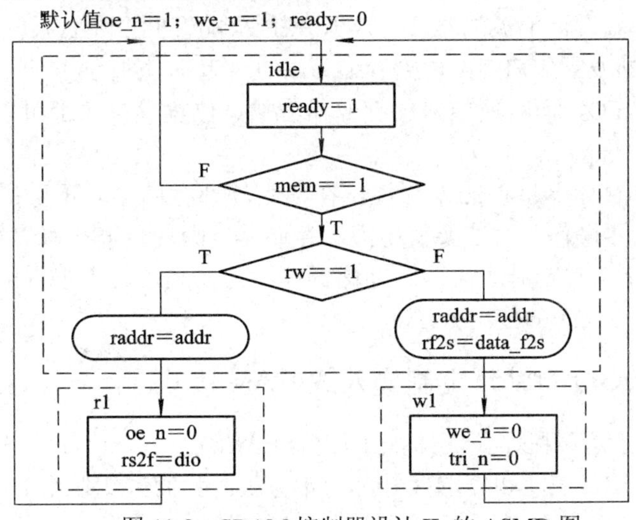

图 11-9　SRAM 控制器设计 II 的 ASMD 图

2．时序分析

相比原始设计，读写各减少了一个状态，这样给读写操作带来更为苛刻的时序约束。首先考虑读操作。在读操作中，地址信号首先通过 FPGA 的 I/O 管脚传输到 SRAM 的地址总线上，然后返回来的数据从 FPGA 的 I/O 口传输到 FPGA 的内部逻辑中，整个传输需要在一个 20 ns 的时钟周期里完成。除了 10 ns 的 SRAM 的地址存取时间 t_{AA}，还有此信号经过 I/O 口的延迟，在 Spartan-3 器件中，管脚的延迟在 4 ns 到 10 ns 之间，这样一来，需要通过设置综合时序约束来满足设计。

和读操作不同，写操作为“单方向”操作，仅需要产生地址、数据和控制信号给 SRAM 芯片。如果假设信号传输延迟与刚才分析的一致，则延迟的绝对时间是一个小问题，关键点是信号有效或者无效的顺序问题。分析 we_n 必须在数据之前无效，确保 SRAM 正确锁存数据。在原始设计中，通过 wr2 状态来完成此操作。在新的设计中，we_n 和 tri_n 信号在 wr1 状态结束时同时无效。由于各种内部逻辑以及管脚的延迟，一般的综合工具无法使得 we_n 信号在数据从外部总线移除之前无效；同样地，为了一个稳定的设计，依然需要采取合适的综合方法来满足时序要求。

综上所述，FPGA 设计和纯粹的数字逻辑设计是有区别的，FPGA 芯片的特性以及外围电路环境都是约束时考虑的要素。另外，通过不断对优秀设计的追求，非常有利提高设计和分析数字电路的能力。以上简单的 SRAM 接口电路的分析方法给读者分析电路起到抛砖引玉的作用。

11.4 Xilinx Spartan-3 内部存储器

11.4.1 概述

目前大多数 FPGA 器件都包含专用的嵌入存储器单元。虽然这些嵌入存储器还不能代替大容量的外部存储器，但是在一些使用存储器不多的应用中，使用起来非常方便；同时在设计中也能大量降低设计单板的难度，减少 PCB 板的空间，降低系统产品的成本。另外，随着 EDA 工具的不断发展，FPGA 内部存储资源使用起来也非常方便，不仅可以根据需求来定制 RAM/ROM/FIFO，而且所定制的存储器容量、位宽等参数都可以编程，给用户带来极大的方便。

由于不同的外部存储器接口的差异性，在使用外部存储器时不可能写一个通用的接口控制器程序对该存储器操作，而若要使用内部存储器，则使用 ISE 可以很方便地用 HDL 语言或者 CoreGenerator 工具定制所需要的存储器单元，而且还具有很好的平台移植性。本节重点讲述 FPGA 内部 RAM 的使用方法。

11.4.2 利用 CoreGenerator 定制嵌入式 RAM 模块

虽然各存储单元结构相似，但它们之间也有细微的差别。比如，读写端口数，时钟速率，数据与地址的缓冲，使能和复位信号，初始值等。我们虽能使用 HDL 语言描述所需要的 RAM 块接口，但是综合软件并不一定会给出正确的综合。所以 HDL 语言描述的方法使用 RAM 资源，不一定能够满足用户的需求，在一般情况下不适用。在 Xilinx ISE 中，采用 CoreGenerator 调用嵌入式存储模块。

为了操作简单，Xilinx ISE 软件提供了一个 Core Generator 的非常有用的程序，产生 Xilinx 特有的组件。使用的方法是，在 ISE 环境下，点击 Project→New Source，当 new source 的向导对话框出现时，选择需要的 IP(Coregen & Architecture 向导)来激发 coregen 程序。

软件向导会引导用户完成一系列的步骤，然后产生一系列文件。这些文件中有用的包括：后缀为 .xco 文件包含了设计存储器组件结构必需的信息；后缀为 .v 的文件包含了整个模块的调用文件，用于仿真。这些文件不能用于例化组件，在综合时也会被忽略掉。

11.5　Xilinx 嵌入式存储器例化举例

11.5.1　单端口 RAM

Spartan-3 器件嵌入式 RAM 资源在调用时其读写接口都是被同步化的，在进行写操作时是完全同步的。在时钟上升沿时，地址、输入数据、相关控制信息被采集，如果 we 有效，便执行一次写操作(输入数据写入相应地址信号所指定的地址空间中)。其读操作可以是同步的或者异步的。对于异步读操作，地址信号直接被用来读取 RAM 阵列，当地址信号改变之后，经过一个微小的时间延迟，数据才有效。对于同步读操作，地址信号在时钟上升沿被采样并保持在寄存器中，然后使用此地址信号读取 RAM 阵列。由于是寄存器操作，数据的延迟与时钟是同步的。由于内部结构的原因，异步读操作仅在分布式 RAM 上实现。

1．单端口带异步读 RAM

调用一个单端口带异步读的 RAM 模板，如程序 11-4 所示。

【程序 11-4】　单端口带异步读 RAM。

```
module xilinx_one_port_ram_async
   #(
     parameter ADDR_WIDTH = 8,
               DATA_WIDTH = 1
   )
   (
    input wire clk,
    input wire we,
    input wire [ADDR_WIDTH-1:0] addr,
    input wire [DATA_WIDTH-1:0] din,
    output wire [DATA_WIDTH-1:0] dout
   );

   //信号声明
```

```
    reg [DATA_WIDTH-1:0] ram [2**ADDR_WIDTH-1:0];

    //主体部分
    always @(posedge clk)
       if (we)                              //写操作
          ram[addr] <= din;
    //读操作
    assign dout = ram[addr];

endmodule
```

程序中定义了存储数据为二维数组，并且对数据元素有动态索引功能，写操作时由时钟信号控制，读操作时由地址数据决定。由于异步读只能由分布式 RAM 来实现，这种方法产生的 RAM 只能产生小块的存储器。

2. 单端口带同步读 RAM

单端口带同步读 RAM 模板如程序 11-5 所示。

【程序 11-5】 单端口带同步读 RAM。

```
module xilinx_one_port_ram_sync
    #(
      parameter ADDR_WIDTH = 12,
                DATA_WIDTH = 8
    )
    (
     input wire clk,
     input wire we,
     input wire [ADDR_WIDTH-1:0] addr,
     input wire [DATA_WIDTH-1:0] din,
     output wire [DATA_WIDTH-1:0] dout
    );

    //信号声明
    reg [DATA_WIDTH-1:0] ram [2**ADDR_WIDTH-1:0];
    reg [ADDR_WIDTH-1:0] addr_reg;

    //主体
    always @(posedge clk)
    begin
       if (we)                        //写操作
          ram[addr] <= din;
```

```
        addr_reg <= addr;
    end
    //读操作
    assign dout = ram[addr_reg];
endmodule
```

需要注意的是，addr 信号在时钟的上升沿被采样并存储在 addre_reg 寄存器中，存储阵列由 addr_reg 信号控制，数据仅在 addr_reg 更新之后有效，并与时钟 clk 信号同步。

11.5.2　双端口 RAM

双端口 RAM 包含了另外一个存储器存取端口。理想情况下，另外一个存取端可以独立地进行读写操作，并具备自己的地址、数据输入/输出端口以及控制信号。比如，在视频缓冲处理中，需要 RAM 有一个写端口和一个读端口，与单端口 RAM 一样，读操作可以是同步的，也可以是异步的。

1．双端口 RAM 带异步读

双端口 RAM 带异步读模板如程序 11-6 所示。

【程序 11-6】　双端口 RAM 带异步读。

```
module xilinx_dual_port_ram_async
    #(
      parameter ADDR_WIDTH = 6,
                DATA_WIDTH = 8
    )
    (
     input wire clk,
     input wire we,
     input wire [ADDR_WIDTH-1:0] addr_a, addr_b,
     input wire [DATA_WIDTH-1:0] din_a,
     output wire [DATA_WIDTH-1:0] dout_a, dout_b
    );

    //信号声明
    reg [DATA_WIDTH-1:0] ram [2**ADDR_WIDTH-1:0];

    //主体
    always @(posedge clk)
       if (we)                          //写操作
          ram[addr_a] <= din_a;
    //两个读操作
    assign dout_a = ram[addr_a];
```

```
    assign dout_b = ram[addr_b];
endmodule
```

写操作与单端口 RAM 相似，只是多了一个输出端口 dout_b，因为需要用它从 addr_b 地址获取数据。与单端口 RAM 异步读一样，双端口异步读模块也只能在分布式 RAM 中实现，所以定制的 RAM 容量是有限制的。

2. 双端口 RAM 带同步读

双端口 RAM 带同步读模板如程序 11-7 所示。

【程序 11-7】　双端口 RAM 带同步读。

```
module xilinx_dual_port_ram_sync
   #(
      parameter ADDR_WIDTH = 6,
                DATA_WIDTH = 8
   )
   (
    input wire clk,
    input wire we,
    input wire [ADDR_WIDTH-1:0] addr_a, addr_b,
    input wire [DATA_WIDTH-1:0] din_a,
    output wire [DATA_WIDTH-1:0] dout_a, dout_b
   );

   //信号声明
   reg [DATA_WIDTH-1:0] ram [2**ADDR_WIDTH-1:0];
   reg [ADDR_WIDTH-1:0] addr_a_reg, addr_b_reg;

   //主体部分
   always @(posedge clk)
   begin
      if (we)                          //写操作
         ram[addr_a] <= din_a;
      addr_a_reg <= addr_a;
      addr_b_reg <= addr_b;
   end
   //两次读操作
   assign dout_a = ram[addr_a_reg];
   assign dout_b = ram[addr_b_reg];

endmodule
```

代码与程序 11-6 相似，只是两个地址都先存储在两个寄存器中，然后通过寄存器输出来读取 RAM 的数据。

11.5.3 ROM

从名字来看，ROM(Read-Only Memory)是组合电路，它没有内部状态，输出取决于输入(比如说地址)。在 Spartan-3 器件中没有真正的嵌入式 ROM 块，但是可以通过一组组合电路和一个禁止写操作的单端口 RAM 来实现。ROM 内部的内容可以由 case 语句来实现。当器件编程时，值也装载在 RAM 当中。由于 ROM 是由 RAM 演变而来的，所以其读操作也分为同步操作与异步操作。

1．异步读 ROM

真正的 ROM 是一个组合电路而没有缓冲器或时钟信号，为了与本小节讨论的 ROM 相比较，先称为带异步读 ROM，此类型 ROM 可以用 case 语句来描述，如程序 11-8 所示。

【程序 11-8】 异步读 ROM。

```
module rom_template
   (
    input wire [3:0] addr,
    output reg [7:0] data
   );

   //主体部分
   always @*
      case (addr)
         4'h0: data = 7'b0000001;
         4'h1: data = 7'b1001111;
         4'h2: data = 7'b0010010;
         4'h3: data = 7'b0000110;
         4'h4: data = 7'b1001100;
         4'h5: data = 7'b0100100;
         4'h6: data = 7'b0100000;
         4'h7: data = 7'b0001111;
         4'h8: data = 7'b0000000;
         4'h9: data = 7'b0000100;
         4'ha: data = 7'b0001000;
         4'hb: data = 7'b1100000;
         4'hc: data = 7'b0110001;
         4'hd: data = 7'b1000010;
         4'he: data = 7'b0110000;
         4'hf: data = 7'b0111000;
```

```
        endcase

endmodule
```

由于没有地址或者数据缓冲，ROM 不可能由 RAM 块来实现，最终它使用逻辑块综合成了逻辑电路，所以仅适用于小的数据表的存储。

2．同步读 ROM

对于大的数据表，最好使用 RAM 来实现 ROM，由于 RAM 的读操作是由时钟控制的，所以它需要时钟信号，如程序 11-9 所示。

【程序 11-9】　同步读 ROM。

```
module xilinx_rom_sync_template
   (
    input wire clk,
    input wire [3:0] addr,
    output reg [7:0] data
   );

   //信号声明
   reg [3:0] addr_reg;

   //主体部分
   always @(posedge clk)
      addr_reg <= addr;

   always @*
      case (addr_reg)
         4'h0: data = 7'b0000001;
         4'h1: data = 7'b1001111;
         4'h2: data = 7'b0010010;
         4'h3: data = 7'b0000110;
         4'h4: data = 7'b1001100;
         4'h5: data = 7'b0100100;
         4'h6: data = 7'b0100000;
         4'h7: data = 7'b0001111;
         4'h8: data = 7'b0000000;
         4'h9: data = 7'b0000100;
         4'ha: data = 7'b0001000;
         4'hb: data = 7'b1100000;
         4'hc: data = 7'b0110001;
```

```
            4'hd: data = 7'b1000010;
            4'he: data = 7'b0110000;
            4'hf: data = 7'b0111000;
        endcase
    endmodule
```

注意，同步 ROM 的操作依赖于时钟信号，所以其时序与普通 ROM 的不同。

本章小结

通用 FPGA 系统开发中，所用的数据存储一般通过外部扩展 SRAM 资源或者内部定制 RAM 来解决。本章以 IS61LV25616AL 外部扩张 SRAM 芯片为例详细分析了 SRAM 接口控制器在速度和稳定性方面的设计要领，同时介绍了 FPGA 内部的 SRAM 资源的定制和使用。主要知识点概括如下：

(1) IS61LV25616AL 的时序图，FPGA 接口时序的设计方法；

(2) 基本存储器控制器的 ASMD 状态图；

(3) 完整的 SRAM 控制器 HDL 设计以及验证测试；

(4) 异步 SRAM 设计的稳定性条件；

(5) Spartan-3 内部存储器。

思考与练习

1. 设计 512K × 16 存储器

在开发板上有两块 256 K × 16 bit 的 SRAM 芯片，可以用这两块芯片扩展成一个 512 K × 16 的 SRAM。设计要求如下：

(1) 设计扩展方案。

(2) 按照学习过的流程设计此 RAM 扩展电路，并进行 HDL 描述。

(3) 利用开发板资源设计测试电路。

(4) 综合验证所设计的 RAM 控制器。

2. 设计 8M × 1 存储器

采用开发板上的两块 256 K × 16 bit 的 SRAM 芯片，设计一个 8 M × 1 的电路。

(提示：采用 lb_n 和 ub_n 信号。)

3. 实践设计 I 电路

根据设计 I 的思路设计 HDL 描述代码，并设计测试电路进行验证，检查操作中的错误的概率有多大。

4. 实践设计 II 电路

根据设计 II 的思路设计 HDL 描述代码，并设计测试电路进行验证，检查操作中的错误的概率有多大。

5．基于块 RAM 的 FIFO 设计

在工程中经常需要使用 FIFO。练习采用 FPGA 的块 RAM 资源设计 FIFO，针对需求设计 HDL 代码，综合仿真并测试电路。

6．基于 ROM 的带符号加法器

FPGA 内部 ROM 定制非常灵活，采用 $2^N \times M$ 的 ROM 可以计算 N 个输入、M 个输出的加法器。前面我们讲述过带符号加法器的原理。假设 a 和 b 为 4 bit 输入信号，设计电路功能如下：

(1) 使用 C 或者 Java 语言设计一个小程序，产生 $2^8 \times 4$ 的真值表。

(2) 按照模板设计 HDL 代码。

(3) 综合电路并验证。

(4) 检查综合报告，对比我们采用的新方法和原来的方法的区别。

(5) 扩展信号 a 和 b 为 8 位，然后重复(1)～(4)的步骤。

7．基于 ROM 的 sin(x)函数设计

采用查找表的方式设计函数 sin(x)。如果输入范围(0 到 2π)一共有 1024 个点，输出范围是 256 个点，从−1 到 1，那么假设输入为 10 bit 的 x 信号，输出为 8 bit 的 y 信号，x 和 y 的关系为

$$\frac{y}{2^7} = \sin(2\pi\frac{x}{2^{10}})$$

根据 sin 函数的定义，设计的查表 ROM 只需要存储 $2^8 \times 7$ 个数值，也就是第一象限(0 到 π/2)的数据，其它象限的数据可以通过查第一象限的表得到，因为它们的值是相同的，只是结果的位置不同。设计电路的思路如下：

(1) 用 MATLAB 写一个小程序转换第一象限 $2^8 \times 7$ 查找表的结果值。

(2) 根据 rom 定制模板编写所要设计的 HDL 代码。

(3) 编写 TestBench 问题，生成仿真模型，在 Modelsim 中观察 y 信号的波形图。

第十二章　VGA 图形图像显示控制器

VGA(Video Graphics Array)是 20 世纪 80 年代发展起来的一种图像显示标准，广泛应用于个人电脑显卡与显示器上的图像显示。随着测试与智能控制行业的不断发展，基于 VGA 的显示技术应用越来越广。本章将讨论如何使用 FPGA 实现分辨率为 640×480 的针对 CRT 显示器的图形显示和字符显示原理，并分析和设计 VGA 控制器模块，让读者能够详尽了解 VGA 的显示接口设计的原理和实现。

12.1　CRT 显示器原理

12.1.1　CRT 显示的基本原理

CRT 显示的基本框图如图 12-1 所示，电子枪(阴极)产生会聚的电子束，穿过真空管后最终撞击到荧光屏上，在电子撞击在荧光屏的一刹那产生光。由于外部输入信号的电压不同，电子束的强度和撞击点的亮度就会不同，从而能够形成不同的颜色和亮度。在图 12-1 上用 mono 标识外部输入信号，mono 信号是电压值范围在 0～0.7 V 的模拟信号。

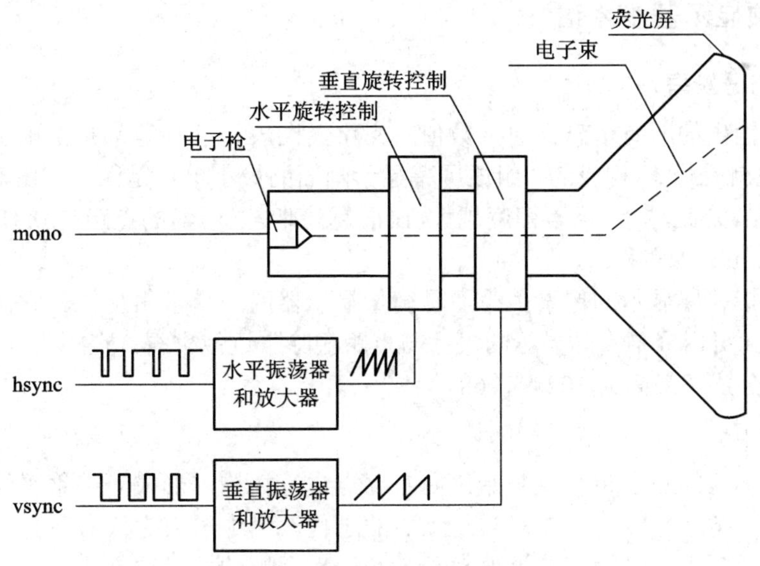

图 12-1　CRT 显示器结构框图

显示器的扫描方式是由外部控制电路中的垂直偏转和水平偏转控制的电子束的运动方

向决定的。在现代显示器中，一般电子束的运动是在一个固定的模式下，水平方向从左到右，垂直方向从上到下，按照如图 12-2 箭头所示的方向扫描的。

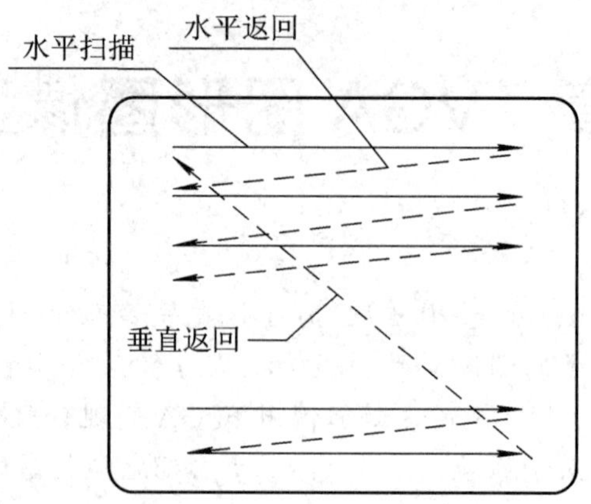

图 12-2 CRT 显示器扫描模式

显示器的内部振荡器和放大器产生锯齿波来控制水平和垂直偏转。随着水平偏转电压的逐渐增加，电子束从左边缘向右边缘移动，当到达右边缘时，偏转电压为 0，电子束快速返回左边缘(锯齿波和扫描坐标的关系如图 12-4 所示)。两个外部同步信号 hsync 和 vsync 控制锯齿波的产生，这些信号都是数字信号。(同样，在图 12-4 中将 hsync 同步信号和水平锯齿电压之间的关系也反映了出来。)这里需要注意，hsync 信号的“1”和“0”的周期，恰好反映了锯齿波的上升和下降的斜坡关系。

彩色 CRT 的显示原理也基本一样，不过电子束是由红、绿、蓝三种颜色组成的，通过改变信号电压来发出不同的光，从而组合成千差万别的各种颜色。

12.1.2 视频显示基本术语

1. 像素与分辨率

显示器上输出的所有信息，包括数值、文字、图表、动画等都是由电子束撞击荧光屏产生的光点(也就是像素)构成的。组成屏幕显示画面的最小单位是像素。像素之间的最小距离为点距(Pitch)，点距越小，像素密度越大，画面越清晰。显示器的点距有 0.31 mm、0.28 mm、0.24 mm、0.22 mm 等多种。

分辨率是指整屏显示的像素多少，是衡量显示器的一个常用指标。它同屏幕尺寸以及点距密切相关，可用屏幕实际显示的尺寸与点距相除来近似求得。点距为 0.28 mm 的 15 英寸显示器，其分辨率最高为 1024 × 768。

2. 扫描频率

电子束从屏幕的左上角一点开始，向右逐点进行扫描，形成一条水平线，到达最右端后，又回到下一条水平线的左端，重复上面的过程。当电子束完成右下角一点的扫描后，形成一帧，此后电子束又回到左上方起点，开始下一帧的扫描。完成一行扫描所需的时间称为水平扫描时间，其倒数称为行频率(简称行频)；完成一帧(整个屏幕)扫描所需的时间称为垂直扫描时间，其倒数为垂直扫描频率，又称屏幕刷新率或场频。常见的屏幕刷新率有

60 Hz、75 Hz 等，标准 VGA 显示器的场频为 60 Hz，行频为 31.5 kHz。

3. 显示带宽

显示带宽即显示器可以处理的频率范围。如果是 VGA 方式，刷新率为 60 Hz，则其带宽达 640 × 480 × 60 = 18.4 MHz；如果是 SVGA 标准，刷新率为 70 Hz，分辨率为 1024 × 768，则其带宽为 1024 × 768 × 70 = 55.1 MHz。

12.1.3 S3 开发板上的 VGA 端口

在 VGA 端口有 5 根信号线，包括水平同步信号(hsync)线、垂直同步信号(vsync)线以及三根视频信号线(R、G、B)。物理上采用标准的 DB—15 连接器连接显示器和开发板。视频信号属于模拟信号，所以视频控制器需要一个 D/A 转换器将数字信号转换成模拟电平。如果某个视频信号采用 N 位数字信号表示，那么可以转换成 2^N 种电平，三根视频信号线可以产生 2^{3N} 种不同的颜色。在 S3 板子上，每位视频信号用 1 位数字信号表示，所以三根视频信号线总共可以产生 8 种颜色，如表 12-1 所示，虽然能够显示的颜色不多，但是对于我们理解 VGA 的时序原理以及显示简单的字符和图形是足够用的。

表 12-1 三位 VGA 颜色组合结果表

Red (R)	Green(G)	Blue(B)	产生新的颜色
0	0	0	黑色
0	0	1	蓝色
0	1	0	绿色
0	1	1	青色
1	0	0	红色
1	0	1	洋红
1	1	0	黄色
1	1	1	白色

12.1.4 VGA 视频控制器

VGA 显示控制器的设计实质上就是完成 VGA 显示的功能。

(1) 在一定的工作频率下，产生正确的时序关系(工作时钟信号、水平同步信号(hsync)、垂直同步信号(vsync)、消隐信号之间的关系)；

(2) 在正确的时序控制下读出视频数据输出信号，其简单的原理框图如图 12-3 所示，主要包含同步电路产生模块和像素产生电路。

VGA 同步电路模块产生相关时序和同步信号。其核心电路为一个计数器，计数器的输出信号为 pixel_x 和 pixel_y，反映了当前扫描像素的位置，而水平同步信号 hsync 和垂直同步信号 vsync 也是由内部计数器译码产生的，它们与 VGA 端口连接并控制显示器的水平和垂直扫描。VGA 同步电路还产生 video_on 信号，控制是否使能显示，具体电路后面将详细介绍。

像素产生电路主要产生 RGB 视频信号。视频信号色彩值根据当前像素坐标(pixel_x 和 pixel_y)以及外部控制和数据信号组成。这部分电路在后边的章节中会详细介绍。

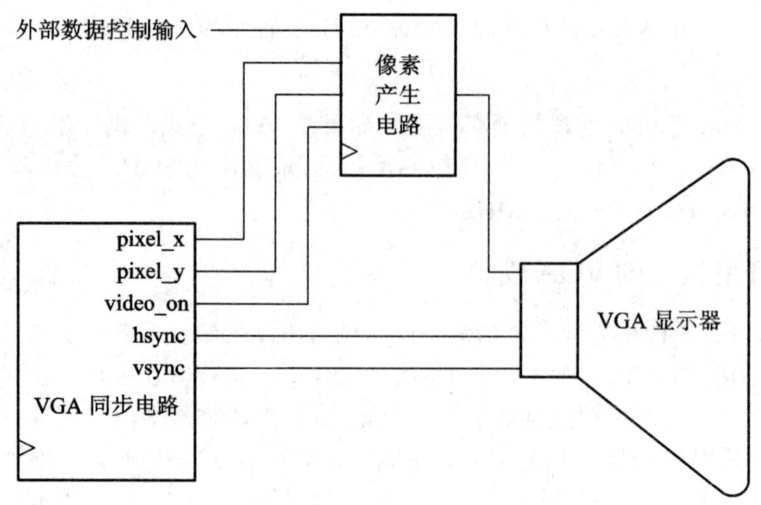

图 12-3　VGA 视频控制器原理框图

12.2　VGA 同步电路

VGA 同步电路产生 hsync 信号和 vsync 信号，它们分别代表了电子束扫描一行和整个屏幕所需要的时间。下面以分辨率为 640×480，显示带宽为 25 MHz 的 VGA 显示模式举例。

CRT 显示器通常包含有一圈黑边，属于消隐区，即不可视区域。如图 12-4 所示，中间矩形部分属于可视区。需要注意的是，通常我们定义屏幕的垂直坐标轴是从上至下的，也就是说屏幕坐标的左上角坐标为(0，0)，而右下角坐标为(639，479)。

12.2.1　水平同步

水平同步详细时序如图 12-4 所示，水平信号包含 800 像素，并且分成 4 个区域。

(1) 显示区：屏幕上实际能够显示的像素位置。其长度为 640 个像素点。

(2) 折回区：电子束返回左边界时，由于显示器的原因，需要禁止视频信号的区域。其长度为 96 个像素点。

(3) 右边界区：显示屏右边界显示区，也称为前沿(折回之前)，同样需要禁止视频信号输出。其长度为 16 个像素点。

(4) 左边界区：显示屏左边界显示区，也称为后沿(折回之后)，同样需要禁止视频信号输出。其长度为 48 个像素点。

需要注意的是，对于不同的显示器，左右边界区的像素点数有所差异。

hsync 信号由模 800 计数器和译码电路产生。在图 12-4 上，计数器标注在 hsync 信号上面。我们从显示区的开始点开始计数，这样一来，就可以直接利用计数器的输出作为水平坐标值。计数器输出直接送到 pixel_x 信号，当计数器计数在 656～751 之间时，hsync 信号输出为低；其它时刻时，hsync 信号输出为高。

由于 CRT 显示器在左右边界以及折回区输出为黑屏，所以我们采用 h_video_on 信号反映当前水平坐标是否在显示区，当像素计数值小于 640 时 h_video_on 有效。

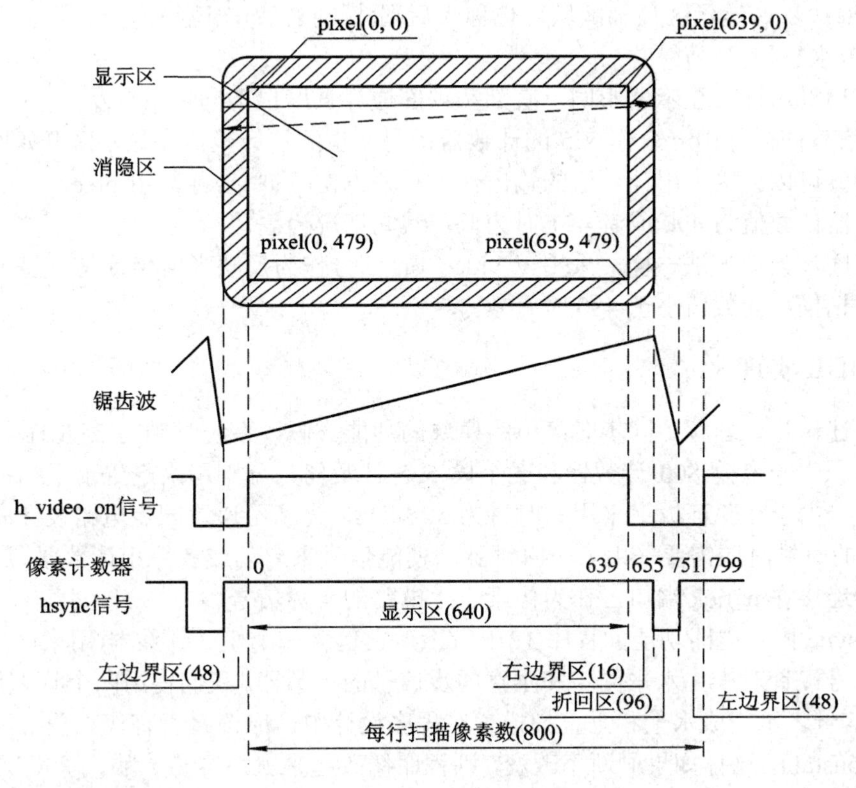

图 12-4　水平扫描时序图

12.2.2　垂直同步

在垂直扫描过程中，电子束首先从显示器的开始位置扫描到底部，然后返回到开始进行扫描，这个过程需要的时间为刷新整个屏幕的时间。垂直同步信号 vsync 的时序产生与水平同步信号 hsync 相似，如图 12-5 所示。对于垂直扫描而言，扫描基本移动单元就是水平扫描线，vsync 信号周期为 525 根水平扫描线，整个可以划分为四个区域。

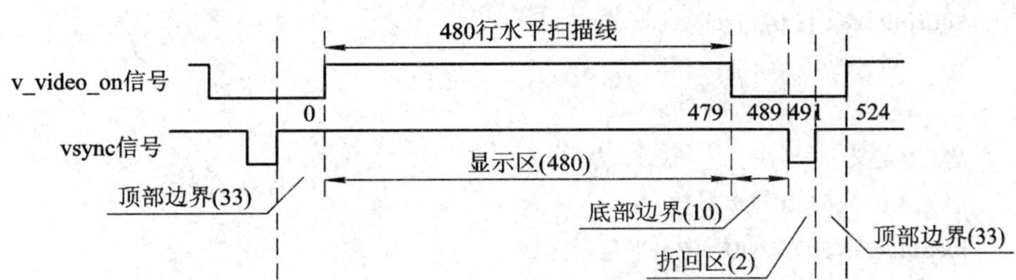

图 12-5　垂直扫描时序图

(1) 显示区：在屏幕上水平扫描线可以显示的区域。其长度为 480(水平扫描线)。

(2) 折回区：电子束返回到屏幕顶部时，视频信号需要禁止的区域。其长度为 2(水平扫描线)。

(3) 底部边界：显示区底部区域，也称为前端(折回之前)，视频信号需要禁止的区域。其长度为 10(水平扫描线)。

(4) 顶部边界：显示区顶部区域，也称为后端(折回之后)，视频信号需要禁止的区域。其长度为 33(水平扫描线)。

与水平扫描一样，显示器不同，底部和顶部边界长度也不同。

vsync 信号同样是由一个模 525 的计数器译码产生的，计数器在显示区开始时刻计数，这样，我们就可以直接使用计数器的输出作为垂直方向(y 轴)坐标，用 pixel_y 表示。vsync 信号在计数器计数值为 490 或者 491 时为低，其它情况为高。

与水平同步处理方法一样，采用 v_video_on 信号作为反映当前坐标是否显示的标志信号，当水平扫描线计数值小于 480 时有效。

12.2.3　HDL 实现

经过上述讨论，理解了同步时序电路模块的功能。假设系统时钟为 25 MHz，那么可以直接使用它产生一个模 800 计数器和一个模 525 计数器，分别用来产生水平扫描和垂直扫描同步信号，由于在验证板上采用的时钟为 50 MHz，为了不违背同步电路设计原则，在产生 25 MHz 的时钟时还需要采用一个时钟脉冲使能信号来启动或者停止计数器。这个时钟脉冲信号同样连接在 p_tick 端口，作为像素产生电路的坐标信号。

实现 hsync 同步电路功能如程序 12-1 所示，它包含一个模 2 计数器(用来产生 25 MHz 使能脉冲信号)、针对产生水平同步和垂直同步信号的计数器。我们使用两个状态信号 h_end 和 v_end 信号表示完成水平和垂直扫描。在程序设计中，应该将所有代表扫描区域值的常数定义为 constant，这样如果刷新率改变，则程序修改起来就很容易。为了降低潜在的干扰，在 hsync 和 vsync 信号的输出端插入缓冲器，这样一来，就会导致一个时钟周期的延迟，所以在像素产生电路中针对 RGB 输出信号插入缓冲器来匹配此信号一个时钟周期的延迟。

【程序 12-1】　VGA 同步时序电路。

```
module vga_sync
   (
    input wire clk, reset,
    output wire hsync, vsync, video_on, p_tick,
    output wire [9:0] pixel_x, pixel_y
   );

   //常数定义
   //VGA 640 × 480 同步参数
   localparam HD = 640;  //水平显示区域
   localparam HF = 48 ;  //水平扫描左边界
   localparam HB = 16 ;  //水平扫描右边界
   localparam HR = 96 ;  //水平折回区
   localparam VD = 480;  //垂直显示区域
   localparam VF = 10;   //垂直扫描顶部边界
   localparam VB = 33;   //垂直扫描底部边界
   localparam VR = 2;    //垂直折回区
```

```
//模 2 计数器
reg mod2_reg;
wire mod2_next;
//同步计数器
reg [9:0] h_count_reg, h_count_next;
reg [9:0] v_count_reg, v_count_next;
//输出缓冲器
reg v_sync_reg, h_sync_reg;
wire v_sync_next, h_sync_next;
//状态信号
wire h_end, v_end, pixel_tick;

always @(posedge clk, posedge reset)
    if (reset)
        begin
            mod2_reg <= 1'b0;
            v_count_reg <= 0;
            h_count_reg <= 0;
            v_sync_reg <= 1'b0;
            h_sync_reg <= 1'b0;
        end
    else
        begin
            mod2_reg <= mod2_next;
            v_count_reg <= v_count_next;
            h_count_reg <= h_count_next;
            v_sync_reg <= v_sync_next;
            h_sync_reg <= h_sync_next;
        end

//模 2 计数器产生 25 MHz 时钟使能信号
assign mod2_next = ~mod2_reg;
assign pixel_tick = mod2_reg;

//状态信号
//水平扫描计数器结束信号(799)
assign h_end = (h_count_reg==(HD+HF+HB+HR-1));
//垂直扫描计数器结束信号(524)
assign v_end = (v_count_reg==(VD+VF+VB+VR-1));

//水平同步扫描模 800 计数器下一状态逻辑
```

```
always @*
    if (pixel_tick)                //25 MHz 脉冲
        if (h_end)
            h_count_next = 0;
        else
            h_count_next = h_count_reg + 1;
    else
        h_count_next = h_count_reg;

//垂直同步扫描模 525 计数器下一状态逻辑
always @*
    if (pixel_tick & h_end)
        if (v_end)
            v_count_next = 0;
        else
            v_count_next = v_count_reg + 1;
    else
        v_count_next = v_count_reg;

//同步缓冲器
//h_sync_next 信号在计数器计数值为 656 和 751 时赋值
assign h_sync_next = (h_count_reg>=(HD+HB) &&
                        h_count_reg<=(HD+HB+HR-1));
//vh_sync_next 信号在计数器值为 490 和 491 时赋值
assign v_sync_next = (v_count_reg>=(VD+VB) &&
                        v_count_reg<=(VD+VB+VR-1));

//产生 video_on 信号
assign video_on = (h_count_reg<HD) && (v_count_reg<VD);

//输出
assign hsync = h_sync_reg;
assign vsync = v_sync_reg;
assign pixel_x = h_count_reg;
assign pixel_y = v_count_reg;
assign p_tick = pixel_tick;
endmodule
```

12.2.4　测试电路

为了验证同步电路，我们首先验证整个可视区域能够显示一种颜色的情况。将 RGB 信号连接在三个拨码开关上，可以通过改变拨码开关来显示 8 种颜色(如表 12-1 所示)。验证代码如程序 12-2 所示。

【程序 12-2】 单色可视区域验证。

```
module vga_test
   (
    input wire clk, reset,
    input wire [2:0] sw,
    output wire hsync, vsync,
    output wire [2:0] rgb
   );

   //信号声明
   reg [2:0] rgb_reg;
   wire video_on;

   //例化 vga 同步电路
   vga_sync vsync_unit
      (.clk(clk), .reset(reset), .hsync(hsync), .vsync(vsync),
       .video_on(video_on), .p_tick(), .pixel_x(), .pixel_y());
   //rgb 缓冲器
   always @(posedge clk, posedge reset)
      if (reset)
         rgb_reg <= 0;
      else
         rgb_reg <= sw;
   //逻辑输出
   assign rgb = (video_on) ? rgb_reg : 3'b0;
endmodule
```

12.3　像素产生电路

像素产生电路用来产生 3 位的 RGB 信号给 VGA 端口。外部控制信号和数据信号指定显示的内容，VGA 同步电路产生的 pixel_x 和 pixel_y 信号提供当前显示像素的坐标。为了能够更好地理解各种显示情况，可以将像素产生电路分成三类：(1) 按位显示方案；(2) 按区域显示方案；(3) 按目标显示方案。

按位显示方案中，需要一个视频存储器存储要显示在屏幕上的数据。屏幕上的每个像素点对应显存中的一个存储单元。pixel_x 和 pixel_y 信号作为视频存储器的地址。另外，需要一个视频处理电路不断给视频存储器写入新的内容，从而更新显示内容；还需要一个数据读取电路不断从视频存储器中读回显示数据，然后送到 VGA 端口显示出来。此种方案也是目前高端视频控制器所采用的显示方案。对于 640 × 480 分辨率的 VGA 显示来说，整个屏幕约包含 310 000(640 × 480)个像素点，那么仅仅对于单色显示，就需要 310 kb 的视频存储器；对于 3 位的 RGB 信号，则需要 930 kb 的视频存储器。显然，对存储器的要求比较高。这种方法在 12.5 节会详细介绍。

为了降低对存储器的要求，可以采用分区域显示的方法。即将一组像素点构成的显示区域块作为显示单元，比如说可以定义一个 8 × 8(也就是 64 像素点)的矩形区域作为显示单元，那么对于 640 × 480 像素点也就是 80 × 60 个显示区域单元。如此一来，仅仅需要 4800 个存储单元来存储这些区域单元的显示值。每个显示区域的显示值根据显示模式不同而不同。假如一共有 32 种显示模式，那么每个存储单元需要 5 bit 来表示，整个视频存储器的容量为 24 kb。分区域显示方案中，经常需要一个 ROM 来存储每种模式的显示值，称为模式存储器。假设在前面的例子中我们采用单色显示，那么每个 8 × 8 模式需要 64 bit，32 种模式共需要模式存储器容量为 2 kb(8 × 8 × 32)，所以总共需要的存储器容量为 26 kb，远远小于按位显示的 310 kb 存储器。在显示字符的应用中，我们经常采用此种方案。

在有些应用中，视频显示会比较简单，只包含一些简单的图形，这时在显示器上会有大量的地方都不显示任何东西。可以采用简单的图形产生电路产生这些图形，其它地方不予考虑，这种方法称为按目标显示。

以上三种显示方案可以混合使用。比如说可以采用按位显示产生背景，采用按目标显示产生主要的图形。或者可以采用按位显示某个区域的画面而按区域显示的方式显示另外一个区域。总而言之，可以灵活地搭配。

下面举例来说明像素产生电路的不同显示方法。如图 12-6 所示，包含三个显示图形，整体方案包括三个图形产生电路和一个显示模块。该模块负责选择显示图像并送到显示端口，称为 rgb_mux 模块。

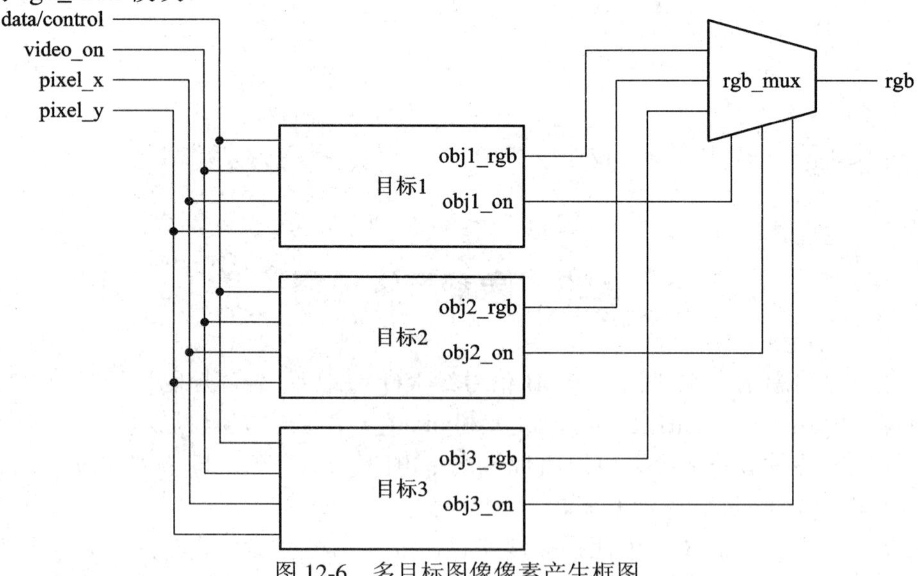

图 12-6　多目标图像像素产生框图

图形产生电路的功能包括：

(1) 比较当前图形的显示坐标由 pixel_x 及 pixel_y 信号提供的当前扫描坐标。

(2) 如果当前扫描坐标落在了图形显示坐标区域中，那么使 obj_i_on 信号有效，表示当前显示有效。

(3) 输出所需要的颜色值到 obj_i_rgb 信号。

rgb_mux 电路按照优先次序选择显示图形进行显示。它首先检测每个图形对应的 obj_i_on 信号，然后根据优先级顺序决定显示对应的 obj_i_rgb 输出信号。

12.3.1 矩形图形显示

矩形图形从屏幕左边开始显示。如图 12-7 所示的游戏静态图像，主要包含三个物体，左边为墙，中间为矩形球，右边为目标棒。另外，在显示区需要显示矩形球的坐标值。需要注意的是，坐标值沿 Y 轴向下增加。

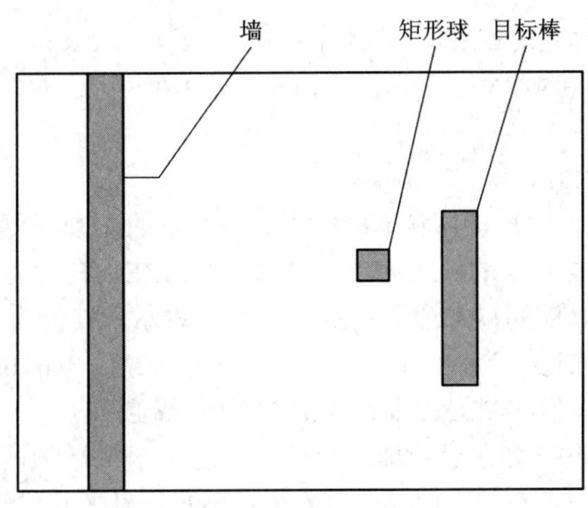

图 12-7　游戏界面图

考虑如何实现这堵墙。非常简单，首先定义墙的相关边界参数以及尺寸大小，那么在程序中定义如下：

```
//定义墙的左右边界
localparam WALL_X_L = 32;
localparam WALL_X_R = 35;
 …
//墙所在区域像素的显示
assign wall_on = (WALL_X_L<=pix_x) && (pix_x<=WALL_X_R);
//墙显示为蓝色
assign wall_rgb = 3'b001;            //蓝色
```

显示目标墙的厚度为 4 个像素点。我们定义其坐标在 32 到 35 之间，分别定义为常数 WALL_X_L 和 WALL_X_R，代表墙在 X 轴的左右坐标。显示目标墙有两个输出信号：wall_on 和 wall_rgb。wall_on 信号代表目标“墙”是否可以显示，当水平扫描到显示区域时，wall_on 信号有效；因为整个 Y 轴都被覆盖，所以 Y 轴边界我们无须考虑。wall_rgb 信号赋值为“001”，表示显示色彩为蓝色。

针对右边显示目标棒的代码如下：

```
//目标棒左右边界定义
localparam BAR_X_L = 600;
localparam BAR_X_R = 603;
//目标棒上下边界
localparam BAR_Y_SIZE = 72;
localparam BAR_Y_T = MAX_Y/2-BAR_Y_SIZE/2; //204
localparam BAR_Y_B = BAR_Y_T+BAR_Y_SIZE-1;
…
//------------------------------------------
//目标棒的显示区域
assign bar_on = (BAR_X_L<=pix_x) && (pix_x<=BAR_X_R) &&
                (BAR_Y_T<=pix_y) && (pix_y<=BAR_Y_B);
//目标棒显示绿色
assign bar_rgb = 3'b010;            //绿色
```

其实通过图 12-7 可以看出，棒和墙的区别在于：它的 Y 轴不是全部显示的，所以显示棒需要考虑 Y 轴边界。定义棒的长度为参数 BAR_Y_SIZE，其值为 72。由于我们想将目标棒放在屏幕的中间，所以棒的顶部边界用 BAR_Y_T 表示，其值为 Y 轴最大值(480/2)减去棒长度的一半。棒的底部边界为棒的顶部边界加上棒的长度。bar_on 信号的产生与 wall_on 信号的产生一样，只是垂直扫描必须要在棒的 Y 轴边界显示区之内。

用同样的方法可以在屏幕上显示球。而要显示这三个目标物体，需要一个多路选择电路，检测哪个目标显示信号有效，就显示其对应的 rgb 信号。其代码如下：

```
//输出选择电路
//------------------------------------------
always @*
   if (~video_on)
      graph_rgb = 3'b000; //blank
   else
      if (wall_on)
         graph_rgb = wall_rgb;
      else if (bar_on)
         graph_rgb = bar_rgb;
      else if (sq_ball_on)
         graph_rgb = ball_rgb;
      else
         graph_rgb = 3'b110;          //背景颜色为黄色
```

检查 video_on 信号，如果有效，则轮流检测三个目标显示有效信号，当显示信号有效时，在其对应扫描区域显示目标物体。如果没有显示有效信号，则显示背景颜色，输出“110”黄色。

目标显示整个代码如程序 12-3 所示。

【程序 12-3】　目标显示完整代码。

```
module pong_graph_st
    (
     input wire video_on,
     input wire [9:0] pix_x, pix_y,
     output reg [2:0] graph_rgb
    );

    //常数和信号量声明
    //x, y 坐标范围是(0,0)到(639,479)
    localparam MAX_X = 640;
    localparam MAX_Y = 480;
    //------------------------------------------
    //左边垂直墙的定义
    //------------------------------------------
    //墙的左右边界定义
    localparam WALL_X_L = 32;
    localparam WALL_X_R = 35;
    //------------------------------------------
    //右边垂直棒的定义
    //------------------------------------------
    //棒的左右边界定义
    localparam BAR_X_L = 600;
    localparam BAR_X_R = 603;
    //棒的上下边界定义
    localparam BAR_Y_SIZE = 72;
    localparam BAR_Y_T = MAX_Y/2-BAR_Y_SIZE/2; //204
    localparam BAR_Y_B = BAR_Y_T+BAR_Y_SIZE-1;
    //------------------------------------------
    //矩形球定义
    //------------------------------------------
    localparam BALL_SIZE = 8;
    //球的左右边界定义
    localparam BALL_X_L = 580;
    localparam BALL_X_R = BALL_X_L+BALL_SIZE-1;
    //球的上下边界定义
    localparam BALL_Y_T = 238;
    localparam BALL_Y_B = BALL_Y_T+BALL_SIZE-1;
```

```
//-------------------------------------------
//目标输出信号
//-------------------------------------------
wire wall_on, bar_on, sq_ball_on;
wire [2:0] wall_rgb, bar_rgb, ball_rgb;

//主体
//-------------------------------------------
//左边墙
//-------------------------------------------
//墙显示范围
assign wall_on = (WALL_X_L<=pix_x) && (pix_x<=WALL_X_R);
//墙颜色输出
assign wall_rgb = 3'b001; //blue
//-------------------------------------------
//右边垂直棒
//-------------------------------------------
//棒显示范围
assign bar_on = (BAR_X_L<=pix_x) && (pix_x<=BAR_X_R) &&
                (BAR_Y_T<=pix_y) && (pix_y<=BAR_Y_B);
//棒颜色输出
assign bar_rgb = 3'b010; //green
//-------------------------------------------
//矩形球
//-------------------------------------------
//球显示范围
assign sq_ball_on =
          (BALL_X_L<=pix_x) && (pix_x<=BALL_X_R) &&
          (BALL_Y_T<=pix_y) && (pix_y<=BALL_Y_B);
assign ball_rgb = 3'b100;    //球显示红色
//-------------------------------------------
//rgb 输出选择电路
//-------------------------------------------
always @*
   if (~video_on)
      graph_rgb = 3'b000;              //blank
   else
      if (wall_on)
         graph_rgb = wall_rgb;
```

```
            else if (bar_on)
                graph_rgb = bar_rgb;
            else if (sq_ball_on)
                graph_rgb = ball_rgb;
            else
                graph_rgb = 3'b110;         //背景颜色为黄色

endmodule
```

完成像素产生电路后，可以将其与 VGA 同步电路结合在一起完成视频接口。顶层 HDL 代码如程序 12-4 所示。需要注意的是，graph_rgb 信号通过输出缓冲器送到输出端口，这与 VGA 同步电路中同步信号也是经过缓冲器输出时序保持一致。

【程序 12-4】 VGA 视频接口顶层电路。

```
module pong_top_st
   (
    input wire clk, reset,
    output wire hsync, vsync,
    output wire [2:0] rgb
   );

   //信号声明
   wire [9:0] pixel_x, pixel_y;
   wire video_on, pixel_tick;
   reg [2:0] rgb_reg;
   wire [2:0] rgb_next;

   //主体部分
   //例化 VGA 同步电路
   vga_sync vsync_unit
      (.clk(clk), .reset(reset), .hsync(hsync), .vsync(vsync),
       .video_on(video_on), .p_tick(pixel_tick),
       .pixel_x(pixel_x), .pixel_y(pixel_y));
   //例化像素产生电路
   pong_graph_st pong_grf_unit
      (.video_on(video_on), .pix_x(pixel_x), .pix_y(pixel_y),
       .graph_rgb(rgb_next));
   //rgb 缓冲器
   always @(posedge clk)
      if (pixel_tick)
         rgb_reg <= rgb_next;
```

```
    //输出逻辑
    assign rgb = rgb_reg;

endmodule
```

12.3.2　非矩形目标显示

对于非矩形目标来说，直接检测其边界是非常困难的。有一种更好的办法，就是将非矩形目标以位图的方式显示，并根据位图产生 RGB 输出信号和显示允许信号。下面举例来解释。比如，在刚才的游戏界面设计中，设计了一个矩形“球”，现在要将这个矩形“球”变成圆形球，这个球的位图显示如图 12-8 所示。这个圆形目标需要按照下面的步骤来生成：

(1) 检测扫描坐标是否在球的 8 × 8 区域中。

(2) 如果扫描坐标在球的 8 × 8 区域中，则从位图中获取相关显示像素。

(3) 使用取回来的位图数据生成 rgb 输出信号和显示允许信号。

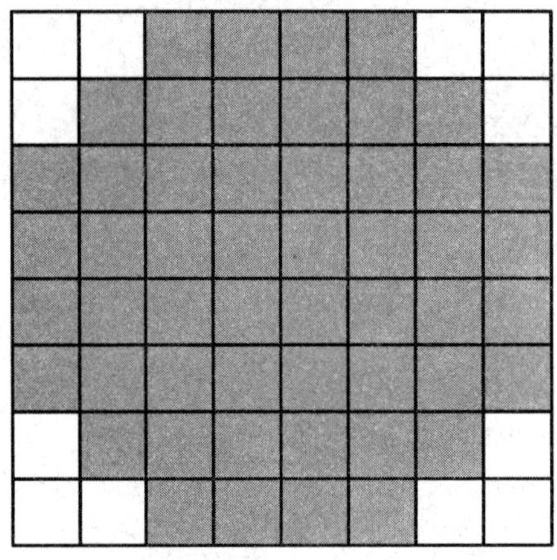

图 12-8　圆形球的位图

要用 HDL 语言实现上述想法，需要定义一个图形 ROM 来存储位图数据，并且用 ROM 的地址映射电路转换扫描坐标为 ROM 的行与列。下面实现这个圆形的“球”。

首先，采用 case 语句实现存储图形位图数据的 ROM：

```
wire [2:0] rom_addr, rom_col;
reg [7:0] rom_data;
…
always @*
case (rom_addr)
    3'h0: rom_data = 8'b00111100;        //   ****
    3'h1: rom_data = 8'b01111110;        // ******
    3'h2: rom_data = 8'b11111111;        //********
    3'h3: rom_data = 8'b11111111;        //********
    3'h4: rom_data = 8'b11111111;        //********
    3'h5: rom_data = 8'b11111111;        //********
```

```
        3'h6: rom_data = 8'b01111110;        // ******
        3'h7: rom_data = 8'b00111100;        //   ****
    endcase
```

其次，我们扩展圆形“球”程序段，包括圆形位图映射。为了兼容后面开发的动态图形，在图形显示边界我们依然用信号来代替原来的常数。具体实现代码如下：

```
//显示球像素区域
assign sq_ball_on =
            (ball_x_l<=pix_x) && (pix_x<=ball_x_r) &&
            (ball_y_t<=pix_y) && (pix_y<=ball_y_b);
//映射当前像素坐标到 ROM 地址列空间
assign rom_addr = pix_y[2:0] - ball_y_t[2:0];
assign rom_col = pix_x[2:0] - ball_x_l[2:0];
assign rom_bit = rom_data[rom_col];
//像素显示区域
assign rd_ball_on = sq_ball_on & rom_bit;
//球显示红色
assign ball_rgb = 3'b100;
```

程序检测当前扫描坐标是否落入矩形球区域，如果是，则置位显示允许信号 sq_ball_on。这部分与程序 12-3 中的处理方法一致，只不过边界是用信号量代替了原来的常数。接下来根据当前扫描坐标获取对应 ROM 值，如果当前扫描坐标落入矩形球显示区域中，则垂直扫描坐标减去球的顶部边界值为 ROM 的行地址，同时水平扫描坐标减去球的底部边界值为 ROM 的列地址。通过索引查找 ROM 表，获取最终位图数据，与 sq_ball_on 相与产生 rd_ball_on 信号。在程序中球的颜色直接赋值为红色。

最后，需要做一个小小的修改，将 sq_ball_on 信号替换为 rd_ball_on 信号：

```
...
else if (rd_ball_on)
    graph_rgb = ball_rgb;
...
```

在下一节讲述动态目标显示时，将对此设计进行修改。

12.3.3　动态目标显示

当目标物体在每次显示时不断改变其位置时，就会给人运动的感觉，也就是动态显示。为了实现动态显示，可以用寄存器存储物体边界值，然后每次扫描时更新这个坐标值。在乒乓游戏中，右边的棒由两个按钮控制，可以上下移动，然后球可以移动和在各个方向弹跳。下面介绍如何设计这两个动态显示的目标。

由于 VGA 控制器的像素频率为 25 MHz，整个屏幕的 VGA 显示刷新率为 60 Hz，所以动态显示图形的边界值寄存器更新频率至少也为 60 Hz。我们产生一个使能脉冲信号 refr_tick，其频率为 60 Hz，用来作为边界值更新的标志信号。

首先考虑游戏中右边的“棒”。为了能动态更新 Y 轴的坐标值，使得“棒”可以灵活地上下移动，可以分别用两个信号 bar_y_t 和 bar_y_b 替换代表顶部和底部边界的常数，并产生一个寄存器 bar_y_reg 信号，存储当前顶部边界的 Y 轴坐标值。当有按键按下时，如果 rerf_tick 信号有效，则 bar_y_reg 信号增加或者减少一个固定的常量。这个固定常量定义为一个常参数 BAR_V，代表了棒的运动速度。我们假设 btn[1]和 btn[0]按键用来控制“棒”的上下移动。当物体移动到屏幕的顶部或者底部时，应该停止移动。更新 bar_y_reg 信号的设计如下：

```
//新的 Y 轴坐标
always @*
begin
    bar_y_next = bar_y_reg; //no move
    if (refr_tick)
        if (btn[1] & (bar_y_b < (MAX_Y-1-BAR_V)))
            bar_y_next = bar_y_reg + BAR_V;  //向下移动
        else if (btn[0] & (bar_y_t > BAR_V))
            bar_y_next = bar_y_reg - BAR_V;  //向上移动
end
```

关于运动的“球”的设计会更加复杂些，既需要替换四个边界常数为信号，又需要创建两个寄存器信号 ball_x_reg 和 ball_y_reg，存储当前 X 轴的左边界以及 Y 轴的上边界。通常球的运动速度为常数，当它撞击到“墙”、“棒”或者屏幕顶部或者底部时会改变方向。将速度分解成沿 X 轴和 Y 轴的分量，其值要么为正值 BALL_V_P，要么为负值 BALL_V_N，这两个分量的当前值分别存储到 x_delta_reg 和 y_delta_reg 寄存器中。下面代码实现了 ball_x_reg 和 ball_y_reg 寄存器信号的更新：

```
//球的位置更新
assign ball_x_next = (refr_tick) ? ball_x_reg+x_delta_reg :
                                   ball_x_reg ;
assign ball_y_next = (refr_tick) ? ball_y_reg+y_delta_reg :
                                   ball_y_reg ;
```

更新 x_delta_reg 和 y_delta_reg 寄存器的代码实现如下：

```
//球的速度
always @*
begin
    x_delta_next = x_delta_reg;
    y_delta_next = y_delta_reg;
    if (ball_y_t < 1) //到达顶部
        y_delta_next = BALL_V_P;
    else if (ball_y_b > (MAX_Y-1))             //到达底部
        y_delta_next = BALL_V_N;
    else if (ball_x_l <= WALL_X_R)             //碰到墙 1
        x_delta_next = BALL_V_P;               //弹回来
```

```
    else if ((BAR_X_L<=ball_x_r) && (ball_x_r<=BAR_X_R) &&
            (bar_y_t<=ball_y_b) && (ball_y_t<=bar_y_b))
      //到达棒的右边，受到撞击之后反弹回
      x_delta_next = BALL_V_N;
  end
```

需要注意的是，如果棒没有打中球，则球继续朝右移动，最终落地。

完整的程序如程序 12-5 所示。

【程序 12-5】　完整游戏程序。

```
module pong_graph_animate
  (
   input wire clk, reset,
   input wire video_on,
   input wire [1:0] btn,
   input wire [9:0] pix_x, pix_y,
   output reg [2:0] graph_rgb
  );

  //常数与信号声明
  //X 和 Y 起始值从(0,0)到(639,479)
  localparam MAX_X = 640;
  localparam MAX_Y = 480;
  wire refr_tick;
  //--------------------------------------------
  //垂直竖条“墙”
  //--------------------------------------------
  //墙左右边界
  localparam WALL_X_L = 32;
  localparam WALL_X_R = 35;
  //--------------------------------------------
  //右侧竖条“棒”
  //--------------------------------------------
  //“棒”的左右边界
  localparam BAR_X_L = 600;
  localparam BAR_X_R = 603;
  //棒的上下边界
  wire [9:0] bar_y_t, bar_y_b;
  localparam BAR_Y_SIZE = 72;
  //“棒”y 轴跟踪寄存器
  reg [9:0] bar_y_reg, bar_y_next;
```

```
//当有按键按下去时棒移动
localparam BAR_V = 4;
//-----------------------------------------
//矩形球
//-----------------------------------------
localparam BALL_SIZE = 8;
//矩形球左右边界
wire [9:0] ball_x_l, ball_x_r;
//矩形球上下边界
wire [9:0] ball_y_t, ball_y_b;
//跟踪矩形球左侧与上侧寄存器
reg [9:0] ball_x_reg, ball_y_reg;
wire [9:0] ball_x_next, ball_y_next;
//跟踪矩形球速度
reg [9:0] x_delta_reg, x_delta_next;
reg [9:0] y_delta_reg, y_delta_next;
//矩形球速度可以为正为负
localparam BALL_V_P = 2;
localparam BALL_V_N = -2;
//-----------------------------------------
//圆形球 1
//-----------------------------------------
wire [2:0] rom_addr, rom_col;
reg [7:0] rom_data;
wire rom_bit;
//-----------------------------------------
//输出信号
//-----------------------------------------
wire wall_on, bar_on, sq_ball_on, rd_ball_on;
wire [2:0] wall_rgb, bar_rgb, ball_rgb;

//主体
//-----------------------------------------
//圆形球图像映射 ROM
//-----------------------------------------
always @*
case (rom_addr)
    3'h0: rom_data = 8'b00111100;        //   ****
    3'h1: rom_data = 8'b01111110;        // ******
```

```
        3'h2: rom_data = 8'b11111111;          //********
        3'h3: rom_data = 8'b11111111;          //********
        3'h4: rom_data = 8'b11111111;          //********
        3'h5: rom_data = 8'b11111111;          //********
        3'h6: rom_data = 8'b01111110;          // ******
        3'h7: rom_data = 8'b00111100;          //  ****
endcase

//寄存器
always @(posedge clk, posedge reset)
    if (reset)
        begin
            bar_y_reg <= 0;
            ball_x_reg <= 0;
            ball_y_reg <= 0;
            x_delta_reg <= 10'h004;
            y_delta_reg <= 10'h004;
        end
    else
        begin
            bar_y_reg <= bar_y_next;
            ball_x_reg <= ball_x_next;
            ball_y_reg <= ball_y_next;
            x_delta_reg <= x_delta_next;
            y_delta_reg <= y_delta_next;
        end

//屏幕刷新率为 60 Hz，rerf_tick 表示垂直同步开始
assign rerf_tick = (pix_y==481) && (pix_x==0);

//--------------------------------------------
// “墙” 的显示
//--------------------------------------------
//墙显示区域
assign wall_on = (WALL_X_L<=pix_x) && (pix_x<=WALL_X_R);
//墙显示颜色
assign wall_rgb = 3'b001;                          //blue
//--------------------------------------------
//右边棒显示
```

```
//--------------------------------------------
//边界
assign bar_y_t = bar_y_reg;
assign bar_y_b = bar_y_t + BAR_Y_SIZE - 1;
//棒显示区域
assign bar_on = (BAR_X_L<=pix_x) && (pix_x<=BAR_X_R) &&
                  (bar_y_t<=pix_y) && (pix_y<=bar_y_b);
//棒显示颜色
assign bar_rgb = 3'b010;                          //green
//棒在 Y 轴方向移动到新的起始坐标
always @*
begin
   bar_y_next = bar_y_reg;                        //不动
   if (refr_tick)
      if (btn[1] & (bar_y_b < (MAX_Y-1-BAR_V)))
         bar_y_next = bar_y_reg + BAR_V;          //向下移动
      else if (btn[0] & (bar_y_t > BAR_V))
         bar_y_next = bar_y_reg - BAR_V;          //向上移动
end

//--------------------------------------------
//矩形球
//--------------------------------------------
//边界
assign ball_x_l = ball_x_reg;
assign ball_y_t = ball_y_reg;
assign ball_x_r = ball_x_l + BALL_SIZE - 1;
assign ball_y_b = ball_y_t + BALL_SIZE - 1;
//球显示区域
assign sq_ball_on =
            (ball_x_l<=pix_x) && (pix_x<=ball_x_r) &&
            (ball_y_t<=pix_y) && (pix_y<=ball_y_b);
//映射当前像素位置到 ROM 地址空间
assign rom_addr = pix_y[2:0] - ball_y_t[2:0];
assign rom_col = pix_x[2:0] - ball_x_l[2:0];
assign rom_bit = rom_data[rom_col];
//球显示区域
assign rd_ball_on = sq_ball_on & rom_bit;
//球显示颜色
```

```
    assign ball_rgb = 3'b100;                          //红色
    //球新的位置
    assign ball_x_next = (refr_tick) ? ball_x_reg+x_delta_reg :
                                       ball_x_reg ;
    assign ball_y_next = (refr_tick) ? ball_y_reg+y_delta_reg :
                                       ball_y_reg ;
    //球运动
    always @*
    begin
       x_delta_next = x_delta_reg;
       y_delta_next = y_delta_reg;
       if (ball_y_t < 1) //reach top
          y_delta_next = BALL_V_P;
       else if (ball_y_b > (MAX_Y-1))                  //到达底部
          y_delta_next = BALL_V_N;
       else if (ball_x_l <= WALL_X_R)                  //碰到墙
          x_delta_next = BALL_V_P;                     //弹回
       else if ((BAR_X_L<=ball_x_r) && (ball_x_r<=BAR_X_R) &&
                (bar_y_t<=ball_y_b) && (ball_y_t<=bar_y_b))
          //到达棒右侧并受到撞击后反弹
          x_delta_next = BALL_V_N;
    end
    //--------------------------------------------
    //显示选择电路
    //--------------------------------------------
    always @*
       if (~video_on)
          graph_rgb = 3'b000;                          //显示黑色
       else
          if (wall_on)
             graph_rgb = wall_rgb;
          else if (bar_on)
             graph_rgb = bar_rgb;
          else if (rd_ball_on)
             graph_rgb = ball_rgb;
          else
             graph_rgb = 3'b110;                       //背景为黄色

endmodule
```

12.4　位图显示方案

位图显示方案中，映射每个像素显示值在视频存储器中，分辨率为 640×480 的情况下，整个屏幕像素数为 310 K 个。所以理论上对于单色显示和彩色显示需要的存储器容量分别为 310 Kb 和 910 Kb。实际上所需要的视频存储器容量远远大于这个值。因为为了快速存储，存储器地址必须合理分配。比如，为了映射像素当前坐标到存储地址空间中，可以连接像素的 X 轴坐标，其位宽为 10 bit(lb 640)，Y 轴坐标为 9 bit(lb 480)，所以就需要额外的电路将像素坐标映射到存储器地址，那么就会在存储器中产生许多无用的“空区”，存储器大小也由 310 Kb 增加到 512 Kb。

对于 S3 板来说，存储器资源包括外部 SRAM 芯片以及内嵌块 RAM 资源，整个 Spartan 系列 3S200 的块 RAM 资源共 192 Kb，根本无法满足显示满屏的数据存储。所以我们需要使用外部 RAM 资源。

在本小节中，我们在屏幕上显示一个大小为 128×128 的区域位图，那么在屏幕上共有 16 K(2^{14})个像素点。如果要显示的彩色图像共需要 16 K×3 大小的存储空间，那么可以用三个嵌入式块 RAM 实现。这个区域位图位置在屏幕的左上角，显示一个像素点的弹跳轨迹，如图 12-9 所示。电路采用 3 位的开关控制像素点轨迹颜色，一个按钮随机选择轨迹的初始位置。当按钮按下时，像素点开始移动。运动方式如同上例的球一样。像素点由于在狭小的矩形空间运动，并受四面“墙”的碰撞，最后形成的运动轨迹也为矩形框，每次启动按钮按下，都会产生新的运动轨迹。

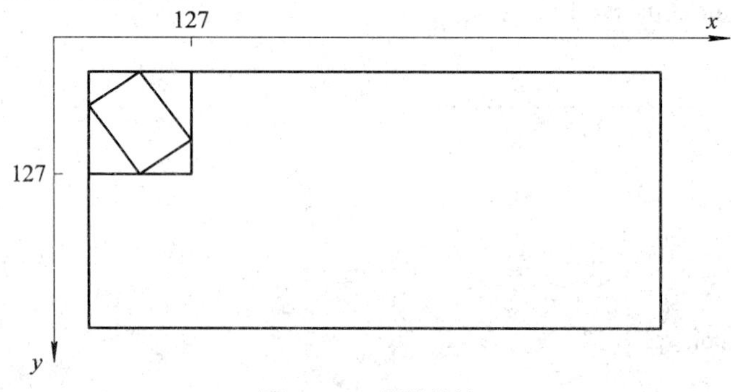

图 12-9　弹跳轨迹

12.4.1　采用双端口 RAM 实现

电路框图如图 12-10 所示。视频存储器由 16 Kb×3 的同步双端口 RAM 组成，其中像素坐标 Y 轴的低 7 位为存储器地址的高 7 位，像素坐标 X 轴的低 7 位为存储器地址的低 7 位，信号 dot_xy 追踪原点的坐标位置并产生当前 Y 轴和 X 轴坐标，外部输入端口 sw 为 RGB 输入值，与存储器的 din_a 端口相连接，像素坐标信号 pixel_y 和 pixel_x 组成读地址，不断读回数据并送到 rgb 选择电路。

完整的原点轨迹产生电路如程序 12-6 所示。可以采用两个寄存器信号 dot_x_reg 和 dot_y_reg 追踪原点的当前 X 和 Y 轴坐标。计算原点坐标以及速度的方法与上例球弹跳的方法一样。另外，为了能够不断更新原点的起始位置，可以采用两个信号 dot_x_next 和 dot_y_next 获取在外面按钮按下时的 pix_x 和 pix_y 的值。由于这些信号的变化比人的反应速度快的多，所以原点的起始出现位置可以认为是随机的。

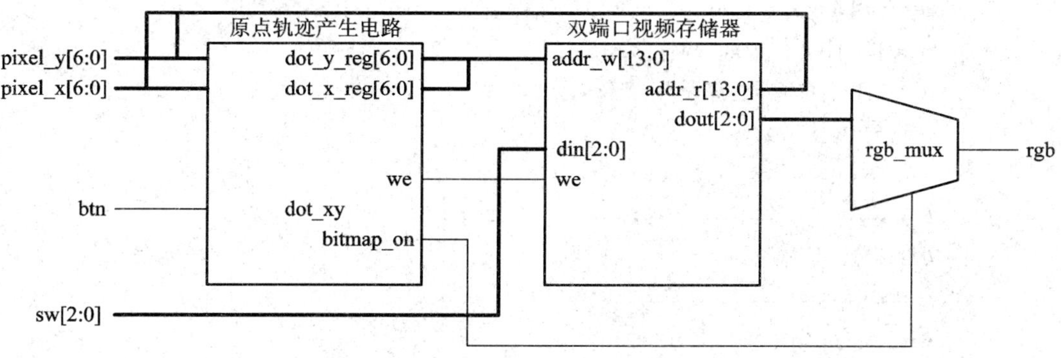

图 12-10 原点轨迹显示电路框图

【程序 12-6】 原点轨迹显示电路。

```
module bitmap_gen
   (
    input wire clk, reset,
    input wire video_on,
    input [1:0] btn,
    input [2:0] sw,
    input wire [9:0] pix_x, pix_y,
    output reg [2:0] bit_rgb
   );

   //常数和信号量声明
   wire refr_tick, load_tick;
   //-------------------------------------------
   //视频 SRAM
   //-------------------------------------------
   wire we;
   wire [13:0] addr_r, addr_w;
   wire [2:0] din, dout;
   //-------------------------------------------
   //像素点坐标和运动速度
   //-------------------------------------------
   localparam MAX_X = 128;
   localparam MAX_Y = 128;
   //像素点速度可以为正为负
```

```
localparam DOT_V_P = 1;
localparam DOT_V_N = -1;
//定义两个寄存器追踪像素点坐标
reg [6:0] dot_x_reg, dot_y_reg;
wire [6:0] dot_x_next, dot_y_next;
//定义两个寄存器追踪像素点运动速度
reg [6:0] v_x_reg, v_y_reg;
wire [6:0] v_x_next, v_y_next;
//-------------------------------------------
//目标输出信号
//-------------------------------------------
wire bitmap_on;
wire [2:0] bitmap_rgb;

//主体
//例化按键防反弹电路
debounce deb_unit
    (.clk(clk), .reset(reset), .sw(btn[0]),
     .db_level(), .db_tick(load_tick));
//例化双端口 RAM
xilinx_dual_port_ram_sync
    #(.ADDR_WIDTH(14), .DATA_WIDTH(3)) video_ram
    (.clk(clk), .we(we), .addr_a(addr_w), .addr_b(addr_r),
     .din_a(din), .dout_a(), .dout_b(dout));
//视频 RAM 接口
assign addr_w = {dot_y_reg, dot_x_reg};
assign addr_r = {pix_y[6:0], pix_x[6:0]};
assign we = 1'b1;
assign din = sw;
assign bitmap_rgb = dout;
//寄存器
always @(posedge clk, posedge reset)
    if (reset)
        begin
            dot_x_reg <= 0;
            dot_y_reg <= 0;
            v_x_reg <= DOT_V_P;
            v_y_reg <= DOT_V_P;
        end
```

```
else
    begin
        dot_x_reg <= dot_x_next;
        dot_y_reg <= dot_y_next;
        v_x_reg <= v_x_next;
        v_y_reg <= v_y_next;
    end

//定义 refr_tick 标志垂直同步信号开始
assign refr_tick = (pix_y==481) && (pix_x==0);

//显示映射区域
assign bitmap_on =(pix_x<=127) & (pix_y<=127);
//像素点坐标
//当按键 0 按下时的随机置位像素点坐标
assign dot_x_next = (load_tick) ? pix_x[6:0] :
                    (refr_tick) ? dot_x_reg + v_x_reg :
                    dot_x_reg ;
assign dot_y_next = (load_tick) ? pix_y[6:0] :
                    (refr_tick) ? dot_y_reg + v_y_reg :
                    dot_y_reg ;
//像素点 X 方向速度
assign v_x_next =
    (dot_x_reg==1) ? DOT_V_P :              //到达左侧
    (dot_x_reg==(MAX_X-2)) ? DOT_V_N :      //到达右侧
     v_x_reg;
//像素点 Y 方向速度
assign v_y_next =
    (dot_y_reg==1) ? DOT_V_P :              //到达顶侧
    (dot_y_reg==(MAX_Y-2)) ? DOT_V_N :  //到达底侧
     v_y_reg;
//-------------------------------------------
//显示选择电路
//-------------------------------------------
always @*
    if (~video_on)
        bit_rgb = 3'b000; //黑色
    else
        if (bitmap_on)
```

```
            bit_rgb = bitmap_rgb;
        else
            bit_rgb = 3'b110;                    //背景为黄色

endmodule
```

12.4.2　采用单端口 RAM 实现

虽然采用双端口 RAM 实现属于一种理想的解决方案，但是不实用。采用通用单端口 RAM ，如 S3 板的外扩展 RAM，作为视频存储器，在读写操作时一定要协调好时序关系，以防读取数据的过程中断。为了演示实现方案，可以采用 FPGA 内部 RAM 例化成单端口同步 SRAM，重新设计前面的显示原点轨迹电路。

在原点轨迹电路中，原点坐标每次屏幕刷新时更新一次，视频存储器也以和刷新一样的速度进行写操作。所以可以在每次垂直折回时写存储器。由于这时视频信号关闭，所以不会影响像素显示模块的显示数据获取。注意：refr_tick 信号在 pixel_y 为 481 时有效。这时视频关闭，写存储器不会影响数据显示。可以采用此信号作为写使能信号 we。单端口 RAM 在第十一章已详细介绍过，这时对于程序 12-7 就需要改为

```
xilinx _one_port_ram_sync
#(.ADDR_WIDTH(14),.DATA_WIDTH(3))
(.clk(clk),.we(we),.addr(addr),
.din(din),.dout(dout));
assign addr_w = {dot_y_reg,dot_x_reg};
assign addr_r = {pix_y[6:0],pix_x[6:0]};
assign addr = (refr_tick) ? addr_w: addr_r;
assign we = refr_tick;
assign din = sw;
assign bitmap_rgb = dout;
```

原点轨迹显示电路在每次刷新时更新一个像素点，所以需要的存储器带宽为(60 × 3 bit)/s，速度相当慢。所以上面的设计是非常健壮的，当存储器带宽非常大时，存储器接口的设计就会显得比较困难。

本 章 小 结

本章通过介绍 VGA 的控制器以及常用 VGA 显示开发，帮助读者掌握复杂接口时序的 HDL 设计和验证。学习要点是：

(1) CRT 的基本显示原理；

(2) VGA 同步电路时序；

(3) VGA 同步电路 HDL 设计以及验证；

(4) 按图形显示设计原理；

(5) 位图显示方案设计。

思考与练习

1. VGA 测试程序设计

设计一个 VGA 测试程序，产生两个简单的测试模式来验证 VGA 显示操作。第一种显示模式为在屏幕上显示 8 个垂直的条纹，每个条纹显示一种颜色。第二种显示模式和第一种相似，但条纹是水平的。外部有 1 位的输入，用来选择这两种模式。

针对以上两种模式设计一个像素生成电路，与同步时序电路合并在一起，综合并验证新的电路。

2. SVGA 模式同步电路设计

刷新率为 72 Hz 的 SVGA 模式显示参数如下：

(1) 分辨率：800 × 600 像素；

(2) 像素率：50 MHz；

(3) 水平显示区域：800 像素；

(4) 水平右边界：64 像素；

(5) 水平左边界：56 像素；

(6) 水平折回：120 像素；

(7) 垂直显示区域：600 行；

(8) 垂直底边界：23 行；

(9) 垂直顶边界：37 行；

(10) 垂直折回：6 行。

设计一双模同步电路，可以同时支持 VGA 和 SVGA 显示模式。两种模式之间可以自由切换。电路的设计结构如下：

(1) 修改水平和垂直同步计数器以适应两种模式；

(2) 设计像素产生电路，在屏幕上设置以 100 像素长度作为间隔的网格(水平列之间距离为 100 像素，垂直行之间距离为 100 像素)；

(3) 设计顶层模块，综合并验证设计。

3. 可视区域调整电路

有时由于显示器内部时序存在问题，其屏幕可视区域会不在正中心。可以通过微调边界宽度来达到调整显示区域的目的。在水平扫描中，左右边界共有 64 个像素点，如果在水平方向调节可视区域，则可以在左右边界上一侧加上固定数目的像素点，另外一侧减去同样数目的像素点。调节垂直方向可视区域也是同样的模式。具体实现步骤如下：

(1) 扩展 VGA 同步电路，增加新的功能。采用一个开关控制水平调节模式或垂直调节模式，两个按钮控制可视区域左右移动或者上下移动。

(2) 实现对新电路的测试。

(3) 综合实现并验证新电路。

4. 撞箱游戏开发

设计一个撞箱游戏。设计一方箱子，大小为 256 × 256 像素，里面有一个圆形的球，其大小为 8 × 8 像素。当球撞击到箱子时，立即弹回；而箱子被撞击到的那一面开始闪烁(颜色不断改变)。球离开一会，箱子恢复原状。球有四个速度等级可以调节。外面设计两个拨码开关，可以实时选择球运动速度。设计 HDL 代码并综合调试验证。

5. 全屏原点轨迹显示

在 12.4 节中设计的原点电路是在左上角一个区域中运动。现在采用外部扩展 SRAM，实现全屏原点轨迹显示：

(1) 修改 SRAM 控制器，配置 SRAM 芯片为 2^{19} × 8 bit 的存储器；

(2) 按照 12.4 节的设计方法修改新的存储器电路。需要注意的是，存储外部存储器需要两个时钟周期；

(3) 综合并验证电路。

6. 鼠标指针电路

设计鼠标指针电路，用鼠标控制一个 16 × 16 像素的方块在屏幕上显示。其功能如下：

(1) 方块的移动随鼠标移动；

(2) 鼠标指针移动限制在边界之内；

(3) 鼠标左键按下之后，方块颜色改变。

综合并验证该电路。

第四篇

基于 FPGA 的软核微控制器 PicoBlaze

第十三章　基于 Xilinx FPGA 的微处理器

PicoBlaze 是由 Xilinx 公司 Ken Chapman 设计并维护的一款 8 位微控制器软核。它可以嵌入到 Cool Runner II、Virtex-E、Virtex-II(Pro)和 Spartan-3E 等 CPLD 和 FPGA 中。PicoBlaze 仅占有 192 个逻辑单元，以“软核”(VHDL 源码)的形式免费提供给用户，并能够与用户开发的其他逻辑融合在一起。PicoBlaze 虽然占有的资源非常少，但是功能一点都不弱。根据使用的 FPGA 系列以及速度等级不同，其指令执行速度可达 44～100 MIPS。

PicoBlaze 不是定位在高端处理器应用的。但是由于其紧凑和灵活性，在简单的数据处理和控制，特别是在非实时电路以及 I/O 操作中，具有非常大的优势。另外，PicoBlaze 处理器具有 100%地嵌入到 FPGA 系统中的能力，其基本功能可以通过增加一些逻辑到处理器的输入输出端口而得到扩展。从另外一个角度来说，这也为基于 FPGA 系统的设计提供了另外一种灵活的方法。

本章简要地介绍 PicoBlaze 的架构和指令，并通过大量实例介绍基于 PicoBlaze 的汇编语言编程、通用的 I/O 口和中断处理等实用技巧。

13.1　PicoBlaze 架构介绍

第六章详细介绍了通过 RTL 级代码描述的带数据路径的状态机，可以提供将时序逻辑转化成定制硬件电路的方法。如图 13-1(a)所示，在 ASMD 状态图中，所有的组件包括寄存器的个数、输入输出路径、功能单元的数目和类型以及控制状态机，都可以根据目标应用来裁剪，其中数据路径可能包括多个功能单元和路径。

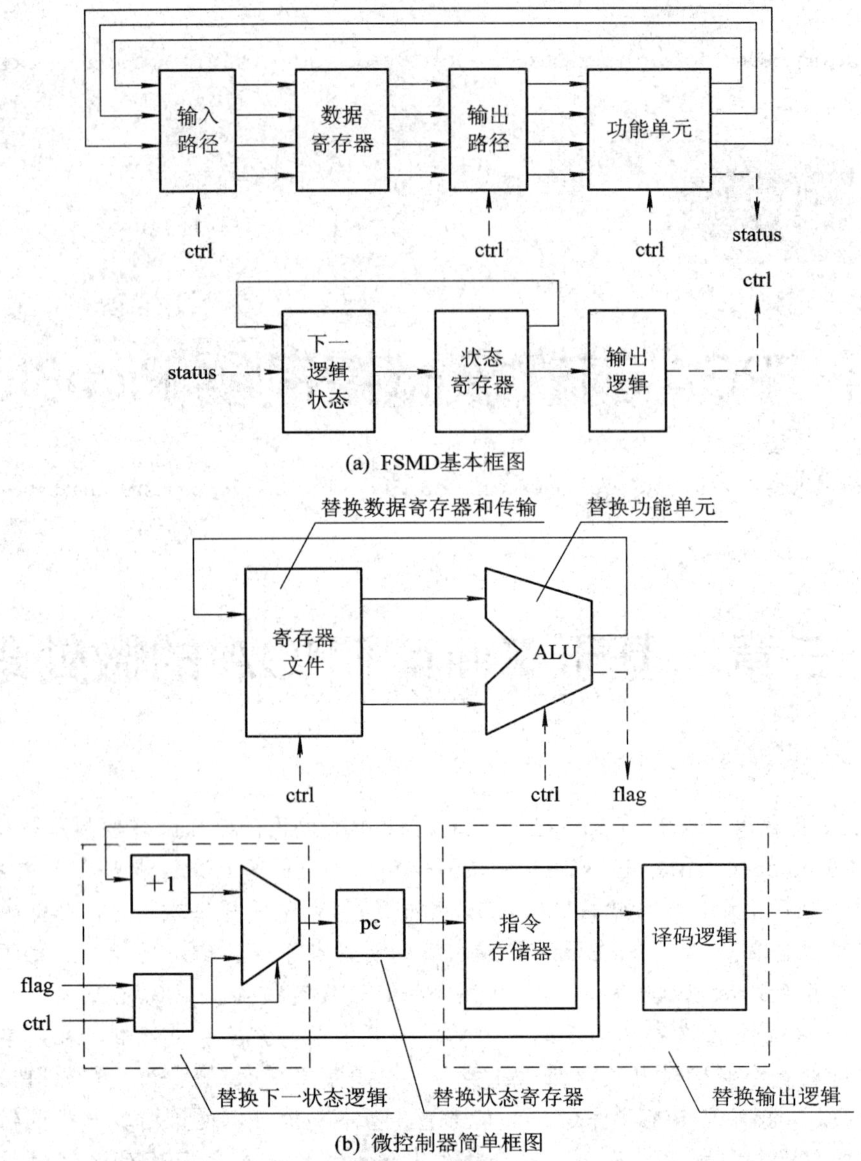

(a) FSMD基本框图

(b) 微控制器简单框图

图 13-1 FSMD 状态图以及微控制器基本框图

还有一种方法，就是在保持硬件不变的情况下，采用不同的定制软件指令来实现不同的应用。那么数据传输可以按照下面的步骤来执行：

(1) 用固定配置模式来替换可定制数据路径。如图 13-1(b)所示，数据寄存器和定制路径网络用寄存器文件替换。寄存器文件包括一定数目的寄存器以及两个读端口和一个写端口；可定制功能单元用算术逻辑单元(Arithmetic and Logic Unit，ALU)来替换。ALU 仅仅执行设置和预定义功能。这样一来，执行寄存器传输就按照下面的格式来操作：

rd ← r1 op r2；

r1 和 r2 为源寄存器地址，而 rd 为目的寄存器地址，op 为可用的 ALU 函数。

(2) 可以将定制状态机用可编程状态机来替换，如图 13-1(b)下半部分所示。我们回忆一下状态机的功能：① 状态寄存器时刻与当前状态有关；② 输出逻辑输出哪个信号是由当前状态来决定的；③ 新状态是由下一状态逻辑决定的。那么如果采用可编程状态机修改这些状态机，则操作如下：

(1) 用可编程的计数器来替换状态寄存器，计数器作为当前状态的控制路径。

(2) 在状态机中，在每个状态都激活特定的输出信号来控制数据路径的操作，可编程状态机对这些输出操作进行编码，形成指令并存储在可编程存储器或称为指令存储器中。指令存储器的地址与可编程状态机的计数器相对应。在执行过程中，由指令存储器从程序计数器所指向地址取回执行码并解码产生控制信号，指令存储器和译码逻辑产生所有的输出逻辑电路。

(3) 在状态机中，对下一个状态没有限制，只要有一个给定的状态，状态机可以根据输入条件跳转到任何可能的逻辑状态。在可编程状态机中，下一个状态往往是当前状态机的状态值加 1，也就是说，是顺序逻辑执行。执行顺序如果被打乱，也是由某些指令的执行所导致的，比如 jump 跳转指令，这时程序计数器赋予了一个不同的值。

当用寄存器文件和 ALU 替换了数据路径，用可编程状态机替换了特定的状态机时，定制系统就变成了开发一系列新的顺序指令并装载到指令存储器中这么一个过程。这种结构也就是今天我们习惯的微处理器硬件平台。PicoBlaze 微处理器也是基于这样的架构。

13.1.1　微处理器的应用

在带数据路径的状态机中，数据路径可以用来适应独立的应用需求。它可以包含多种定制功能单元和并行执行路径，并且能够在一个状态(通常为一个时钟周期内)完成复杂的运算。PicoBlaze 微处理器在同一时刻只可以执行一条预定的命令操作(一条指令)。在很多情况下，相对于前者，如要完成同一任务，需要花费更多的指令和时间。

许多任务用定制 FSMD 和微处理器都可以完成。可以通过对硬件复杂度、程序执行效率以及开发容易度三方面来评估使用哪一种方案。没有一定的原则去选择某一种方案。由于开发软件在很多情况下比开发可定制的 FSMD 状态机要容易的多，所以在对时序要求不严格的情况下通常选择微处理器开发。我们可以根据运算复杂度来判断可行性。PicoBlaze 完成一条指令需要两个时钟周期。如果系统时钟为 50 MHz，那么在 1 秒钟可以执行 25×10^6 条指令，对于一个任务来说，可以判断该任务的请求执行频繁度以及完成任务的时间，来估计有效指令时间。比如，对于我们前面讲述的键盘接口程序，每 1 ms 产生一个输入数据，并且在这 1 ms 的时间间隔内需要完成数据处理，然而在 1 ms 中，PicoBlaze 可以完成 25 000 条指令，所以如果所需要的数据处理能够用 25 000 条指令完成，则可以用 PicoBlaze 来控制。通常情况下，微处理器适合许多非实时的 I/O 接口以及自我管理任务。

13.1.2　PicoBlaze 处理器的特点

PicoBlaze 是 8 位的精简微处理器，其特性如下：

(1) 8 位数据位宽；

(2) 8 位带进位和清零标志的 ALU；

(3) 16 个 8 位的通用寄存器；

(4) 64 B 的数据存储器；

(5) 18 bit 的指令位宽；

(6) 10 bit 的地址位宽，支持 1024 条指令；

(7) 31 字深度堆栈；

(8) 256 个输入端口和 256 个输出端口；

(9) 每条指令执行时间为 2 个时钟周期；

(10) 中断处理时间为 5 个时钟周期。

PicoBlaze 处理器基于图 13-1(b)所示架构，增加了一些增强功能，使得其用起来更加人性化。扩展的功能框图如图 13-2 所示。为了描述简洁，仅仅描述了主要流程图，主要存储器的大小都标注在分支上。处理器在原始的架构上增加的功能如下：

(1) 增加了 64 字的数据存储器。该存储器用来存储处理器处理过程中的临时数据。需要注意的是，数据 RAM 和 ALU 之间没有直接的路径可以到达，如果数据要处理，则必须先被取回到寄存器中，然后存储到数据 RAM 中。

(2) 有些指令增加了立即常数区，允许 ALU 或者其他操作中使用常数，而不是寄存器中的内容。如图 13-2 所示，在 ALU 的输入端口有一个 2 选 1 数据选择器，用来选择寄存器输出和常数。

(3) 增加了 31 字的栈区，方便指令的跳转。在后面的章节中我们将详细讨论调用和返回指令的执行过程。

(4) 增加了输入输出路径的额外数据。一个 8 位的 port_id 信号用来表示端口号，256 个输入端口和 256 个输出端口都可以支持，第十五章将详细讨论 I/O 接口。

(5) 增加了中断处理电路。中断机制将在第十六章详细讨论。

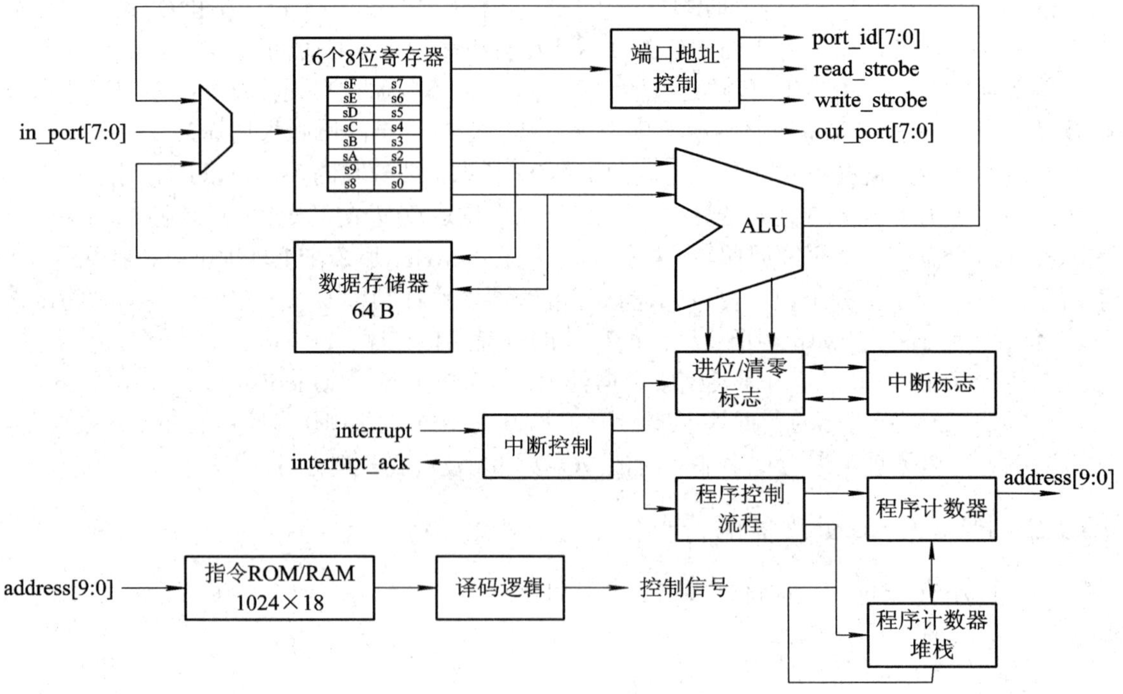

图 13-2　PicoBlaze 微处理器结构图

13.1.3　顶层 HDL 模型

在综合时，PicoBlaze 系统由两个顶层 HDL 模块组成，如图 13-3 所示。KCPSM3 模块是 PicoBlaze 处理器。其代表的意思是“Constant(K) Coded Programmable State Machine”，即常数可编程状态机，也是 PicoBlaze 处理器的原始定义。其输入输出端口定义如下：

(1) clk(input,1bit)：系统时钟信号；

(2) reset(input,1bit)：复位信号；

(3) address(output,10 bit)：指令存储地址；

(4) instruction(input ,18bit)：取指令；

(5) port_id(output, 8bit)：输入或者输出端口地址；

(6) in_port(input, 8bit): 输入数据 I/O 端口；

(7) read_storbe(output，1bit)：输入操作选通信号；

(8) out_port(output，1bit)：输出数据 I/O 端口；

(9) write_strobe(output，1bit)：输出操作选通信号；

(10) interrupt(input，1bit)：外围设备中断请求；

(11) interrupt_ack(output，1bit)：应答外围设备中断请求。

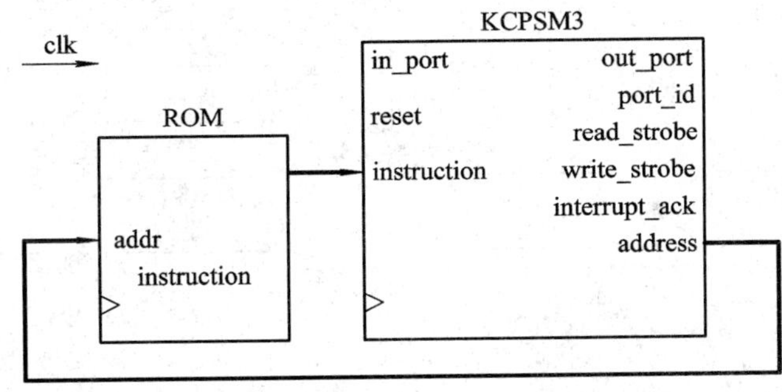

图 13-3　PicoBlaze 的顶层模块

另外一个模块是用来存储指令的，也就是 CPU 取指令的地方。在开发过程中，往往会将编译好的代码存储到存储器中，作为 ROM 来配置，所以称为指令 ROM。

13.1.4　设计流程

当开发基于微处理器的嵌入式系统时，首先针对需要的功能选择“合适”的处理器。这里的“合适”，包括微处理器的处理能力、可用的 I/O 口的数目、开发难易程度等；另外，如果考虑一些特殊功能，则还需要选择一些具备特殊功能应用的 ASIC 处理器才可以。我们采用“软核”处理器的好处就在于在同一个 FPGA 系统中，可以将微处理器能够实现的功能实现；微处理不容易实现的特殊功能，也可以用硬件定制电路来实现。这样，为设计者提供了极大方便。因为一个大型的系统往往包含很多不同的任务，一般在 FPGA 上采用微处理器的设计原则是：将执行时序要求高的任务用硬件方式实现，而一些低速的 I/O 接口功能或者单独模块的任务在微处理器中执行。

基于 PicoBlaze 微处理器开发的流程如图 13-4 所示，包含如下几个步骤：

(1) 划分软硬件任务。

(2) 开发软件部分的汇编程序。

(3) 编译汇编程序，产生指令 ROM，并且生成 HDL 语言可以调用的模块。

(4) 进行软件指令的仿真。

(5) 开发硬件部分的 HDL 代码。硬件部分包括针对特殊的 I/O 口的定制电路、时序要求严格的功能单元以及与 PicoPlaze 微处理器的接口单元等。

(6) 创建包含 PicoBlaze 软核、指令集 ROM 以及所开发的硬件电路的软硬件系统顶层。

(7) 开发 TestBench，针对整个系统进行 HDL 仿真。

(8) 综合编程代码到 FPGA 验证板上进行调试。

(9) 整个系统综合之后，采用 JTAG 工具进行调试。

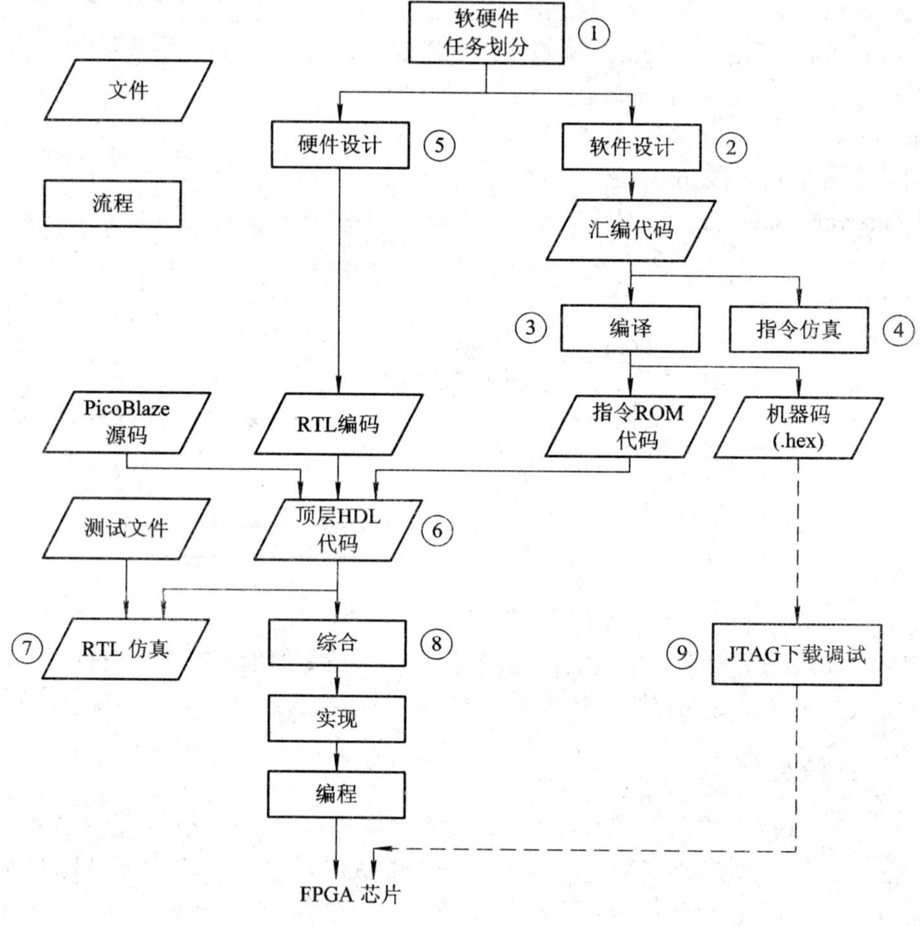

图 13-4 PicoBlaze 系统设计流程图

13.2 指令设置

PicoBlaze 总共有 57 条指令、5 种指令形式。这里按照指令的操作属性将其分成如下 7 种指令：① 逻辑指令；② 运算指令；③ 比较测试指令；④ 移位和循环指令；⑤ 数据指令；⑥ 程序流程控制指令；⑦ 中断相关指令。

在本节中，首先介绍编程模型和指令格式，然后详细解释每条指令的用法。

13.2.1　编程模型

从汇编的角度来说，PicoBlaze 包含 16 个 8 位的寄存器、64 字节的数据 RAM、三个标志位(清零、进位和中断)、程序计数器和堆栈指针。其编程模型(有时也称指令架构)如图 13-5 所示，当指令执行完之后，这些组件的内容被明确地或者隐含地修改掉。每条指令的操作后面将详细解释。

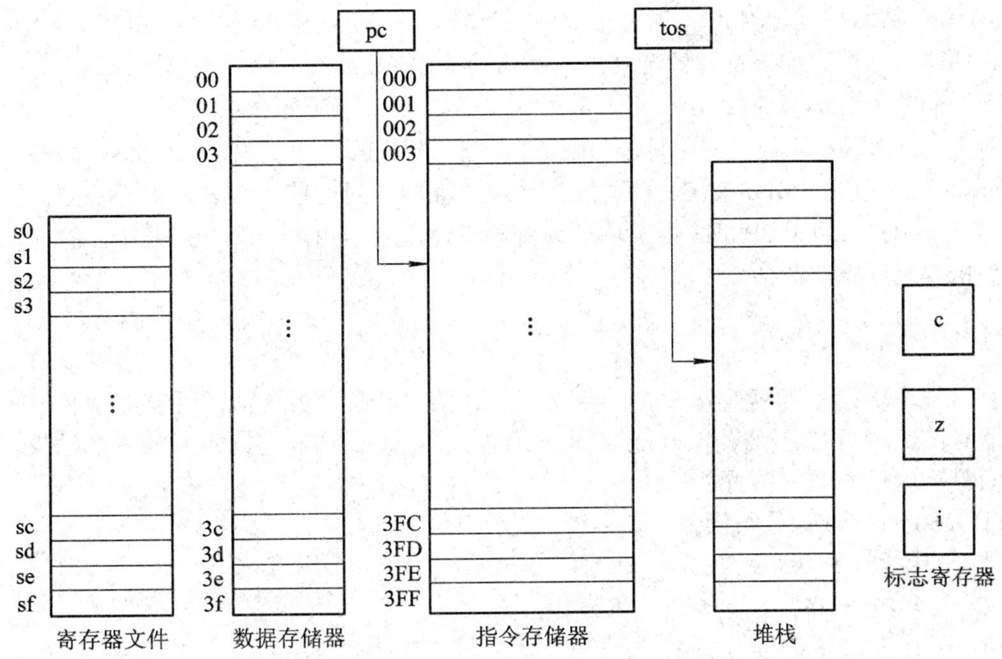

图 13-5　PicoBlaze 编程模型

可以采用如下的伪标记对存储器组件和一些常数进行定义：

(1) sX，sY：分别代表 16 个通用寄存器，X 和 Y 代表十六进制数值(从 0 到 F)。

(2) pc：程序计数器。

(3) tos：堆栈的栈顶。

(4) c、z、i：进位、清零和中断标志。

(5) KK：8 位常数数值或端口的 id，常用十六进制数值表示。

(6) SS：6 位常数数据存储器地址，通常用十六进制数值表示。

(7) AAA：10 位常数指令存储器地址，通常用 3 个十六进制数值表示。

13.2.2　指令格式

在汇编程序中，依然沿用 HDL 编码的习惯，关键字用黑体表示，常数用大写字母表示。PicoBlaze 指令包含如下 5 种格式：

(1) op sX，sY(寄存器—寄存器格式)：op 表示操作符，sX 和 sY 为两个操作数，操作结果放在 sX 中。其操作过程简单表示如下：

sX ← sX op sY

(2) op sX，KK(寄存器—常数格式)：这与寄存器—寄存器模式类似，只是第二个操作数变为立即数。其执行操作过程如下：

sX ← sX op KK

(3) op sX(单个寄存器模式)：这种格式用在移位和循环指令操作中，仅有一个操作数。其执行操作过程如下：

sX ← op sX;

(4) op AAA(单地址格式)：这种指令用在跳转指令 jump 和调用指令 call 中，AAA 表示指令存储器的地址。如果特殊情况发生，则 AAA 的值装载在程序计数器中。

(5) op(空操作运算符)：这种格式常用在不需要进行任何操作时。

对于 PicoBlaze 来说，有两种编程工具，一种是 Xilinx 开发的 KCPSM3，另外一种是 Mediatronix 开发的 PBlazeIDE。两种开发环境不兼容，对一些指令采用了不同的伪指令。下面的章节中，将以 KCPSM3 开发环境为例来讲述指令应用，而将 PBlazeIDE 的开发环境下的伪指令表示方法在括弧中注明。

13.2.3 逻辑指令

有六种逻辑指令，包括与、或、异或、位等操作。逻辑指令可以用于寄存器之间或者寄存器与常数之间的逻辑操作。进位标志 c 通常被清除。清零标志 z 反映操作的结果。为了描述简单，这里举例来说明。

(1) and sX,sY：位与操作。

伪操作：sX ← sX & SY;

c ← 0;

(2) and sX,KK：位与操作。

伪操作：sX ← sX & KK;

c ← 0;

(3) or sX,sY：位或操作。

伪操作：sX ← sX | sY;

c ← 0;

(4) or sX,KK：位或操作。

伪操作：sX ← sX | KK;

c ← 0;

(5) xor sX,sY：位异或操作。

伪操作：sX ← sX ^ sY;

c ← 0;

(6) xor sX,KK：位异或操作。

伪操作：sX ← sX ^KK;

c ←0;

13.2.4　算术指令

PicoBlaze 包括八条算术指令：带进位(不带进位)加法、带进位(不带进位)减法。进位标志 c 和清零标志 z 反映操作结果。详细解释如下：

(1) add　sX, sY：不带进位加法。

伪操作：sX　←　sX + sY;

(2) add　sX, KK：不带进位加法。

伪操作：sX　←　sX + KK;

(3) addcy　sX, sY：带进位加法。

伪操作：sX　←　sX + sY + c;

(4) addcy sX, KK：带进位加法。

伪操作：sX　←　sX + KK + c;

(5) sub　sX, sY：不带进位减法。

伪操作：sX　←　sX – sY;

(6) sub　sX, KK：不带进位减法。

伪操作：sX　←　sX – KK;

(7) subcy　sX, sY：带进位减法。

伪操作：sX　←　sX – sY – c;

(8) subcy　sX, KK：带进位减法。

伪操作：sX　←　sX – KK – c;

13.2.5　比较和测试指令

比较和测试指令用来对比两个寄存器或者寄存器与常数之间的数值。通过进位或者清零标志来反映结果。在比较的过程中，寄存器值不做修改。比较、测试指令通常用于程序跳转和子函数调用，因为这些操作是通过判断标志位来进行的。

1．比较指令

比较指令本身执行的是减法运算，结果由进位和清零标志反映，而不是存储在任何寄存器中。为了容易理解，下面举例说明：

(1) **compare** sX,sY (**comp** sX,sX)：比较两个寄存器的结果并置位标志位。

伪操作：if　sX = = sY　then z　←1 else z　←　0;

　　　　if　sX > sY　　then c　←　1 else c　←　0;

(2) **compare** sX,KK (**comp** sX,KK)：比较寄存器和常数的结果，然后置位标志位。

伪操作：if　sX = = KK　then z　←　1 else z　←　0;

　　　　if　sX > KK　　then c　←　1 else c　←　0;

2．测试指令

测试指令执行“与”操作，其结果同样不会存储在任何寄存器中，而是直接通过标志位显示。如果结果为 0，则清零位设置为 1，结果同时反馈到 8 输入的异或电路中，则输出奇校验码。如果结果中 1 的数目为奇数，则进位标志设置为 1。为了理解方便，下面详细说明：

(1) **test** sX,sY：测试两个寄存器，然后设置标志位。

伪操作：t ← sX & sY;

if (t= =0)　then z ← 1 else z ←0;

c ← t[7] ^ t[6] ^ …^t[0];

(2) **test** sX，KK：测试一个寄存器和常数，然后设置标志位。

伪操作：t ← sX & KK;

if (t= =0)　then z ← 1 else z ←0;

c ← t[7] ^ t[6] ^ …^t[0];

13.2.6　移位和循环指令

PicoBlaze 包含四条左移指令、四条右移指令和两条循环指令。移位和循环指令都是单操作符，并且针对单寄存器操作。如图 13-6 所示为移位和循环指令的执行过程。下面举例来说明每条指令的用法：

(1) **sl0**　sX：将寄存器值左移 1 bit，最低位补 0。

伪操作：sX　← {sX[6:0],0};

c　←　sX[7];

(2) **sl1**　sX：将寄存器值左移 1 bit，最低位补 1。

伪操作：sX　← {sX[6:0],1};

c ← sX[7];

(3) **slx**　sX：将寄存器值左移 1 bit，最低位补 sX[0]。

伪操作：sX　← {sX[6:0],sX[0]};

c ← sX[7];

(4) **sla**　sX：将寄存器值左移 1 bit，最低位补 c。

伪操作：sX　← {sX[6:0],c};

c ← sX[7];

(5) **sr0** sX：将寄存器值右移 1 bit，最高位补 0。

伪操作：sX　← {0，sX[7:1]};

c ← sX[0];

(6) **sr1** sX：将寄存器值右移 1 bit，最高位补 1。

伪操作：sX　← {1，sX[7:1]};

c ← sX[0];

(7) **srx** sX：将寄存器值右移 1 bit，最高位补 sX[0]。

伪操作：sX　← { sX[0]，sX[7:1]};

c ← sX[0];

(8) **sra** sX：将寄存器值右移 1 bit，最高位补 c。

伪操作：sX　← {c，sX[7:1]};

c ← sX[0];

(9) **rl**　sX：循环左移 1 bit。

伪操作：sX ← {sX[6:0],sX[7]};

c ← sX[7];

(10) **rr** sX：循环右移 1 bit。

伪操作：sX ← { sX[0]，sX[7:1] };

c ← sX[0];

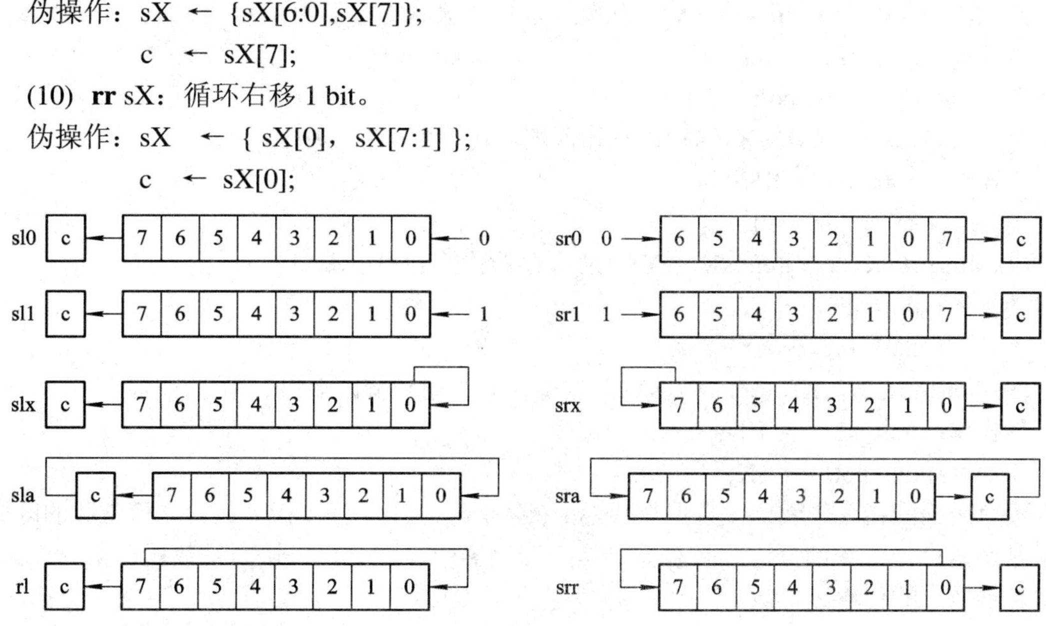

图 13-6 移位和循环指令示意图

13.2.7 数据传输指令

在 PicoBlaze 中，运算是通过寄存器和 ALU 进行的。数据存储器 RAM 提供临时数据的存储，I/O 端口提供与外设之间的接口。有 5 条指令用于寄存器、数据 RAM、I/O 口之间的数据传输。根据传输路径不同，这 5 条指令可以分为三类：

(1) 寄存器之间传输指令：**load** 指令。

(2) 寄存器和数据 RAM 之间数据传输：**fetch** 和 **store** 指令。

(3) 寄存器和 I/O 口之间数据传输：**input** 和 **output** 指令。

为了便于记忆和理解，下面用伪操作来详细解释每一条指令的操作。其中，RAM[]代表数据 RAM 的内容。注意在一些指令中，直接寻址指令(sY)表明 sY 寄存器内容被使用到。

(1) **load** sX,sY：两个寄存器之间的数据传输。

伪操作：sX ← sY;

(2) **load** sX, KK：寄存器和常数之间的数据传输。

伪操作：sX ← KK;

(3) **fetch** sX,(sY)(**fetch** sX，sY)：从数据 RAM 将数据传输到寄存器中。

伪操作：sX ← RAM [(sY)];

(4) **fetch** sX, SS：从数据 RAM 将数据传输到寄存器中。

伪操作：sX ← RAM [SS];

(5) **store** sX,(sY) (**store** sX, sY)：数据从寄存器传输到数据 RAM 中。

伪操作：RAM [(sY)] ← sX;

(6) **store** sX, SS：数据从寄存器传输到数据 RAM 中。

伪操作：RAM [SS] ← sX;

(7) **input** sX，(sY)(**in** sX，sY)：从输入端口传输到寄存器中。

伪操作：port_id ← sY;

sX ← in_port;

(8) **input** sX，KK (in sX，sY)：从输入端口传输到寄存器中。

伪操作：port_id ← KK;

sX ← in_port;

(9) **output** sX，(sY)(out sX，sY)：从寄存器传输到输出端口。

伪操作：port_id ← sY;

out_port ← sX;

(10) **output** sX，KK (out sX，sY)：从寄存器传输到输出端口。

伪操作：port_id ← KK;

out_port ← sX;

没有明确的指令代表传输数据从(到)指令存储器。然而，许多指令包含立即常数的区域。由于常数是指令的一部分，并且存储到指令存储器中，因此可以认为是数据在指令存储器到寄存器之间的传输。

13.2.8　程序流程控制指令

在 PicoBlaze 处理器中，程序计数器代表取指令的地址。在默认情况下，程序执行指令存储器中的下一条指令。每条指令执行结束，程序计数器值自动加 1。而 **jump**、**call**、**return** 指令可以给程序计数器置入新值，从而修改程序执行的流程。这些指令可以根据进位值和清零标记进行有条件或者无条件的跳转。

(1) **jump** 指令：如果条件满足，可以置入新值到程序计数器，程序改变当前的执行流程，而从新的地址继续顺序执行。下面举例来说明。其中：OPR 为 10bit 的指令存储器空间，pc 是程序计数器。

① **jump** OPR：无条件跳转。

伪操作：pc ← OPR;

② **jump** c，OPR：如果进位标志置位，则跳转。

伪操作：if (c= = 1)then

pc ← OPR

else

pc ← pc + 1;

③ **jump** nc，OPR：如果进位标志没有置位，则跳转。

伪操作：if (c= = 0)　then　pc ← OPR else pc ← pc + 1;

④ **jump** z，OPR：如果清零标志置位，则跳转。

伪操作：if(z= = 1) then pc ← OPR else pc ← pc + 1;

⑤ **jump** nz，OPR：如果清零标志没有置位，则跳转。

伪操作：if z== 0 then pc ← OPR else pc ← pc + 1;

(2) **call** 和 **return** 指令：用来执行软件功能。当函数被调用时，处理器终止当前操作跳转到新的函数去执行。当新的函数执行结束时，处理器重新返回到刚才终止的地方，然后继续执行。与 **jump** 执行相似，**call** 指令在跳转条件成熟时同样也是给程序计数器装载新的值。另外，它在跳转之前会保护现场，会将当前程序执行产生的结果以及状态保存在一个特殊的缓冲器中——栈，然后才装载新的地址。在新函数的结束处需要包含 **return** 指令，这样才能保证正确返回原来跳出时的值。**return** 指令的具体作用就是从栈中获取原来的执行地址，然后加 1 并装载到程序计数器中。具体的流程如图 13-7 所示。

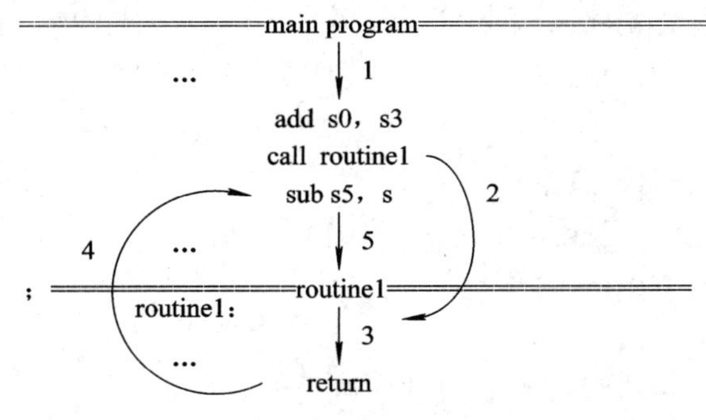

图 13-7　子程序调用流程图

PicoBlaze 为了能够支持嵌套调用，允许函数中调用函数，采用栈缓冲器(后进先出)存储程序计数器的值。在这个缓冲器中，新调用的地址会保存到栈顶。如果该子函数没有调用其它函数，那么栈中压入的值就会首先出栈。PicoBlaze 提供了 31 个字的栈空间，用来进行函数调用操作。

(3) **call** 和 **return** 应用举例：

① **call**　OPR：无条件调用子函数。

```
伪操作：tos ← tos +1
        STACK [tos] ← pc;
        pc ← OPR;
```

② **call** c，OPR：如果进位标志有效，则跳转。

```
伪操作：if (c= = 1) then   tos ← tos +1
            STACK[tos] ← pc;
            pc     ← OPR;
        else
            pc    ← pc +1;
```

③ **call** nc, OPR：如果进位标志无效，则跳转。

```
伪操作：if(c= = 0) then   tos ← tos +1
             STACK[tos] ← pc;
             pc     ← OPR;
        else
        pc  ← pc +1;
```

④ **call** z, OPR：如果清零标志有效，则跳转。

```
伪操作：if (z= = 1) then   tos ← tos +1
            STACK[tos] ← pc;
            pc     ← OPR;
```

```
        else
                pc  ← pc +1;
```

⑤ **call** nz, OPR：如果清零标志无效，则跳转。

```
伪操作：if (z= = 0) then
                tos ← tos +1
                STACK[tos] ← pc;
                pc    ← OPR;
        else
                pc  ← pc +1;
```

⑥ **return**(ret)：无条件返回。

```
伪操作：pc ← STACK[tos] + 1;
        tos ← tos -1;
```

⑦ **return** c(ret c)：如果进位标志有效，则返回。

```
伪操作：if   (c = = 1) then
        pc ← STACK[tos] + 1;
                tos     ← tos -1;
        else
                pc ← pc +1;
```

⑧ **return** nc(ret nc)：如果进位标志无效，则返回。

```
伪操作：if   (c = = 0) then
        pc ← STACK[tos] + 1;
                tos     ← tos -1;
        else
                pc ← pc +1;
```

⑨ **return** z(ret z)：如果清零标志有效，则返回。

```
伪操作：if   (z = = 1) then
        pc ← STACK[tos] + 1;
                tos     ← tos -1;
        else
                pc ← pc +1;
```

⑩ **return** nz(ret nz)：如果清零标志无效，则返回。

```
伪操作：if   (z = = 0) then
        pc ← STACK[tos] + 1;
                tos     ← tos -1;
        else
                pc ← pc +1;
```

13.2.9 中断相关指令

中断属于另外一种可以改变程序执行顺序的机制。和 jump、call 指令不同之处在于它是由外部设备引发的。当中断标志有效时，中断请求开始执行，PicoBlaze 完成当前指令的执行，在栈中保存下一条指令的地址，保存进位清零标志，禁止中断标志，装载程序计数器值为 3FF，即中断服务程序的起始地址。PicoBlaze 有两个中断返回指令，用来从中断发生位置恢复过来，还有两条指令能够通过设置和清除中断标志位来使能和禁止中断请求。下面举例来说明中断操作指令：

(1) **returni disable (reti disable)**：从中断服务程序返回并禁止中断标志位。

伪操作：pc ← STACK[tos];
tos ← tos -1;
i ← 0;
c ← 保存 c;
z ← 保存 z;

(2) **returni enable (reti enable)**：从中断服务程序返回并使能中断标志位。

伪操作：pc ← STACK[tos];
tos ← tos -1;
i ← 1;
c ← 保存 c;
z ← 保存 z;

(3) **enable interrupt (eint)**：使能中断请求。

伪操作：i ← 1;

(4) **disable interrupt (dint)**：禁止中断请求。

伪操作：i ← 0;

注意：中断机制保存下一条指令的地址，当 **returni** 指令执行时，地址保存到栈的顶部。这一点和 return 是不一样的，在 return 中存储的是地址加 1 的值。

13.2.10　KCPSM3 汇编宏命令

汇编宏命令表面上看，也就是汇编程序中的指令。然而它不是处理器能够执行的指令，而是用来帮助编程开发的指令。正如其名字一样，用来命令汇编程序执行特殊的任务。比如，定义一个常数或者重新分配地址空间等。KCPSM3 汇编宏指令和 PBlazeIDE 汇编器在汇编命令上有所不同，下面举例说明。

1) KCPSM3 汇编宏命令

(1) **address**：指下面的程序从指令 **ROM** 的某一指定位置开始执行。

比如：address 3FF

(2) **nemereg**：为寄存器提供一个新的名称，使得代码更加容易描述。

比如：nemereg s5, index

(3) **constant**：用助记符赋值一个 8 位立即数，使得代码容易读。

比如：constant max，F0

2) PBlazeIDE 汇编器

(1) **org**：定义代码会被放在指令 ROM 的地址。

比如：org $3FF;

(2) **equ**：为了提高程序的可读性，用一个代号可以代表常数或者寄存器。

比如：MAX　equ 128

INDEX　equ　s5;

(3) **dsin，dsout，dsio**：用一个符号来代表 I/O 端口的 id 号，对应的端口可以定义为输入、输出或者双向端口。与 equ 不同的地方在于仿真时，PBlazeIDE 可以为其添加仿真输出端口，用以显示仿真结果。

比如：KEYBOARD　dsin $0E;

SWITCH　dsin $0F;

LED　dsout $16;

13.3　PicoBlaze 文件结构

在 Xilinx 网站上有大量的关于 PicoBlaze 处理器的学习文档，“PicoBlaze 8-Bit Embedded Microcontroller User Guide”提供了详细的关于处理器的介绍，包括硬件架构、指令、开发流程，还有 KCPSM3 和 PBlazeIDE 编译器。PicoBlaze 微处理器的设计者 Ken Chapman 在“Creating Embedded Microcontrollers”中也详细描述了 PicoBlaze 的开发细节。KCPSM3 汇编器、PicoBlaze HDL 代码、指令 ROM 的 HDL 模板都可以在 Xilinx 的网站上下载。这些文件含有大量的关于此软件的开发例程和使用说明，可供大家借鉴。

Xilinx 对于 PicoBlaze 的 IP 核是免费提供的，可以从如下网址进行下载：

http://www.xilinx.com/products/ipcenter/picoblaze-S3-V2-Pro.htm

PBlazeIDE 可以在 Mediatronix 公司网站上下载，其网址为

http://www.mediatronix.com

需要注意的是，PicoBlaze 对应 Xilinx 不同系列的 CPLD 和 FPGA 有不同的版本。因此在下载前需要确认所使用的硬件平台。这里所使用的是 Spartan-3 系列和 Virtex-II Pro 平台对应的 PicoBlaze IP 核。

下载到的 IP 核是一个名为 KCPSM3 的 zip 压缩包。需要注意的是，解压路径中不能有空格以及中文。图 13-8 为解压后 KCPSM3 的目录结构。

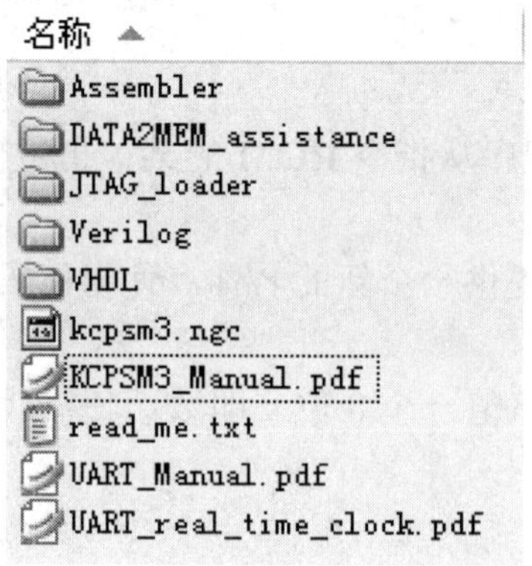

图 13-8　KCPSM3 文件目录结构图

(1) VHDL 目录。该目录中包含了 KCPSM3 的 VHDL 文件。如果工程师使用的开发语言是 VHDL，则可直接调用该目录下的 vhd 文件，如表 13-1 所示。

表 13-1　vhd 文件

文 件 名	作用
kcpsm3.vhd	KCPSM3 的核的 VHDL 描述
embedded_kcpsm3.vhd	连接了 program ROM 的 KCPSM3 的 VHDL 描述文件
kcpsm3_int_test.vhd	压缩包自带的设计案例的 VHDL 文件
test_bench.vhd	对应 kcpsm3_int_test.vhd 的测试 VHDL 文件，相当于一个 kcpsm3 test bench 的模板
uart_clock.vhd	基于 UART 的实时时钟参考设计的 VHDL 文件
uart_tx.vhd	UART 发送器核。带有 8 位数据位，无奇偶校验；有 1 位停止位；整型 16 B 的 FIFO 缓冲器，占用资源为 18 Slice
uart_rx.vhd	UART 接收器核。带有 8 位数据位，无奇偶校验；有 1 位停止位；整型 16 B 的 FIFO 缓冲器，占用资源为 22 Slice
kcuart_tx.vhd	UART 发送器核。带有 8 位数据位，无奇偶校验；有 1 位停止位。可作为发送器单独使用，但一般作为 uart_tx 的组成部分来使用
kcuart_rx.vhd	UART 接收器核。带有 8 位数据位，无奇偶校验；有 1 位停止位。可作为发送器单独使用，但一般作为 uart_rx 的组成部分来使用
bbfifo_16x8.vhd	深度为 16 B 的 FIFO，占用资源为 8 Slice。在 uart_tx 和 uart_rx 中用到，也可作为 FIFO 单独使用
uart9_tx.vhd	带有奇偶校验和 16 B 的 FIFO 的 UART 发送器
uart9_rx.vhd	带有奇偶校验和 16 B 的 FIFO 的 UART 接收器
kcuart9_rx.vhd	带有奇偶校验的 UART 接收器
kcuart9_tx.vhd	带有奇偶校验的 UART 发送器
bbfifo9_16x9.vhd	深度为 16 B 的 FIFO，占用资源为 9 Slice。在 uart_tx 和 uart_rx 中用到，也可作为 FIFO 单独使用

(2) Verilog 目录。该目录中包含了 KCPSM3 的 Verilog HDL 文件，如果工程师使用的开发语言是 Verilog，则可直接调用该目录下的 v 文件(包含的文件作用与同名的 vhd 文件相同，在此不再说明)。

(3) kcpsm3.ngc。该文件为经过封装了的 kcpsm3 的网表文件。

(4) Assembler。该目录下包含了将 psm 文件转换成 ROM 文件所需的各种工具，如表 13-2 所示。

表 13-2　将 psm 文件转换成 ROM 文件所需的工具

文 件 名	作　　用
KCPSM3.EXE	KCPSM3 的汇编程序
ROM_form.vhd	生成 ROM 的 vhd 文件模板
ROM_form.v	生成 ROM 的 v 文件模板
ROM_form.coe	生成 ROM 所需的系数的模板
cleanup.bat	批处理文件，能自动清理 KCPSM3.EXE 对以 *.psm 为后缀文件汇编后产生的文件
int_test.psm	压缩包自带的设计案例的 psm 汇编文件
uclock.psm	基于 UART 的实时时钟的 psm 汇编文件

(5) DATA2MEM_assistance。该目录包含了能直接修改 bitstream 文件中的 Block Memory 所在的数据段的工具，如表 13-3 所示。

表 13-3　数 据 段 工 具

文 件 名	作　　用
PB_BMM.EXE	能够定位 FPGA 配置文件中的 Block Memory 所在的数据段*
change_pb_bits.bat	批处理文件，能够自动进行 Block Memory 中的数据修改

*：这些工具对于基于 PicoBlaze 设计的配置文件 bitstream 是可行的(因为基于 PicoBlaze 的设计结构简单)，对于由其他设计生成的 bitstream 文件不一定可行。

(6) JTAG_loader。该目录下包含了适用于 PicoBlaze 的 JTAG 工具，如表 13-4 所示。

表 13-4　JTAG 工具

文 件 名	作　　用
hex2svfsetup.exe	JTAG 用到的可执行程序
hex2svf.exe	JTAG 用到的可执行程序
svf2xsvf.exe	JTAG 用到的可执行程序
playxsvf.exe	JTAG 用到的可执行程序
jtag_loader.bat	批处理文件，能够自动按顺序执行上述 4 个可执行程序
JTAG_Loader_ROM_form.vhd	包含了 JTAG 接口的 ROM 模板，VHDL 格式
Normal_ROM_form.vhd	常规 ROM 模板，同前面的 ROM_form.vhd
JTAG_Loader_ROM_form.v	包含了 JTAG 接口的 ROM 模板，Verilog 格式
Normal_ROM_form.v	常规 ROM 模板，同前面的 ROM_form.v

本 章 小 结

PicoBlaze 为 8 位的源码开发微处理器。本章详细介绍了微处理器的结构原理和PicoBlaze 的特点、基于 FPGA 的微处理器的软硬件开发流程以及 PicoBlaze 的微处理器指令和文件格式。内容要点如下：

(1) 微处理器的结构和原理；

(2) 微处理器与状态机的区别；

(3) PicoBlaze 微处理器特点；

(4) 顶层 HDL 模型设计；

(5) PicoBlaze 的软硬件设计流程；

(6) PicoBlaze 的指令设置；

(7) PicoBlaze 的文件结构。

思 考 与 练 习

(1) FSMD 状态图与微控制器有哪些区别？

(2) 如何选择使用微处理器和定制 FSMD 电路？

(3) 简单介绍 PicoBlaze 微处理器的特点。

(4) 简单描述 PicoBlaze 微处理器的软硬件开发流程。

(5) 下载 PicoBlaze 源码以及相关开发工具。

第十四章　PicoBlaze 汇编语言开发

由于 PicoBlaze 微处理器比较简单，无法支持高级编程语言编程，所以采用汇编语言进行开发。本章重点介绍基于 PicoBlaze 的汇编语言开发的流程、方法等，首先包括数据和控制操作方法、汇编程序开发基本流程；然后分类介绍常用 C 程序模型的汇编架构，帮助读者快速掌握汇编设计基本技巧；最后通过举例介绍 PicoBlaze 开发的整个流程。

14.1　PicoBlaze 汇编基础

PicoBlaze 微处理器为 8 位微处理器，默认包含以字节为操作单位的数据操作和简单的条件分支控制。在实际应用中，经常使用到位操作和多字节操作。本节重点介绍如何构建汇编代码在 PicoBlaze 处理器上执行位操作和多字节操作，并且实现高级语言常用的条件控制结构。

14.1.1　KCPSM3 语法规定

KCPSM3 汇编语言在程序中有如下的语法规定：

(1) 每个代码段地址的开始以“代码段名称：”表示，也就是代码段名称加冒号意味着新的代码段开始。

(2) 采用“；”对单行程序进行注释。

(3) “HH”表示常数，这里 H 表示十六进制数值。

下面是一个程序：

```
test  s0, 82          ; 比较寄存器 s0 与 1000_0010
jump  z,  clr-sl      ; 如果 s0 的最高位为 0，则跳转到 clr_s1 程序段
load  sl, FF          ; 如果不是，则置数 1111_1111 到 s1
clr-sl :              ; 代码段开始
load  sl, 01          ; 置数 0000-0001 给 sl 寄存器
```

14.1.2　位操作

实际工程应用中，经常会使用位操作。它用于控制 I/O 口活动，比如测试、置位和清零信号等。然而，PicoBlaze 指令只能按字节操作。如果要实现按位控制操作，则通常采用的方案是首先隔离和保护无关位，然后针对目标位进行置位、清零和取反操作，对应的指令包括 or、and、xor 等。下面的代码举例说明如何进行置位、清零和取反 s0 寄存器的倒数第二位：

```
constant  SET-MASK , 02    ; 预设“置位”屏蔽值 0000_0010
constant  CLR-MASK , FD    ; 预设“清零”屏蔽值 1111_1101
constant  TOG-MASK , 02    ; 预设“取反”屏蔽值 0000_0010
or   s0, SET-MASK          ; 设置 s0 倒数第二位为 1
and   s0, CLR-MASK         ; s0 倒数第二位清零
xor   s0, TOG-MASK         ; s0 倒数第二位异或操作
```

同样可以采用逻辑与的概念代替测试指令来检查单个数据位。比如说，下面的代码用来测试 s0 寄存器的最高位的值；如果为 1，则代码跳转到适合的分支：

```
test   s0, 80              ; 预设屏蔽值 1000_0000
jump   nz,   msb-set       ; 如果最高位为 1，则跳转到 msb-set 分支
;如果最高位不为 1，则执行下面的代码
jump   done
…
msb-set
;最高位为 1 时执行的代码
…
done :
```

单独 1 位信号监测都可以采用上面的方式进行操作。比如，下例用来检查 s0 寄存器的最高位是否为 1；如果正确，将 s0 的值存储到寄存器 s1 当中：

```
load   sl, 00
test   s0, 80        ; 预设屏蔽值 1000_0000
jump   z,   done     ; 如果是，则最高位置 0
load   sl, 01        ; 否则，s1 寄存器置 01
done :
…
```

14.1.3　多字节操作

工程应用中，经常要求微处理器进行多个字节的操作。比如，要实现一个很大的计数器，很有可能超过微处理器的处理位宽，如 PicoBlaze 的处理器为 8 位，那么如何处理多个字节操作呢？通常的方法就是两条指令之间设置信息传输机制。实际上处理器中都有进位标志位完全可以实现这个目的。对于加法和减法运算指令来说有两种类型的操作指令，一种是带进位的，另外一种是不带进位的，比如 **add** 指令和 **addcy** 指令，而对于移位和循环指令来说，进位可以被移位到最高位、最低位或者中间某一位。这样一来，多字节的数据信息传输就容易多了。

假设 x 和 y 都是 24 位的数据，那么它们各占三个寄存器。下面代码举例说明如何对多个字节进行数据处理：

```
namereg    s0, x0    ; x 的低字节存储到寄存器 s0 中
namereg    sl, xl    ; x 的中字节存储到寄存器 s1 中
namereg    s2, x2    ; x 的高字节存储到寄存器 s2 中
```

```
namereg   s3, y0     ; y 的低字节存储到寄存器 s3 中
namereg   s4, yl     ; y 的中字节存储到寄存器 s4 中
namereg   s5, y2     ; y 的高字节存储到寄存器 s5 中
;进行加法运算  (x2, xl, x0)  +  (y2, yl ,y0)
add     x0,y0        ; 对 x 和 y 的低字节进行加法运算
addcy   xl, yl       ; 对 x 和 y 的中字节进行带进位加法运算
addcy   x2, y2       ; 对 x 和 y 的高字节进行带进位加法运算
```

第一条指令执行普通的低字节加法操作，将进位存储到进位标志位；第二条指令针对中字节进行加法操作，同时由于低字节加法结果有进位，中字节加法操作需要带进位加法；同样地，第三条指令在前面加法的基础上对高八位进行带进位加法操作。

多字节的加法和减法操作都可以用同样的方式进行：

```
;加 1 运算：  (x2,xl ,x0)  +  1
add   x0 , 01        ; 低字节加 1
addcy   xl, 00       ; 中字节带进位加法
addcy   x2, 00       ; 高字节带进位加法
;减法运算 (x2,xl ,x0) - (y2,yl ,y0)
sub   x0, y0         ; 低字节相减
subcy   xl, yl       ; 中字节带借位相减
subcy   x2, y2       ; 高字节带借位相减
```

多字节数据可以通过移位指令包含进位标志进行移位。比如说，sla 指令可以向左移位数据 1 位，然后将进位标志位移到最低位。下面代码反映了左移 3 字节的数据的例子：

```
; 通过进位移位 (x2, xl , x0)
sl0   x0          ; x0 最高位移处到进位标志，低位移入 0
sla   xl          ; 当前进位标志移入到 x1 低位，而 x1 高位移出到进位标志
sla   x2          ; 当前进位标志移入到 x2 低位，而 x2 高位移出到进位标志
```

14.1.4　常用控制语句结构的汇编语言描述

高级语言通常有各种各样的控制结构语句来改变程序执行的顺序。比如，常用的 if- then-else，case，for-loop 等。然而对于 PicoBlaze 来说，仅仅提供了简单的条件控制语句和无条件跳转语句，相对比较简单。但是可以通过配合 **test** 和 **compare** 指令来完成高级语言能够实现的各种结构控制语句。下面通过实例介绍如何实现 if-then-else、case 和 for-loop 语句的操作。

1. 使用汇编语言实现 if-then-else 语句

if-then-else 实现如下控制功能：

```
if (s0= =sl)  {/* 满足条件情况下的程序分支  */
}
else  {
/*   不满足条件情况下的程序分支*/
```

```
}
```

对应的汇编程序如下：

```
compare  s0,  sl
jump  nz,  else_branch
```

满足条件情况下的程序分支

```
…
jump  if_done
else_branch :
```

不满足条件情况下的程序分支

```
…
if _done :
```

if 语句执行完之后的代码

```
…
```

这段代码使用了 **compare** 指令检测条件(s0 = =s1)是否相等，并设置清零标志位。使用 **jump** 指令检测这个标志位。如果标志位没有被置位，则跳转到 else branch(不满足条件情况下的程序分支)；否则，执行满足条件情况下的程序分支。

2．使用汇编语言实现 case 语句

在高级语言中，case 语句可以理解为多重跳转，具体哪个分支执行要参考条件表达式。下面的语句使用 s0 变量作为条件来进行跳转：

```
switch  (s0)  {
    case 第一种情况:
        /*  第一种情况下执行的语句 */
        break;
    case 第二种情况:
        /*  第二种情况下执行的语句*/
        break;
    case 第三种情况:
        /*  第三种情况下执行的语句*/
        break ;
    default :
        /*  默认情况下执行的语句  */
}
```

多路跳转在处理器中若要实现，则可以按照硬件描述语言中常用的“地址索引”的方式执行。然而，PicoBlaze 处理器是不可以直接执行该功能的，case 语句需要与 if-then-else 语句一样的方式进行处理。将上述 case 语句转化成 if-then-else 的格式：

```
if  (s0= =valuel)  {
/*第一种情况下执行的语句*/
}
```

```
else if  (s0= =value2)  {
/*第二种情况下执行的语句   */
}
else if  (s0= =value3)  {
/*第三种情况下执行的语句 */
}
else{
/*默认情况下执行的语句 */
}
```

如此一来，对应的汇编程序如下：

```
    constant  value1 , . . .
    constant  value2,  . . .
    constant  value3,  . . .
    compare  s0,  value1           ; 测试 value1
    jump  nz,  case-2              ; s0 值与 value1 不同则跳转，否则顺序执行
    ;code for case1
    …
    jump case-done
case-2:
    compare s0, value2             ; 测试 value2
    jump nz, case-3                ; s0 值与 value2 不同则跳转，否则顺序执行
    ;code for case2
    …
    jump case-done
case-3:
    compare s0, value3             ; 测试 value3
    jump default                   ; s0 值与 value3 不同则跳转，否则顺序执行
    ;code for case3
    ...
    jump case-done
default: 默认情况下执行的语句
  …
  case-done :
  ;case 语句完成之后接下来执行的代码
  …
```

3. 使用汇编语言实现 for-loop 语句

for-loop 语句用来重复执行代码段。loop 指令可以用计数器来追踪计数数目，比如，下面的例子：

```
for (i = MAX, i = 0,.i-1) {
    /* 重复执行语句段 */
}
```

对应的汇编代码如下：

```
    namereg   so,   i ; loop 索引值
    constant  MAX,  . . .       ; loop 边界值
    load   i, MAX               ; 置数 loop 索引值
loop-body:
    ; loop 语句主体
    ...
    sub   i, 01                 ; 对变量 i 和索引值做减法运算
    jump nz , loop-body   ; 变量 i 还没有为 0 则继续执行 loop 主体，否则执行 loop 语句后面的语句
    ...
```

14.2 子程序开发

汇编程序中的子程序类似于 C 语言中的函数，通常可以完成一个特殊的功能，并且作为主程序中的一部分可以被重复调用。采用子程序设计的方法，方便程序员把一个复杂庞大的程序简化成若干简单的小程序，这样有利于管理程序的各个模块，提高了程序的可靠性和可读性。在高级语言设计中都支持这种编程思想。

PicoBlaze 采用 **call** 和 **return** 指令实现子程序调用。**call** 指令保存当前程序计数器和程序执行过程中产生的临时值，同时让程序指针跳转到子程序开始执行的地址。子程序以 **return** 指令结束时，它重新保存程序计数器值并且返回到原来跳转的地址。要注意的是，PicoBlaze 仅仅保存和重新装载程序计数器的内容，在子程序执行过程中产生的寄存器和 RAM 数据值都需要编程人员手工保存，确保子程序调用结束后，原来的系统能够正常工作。

下面举一个综合应用的例程来描述子程序的开发。假设输入为两个 8 位的无符号整数，输出是 16 位乘积，算法包括一个简单的“移位”和“加法”运算。由于乘数和被乘数都是 8 位，所以重复执行“移位”和“加法” 8 次。每次执行时被乘数左移一位。如果遇到乘数为 1，则将左移的被乘数和当前乘积值相加。其汇编代码如程序 14-1 所示。被乘数和乘数分别存储在 s3 和 s4 寄存器中，判断乘数独立每一位是 0 还是 1，都是由 s4 的重复右移之后，将最低位移至进位标志之后才判断的。需要注意的是，不是将被乘数左移，而是移位乘积项，它包含两个字节，分别存储到 s5 和 s6 中。

在汇编语言设计过程中，由于其本身可阅读性并不好，所以要做好程序的注释，否则过段时间自己也看不懂。以程序 14-1 为例，它包含了简单的功能描述注释，另外还将寄存器如何分配也描述出来，这样以防与整个大程序混淆。

【程序 14-1】 8 位无符号整数乘法。

```
;================================================================
;  程序名称：mult_soft
```

```
;        功能：利用移位和加法运算完成 8 位的无符号整数乘法
;输入寄存器，s3：被乘数，s4：乘数
;输出寄存器，s5：乘积高字节，s6：乘积低字节
;临时寄存器：i
;=============================================================
mult_soft:
load s5, 00                    ; 清零 s5
load i,08                      ;初始化循环次数
mult_loop:
     sr0，s4                   ; s4 最低位移位至进位寄存器
jump nc, shift_prod            ; 最低位是 0
add s5，s3                     ; 最低位是 1
shift_prod:
sra    s5                      ; 右移高字节
sra    s6                      ; 右移低字节
sub   i, 01                    ; 循环减 1
jump nz，mult_loop
return
```

14.3　PicoBlaze 汇编程序开发

14.3.1　开发流程

开发一个完整的汇编程序包含如下 4 个步骤：

(1) 设计主程序功能描述伪代码；

(2) 将主程序任务划分成若干子程序任务，如果子程序比较复杂，则应该将其细分成更小的子程序；

(3) 定义寄存器和数据 RAM 的使用；

(4) 编写子程序代码。

第(1)、(2)和(4)步骤按照逐个实现的方法来实现。任何软件开发流程大致都如此。基于微处理器的应用通常针对嵌入式系统，处理器需要不断监视 I/O 口的状态并同时做出反应。主程序一般按照下面的结构来编写：

```
     call 初始化子程序
forever :
     call   子程序 1
     call   子程序 2
     …
     call   子程序 n
```

```
    jump forever
```

第(3)步仅仅用在汇编语言开发中。因为高级语言开发过程中，编译器会自动分配变量。而汇编代码中编译器没有此功能，必须人工管理数据存储。PicoBlaze 有 16 个寄存器和 64 位数据存储器。寄存器可以被认为是快速存储器，因为可以直接存储数据。数据存储器是“辅助存储器”，它的数据需要传输到寄存器再作处理。如果想存储一个数据到 RAM 中，则必须首先将其装到寄存器中，然后再存储到 RAM 中。

由于存储数据的空间非常有限，所以其使用就应计划着用，尤其是代码比较复杂而且包含有程序嵌套的情况下，我们更得计划好存储空间的分配。应首先定义需要的全局存储器和局部存储器，使前者保存整个程序都需要的变量，后者保存临时存储的变量，在部分功能结束时其空间就可以释放掉。

14.3.2　程序举例

举例是理解开发过程的最有效方式。考虑采用前面的乘法子程序，首先从拨码开关输入 a 和 b，计算 a^2 和 b^2，然后将结果显示到七段数码管上。关于 I/O 接口部分，14.3.3 节将详细讲解，本章内容仅限于简单的输入输出端口的介绍。本例中，只有一个 8 位的拨码开关和一个 8 位的 LED 输出端口。假设拨码开关高 4 位提供给 a 端口输入，低 4 位提供给 b 端口输入。主程序如下：

```
    call clear-data-ram
forever:
    call   read-switch
    call   square
    call   write-led
    jump forever
```

操作过程如下：

(1) 定义子程序。子程序定义如下：

clr_data_mem：系统初始化时所有数据存储器清零。

read_switch：获取拨码开关提供的数据输入端口数据并保存到数据 RAM 中。

square：采用乘法器子程序计算 a^2+b^2。

write_led：将计算结果显示到 LED 端口上。

为了方便，还需要创建两个小的子程序：get_upper_nibble 和 get_lower_nibble，用来在 read_switch 子程序中调用，从而获取寄存器高位和低位的数值。

(2) 规划寄存器和数据 RAM 的使用。定义全局存储器 sw_in，用来存储拨码开关输入值，开辟 11 B 的数据 RAM 空间以存储输入数据以及运算结果值。数据 RAM 的具体分配如表 14-1 所示。注意地址 01 和 03 不用，其余的寄存器都作为局部存储器使用。为了程序更加清晰，定义三个符号 data，addr，i，分别作为数据，端口和存储器地址，循环索引值的临时寄存器。

(3) 划分子程序。完整的程序如程序 14-2 所示。

clr_data_mem 用来循环清零数据寄存器，寄存器 i 为循环索引值并初始化为 64。每次循环，该索引值最后对应的寄存器置 0，write_led 子程序从数据 RAM 中取回计算结果的低位，输出到 LED 端口。

read_switch 子程序包括两个小的子程序。get_upper_nibble 小子程序右移数据寄存器 4 次，将高 4 位数据移位到寄存器低 4 位；get_lower_nibble 小子程序清零数据寄存器的高 4 位，移除高字节。read_switch 子程序获取拨码开关的输入值，调用 get_upper_nibble 和 get_lower_nibble 子程序并将结果存储到数据 RAM 中。

square 子程序从数据 RAM 中取回数据，并采用 mult_soft 子程序计算 a^2 和 b^2，执行加法并存储结果到数据 RAM 中。

表 14-1　数据 RAM 存储空间分配表

地　址	寄 存 器 名
00	a 低字节
01	—
02	b 低字节
03	—
04	a2 低字节
05	a2 高字节
06	b2 低字节
07	b2 高字节
08	a2 + b2 低字节
09	a2 + b2 高字节
0A	a2 + b2 进位

write_led 将计算结果显示到 LED 端口上。程序如程序 14-2 所示。

【程序 14-2】　计算 a^2+b^2。

```
;===========================================================
;带简单 I/O 接口的求平方和电路
;===========================================================
;程序操作:
;   读取拨码开关的高 4 位 a 和低 4 位 b
;    计算 a×a + b×b
;    在 8 个 led 上显示结果值
;===========================================================
; 数据常数
;===========================================================
constant UP_NIBBLE_MASK, 0F ;00001111
;===========================================================
; 数据 ram 地址接口定义
;===========================================================
```

```
constant a_lsb, 00
constant b_lsb, 02
constant aa_lsb, 04
constant aa_msb, 05
constant bb_lsb, 06
constant bb_msb, 07
constant aabb_lsb, 08
constant aabb_msb, 09
constant aabb_cout, 0A
;=========================================================
; 寄存器定义
;=========================================================
;通用局部变量寄存器
namereg s0, data                ; 临时数据存储
namereg s1, addr                ; 临时存储器和 I/O 端口地址
namereg s2, i                   ; 循环索引值
;全局变量
namereg sf, sw_in
;=========================================================
;端口定义
;=========================================================
;------------输入端口定义 ---------------------
constant sw_port, 01           ; 8-bit switches
;------------输出端口定义---------------------
constant led_port, 05
;=========================================================
; 主程序
;=========================================================
;程序调用层次;
;main
;   - clr_data_mem
;   - read_switch
;          - get_upper_nibble
;          - get_lower_nibble
;   - square
;          - mult_soft
;   - write_led
;
   call clr_data_mem
```

```
forever:
    call read_switch
    call square
    call write_led
    jump forever

;==========================================================
;       子程序：clr_data_mem
;   程序功能：clear data ram
;   临时寄存器：data, i
;==========================================================
clr_data_mem:
    load i, 40                  ; 循环索引值为 64
    load data, 00
clr_mem_loop:
    store data, (i)
    sub i, 01                   ; 循环减 1
    jump nz, clr_mem_loop       ; 重复直到 i=0
    return

;==========================================================
;       子程序：read switch
;   程序功能：从输入端口获取两个乘数
;输入寄存器：sw_in
;临时寄存器：data
;==========================================================
read_switch:
    input sw_in, sw_port              ; 读取拨码开关输入
    load data, sw_in
    call get_lower_nibble
    store data, a_lsb           ; 存储 a 到数据 RAM
    load data, sw_in
    call get_upper_nibble
    store data, b_lsb           ; 存储 b 到数据 RAM
;==========================================================
;子程序名：get_lower_nibble
;程序功能：获得 data 低 4 位
;输入寄存器：data
```

```
;输出寄存器：data
;==============================================================
get_lower_nibble:
    and data, UP_NIBBLE_MASK        ; 清除高 4 位数据
    return


;==============================================================
;  子程序名：get_upper_nible
;  程序功能：获得 data 高 4 位
;输入寄存器：data
;输出寄存器：data
;==============================================================
get_upper_nibble:
    sr0 data                        ; 右移 4 次
    sr0 data
    sr0 data
    sr0 data
    return
;==============================================================
;     子程序：write_led
;  程序功能：输出结果低 8 位到 8 位 LED
;临时寄存器：data
;==============================================================
write_led:
    fetch data, aabb_lsb
    output data, led_port
    return
;==============================================================
;子程序名：square
;程序功能：计算 a×a + b×b，数据和计算结果存储到以 SQ_BASE_ADDR 为起始地址
             的 RAM 中
;临时寄存器：s3, s4, s5, s6, data
;==============================================================
square:
    ;计算 a × a
      fetch s3, a_lsb             ; 装载 a 值
      fetch s4, a_lsb             ; 装载 a 值
      call mult_soft              ; 计算 a × a
      store s6, aa_lsb            ; 存储 a × a 的低字节
```

```
        store s5, aa_msb        ; 存储 a×a 高字节
        ;计算 b×b
        fetch s3, b_lsb         ; 装载 b 值
        fetch s4, b_lsb         ; 装载 b 值
        call mult_soft          ; 计算 b×b
        store s6, bb_lsb        ; 存储 b×b 的低字节
        store s5, 07            ; 存储 b×b 的高字节
        ;计算 a×a+b×b
        fetch data, aa_lsb      ; 获取 a×a 的低字节
        add data, s6            ; 求和 a×a+b×b 的低字节
        store data, aabb_lsb    ; 存储 a×a+b×b 的低字节
        fetch data, aa_msb      ; 获取 a×a 的高字节
        addcy data, s5          ; 求和 a×a+b×b 的高字节
        store data, aabb_msb    ; 存储 a×a+b×b 的高字节
        load data, 00           ; 清除数据，保持进位寄存器值不变
        addcy data, 00          ; 获取从前一次加法运算得到的进位寄存器值
        store data, aabb_cout   ; 存储 a×a+b×b 的进位值
        return
;=============================================================
;子程序名：mult_soft
;程序功能：利用移位和加法操作的 8 位无符号乘法器
;输入寄存器：s3：被乘数；s4：乘数
;输出寄存器：s5：乘积高字节；s6：乘积低字节
;临时寄存器：i
;=============================================================
mult_soft:
        load s5, 00             ; 清零 s5
        load i, 08              ; 初始化循环索引值
mult_loop:
        sr0   s4                ; 右移 s4 最低位到进位寄存器
        jump nc, shift_prod     ; s4 最低位是 0
        add s5, s3              ; s4 最低位是 1
shift_prod:
        sra s5                  ; 右移寄存器 s5，最高位补 c，最低位移位到 c 寄存器
        sra s6                  ; 右移寄存器，s5 的最低位移位到 s6 最高位
        sub i, 01               ; 循环减 1
        jump nz, mult_loop      ; 重复，直到 i=0
        return
```

14.3.3 说明文档与注释

汇编程序的开发非常繁琐，如果没有好的文档和符号说明，程序会非常难懂且容易发生不必要的错误。另外，完整的文档也有助于代码版本管理。对于 KCPSM3 编译器，使用关键字 constant 直接用符号代表数据常数、存储器地址或者端口的 id 号等，使用关键字 namereg 直接用符号代表寄存器。

在程序的文件头包含如下几部分内容：

(1) 程序描述：描述程序的用途、操作以及 I/O 等。

(2) 数据常数：常数的符号声明。

(3) 数据 RAM 地址伪代码：声明数据 RAM 地址符号伪代码。

(4) 寄存器伪代码：声明寄存器伪代码。

(5) 端口伪代码：声明端口伪代码。

(6) 程序调用层次：描述程序调用结构。

符号不会影响最终的机器码编译。当汇编程序执行时，都会替换成实际的常数值。使用伪代码可大大增强程序的可读性且能降低不必要的错误。下面的程序代码显示伪代码和文档对程序的影响。程序的功能是获取变量 a、b 和 c 的值，然后存储到合适的数据存储器中。程序输入由 UART 输入，也就是 a、b、c 的 ASCII 码。具体代码如下：

```
;常数伪代码
    constant ASCII_a, 61            ; a 的 ASCII 码
    constant ASCII_b, 62            ; b 的 ASCII 码
    constant ASCII_c, 63            ; c 的 ASCII 码
;数据 RAM 地址伪代码
    constant a_addr, 02
    constant b_addr, 04
    constant c_addr, 06
;地址伪代码
    namereg   s0, data              ; 当前数据暂存寄存器
    namereg   s1, addr              ; 当前地址暂存寄存器
    namereg   sf, sw_in             ; 拨码开关值
;端口伪代码
    constant     sw_port, 01        ; 端口拨码开关值
    constant uart_rx_port,02        ; UART 输入
;使用伪代码的汇编程序
;获取输入
    input    sw_in,   sw_port       ; 获取拨码开关值
    input    data, uart_rx_port     ; 获取 UART 字符
;检查接收字符
    compare data, ASCII_a           ; 检查 ASCII_a
    jump nz, chk_ascii_b            ; 如果不是，则检查下一个
```

```
        store sw_in,a_addr            ; 如果是，则存储 a 到数据寄存器当中
        jump done
    chk_ascii_b:
        compare data, ASCII_b         ; 检查 ASCII_b
        jump nz, chk_ascii_c          ; 如果不是，则检查下一个
        store sw_in,b_addr            ; 如果是，则存储 b 到数据寄存器当中
        jump done
    chk_ascii_c:
        compare   data, ASCII_c       ; 检查 ASCII_c
        jump nz, ascii_err            ; 如果不是，则检查下一个
        store   sw_in,c_addr          ; 如果是，则存储 b 到数据寄存器当中
        jump done
    ascii_err:
        …
    done:
        …
```

如果不使用伪代码和注释的方式写此程序，代码就会变成：

```
        input sf, 01
        input s0, 02
        compare s0, 61
        jump nz, addr1
        store sf, 02
        jump addr4
    addr1:
        compare s0,62
        jump nz, addr2
        store sf, 04
        jump addr4
    addr2:
        compare s0, 63
        jump nz, addr3
        store sf,06
        jump addr4
    addr3:
        …
    addr4:
        …
```

虽然实现功能是一样的，但是后面这段程序非常难懂，调试和修改极不方便。

14.4　PicoBlaze 软件开发流程

基于 PicoBlaze 的开发流程如图 13-4 所示。汇编代码开发结束后，编译成机器代码，如步骤③。为了验证代码的正确性可以进行指令集的仿真(步骤④)。本节重点介绍程序的编译和仿真以及下载，如步骤⑨。

Xilinx 提供的编译工具为 KCPSM3，可以在 Xilinx 的网站上下载到。PicoBlaze 处理器源代码以及相关的帮助文档都可以下载到，而另外一个编译工具 PBlazeIDE 由 Mediatronix 公司提供，可以执行指令仿真，同样可以在 Mediatronix 公司网站上下载到。

14.4.1　使用 KCPSM3 编译

编译是将指令码翻译成机器码的过程。所谓机器码，就是最终机器能够认识的“0”和“1”码。编译结束后，所有的伪代码和符号都用实际值替代，将机器指令下载到微控制器的指令存储器中。由于 PicoBlaze 嵌入到 FPGA 内部，因而指令 ROM 为一个用 HDL 语言例化的 ROM 模型，在程序顶层会例化这个 ROM，然后与 PicoBlaze 微处理器以及 I/O 接口电路一起综合。

Xilinx 提供的 KCPSM3 编译器是一种使用命令字操作且基于 DOS 操作的小程序。KCPSM3 基本上是编译器所附带的一些模板文件，为指令 ROM 产生 HDL 程序。其编译的步骤如下：

(1) 新建文件夹，将 kcpsm3.exe、ROM_form.vhd、ROM_form.v 以及 ROM_form.coe 拷贝到该路径下，后面三个文件为代码模版。

(2) 创建汇编程序以.psm 为后缀名的二进制文本文件保存，任何基于 PC 的编辑器都可以，如记事本。

(3) 选择开始→程序→附件→命令提示符，打开 DOS 窗口并跳转到当前目录。

(4) 敲入命令 kcpsm3 myfile.psm，运行该程序。

(5) 检查有无错误。如果有错误，则修改并重新编译。

(6) 编译成功后，保存指令 ROM 的 myfile.v 文件生成。

除了 HDL 文件，KCPSM3 同时产生适合块 ROM 的初始化文件以及其它有用文件。后缀为 .hex 的文件可以用 JTAG 下载(后面会专门讲述)；后缀名为 .fmt 的文件可将 .psm 文件格式重新修改以适合打印。

下面以程序 14-2 为例详细介绍使用 KCPSM3 编译器编译的方法。

(1) 新建文件夹 Square_Pico，将下载下来的 KCPSM3.exe、ROM_form.vhd、ROM_form.v 以及 ROM_form.coe 拷贝到该文件夹下面。

(2) 使用记事本新建文件，复制程序 14-2 到新建文件，并以 Square.psm 名称保存在 Square_Pico 文件夹下。

(3) 选择开始→程序→附件→命令提示符，打开 DOS 窗口并使用 cd 命令符跳转到当前目录下，如 F:\Square_Pico\。

(4) 键入命令 KCPSM3 Square.psm，按回车，显示如图 14-1 所示，表示编译通过。

(5) 编译成功后，在当前文件夹下面产生 SAUARE.V 的指令保存文件。

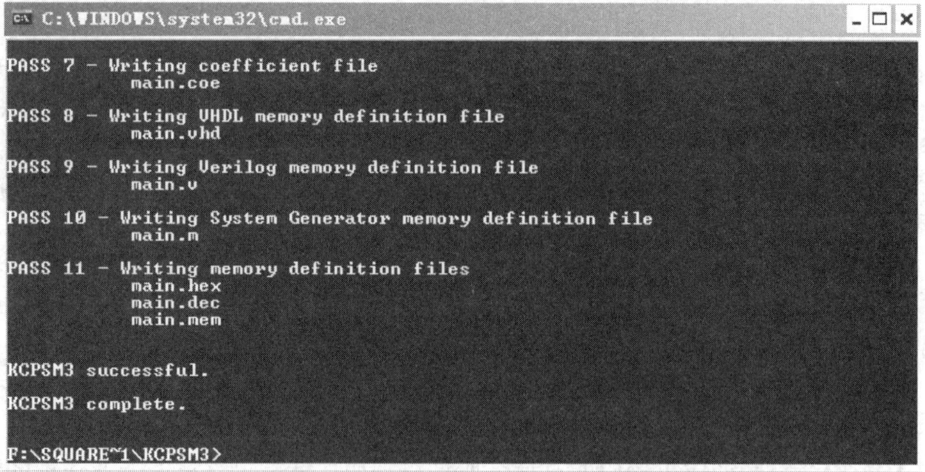

图 14-1　KCPSM3 编译成功界面图

14.4.2　使用 PBlazeIDE 仿真

PBlazeIDE 工具相对 KCPSM3 具有良好的基于 Windows 的 IDE 集成开发环境，包括文本编译、编译器以及指令级的仿真功能。

PBlazeIDE 的指令集和 KCPSM3 有一些区别，其所有不一样的指令如表 14-2 所示。需要注意的是，PBlazeIDE 对于常数可以使用十六进制和十进制两种表示方法，十六进制以$开头。两种指令集的常数表示的区别如表 14-3 所示。

表 14-2　PBlazeIDE 和 KCPSM3 指令的区别

KCPSM3 指令	PBlazeIDE 指令
addcy	addc
Subcy	Subc
compare	comp
store sX,(sY)	store sX,sY
fetch sX,(sY)	fetch sX,sY
input sX,(sY)	in sX,sY
input sX,kk	in sX,$KK
output sX,(sY)	out sX,sY
output sX,kk	out sX,$KK
return	ret
returni	reti
enable interrupt	eint
disable interrupt	dint

表 14-3　KCPSM3 和 PBlazeIDE 的常数表示的区别

常数表示 / 指令集 / 功能	KCPSM3	PBlazeIDE
代码地址	address 3FF	org $3FF
常数声明	constant MAX,3F	MAX equ $3F
寄存器定义	namereg addr,s2	addr equ s2
端口定义	constant in_port,00	in_port dsin $00
	constant out_port,10	out_port dsout $10
	constant bi_port,0F	bi_port dsio $0F

使用 PBlazeIDE 编译 KCPSM3 代码的步骤如下：

(1) 启动 PBlazeIDE。

(2) 选择设置→PicoBlaze3。对于 Spartan-3 系列，FPGA 对应的 PicoBlaze 版本为 PicoBlaze3。

(3) 选择文件→导入，出现一个对话框；选择对应的 .fmt 或者 .psm 文件，导入功能将 KCPSM3 代码转换成 PBlazeIDE 代码。程序的格式转换非常简单，有时需要人工做微小修改。

(4) 针对 I/O 端口手工定义 dsin、dsout、dsio。当有一个方向使用时，端口显示其将会添加到仿真界面中显示端口的活动情况。

(5) 通过选择 Simulate→Simulate，执行仿真。

(6) 如果汇编代码需要修改，则退出仿真模式，进行编辑，或者使用外部编辑器编辑 .psm 文件。不过又要从第(1)步再开始执行。需要注意的是，文件一旦被 PBlazeIDE 导入，将不能再返回成 KCPSM3 格式的代码。

依然以程序 14-2 为例。导入 Square.psm 之后，PBlazeIDE 仿真编译成功，添加输入输出仿真端口，在原来的程序中，增加如下两条语句：

```
sw_port         DSIN      $01
led_port        DSOUT     $50
```

同时注释掉原来对 sw_port 和 led_port 的定义：

```
; ------------input port definitions--------------------
;sw_port          EQU       1                  ; 8 bit switches
; ------------output port definitions--------------------
;led_port         EQU       5
```

这样一来，就可以在 PBlazeIDE 窗口看到 sw_port 和 led_port 的仿真窗口，如图 14-2 所示。仿真显示汇编代码在窗口中心位置，高亮显示下一条执行指令。指令地址、指令代码以及断点都显示在代码旁边。PicoBlaze 的当前状态显示在左侧，包括标志寄存器、常数寄存器、数据 RAM；程序计数器、堆栈指针以及其他状态显示在下侧。

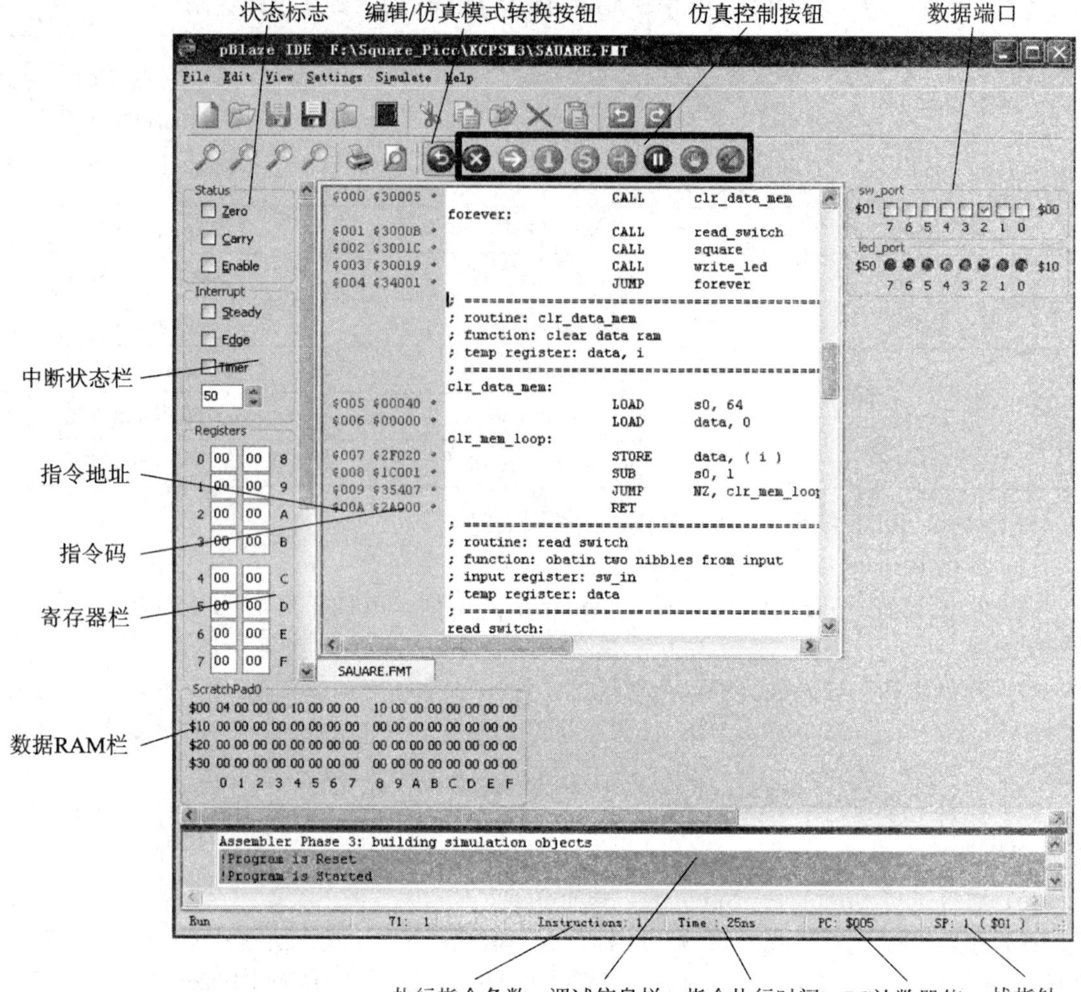

图 14-2　PBlazeIDE 界面介绍

由 dsin、dsout 以及 dsio 创建的仿真 I/O 端口显示在右侧，包括一个输入端口 sw_port，一个输出端口 led_port。仿真过程中，程序可以持续执行、单步执行或者根据指令执行，同时支持断点仿真。仿真行为可以通过仿真菜单命令或者界面控制，各指令及其功能如下：

(1) reset：程序计数器和堆栈指针清零。

(2) Run：执行程序直到遇到断点。

(3) SigleStep：执行一条指令。

(4) Step Over：对于 call 指令为执行整个子程序，其他情况执行一条指令。

(5) Run to cursor：执行当前程序到当前光标位置。

(6) Pause：暂停仿真。

(7) Toggle breakpoint：在当前光标位置设置或者清除断点。

(8) Remove all Breakpoints：清除所有断点。

14.4.3 使用 JTAG 接口下载代码

使用 KCPSM3 编译后，指令 ROM 的 HDL 代码产生。可以继续如图 13-4 的步骤⑥和⑧，综合整个代码并配置到 FPGA 中去。需要注意的是，每次软件代码修改都需要重新进行综合。

由于综合是一个复杂的过程，所以在综合过程当中需要花费很多的运算时间。当 I/O 口配置固定后，每次修改完汇编代码，不需要重新完全综合整个电路，而是可以通过 FPGA 的 JTAG 接口重新装载软件编译之后的机器码到 ROM 中。这个过程对应于图 13-4 中的步骤⑨，具体过程如下：

(1) 以包含有 JTAG 接口电路的 ROM 模板电路替换原始的 ROM 模板。

(2) 使用 KCPSM3 编译汇编代码。

(3) 综合顶层 HDL 代码，然后编程到 FPGA 中。

(4) 在修改了汇编代码后，按照正常流程编译汇编代码，产生以 .hex 为后缀的十六进制文件。

(5) 使用 Xilinx 工具嵌入 .hex 文件到 JTAG 编程文件中，通过 JTAG 接口下载到 FPGA 的块 RAM 当中。

14.4.4 代码综合

当产生指令 ROM 的 HDL 文件后，可以将其与 PicoBlaze 一起综合在 FPGA 芯片中。与其他微控制器不同的是，PicoBlaze 没有建立 I/O 外设，I/O 接口和外设需要根据用户需求定制。这里使用一个简单的 I/O 配置，仅仅包含一个拨码开关输入端口和一个 LED 输出端口。为了实现完善的系统电路设计，更为复杂的 I/O 接口将在后续章节详细介绍。

设计的顶层模块如图 14-3 所示。它包含：PicoBlaze 处理器，标记为 KCPSM3；指令 ROM 和寄存器，寄存器作为 8 个输出 LED 缓冲器，当 PicoBlaze 执行 output 指令时，它将输出数据放在 out_port 端口，然后置位 write_strobe 信号，write_strobe 信号用来使能寄存器并存储数据到寄存器中，sw 信号连接 in_port；当 PicoBlaze 执行 input 指令时，它接收 sw 信号值并存储到一个内部寄存器中。对应的 HDL 代码如程序 14-3 所示，包含了对 PicoBlaze 处理器和指令 ROM 的例化，以及输出缓冲器程序。kcpsm3 模块就是 PicoBlaze 处理器，其代码以同样的名字和 HDL 文件方式存储。sio_rom 模块为前面生成的指令 ROM 文件。

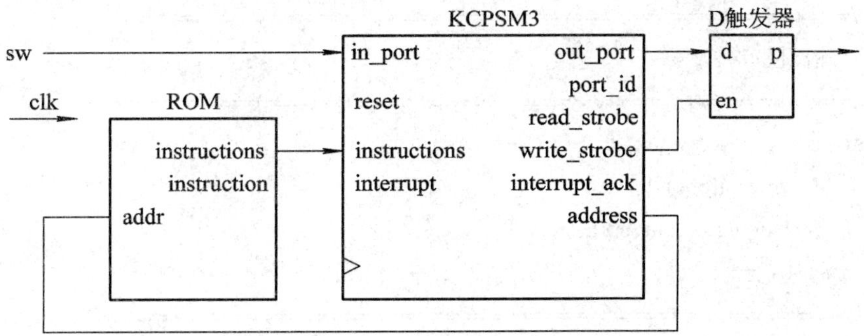

图 14-3 带简单接口的 PicoBlaze 结构

【程序 14-3】　HDL 代码。

```
module pico_sio
   (
    input wire clk, reset,
    input wire [7:0] sw,
    output wire [7:0] led
   );

   //信号声明
   //KCPSM3/ROM 信号
   wire [9:0] address;
   wire [17:0] instruction;
   wire [7:0] port_id, in_port, out_port;
   wire   write_strobe;
   //寄存器信号
   reg [7:0] led_reg;
   //主体
   //===========================================================
   // KCPSM 3 和 ROM 例化
   //===========================================================
   kcpsm3 proc_unit
      (.clk(clk), .reset(reset), .address(address),
       .instruction(instruction), .port_id(),
       .write_strobe(write_strobe), .out_port(out_port),
       .read_strobe(), .in_port(in_port), .interrupt(1'b0),
       .interrupt_ack());
   sio_rom rom_unit
      (.clk(clk), .address(address),
       .instruction(instruction));
   //===========================================================
   // 输出接口
   //===========================================================
   always @(posedge clk)
      if (write_strobe)
         led_reg <= out_port;
   assign led = led_reg;
   //===========================================================
   // 输入接口
   //===========================================================
```

```
    assign in_port = sw;
endmodule
```

本章小结

本章主要讲述基于 PicoBlaze 微处理器的汇编程序开发，内容包括汇编代码的编写规范、常用控制语句实现、汇编编译和仿真工具的使用以及基于 FPGA 实现设计的整个流程等。读者需要重点掌握的知识点包括：

(1) 汇编代码段按位操作和多字节操作描述方法；

(2) if-else-then 条件判断语句的汇编程序设计；

(3) case 跳转语句的汇编程序设计；

(4) loop 循环语句的汇编程序设计；

(5) 子程序调用常用语句实现方法；

(6) 基于 PicoBlaze 的汇编程序开发流程；

(7) 基于 KCPSM3 工具编译汇编程序；

(8) 基于 PBlazeIDE 工具对汇编程序的仿真；

(9) 利用指令 ROM 设计基于 HDL 的顶层代码设计。

思考与练习

1. 带符号乘法器

在程序 14-1 中，是按照输入数据为无符号整数进行乘法运算的。现在要求在程序 14-1 的基础上修改为带符号乘法器，两个输入以及一个输出都为带符号整数，使用 PBlazeIDE 进行仿真验证。

2. 桶型移位函数

PicoBlaze 仅支持旋转或者移位一个 bit，而桶型移位函数要求实现移位和循环操作多个 bit。函数包含三个输入寄存器。第一个寄存器包含将要移位或者循环的数据；第二个寄存器存储移位或者循环位数，取值范围从 0 到 7；第三个寄存器存储操作类型，包含左移、右移、左旋转、右旋转等。假设对于移位操作 0 将被移位填充，开发该函数并进行仿真验证。

3. 滚动 LED 电路

设计简单的 LED 滚动显示电路，滚动方向可以是从左到右，也可以是从右到左，滚动速度分四个等级，LED 显示模式分别为“00000001”、“00000011”、“00001101”以及“00001111”。如此一来，输入需要 5 个拨码开关，分别代表方向、速度(两位)、显示模式(两位)，针对每种显示模式，速度都是可控的。设计并仿真汇编代码，完成编译并利用生成的指令 ROM 文件创建 HDL 顶层文件，综合并验证设计。

第十五章　PicoBlaze 接口开发

为了与外界环境进行数据交互，通用微处理器包含大量的基于 I/O 的接口，如包括 UART、SPI、定时器、计数器等。当实际开发时，一般情况下根据设计接口的需求来选择微处理器型号。如果设计中有一些特殊的功能，则可以选择额外的接口芯片或者可编程逻辑芯片来完成。

与通用微处理器不同的是，PicoBlaze 没有确定的 I/O 接口，而是针对 I/O 接口生成简单的输入输出电路，具体外设接口需要用户根据自身需求来定制。如此一来，一方面为用户应用提供了很大的方便，用户可以根据自身需要定制外设接口；另外一方面，也给用户使用 PicoBlaze 微处理器带来了挑战，因为没有任何现成的外设接口可用，用户必须定制自身外围接口。因此使用 PicoBlaze 微处理器，定制 I/O 接口显得非常重要。

PicoBlaze 用 **input** 和 **output** 指令在内部寄存器和 I/O 端口之间进行数据交换，其接口包括如下信号：

(1) **port_id**：8 位反映输入输出指令的端口 id 号。

(2) **in_port**：在执行 **input** 指令时 PicoBlaze 得到的 8 位输入数据。

(3) **out_port**：在执行 **output** 指令时 PicoBlaze 输出的 8 位输出数据。

(4) **read_strobe**：在输入指令(input)执行的第二个时钟周期时该信号置位。

(5) **write_strobe**：在输出指令(output)执行的第二个时钟周期时该信号置位。

虽然只有 8 位的输入输出端口，但是 8 位的端口 id 信号(port_id)可以代表不同外设的 id 号，共 256 个。所以 PicoBlaze 共支持 256 个输入端口和 256 个输出端口。

下面重点讨论 PicoBlaze 的指令接口以及 I/O 时序特性，并通过实例讲述 I/O 接口的开发。

15.1　输出端口

15.1.1　输出指令和时序

输出指令 **output** 写数据到输出端口。它有两种格式：

output　sX，(sY)

output　sX，端口名称

第一种格式，端口的 id 存储在 sY 寄存器中；第二种格式，端口名称特指端口的 id 号，它可以是两位的十六进制数或者预定义的符号常量。输出数据通常存储在 sX 寄存器中。如图 15-1 所示是输出指令为“output s0，02”的时序图。PicoBlaze 指令执行时间为两个时钟周期，指令执行时，s0 内容输出到输出端口以及 02 输出到端口 id，一共需要两个时钟周期。write_strobe 信号在第二个时钟周期有效，它可以作为存储输出寄存器的使能信号或者用来初始化指定接口操作。

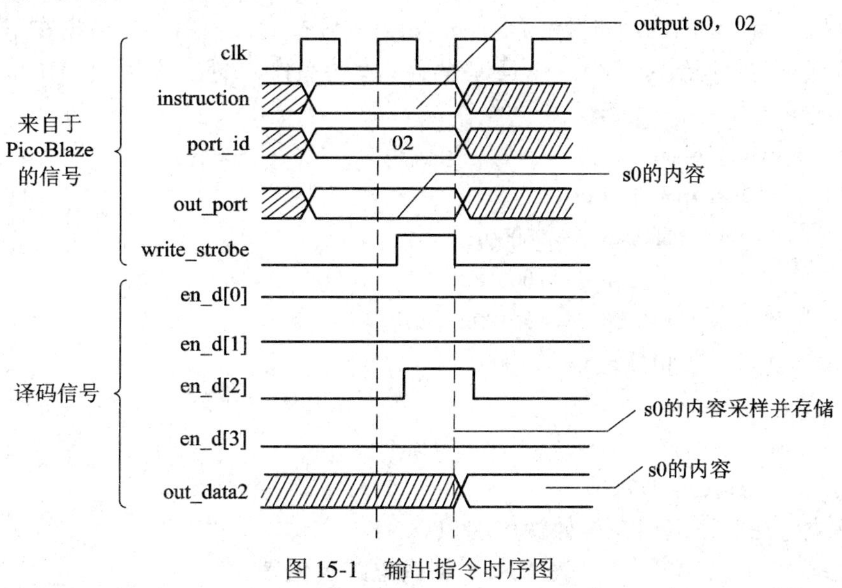

图 15-1　输出指令时序图

15.1.2　输出接口

PicoBlaze 与输出外设之间的接口通常由译码电路和输出缓冲器组成。译码电路针对端口 id 号译码并产生相对应的使能信号。在 output 指令执行后，数据存储到相应的缓冲器当中。

为了理解输出接口的电路结构，假设 PicoBlaze 接口包含四个输出缓冲器，输出端口 id 号分别定义为 00_{16}、01_{16}、02_{16}、03_{16}。注意：端口地址的高六位都是一样的，只是通过低两位来区别不同的端口。电路的结构框图如图 15-2 所示。电路的关键部分是译码电路，其真

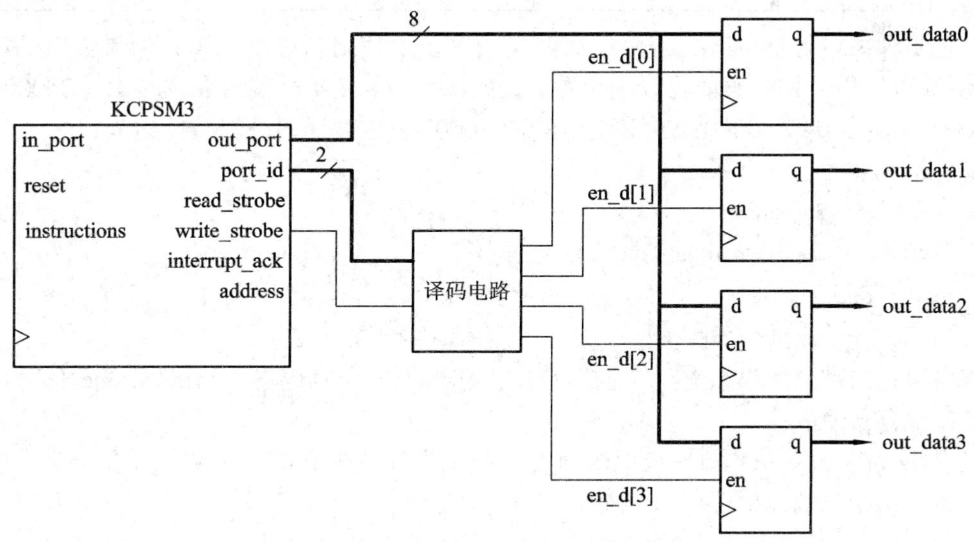

图 15-2　带四个输出缓冲的电路结构图

值表如表 15-1 所示。译码电路为一个 2-4 译码器，在输出指令的第二个时钟周期，write_strobe 信号有效，并且四位 en_d 信号中有一位有效。仅仅一个时钟周期的使能信号能激活对应输出寄存器从输出端口接收数据。输出指令为“**output** s0，02”的译码指令时序如图 15-1 所示，在输出指令执行的第二个时钟周期，en_d[2]信号有效，输出端口数据在下一个时钟上升沿存储到对应的数据缓冲器中。一旦理解了基本的操作，便可以设计，HDL 代码如下：

```
always@*
    if (write_strobe)
        case (port_id[1:0])
            2'b00: en_d = 4'b0001;
            2'b01: en_d = 4'b0010;
            2'b10: en_d = 4'b0100;
            2'b11:en_d = 4'b1000;
        endcase
    else
        en_d = 4'b0000;
```

以上解决方法可以应用在任何输出端口。

表 15-1　译码电路真值表

输　入			输　出
write_strobe	port_id[1]	port_id[0]	en_d
0	—	—	0000
1	0	0	0001
1	0	1	0010
1	1	0	0100
1	1	1	1000

有时要求编口地址可改变。可以在前面的例子中使用二进制编码。如果输出端口地址小于 8，则可以用一位热码简化译码电路。比如，可以定义 4 个端口 id 为：$01_{16}(00000001_2)$、$02_{16}(00000010_2)$、$04_{16}(00000100_2)$和 $08_{16}(00001000_2)$，这时译码逻辑被简化为

```
always@*
    if (write_strobe)
        en_d = port_id[3:0];
    else
        en_d = 4'b0000;
```

需要注意的是，如果只有一个输出端口，那么无需译码逻辑。write_strobe 信号可以直接连接在寄存器使能信号上。

采用伪代码表示 I/O 口在代码中对应的复杂设计非常有用。在文件开头声明二进制地址，例如，初始化输出地址可以声明如下：

```
;-----------------------------输出端口定义-------------------------------------------------
constant out_port_a, 00
```

```
constant out_port_b, 01
constant out_port_c, 02
constant out_port_d, 03
```

如果赋值改变，则仅需要修改文件头。清晰的文件头往往在开发 HDL 代码时用于端口 id 号分辨。

15.2 输入端口

15.2.1 输入指令和时序

输入指令 **input** 从输入端口读回数据。与输出指令相似，输入指令也有两种格式：

```
input sX,(sY);
```

和

```
input sX, 端口名称
```

其中，sY 寄存器或者端口名称表示端口 id 号。接收回来的数据保存在 sX 寄存器中。

输入指令为“input s0，02”的时序图如图 15-3 所示。当指令执行时，02 输出到端口 id，两个时钟周期后，输入端口数据在时钟上升沿时被采样并存储到 s0 寄存器，外部电路必须确保在采样期间输入数据稳定，以防数据采集错误。

与输出指令相同，read_strobe 信号在第二个时钟周期有效。read_strobe 信号的功能与 write_strobe 的相似，在 15.3 节将详细介绍。

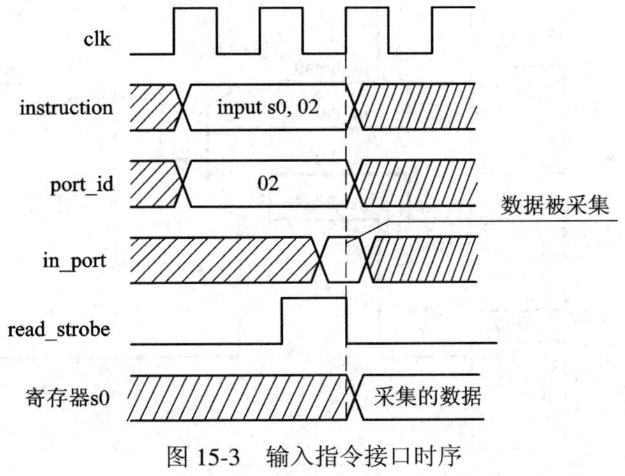

图 15-3　输入指令接口时序

15.2.2 输入接口

PicoBlaze 与输入外设之间的接口通常需要一个多路选择电路，根据 port_id 选择相应的值送往 in_port。有时还需要类似于输出接口的译码电路，它在输入接口中用于数据获取。

在输入接口电路中，输入端口经常被分成连续存取端口和单次存取端口两种。对于连续存取端口，数据不断产生，如 14.3.2 节的拨码开关输入；对于单次存取端口，输入端口输入数据操作由单个不连续事件触发。比如，从 UART 数据缓冲器读取一个字符，当获取数据时，必须将其从缓冲区移除，以免该数据被重新处理。通常采用一个时钟周期的脉冲来清除寄存器标志或者从 FIFO 缓冲器移除一个数据单元。

连续读取端口的接口电路仅包含一个多路选择电路。如图 15-4 所示为包含四个端口的连续读取端口电路。

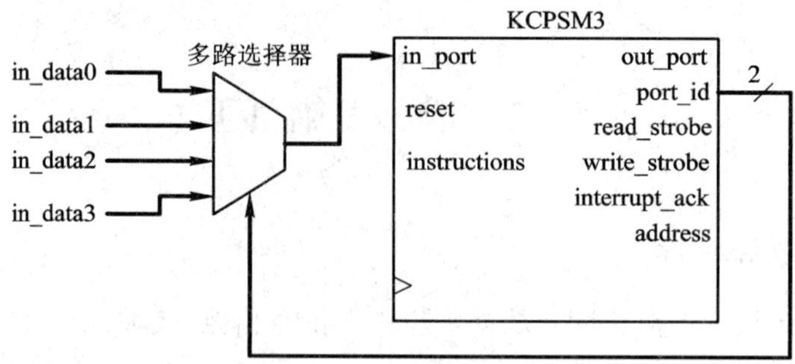

图 15-4　四路持续读取端口框图

单次读取端口电路接口在 **input** 指令执行结束时，需要一个从缓冲区“移除”接收数据的机制。这时可以采用译码电路，根据端口 id 号与 read_strobe 信号进行译码。与输出接口的译码电路结构一样，仅仅是将 write_strobe 信号替换成了 read_strobe 信号。译码输出信号可以认为是“移除”信号，在一个有效时钟周期内“移除”读取的数据。如图 15-5 所示为接口带有 FIFO 的译码和多路选择电路。

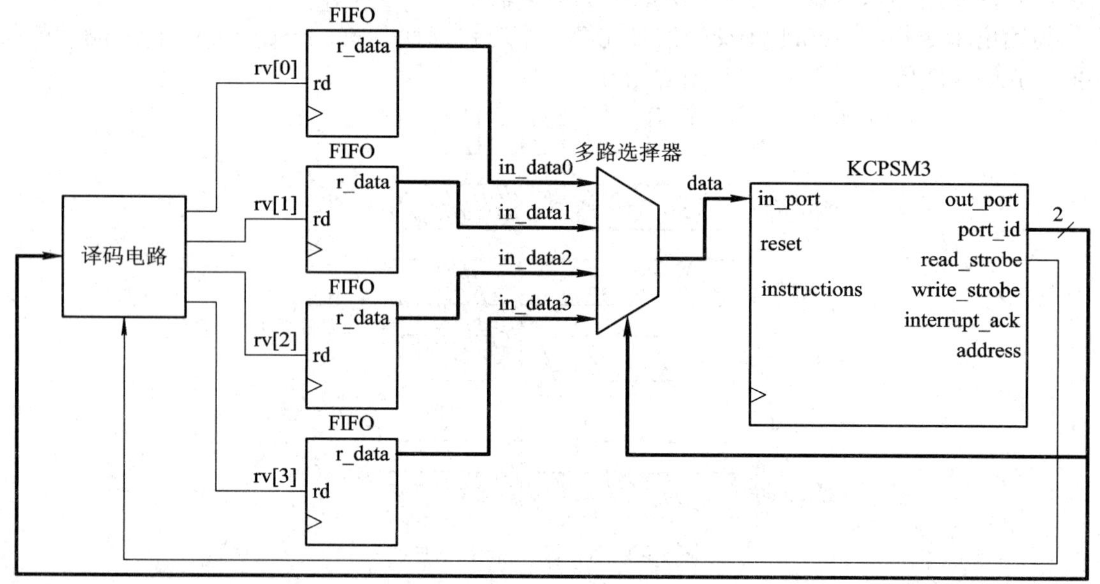

图 15-5　四输入单次读取端口框图

rv 信号为译码移除信号，在 input 指令执行结束时，四位信号中选择一位并使对应的 FIFO 执行一次读操作，从缓冲区“移除”一个数据单元。如果定义 00_{16}、01_{16}、02_{16}、03_{16} 作为端口 id，则接口代码如下：

```
//多路选择电路
always@*
    case (port_id[1:0])
```

```
            2'b00: data = in_data0;
            2'b01: data = in_data1;
            2'b10: data = in_data2;
            2'b11: data = in_data3;
        endcase
    //译码电路
    always@*
        if(read_strobe)
            case (port_id[1:0])
                2'b00: rv = 4'b0001;
                2'b01: rv = 4'b0010;
                2'b10: rv = 4'b0100;
                2'b11: rv = 4'b1000;
            endcase
        else
            rv = 4'b0000;
```

在实际应用中，大部分情况下，输入接口的连续和单次两种读取方式同时存在，而单次存取电路必须要用译码电路。

15.3　求平方和电路接口开发

为了演示 PicoBlaze 的 I/O 接口结构，在第十四章讲述的求平方电路中添加灵活的输入输出接口电路。在求平方和电路中计算 a^2+b^2，其中 a 和 b 都是 8 位的无符号整数。

采用 8 位拨码开关和一位按钮输入 a 和 b 的值。当按键按下时，产生一个时钟脉冲宽度的脉冲，该脉冲有效时读取当前拨码开关值；读取的是 a 还是 b 值，可以灵活定义。比如，定义第一次按键装载的是 a 值，第二次按键装载的是 b 值，第三次按键装载的是 a 值，……还需要有一个按键具有清零 PicoBlaze 数据 RAM 和相关寄存器的功能。

可以使用 4 个七段数码管显示输入和计算结果。四位七段数码管显示 4 个十六进制数值。由于 a^2+b^2 位宽高达 17 位，所以最左端数码管的小数点作为最高位。用三位拨码开关来选择显示内容，包括 a、b、a^2、b^2、a^2+b^2。

归纳起来，接口包含下面几项内容：

(1) 拨码开关：提供 a、b 的输入值并选择 LED 显示内容。

(2) 按键 0：装载 a 和 b 的值。

(3) 按键 1：清零数据 RAM 以及相关寄存器。

(4) 七段数码管：在 4 个十六进制数字上显示所选择的 17 位数值。

15.3.1　输出接口

在验证板上 4 个七段数码管数据显示端口共享同样的输入管脚，所以需要一个动态扫描电路来完成数码管的动态显示。对于基于 PicoBlaze 的设计来说，设计动态扫描电路可以通过软件来实现，也可以在微处理器外设接口电路中实现。选用外设接口电路的方法来实现，相对于汇编语言开发要简单一些，而且前面设计的动态扫描电路也可以直接搬用。若电路不考虑所有时序信息，那么对于外部系统来说，就是四个独立的七段数码管。PicoBlaze 输出接口的框图如图 15-6 所示，接口包含 4 个八位的输出端口，每个端口代表一个七段数码管。

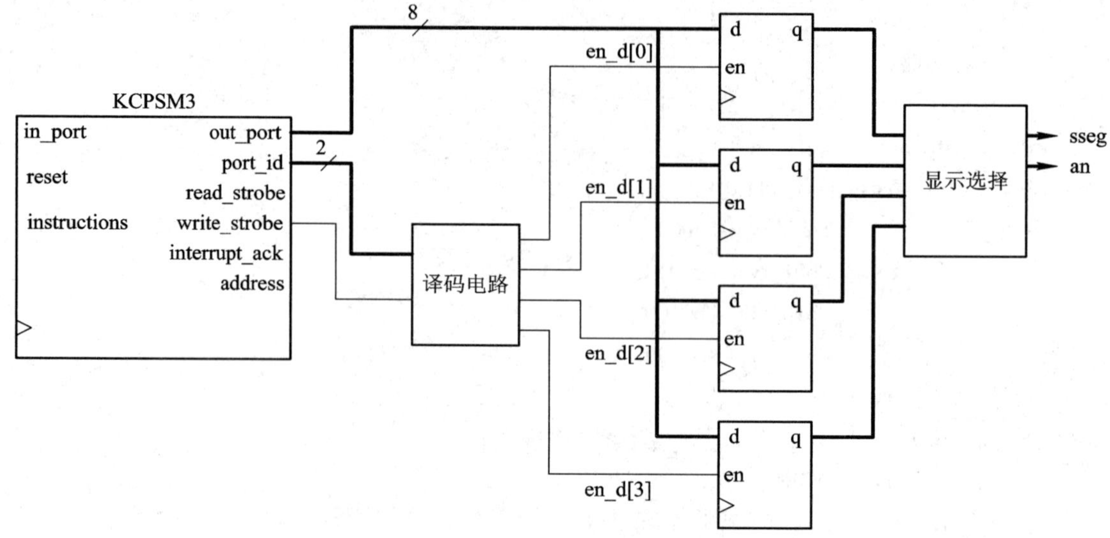

图 15-6　求平方和电路输出接口

在汇编代码中，4 个 LED 数据存储在 PicoBlaze 中并以地址伪代码命名为 led0、led1、led2 和 led3 的数据 RAM 中，对应的代码为

```
…
;数据 RAM 地址伪代码
constant led0，  10
constant led1，  11
constant led2，  12
constant led3，  13
…
;输出端口定义
constant sseg0_port, 00     ; 七段数码管 led 0
constant sseg1_port, 01     ; 七段数码管 led 1
constant sseg2_port, 02     ; 七段数码管 led 2
constant sseg3_port, 03     ; 七段数码管 led 3
…
disp_led:
    fetch data, led0
    output data,sseg0_port
    fetch data, led1
    output data,sseg1_port
    fetch data, led2
```

```
output data,sseg2_port
fetch data, led3
output data,sseg3_port
return
```

15.3.2　输入接口

输入接口包含一个 8 位的拨码开关和两个 1 位的按键。前者由于其输入值一直存在，所以为连续读入端口；后者由于每次按键仅触发一次单独操作，所以为单次存储电路。由于机械按键存在抖动，所以按键信号需要经过按键防抖动电路，变成一个干净的单时钟脉冲信号。由于 PicoBlaze 端口为 8 位数据，所以输入的两位按键信号可以打包成一个输入端口输入。输入接口的框图如图 15-7 所示。

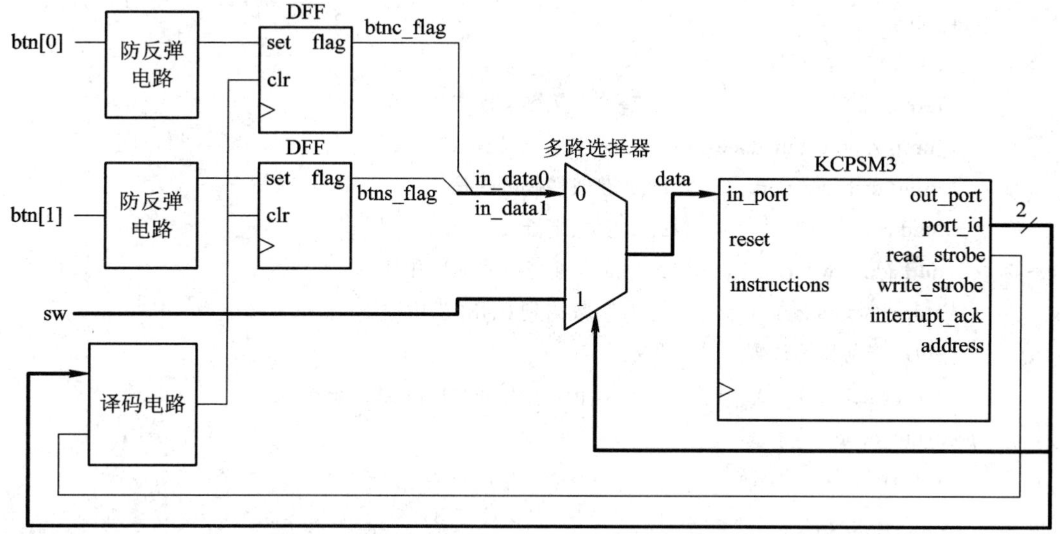

图 15-7　求平方电路输入接口框图

接口包括两个防抖动电路、一个 2 选 1 选择器、一个译码电路和两个触发器。两个触发器提供了设置和清零按键功能，当按钮按下时，防抖动电路输出标志设置有效，一直等到 input 指令执行。设置选择器的选择信号使得数据到达 PicoBlaze 的输入端口，并触发清零信号。为了描述清楚，定义按键 1 为 s 按键，用来设置值；而按键 0 定义为 c 按键，用来对数据 RAM 清零。其处理过程可以用下面的伪代码描述：

```
;输入按键标志
if c =1 then
    ;调用数据 RAM 清零电路
if s =1 then
    ;输入拨码开关值
    ;存储到数据 RAM 当中
```

由于 s 按键输入值 a 和 b 可选，因而采用一个全局寄存器 switch_a_b 追踪当前读入值为 a 还是 b。这个寄存器还作为数据 RAM 地址的偏移地址，其值可以为 0 或者 2。当 s 按键按下时锁存该值。对应的汇编代码子程序为

```
;------------输入端口定义 ---------------------
constant rd_flag_port, 00         ; 2 位标志位(xxxxxxsc)
constant sw_port, 01              ; 8 位输入拨码开关
...
proc_btn:
    input s3, rd_flag_port        ; 获取标志
    ;检查和处理按键 c
    test s3, 01                   ; 检查按键 c 标志位
    jump z, chk_btns              ; 标志未设置
    call init                     ; 标志已设置，执行初始化程序
    jump proc_btn_done
chk_btns:
    ;检查和处理按键 s
    test s3, 02                   ; 检查按键 s 标志位
    jump z, proc_btn_done         ; 标志位未设置
    input data, sw_port           ; 获取拨码开关值
    load addr, a_lsb              ; 获取地址 a
    add addr, switch_a_b          ; a 地址与偏移地址相加
    store data, (addr)            ; 写数据到 RAM 当中
    ;更新当前显示位置
    xor switch_a_b, 02            ; switch_a_b 在 00 和 02 之间变化
proc_btn_done:
    return
```

15.3.3　汇编程序设计

设计好 I/O 接口之后，可以开始设计汇编程序。按照第十四章介绍的逐个攻克法将主程序划分成若干个子程序。主程序如下：

```
    call init                     ; 初始化程序
forever:
    ;main loop body
    call proc_btn                 ; 检查和处理按键
    call square                   ; 计算平方值
    call load_led_pttn            ; 存储 LED 显示模式值到 RAM 中
    call disp_led                 ; 输出 LED 显示模式值
    jump forever
```

完整的代码如程序 15-1 所示。

求平方和子程序来自于第十四章我们原来的设计。proc_btn 和 disp_led 子程序在前面的章节中讨论过。init 子程序执行系统初始化，其作用是用循环写 0 的方式清零 RAM 并且设置 switch_a_b 寄存器为 0(读 a)。load_led_pttn 子程序读切换输入，首先从数据 RAM 获取需

要的值并转换成七段数码管可识别的格式，然后存储到对应的数据 RAM 中。disp_led 子程序将显示值写到输出端口上。load_led_pttn 子程序包含 get_upper_nibble 和 get_lower_nibble 两个子程序，用来提取 2 个四位十六进制数，hex_to_led 子程序将十六进制数转换成七段数码管显示格式。

程序中所用到的寄存器比较多。除了平方和子程序需要数据存储器之外，还有一个全局寄存器 switch_a_b 追踪读取 a 还是 b 的值。另外，还有 4 B 的 RAM 用来存储 4 个七段数码管的显示值，分别用 led0、led1、led2 和 led3 表示。

【程序 15-1】　求平方和子程序。

```
;=========================================================
;带七段数码管接口的平方和电路
;=========================================================
;程序功能:
;   从拨码开关读取 a 和 b 的值
;   计算 a×a+b×b 的结果
;   显示结果在七段数码管上
;=========================================================
; 数据 RAM 地址定义
;=========================================================
constant a_lsb, 00
constant b_lsb, 02
constant aa_lsb, 04
constant aa_msb, 05
constant bb_lsb, 06
constant bb_msb, 07
constant aabb_lsb, 08
constant aabb_msb, 09
constant aabb_cout, 0A
constant led0, 10
constant led1, 11
constant led2, 12
constant led3, 13
;=========================================================
; 定义寄存器
;=========================================================
;通用逻辑变量
namereg s0, data              ; 临时数据寄存器
namereg s1, addr              ; 临时存储器或者 I/O 端口地址
namereg s2, i                 ; 循环变量索引
;全局变量
```

```
namereg sf, switch_a_b ;当前开关输入选择以及 RAM 偏移地址
;================================================================
; 端口变量定义
;================================================================
;------------输入端口定义---------------------
constant rd_flag_port, 00           ; 2 位标志位
constant sw_port, 01                ; 8 位拨码开关
;------------输出端口定义---------------------
constant sseg0_port, 00             ; led 0
constant sseg1_port, 01             ; led 1
constant sseg2_port, 02             ; led 2
constant sseg3_port, 03             ; led 3
;================================================================
; 主程序
;================================================================
  call init                         ; 程序初始化
forever:
   ;主程序循环体
   call proc_btn                    ; 检查和处理按键
   call square                      ; 计算平方和
   call load_led_pttn               ; 存储显示值到 RAM 中
   call disp_led                    ; 显示 LED 显示值
   jump forever
;================================================================
;    子程序名：init
;    程序功能：执行初始化并清零寄存器和 RAM，并对 switch_a_b 清零
;    临时寄存器：data, i
;================================================================
init:
   ;清零寄存器
   load i, 40                       ; 循环索引值为 64
   load data, 00
clr_mem_loop:
   store data, (i)
   sub i, 01                        ; 循环减 1
   jump nz, clr_mem_loop            ; 重复，直到 i=0
   ;清零寄存器
   load switch_a_b, 00
   return
```

```
;===================================================
;  子程序名：proc_btn
;  程序功能：检查两个按键并处理显示
;  输入寄存器：switch_a_b: ram 地址偏移( a 为 0，b 为 2)
;  输出寄存器：s3: 存储输入端口 id
;  临时寄存器：data, addr
;===================================================
proc_btn:
    input s3, rd_flag_port  ``        ; 获取标志
    ;检查和处理按键 c
    test s3, 01                       ; 检查按键 c 标志位
    jump z, chk_btns                  ; 标志未设置
    call init                         ; 标志已设置，执行初始化程序
    jump proc_btn_done
chk_btns:
    ;检查和处理按键 s
    test s3, 02                       ; 检查按键 s 标志位
    jump z, proc_btn_done             ; 标志位未设置
    input data, sw_port               ; 获取拨码开关值
    load addr, a_lsb                  ; 获取地址 a
    add addr, switch_a_b              ; a 地址与偏移地址相加
    store data, (addr)                ; 写数据到 RAM 中
    ;更新当前显示位置
    xor switch_a_b, 02                ; switch_a_b 在 00 和 02 之间变化
proc_btn_done:
    return
;===================================================
; 子程序名： load_led_pttn
; 程序功能：读取拨码开关低三位输入并将对应显示值转换成数码管显示形式，装
             载到 RAM 中
; 拨码开关输入译码值：000:a; 001:b; 010:a^2; 011:b^2;其他 a^2 + b^2
; 临时寄存器: data, addr
;  s6: 从 sw 输入数据
;===================================================
load_led_pttn:
    input s6, sw_port                 ; 获取拨码开关输入
    sl0 s6                            ; s6 内容右移一位，获取地址偏移值
    compare s6, 08                    ; 判断 sw 是否大于 100
    jump c, sw_ok                     ; 否
```

```
    load s6, 08                     ; 是，sw 出错，按默认执行
sw_ok:
    ;处理字 0 节低四位
    load addr, a_lsb
    add addr, s6                    ; 获取低地址
    fetch data, (s6)                ; 获取低字节
    call get_lower_nibble           ; 获取低 4 位
    call hex_to_led                 ; 转换成 led 显示模式
    store data, led0
    ;处理 0 字节高四位
    fetch data, (addr)
    call get_upper_nibble
    call hex_to_led
    store data, led1
    ;处理 1 字节低四位
    add addr, 01                    ; 获取高地址
    fetch data, (addr)
    call get_lower_nibble
    call hex_to_led
    store data, led2
    ;处理 1 字节高四位
    fetch data, (addr)
    call get_upper_nibble
    call hex_to_led
    ;检查 sw 是否等于 100 来处理 led 小数点的进位
    compare s6, 08                  ; 是否显示最终结果
    jump nz, led_done               ; 否
    add addr, 01                    ; 获取进位地址
    fetch s6, (addr)                ; 寄存器存储进位
    test s6, 01                     ; 测试进位寄存器是否为 1
    jump z, led_done                ; 否
    and data, 7F                    ; 是，赋值最高位(dp)为 0
led_done:
    store data, led3
    return
;==========================================================
;子程序: disp_led
;功能:输出四位 led 显示值
;临时寄存器: data
```

```
;=====================================================
disp_led:
    fetch data, led0
    output data, sseg0_port
    fetch data, led1
    output data, sseg1_port
    fetch data, led2
    output data, sseg2_port
    fetch data, led3
    output data, sseg3_port
    return
;=====================================================
;子程序: hex_to_led
;功能: 转换十六进制数为七段数码显示模式
;输入寄存器: data
;输出寄存器: data
;=====================================================
hex_to_led:
    compare data, 00
    jump nz, comp_hex_1
    load data, 81                       ; 显示 0
    jump hex_done
comp_hex_1:
    compare     data, 01
    jump nz, comp_hex_2
    load data, CF                       ; 显示 1
    jump hex_done
comp_hex_2:
    compare data, 02
    jump nz, comp_hex_3
    load data, 92                       ; 显示 2
    jump hex_done
comp_hex_3:
    compare data, 03
    jump nz, comp_hex_4
    load data, 86                       ; 显示 3
    jump hex_done
comp_hex_4:
    compare data, 04
```

```
    jump nz, comp_hex_5
    load data, CC                ; 显示 4
    jump hex_done
comp_hex_5:
    compare data, 05
    jump nz, comp_hex_6
    load data, A4                ; 显示 5
    jump hex_done
comp_hex_6:
    compare data, 06
    jump nz, comp_hex_7
    load data, A0                ; 显示 6
    jump hex_done
comp_hex_7:
    compare data, 07
    jump nz, comp_hex_8
    load data, 8F                ; 显示 7
    jump hex_done
comp_hex_8:
    compare data, 08
    jump nz, comp_hex_9
    load data, 80                ; 显示 8
    jump hex_done
comp_hex_9:
    compare data, 09
    jump nz, comp_hex_a
    load data, 84                ; 显示 9
    jump hex_done
comp_hex_a:
    compare data, 0A
    jump nz, comp_hex_b
    load data, 88                ; 显示 A
    jump hex_done
comp_hex_b:
    compare data, 0B
    jump nz, comp_hex_c
    load data, E0                ; 显示 B
    jump hex_done
comp_hex_c:
```

```
    compare data, 0C
    jump nz, comp_hex_d
    load data, B1                    ; 显示 C
    jump hex_done
comp_hex_d:
    compare data, 0D
    jump nz, comp_hex_e
    load data, C2                    ; 显示 D
    jump hex_done
comp_hex_e:
    compare data, 0E
    jump nz, comp_hex_f
    load data, B0                    ; 显示 E
    jump hex_done
comp_hex_f:
    load data, B8                    ; 显示 F
hex_done:
    return
;===========================================================
;子程序: get_lower_nibble
;功能:获取数据低 4 位
;输入寄存器: data
;输出寄存器: data
;===========================================================
get_lower_nibble:
    and data, 0F                     ; 清零高 4 位
    return
;===========================================================
; 子程序：get_upper_nible
; 子程序功能：获取输入数据 in_data 的高 4 位
; 输入寄存器:：data
; 输出寄存器：  data
;===========================================================
get_upper_nibble:
    sr0 data                         ; 右移四次
    sr0 data
    sr0 data
    sr0 data
    return
```

```
;=================================================================
;子程序: square
; 子程序功能: 计算 a×a+b×b
; 数据结果存储的 RAM 开始地址为 SQ_BASE_ADDR
; 临时变量: s3, s4, s5, s6, data
;=================================================================
square:
    ;计算 a×a
    fetch s3, a_lsb              ; 装载 a 值
    fetch s4, a_lsb              ; 装载 a 值
    call mult_soft               ; 计算 a×a
    store s6, aa_lsb             ; 存储 a×a 结果的低字节
    store s5, aa_msb             ; 存储 a×a 结果的高字节
    ;计算 b×b
    fetch s3, b_lsb              ; 装载 b 值
    fetch s4, b_lsb              ; 装载 b 值
    call mult_soft               ; 计算 b×b
    store s6, bb_lsb             ; 存储 b×b 结果的低字节
    store s5, bb_msb             ; 存储 b×b 结果的高字节
    ;计算 a×a+b×b
    fetch data, aa_lsb           ; 获取 a×a 的低字节
    add data, s6                 ; 计算 a×a+b×b 的低字节之和
    store data, aabb_lsb         ; 存储 a×a+b×b 的低字节
    fetch data, aa_msb           ; 获取 a×a 的高字节
    addcy data, s5               ; 计算 a×a+b×b 的高字节之和
    store data, aabb_msb         ; 存储 a×a+b×b 的高字节
    load data, 00                ; 清零数据，但是保持进位
    addcy data, 00               ; 获取前一次加法的进位值
    store data, aabb_cout        ; 存储 a×a+b×b 的进位值
    return
;=================================================================
; 子程序：mult_soft
; 程序功能：使用移位和与操作的 8 位无符号乘法器
; 输入寄存器：s3—被乘数；s4—乘数
; 输出寄存器：s5—乘积高字节；s6—乘积低字节
; 临时寄存器：i
;=================================================================
mult_soft:
    load s5, 00                  ; 清零 s5 寄存器
```

```
    load i, 08                ; 初始化循环变量 i
mult_loop:
    sr0  s4                   ; 移位最低位到进位寄存器
    jump nc, shift_prod       ; 最低位是 0
    add s5, s3                ; 最低位是 1
shift_prod:
    sra s5                    ; 右移高字节，进位寄存器移位到最高位
                              ; 最低位移位到进位寄存器
    sra s6                    ; 右移低字节
                              ; s5 的低位移位到 s6 的高位
    sub i, 01                 ; 循环减
    jump nz, mult_loop        ; 重复，直到 i=0
    return
```

15.3.4 HDL 程序开发

完整的 HDL 程序包括 PicoBlaze、指令 ROM、输入接口，如图 15-7 所示的外设、输出接口，以及图 15-6 所示的外设等。完整的程序如程序 15-2 所示。

【程序 15-2】 接口 HDL 程序。

```
module pico_btn
   (
    input wire clk, reset,
    input wire [7:0] sw,
    input wire [1:0] btn,
    output wire [3:0] an,
    output wire [7:0] sseg
   );

   // 信号声明
   // KCPSM3 以及 ROM 信号
   wire [9:0] address;
   wire [17:0] instruction;
   wire [7:0] port_id, out_port;
   reg [7:0] in_port;
   wire   write_strobe, read_strobe;
   // I/O 端口信号
   // 输出使能
   reg [3:0] en_d;
   // 4 位七段数码管显示
   reg [7:0] ds3_reg, ds2_reg, ds1_reg, ds0_reg;
```

```
// 两个按钮
reg btnc_flag_reg, btns_flag_reg;
wire btnc_flag_next, btns_flag_next;
wire set_btnc_flag, set_btns_flag, clr_btn_flag;

//主体
// =====================================================
// I/O 模块
// =====================================================
disp_mux disp_unit
   (.clk(clk), .reset(reset),
    .in3(ds3_reg), .in2(ds2_reg), .in1(ds1_reg),
    .in0(ds0_reg), .an(an), .sseg(sseg));
debounce btnc_unit
   (.clk(clk), .reset(reset), .sw(btn[0]),
    .db_level(), .db_tick(set_btnc_flag));
debounce btns_unit
   (.clk(clk), .reset(reset), .sw(btn[1]),
    .db_level(), .db_tick(set_btns_flag));
// =====================================================
// 例化 KCPSM 和 ROM 模块
// =====================================================
kcpsm3 proc_unit
   (.clk(clk), .reset(1'b0), .address(address),
    .instruction(instruction), .port_id(port_id),
    .write_strobe(write_strobe), .out_port(out_port),
    .read_strobe(read_strobe), .in_port(in_port),
      .interrupt(1'b0), .interrupt_ack());
btn_rom rom_unit
   (.clk(clk), .address(address),
    .instruction(instruction));
// =====================================================
//输出接口
// =====================================================
//      输出端口 id:
//        0x00: ds0
//        0x01: ds1
//        0x02: ds2
//        0x03: ds3
```

```
// ==========================================================
//寄存器
always @(posedge clk)
   begin
      if (en_d[0])
         ds0_reg <= out_port;
      if (en_d[1])
         ds1_reg <= out_port;
      if (en_d[2])
         ds2_reg <= out_port;
      if (en_d[3])
         ds3_reg <= out_port;
   end
//针对使能信号的译码电路
always @*
   if (write_strobe)
      case (port_id[1:0])
         2'b00: en_d = 4'b0001;
         2'b01: en_d = 4'b0010;
         2'b10: en_d = 4'b0100;
         2'b11: en_d = 4'b1000;
      endcase
   else
      en_d = 4'b0000;
// ==========================================================
//  输入接口
// ==========================================================
//  输入端口 id 号
//  0x00: 标志位
//  0x01: 拨码开关位
// ==========================================================
//针对标志位的输入寄存器
always @(posedge clk)
   begin
      btnc_flag_reg <= btnc_flag_next;
      btns_flag_reg <= btns_flag_next;
   end
assign btnc_flag_next = (set_btnc_flag) ? 1'b1 :
                        (clr_btn_flag)  ? 1'b0 :
```

```
                              btnc_flag_reg;
    assign btns_flag_next = (set_btns_flag) ? 1'b1 :
                              (clr_btn_flag)    ? 1'b0 :
                              btns_flag_reg;
    //针对清除信号的译码电路
    assign clr_btn_flag = read_strobe && (port_id[0]==1'b0);
    //输入选择器
    always @*
        case(port_id[0])
            1'b0: in_port = {6'b0, btns_flag_reg, btnc_flag_reg};
            1'b1: in_port = sw;
        endcase
endmodule
```

本章小结

本章重点针对 PicoBlaze 微处理器进行外围接口开发。重点介绍输入输出接口指令以及时序。通过介绍 LED、拨码开关等接口实例，帮助读者理解接口开发的基本思想和方法。需要重点掌握的知识点如下：

(1) PicoBlaze 输入输出接口指令用法；

(2) PicoBlaze 输入接口时序模型；

(3) PicoBlaze 输出接口时序模型；

(4) 输出接口缓冲器和译码电路的 HDL 描述；

(5) 输入接口单次与多次接收数据的区别以及 HDL 描述方法。

思考与练习

1. 基于 PWM 波的 LED 调节器

按照第 5 章思考与练习 2 题的设计要求，将 PWM 产生电路、七段数码管动态扫描电路以及拨码开关作为电路外设接口。利用 PicoBlaze 控制器来重新设计电路，包括 I/O 接口设计，编写汇编程序以及 HDL 代码，并对工程进行编译综合和验证。

2. 基于 PicoBlaze 的撞箱游戏

设计一个撞箱游戏。设计一方箱子，大小为 256×256 像素，里面有一个圆形的球，其大小为 8×8 像素。当球撞击到箱子时，立即弹回，而箱子被撞击到的那一面开始闪烁(颜色不断改变)。球离开一会，箱子恢复原状。球有四个速度等级可以调节。外面设计两个拨码开关，可以实时选择。采用 PicoBlaze 作为系统控制器，设计键盘和显示接口。设计 HDL 代码并综合调试验证。

第十六章　PicoBlaze 中断

在正常程序执行过程中，微处理器通过主动检测 I/O 外设接口状态来决定执行什么操作。I/O 外设处于被动地位，等待处理器处理自己的业务。而中断是允许 I/O 外设主动发起操作，中断正常的程序执行，使得微处理器转而执行对应的中断子程序。对于微处理器而言，中断通常用在对时间要求比较严格，需要立即进行处理的外设操作中。PicoBlaze 支持简单的中断处理能力。本章重点讨论 PicoBlaze 的中断机制以及中断的软硬件开发。

16.1　PicoBlaze 中断处理机制

中断处理是一个软硬件协作的过程。当外设需要执行中断程序时，它置位 PicoBlaze 的中断信号。如果该中断服务允许，则 PicoBlaze 完成当前正在执行的指令后立即激活相应的中断响应信号，响应中断请求，执行 **call** 3FF 指令。执行完该条指令后，当前 PC 计数器的内容已经保存到堆栈中且 3FF 地址装载到 PC 计数器中。需要注意的是，3FF 地址是指令存储器的最后一个地址，也是中断子程序的开始点，它通常包含一个 **jump** 指令，跳转到子程序的主体。中断子程序以 **returni** 指令结束，返回到原来的中断点并重新执行原来的操作。

16.1.1　软件中断处理过程

与中断相关的指令在 13.2.9 节中讨论过。**enable interrupt** 和 **disable interrupt** 指令使能和禁止中断请求，对应地，还有两个返回中断指令：**returni enable** 和 **returni disable** 指令，用来返回到原来的中断点。

典型的带有中断服务程序流程的软件执行过程如图 16-1 所示。它主要包括如下几个部分：

(1) 初始化 **enable interrupt** 指令：用来允许中断服务请求。由于中断请求默认是禁止的，所以在初始化时需要打开。

(2) 跳转(**jump**)到指令存储器最后一条指令(如 3FF)：跳转到中断服务子程序。

(3) 中断服务子程序：执行中断请求服务，中断服务程序必须以 **returni** 指令结束。

假设正在执行 add s0, s3 指令时，有外部 I/O 有效中断发生，则 PicoBlaze 执行中断的步骤如下：

(1) 完成当前执行指令；

(2) 保存程序计数器内容，清除中断标志 i(置为 0)，保存零标志和进位标志，程序计数器置为 3FF；

(3) 在 3FF 地址执行 **jump** isr 指令；

(4) 执行中断服务子程序；

(5) 执行 **returni** 指令，恢复程序计数器和标志位；

(6) 重新开始执行 **sub** s5，01 指令。

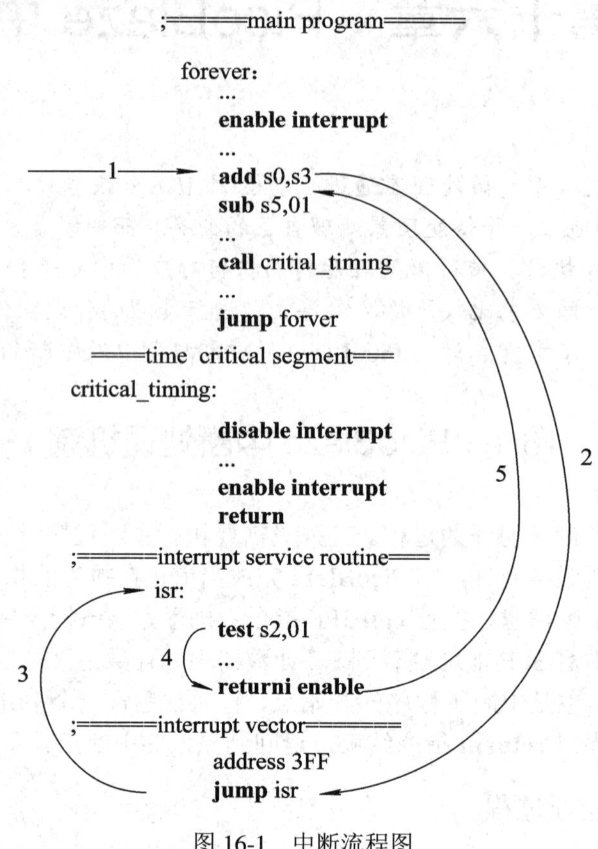

图 16-1　中断流程图

16.1.2　中断时序描述

中断程序执行详细的时序参数的描述如图 16-2 所示。按照如图 16-2 所示时序标注时间点描述基本时序如下：

(1) 在 t1 时刻，外部中断接口置位中断信号，PicoBlaze 此时继续正常操作，执行完当前 **add** s0,s3 指令。

(2) 在 t2 时刻，PicoBlaze 发现有中断信号来了，所以放弃执行下一条指令(**sub** s5,01)，而去执行 **call** 3FF 指令。

(3) 在 t3 时刻，PicoBlaze 置位中断响应信号，表示要对中断请求进行处理，同时保存 sub s5,01 指令的地址以及清零标志和进位标志，清除中断。

(4) 在 t4 时刻，PicoBlaze 装载并执行地址 3FF 的跳转指令 **jump** isr，外部中断接口电路响应中断响应信号并撤销中断信号。

(5) 在 t5 时刻，PicoBlaze 开始执行中断服务程序。

可以发现中断处理程序从开始外部中断信号有效一直到第一条中断服务程序指令开始执行，中间总共需要 5 个时钟周期。

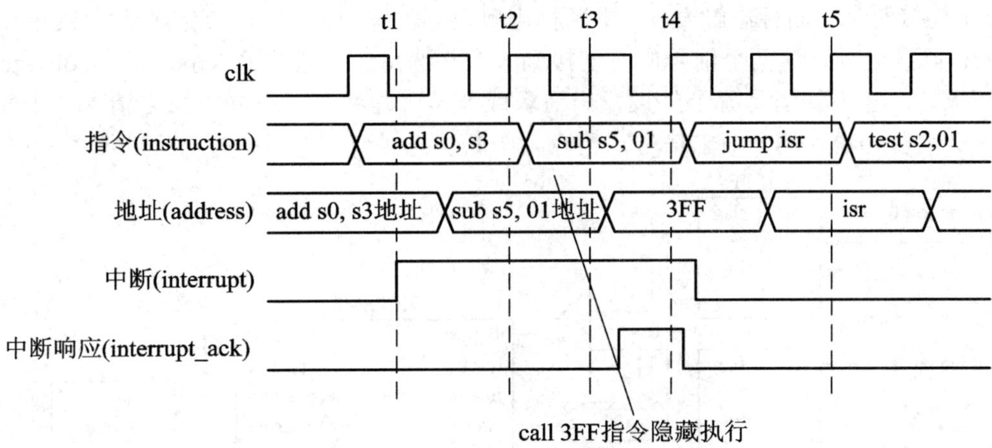

图 16-2　PicoBlaze 中断时序描述图

16.2　外部中断接口

本质上，中断请求与在 15.3.2 节中讨论的单次读取端口是相同的。当请求被接收后，必须清除中断请求，以免同样的请求被处理多次。标志寄存器可以用来避免这种情况发生。

16.2.1　单个中断请求

如果在 PicoBlaze 系统外设中仅有一个 I/O 接口能够产生中断请求，中断接口电路仅需要一个标志寄存器，如图 16-3 所示。当中断请求后，外部 I/O 接口电路置位中断请求信号一个时钟周期，置位中断标志寄存器激活 PicoBlaze 的中断输入。如果 PicoBlaze 中断允许，则它便通过置位中断响应信号一个时钟周期来响应中断并清零中断标志位。

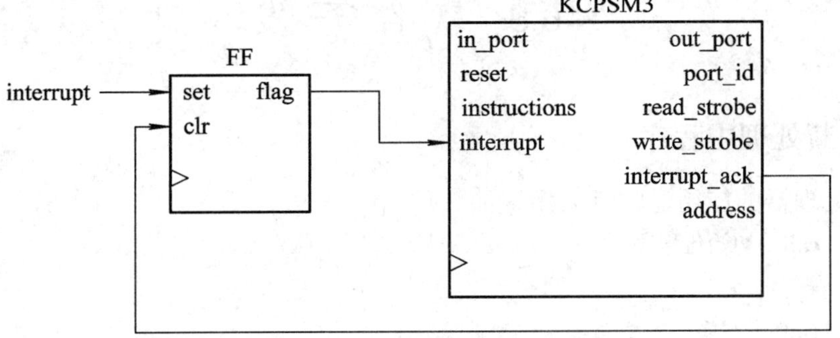

图 16-3　单个请求中断接口图

16.2.2　多个中断请求

在 PicoBlaze 系统中处理两个或者多个中断请求比较复杂。PicoBlaze 必须决定处理哪个中断请求，然后在接收中断请求后清零对应的中断标志寄存器，这就需要协调硬件接口和中断服务子程序。

带有两个中断请求的中断接口如图 16-4 所示。两个独立的中断请求 int request0 和 int

request1 连接两个中断标志触发器。中断标志触发器的输出通过一个或门产生最终的中断请求信号。除此之外，这两个信号同时连接到一个 2 选 1 选择器的输入端。当 PicoBlaze 发现中断请求时，它不知道是哪个外设发出请求或者是否是两个外设同时发出请求，中断服务子程序必须首先输入两个请求信号，检查其中断优先级值，然后执行对应的服务程序。

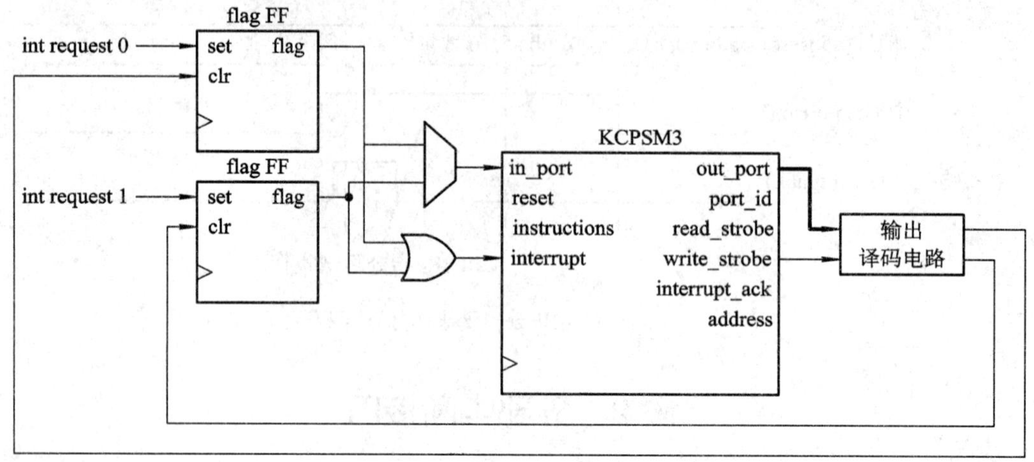

图 16-4　多个中断请求接口图

除此之外，PicoBlaze 还需要清零对应的中断标志触发器。interrupt_ack 信号不能直接用来清零中断标志触发器，因为它不知道哪一个外设请求刚才被 PicoBlaze 接受了。需要采用特殊的输出逻辑译码电路产生一个清零脉冲信号 clr。每个中断标志触发器的清零信号对应唯一的端口 id 号。在中断服务子程序中，在决定接受哪一个中断请求后，增加一条 output 指令。该指令实际上并不输出任何数据，而是产生一个周期的脉冲信号，用来清零对应的中断标志触发器。

16.3　软 件 开 发

16.3.1　中断处理主程序

基于微处理器的应用通常都采用下面软件结构：

```
        call  初始化程序
forever:
        call 子程序任务 1;
        call 子程序任务 2;
        ...
        call 子程序任务 n;
        jump forever;
```

一些任务有可能包括 I/O 操作。在执行过程中，微处理器轮流检查 I/O 状态并对应进行处理。程序结构执行按照轮流循环处理的方式来操作，每个任务都在等待轮流到自己才能被执行。如果微处理器循环周期足够短，以至于每个 I/O 请求都可以被检查并及时执行，则这种轮换处理的方案可以正常运行。在有些应用中，存在一到两个需要立即执行的请求，需要中断机制来保证该请求得到及时处理。

由于中断任何时候都可能发生，因而原始的轮流机制需要考虑中断频率并且每次中断请求需要一定的执行时间。如果有多个中断请求，则服务子程序就比较复杂。

16.3.2　中断服务程序

中断服务程序和子程序相类似，它挂起正常程序执行，先执行一个独立的任务，然后再重新返回到原来的操作。然而，与子程序调用不同点在于中断可以在任何时间发生，为了后来能够返回到原来程序执行的地方，中断服务程序必须保存 PicoBlaze 处理器的当前状态。也就是说，中断服务程序必须在返回正常程序流程之前保存在中断服务子程序中所用到的临时计算值或寄存器值。这个过程就称为内容交换。

由于 PicoBlaze 是一个 8 位微处理器，硬件支持的前后交换和时间片轮转功能非常有限，所以通常需要在程序中完成这些功能并且保证中断结构比较简单。为了防止前后交换，可以将一些特定的寄存器在中断程序中作为专用寄存器。

16.4　设 计 举 例

在第十五章中求平方和电路中，使用七段数码管显示输入和输出结果值，使用到了原来设计的 disp_mux 动态扫描电路。该电路包含一个大的计数器，产生使能信号选通多路选择器来控制不同的输入模式。

为了节约硬件资源，可以在 PicoBlaze 中实现该功能。控制 4 位使能信号 an 以及 8 位 LED 显示信号 sseg。为了产生连续显示模式，使能脉冲信号和 LED 显示值都需要定时刷新。由于使用纯软件实现计数器虽然理论上是可以的，但是程序相当繁琐，所以使用硬件计数器和 PicoBlaze 中断机制来实现该任务。硬件和软件修改如下几小节所述。

16.4.1　中断接口

如图 16-5 所示，框图包括了硬件计数器和中断接口以及新添加的输出缓冲器。计数器为模 500 计数器，每 500 个时钟周期产生一个单时钟脉冲。由于计数器时钟为 50 MHz，所以该时钟脉冲的周期为 0.1 ms。由于仅有一个中断请求，因而在中断接口应设计标志触发器。计数器产生的时钟脉冲触发标志寄存器，从而激活中断信号。

16.4.2　中断服务子程序开发

在中断服务子程序中，使用两个寄存器 count_msb 和 count_lsb 合并成一个 16 位的寄存器，来追踪 PicoBlaze 产生的脉冲信号，当每次计数器中断信号到来时，该寄存器加 1，总共可以计数的最大时间为 0.6 s($2^{16} \times 1.01$ ms)。中断相关代码如下：

```
namereg se, count_msb    ;
namereg sf, count_lsb    ;
int_service_routine:
```

```
    add count_lsb, 01           ;
    addcy count_msb, 00
    returni enable

;===========================================================
;interrupt vector
;===========================================================
    address 3FF
    jump int_service_routine
```

16.4.3　汇编程序开发

根据设计目的，熟悉时序信息之后，可以针对 LED 显示设计一个新的子程序 display_mux_out 来替换在第十五章中用到的 disp_led 子程序。如图 16-5 所示，两个输出缓冲器用来存储 an 和 sseg 信号，子程序的主要任务是存储 an 模式，包括“1110”、“1101”、“1011”和“0111”，对应的七段数码管模式周期性地输出到相应寄存器，刷新率在几百赫兹到 1000 Hz，每 2^{10} 个时钟脉冲更新一次寄存器值，大约 10 ms。我们同样使用 led_pos 寄存器来跟踪显示位置。

使用中断实现程序 15-3，代码需要做如下修改：

(1) 增加定义新的端口和寄存器；

(2) 用 display_mux_out 子程序替换原来的 disp_led 子程序；

(3) 增加 enable interrupt 指令在 init 子程序中使能中断处理；

(4) 在初始化程序中初始化 led_pos、count_msb 和 count_lsb 寄存器；

(5) 增加中断服务子程序。

修改之后的汇编代码如程序 16-1 所示。

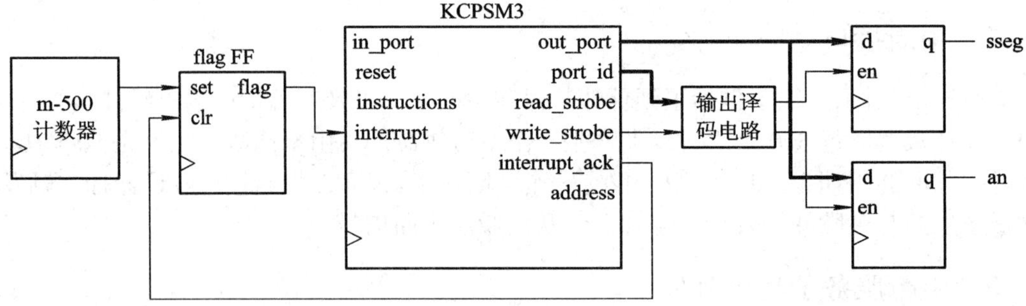

图 16-5　带计数器的中断接口图

【程序 16-1】　带硬件乘法器和 UART 接口的求平方电路。

```
;程序操作:
;从拨码开关读取 a 和 b，计算 a×a＋b×b 并在超级终端显示结果和七段数码管值
;===========================================================
; 数据常数
```

```
;========================================================
constant a_lsb, 00
constant b_lsb, 02
constant aa_lsb, 04
constant aa_msb, 05
constant bb_lsb, 06
constant bb_msb, 07
constant aabb_lsb, 08
constant aabb_msb, 09
constant aabb_cout, 0A
constant led0, 10
constant led1, 11
constant led2, 12
constant led3, 13
;========================================================
; 寄存器定义
;========================================================
;局部寄存器
namereg s0, data            ; 临时数据寄存器
namereg s1, addr            ; 临时存储器和 I/O 端口地址
namereg s2, i               ; 通用循环计数器变量
;全局变量定义
namereg sc, switch_a_b      ; 当前拨码开关输入作为 RAM 存储偏移地址
namereg sb, led_pos         ; LED 显示位置 (0, 1, 2 或 3)
namereg se, count_msb       ; 计数脉冲计数器高 8 位
namereg sf, count_lsb       ; 计数脉冲计数器低 8 位
;========================================================
; 端口定义
;========================================================
;------------输入端口定义 ---------------------
constant rd_flag_port, 00
; 2 位 flag 标志 (xxxxxxsc):
constant sw_port, 01        ; 8 位拨码开关
;------------输出端口定义---------------------
constant an_port, 00
constant sseg_port, 01
;========================================================
;主程序
call init                   ;初始化
```

```
forever:
    ;主程序循环
    call proc_btn                ; 检查和处理按钮
    call square                  ; 计算求平方
    call load_led_pttn           ; 存储 LED 显示模式值到 RAM 中
    call display_mux_out         ; 动态扫描显示 LED
    jump forever
;=============================================================
; 子程序: init
; 功能: 执行初始化并清零寄存器和 RAM 值
; 输出寄存器:
; switch_a_b: 清零 cleared to 0
; 临时寄存器: data, i
;=============================================================
init:
    enable interrupt
     ;清零寄存器
    load i, 40                   ; 循环索引值初始化为 64
    load data, 00
clr_mem_loop:
    store data, (i)
    sub i, 01                    ; 循环减 1
    jump nz, clr_mem_loop        ; 重复，直到 i = 0
    ;清零寄存器
    load switch_a_b, 00
    load led_pos, 00
    load count_msb, 00
    load count_lsb, 00
    return
;=============================================================
;子程序: proc_btn
; 功能: 检查两个按键并处理显示
; 输入寄存器:
;       switch_a_b: ram offset (0 为 a，2 为 b)
;输出寄存器:
;       s3:存储输入端口标志
;       switch_a_b: 可交替锁存 0 和 2
; 临时寄存器: data, addr
;=============================================================
```

```
proc_btn:
    input s3, rd_flag_port          ; 获取标志
    ;check and process c button
    test s3, 01                  ; 检查按键 c 标志
    jump z, chk_btns             ; 若未设置，则跳转到 chk_btns
    call init                    ; 若设置，则执行初始化程序 int
    jump proc_btn_done
chk_btns:
    ;检查和处理按键 s
    test s3, 02                  ; 检查按钮 s 标志位
    jump z, proc_btn_done        ; 标志未设置
    input data, sw_port          ; 获取拨码开关值
    load addr, a_lsb             ; 获取数据 a 地址
    add addr, switch_a_b         ; 获取地址偏移
    store data, (addr)           ; 写数据到 RAM 中
    ;更新当前显示位置
    xor switch_a_b, 02           ; switch_a_b 在 00 和 02 之间锁存
proc_btn_done:
    return
;=============================================================
;子程序名：  load_led_pttn
;程序功能：读取拨码开关低三位输入并将对应显示值转换成数码管显示形式，装载到 RAM 中
;拨码开关输入译码值：000:a; 001:b; 010:a²; 011:b²;其他 a² + b²
;临时寄存器: data, addr
; s6: 从 sw 输入数据
;其中所调用的 hex_to_led、get_lower_nibble、get_lupper_nible 可参考求平方和子程序
;=============================================================
load_led_pttn:
    input s6, sw_port            ; 获取拨码开关输入
    sl0 s6                       ; s6 内容右移一位，获取地址偏移值
    compare s6, 08               ; 判断 sw 是否大于 100
    jump c, sw_ok                ; 否
    load s6, 08                  ; 是，sw 出错，按默认执行
sw_ok:
    ;处理 0 字节低 4 位
    load addr, a_lsb
    add addr, s6                 ; 获取低地址
    fetch data, (s6)             ; 获取低字节
    call get_lower_nibble        ; 获取低 4 位
```

```
    call hex_to_led             ; 转换成 led 显示模式
    store data, led0
    ;处理 0 字节高 4 位
    fetch data, (addr)
    call get_upper_nibble
    call hex_to_led
    store data, led1
    ;处理 1 字节低 4 位
    add addr, 01                ; 获取高地址
    fetch data, (addr)
    call get_lower_nibble
    call hex_to_led
    store data, led2
    ;处理 1 字节高 4 位
    fetch data, (addr)
    call get_upper_nibble
    call hex_to_led
    ;检查 sw 是否等于 100 来处理 led 小数点的进位
    compare s6, 08              ; 是否显示最终结果
    jump nz, led_done           ; 否
    add addr, 01                ; 获取进位地址
    fetch s6, (addr)            ; 寄存器存储进位
    test s6, 01                 ; 测试进位寄存器是否为 1
    jump z, led_done            ; 否
    and data, 7F                ; 是，赋值最高位(dp)为 0
led_done:
    store data, led3
    return
;================================================================
;子程序： square
;  功能： 计算 a×a+b×b
;数据/结果存储 RAM 起始地址为 SQ_BASE_ADDR
; 临时寄存器：s3, s4, s5, s6, data
;================================================================
square:
    ;计算 a×a
    fetch s3, a_lsb             ; 取 a 值
    fetch s4, a_lsb             ; 取 b 值
    call mult_hard              ; 计算 a×a 值
```

```
    store s6, aa_lsb         ；存储 a×a 的低字节
    store s5, aa_msb         ；存储 a×a 的高字节
    ;计算 b×b
    fetch s3, b_lsb          ；取 b 值
    fetch s4, b_lsb          ；取 b 值
    call mult_hard           ；计算 b×b 值
    store s6, bb_lsb         ；存储 b×b 的低字节
    store s5, bb_msb         ；存储 b×b 的高字节
    ;计算 a×a+b×b
    fetch data, aa_lsb       ；获取 a×a 的低字节
    add data, s6             ；求和 a×a＋b×b 的低字节
    store data, aabb_lsb     ；存储 a×a＋b×b 的高字节
    fetch data, aa_msb       ；获取 a×a 的高字节
    addcy data, s5           ；求和 a×a＋b×b 的高字节
    store data, aabb_msb     ；存储 a×a＋b×b 的高字节
    load data, 00            ；清零 data，但是保持进位寄存器值
    addcy data, 00           ；从前一次加法运算获取进位值
    store data, aabb_cout    ；存储 a×a＋b×b 的进位值
    return
;=====================================================================
；  程序名称：mult_soft
；       功能：利用移位和加法运算完成 8 位的无符号整数乘法
;输入寄存器：s3：被乘数，s4：乘数
;输出寄存器：s5：乘积高字节，s6：乘积低字节
;临时寄存器：i
;=====================================================================
mult_soft:
load s5, 00                  ；清零 s5
load i,08                    ；初始化循环次数
mult_loop:
sr0，s4                      ；s4 最低位移位至进位寄存器
jump nc, shift_prod          ；最低位是 0
add s5，s3                   ；最低位是 1
shift_prod:
sra    s5                    ；右移高字节
sra    s6                    ；右移低字节
sub    i, 01                 ；循环减 1
jump nz，mult_loop
return
```

```
;================================================================
;子程序名: display_mux_out
;程序功能:产生 4 位七段数码管的使能和显示模式信号
; 输入寄存器:
;       count_msb, count_lsb: 16 位计数器
;       led_pos: 当前 LED 位置
; 输出寄存器:
;       led_pos: 更新 LED 位置
; 临时寄存器: data, addr
;================================================================
display_mux_out:
   compare count_msb, 02          ; 计数器赋值为 00000100_00000000
   jump c, mux_out_done
   ;如果 count 大于 20，则清零计数器
   load count_lsb, 00
   load count_msb, 00
   ;更新七段数码管显示位置
   add led_pos, 01
   compare led_pos, 04
   jump nz, gen_an_signal
   load led_pos, 00               ; led 位置循环显示
gen_an_signal:
   ;产生 4 位使能信号
   load data, 0E                  ; xxxx_1110
   compare led_pos, 00
   jump z, shift_an_0
   compare led_pos, 01
   jump z, shift_an_1
   compare led_pos, 02
   jump z, shift_an_2
   sl1 data                       ; 移位 1110 三次
shift_an_2:
   sl1 data                       ; 移位 1110 两次
shift_an_1:
   sl1 data                       ; 移位 1110 一次
shift_an_0:
   output data, an_port
   ;输出七段数码管显示模式
   load addr, led0
```

```
    add addr, led_pos
    fetch data, (addr)
    output data, sseg_port
mux_out_done:
    return
;==============================================================
;子程序名: interrupt service routine
;   功能: 16 位加法器
; 输入寄存器:
;       count_msb, count_lsb: timer count
; 输出寄存器:
;       count_msb, count_lsb: incremented
;==============================================================
int_service_routine:
    add count_lsb, 01          ;16 位加法器
    addcy count_msb, 00
    returni enable
;==============================================================
;中断向量
;==============================================================
    address 3FF
    jump int_service_routine
```

16.4.4　HDL 代码开发

基于中断的求平方电路 I/O 接口包括三个部分，输入接口与图 15-4 相似，输出接口包括一个译码电路和两个针对 an 和 sseg 信号的输出寄存器，中断接口包括一个计数器和标志寄存器，如图 16-5 所示。HDL 描述如程序 16-2 所示。

【程序 16-2】　基于中断的求平方电路 HDL 描述。

```
module pico_int
   (
    input wire clk, reset,
    input wire [7:0] sw,
    input wire [1:0] btn,
    output wire [3:0] an,
    output wire [7:0] sseg
   );

   // 信号声明
```

```
// KCPSM3/ROM 信号
wire [9:0] address;
wire [17:0] instruction;
wire [7:0] port_id, out_port;
reg [7:0] in_port;
wire   write_strobe, read_strobe;
wire interrupt, interrupt_ack;
// I/O 端口信号
// 输出使能
reg [1:0] en_d;
// 4 位七段数码管显示
reg [7:0] sseg_reg;
reg [3:0] an_reg;
// 两个按键
reg btnc_flag_reg, btns_flag_reg;
wire btnc_flag_next, btns_flag_next;
wire set_btnc_flag, set_btns_flag, clr_btn_flag;
//中断相关信号
reg [8:0] timer_reg;
wire [8:0] timer_next;
wire ten_us_tick;
reg timer_flag_reg;
wire timer_flag_next;

//程序主体
// ==================================================
//   I/O 模块
// ==================================================
debounce btnc_unit
   (.clk(clk), .reset(reset), .sw(btn[0]),
    .db_level(), .db_tick(set_btnc_flag));
debounce btns_unit
   (.clk(clk), .reset(reset), .sw(btn[1]),
    .db_level(), .db_tick(set_btns_flag));
// ==================================================
//   KCPSM 3 和 ROM 例化
// ==================================================
kcpsm3 proc_unit
   (.clk(clk), .reset(1'b0), .address(address),
```

```
      .instruction(instruction), .port_id(port_id),
      .write_strobe(write_strobe), .out_port(out_port),
      .read_strobe(read_strobe), .in_port(in_port),
      .interrupt(interrupt), .interrupt_ack(interrupt_ack));
int_rom rom_unit
    (.clk(clk), .address(address),
      .instruction(instruction));
// ==================================================
//  输出接口
// ==================================================
//    输出端口 id:
//         0x00: an
//         0x01: ssg
// ==================================================
//寄存器
always @(posedge clk)
    begin
        if (en_d[0])
            an_reg <= out_port[3:0];
        if (en_d[1])
            sseg_reg <= out_port;
    end
assign an = an_reg;
assign sseg = sseg_reg;
//使能信号译码电路
always @*
    if (write_strobe)
        case (port_id[0])
            1'b0: en_d = 2'b01;
            1'b1: en_d = 2'b10;
        endcase
    else
        en_d = 2'b00;
// ==================================================
// 输入接口
// ==================================================
//    输入端口 id
//         0x00: flag
//         0x01: switch
```

```
// =====================================================
// 输入标志寄存器
always @(posedge clk)
   begin
      btnc_flag_reg <= btnc_flag_next;
      btns_flag_reg <= btns_flag_next;
   end
assign btnc_flag_next = (set_btnc_flag) ? 1'b1 :
                        (clr_btn_flag)   ? 1'b0 :
                         btnc_flag_reg;
assign btns_flag_next = (set_btns_flag) ? 1'b1 :
                        (clr_btn_flag)   ? 1'b0 :
                         btns_flag_reg;
// 清零信号译码电路
assign clr_btn_flag = read_strobe && (port_id[0]==1'b0);
//输入多路选择
always @*
   case(port_id[0])
      1'b0: in_port = {6'b0, btns_flag_reg, btnc_flag_reg};
      1'b1: in_port = sw;
   endcase

// =====================================================
// 中断接口
// =====================================================
// 10 μs 计数器
always @(posedge clk)
   timer_reg <= timer_next;
assign ten_us_tick = (timer_reg==499);
assign timer_next = ten_us_tick ? 0 : timer_reg + 1;
// 10 μs 脉冲标志
always @(posedge clk)
    timer_flag_reg <= timer_flag_next;
assign timer_flag_next = (ten_us_tick) ? 1'b1 :
                         (interrupt_ack) ? 1'b0 :
                          timer_flag_reg;
//中断请求
assign interrupt = timer_flag_reg;
endmodule
```

本章小结

本章详细介绍了基于 PicoBlaze 的中断接口的开发和中断的作用，并针对 PicoBlaze 输入中断的接口时序、单次和多次中断接口设计、中断服务程序开发等进行了详细介绍，并通过实例介绍了中断实现的完整过程。需要重点掌握的知识点如下：

(1) 中断的作用；

(2) 中断的软件处理过程；

(3) 中断处理过程时序图；

(4) 单个中断和多个中断处理方法的区别；

(5) 中断软件服务程序开发。

思考与练习

1．修改带计数器的中断接口程序

程序 16-1 中使用两个独立的寄存器记录外部计数器产生的脉冲。这样一来，这两个寄存器就无法作为其他计数器使用。可以开辟 2 B 的数据 RAM 来记录外部计数器产生的脉冲。中断服务程序中使用寄存器仅做数据缓存。由于中断随时都有可能发生，所以要保存好对应的寄存器。如果中断服务子程序采用 s0 和 s1 寄存器来计算，那么当中断激活时，这两个寄存器值必须要保存，而且当计算结束时要重新恢复。设计汇编程序和 HDL 代码，编译综合电路并进行验证。

2．可编程计数器

替换程序 16-1 中的模 500 计数器为一个模 m 计数器。如此一来，其就称为可编程计数器。新的计数器操作如下：

(1) m 是一个 12 位的无符号整数。

(2) m 的低 4 位为固定值“1111”。

(3) 计数器中由 8 位寄存器来存储 m 的高 8 位。该寄存器可以被认为是 PicoBlaze 的新输出端口。

设计一个按键来装载寄存器，当该按键按下时，PicoBlaze 从 8 位拨码开关获取输入值并输出到计数器寄存器中。

设计新的 I/O 接口，以及汇编程序和 HDL 程序，编译综合电路，置入不同的值来观察 LED 显示的变化。

3．带两个中断接口的电路

还是针对程序 16-1。假如除了计数器中断之外，还有一个设置按键中断，按照 16.3 节讲述的方法设计新的中断接口和中断服务程序，设计汇编代码和 HDL 代码，对系统进行编译、综合并验证电路。

参 考 文 献

[1] Rabaey Jan M. 数字集成电路——电路系统与设计. 2 版. 周润德，等，译，北京：电子工业出版社，2007.

[2] 田耘，徐文波. Xilinx FPGA 开发实用教程. 北京：清华大学出版社，2008

[3] IEEE. IEEE Standard for Verilog Hardware Description Language(IEEE Std 1364-2001)，Institute of Electrical and Electronics Engineers，2001.

[4] Chu Pong P. FPGA Prototyping by Verilog Examples. Hoboken：Jone Wiley&Sons，2008.

[5] Chapman K. Creating Embedded Microcontrollers. http://www.xilinx.com.

[6] Chapweske A. PS/2 Mouse/Keyboard Protocol. http://www.computer-engineering.org.

[7] 王诚，吴继华. Altera FPGA/CPLD 设计(高级篇). 北京：人民邮电出版社，2005.

[8] Ciletti Michael D. Verilog HDL 高速数字设计. 张雅绮，等，译. 北京：电子工业出版社，2005.

[9] Xilinx 公司. Timing Constraints User Guide. UG612.

[10] Xilinx 公司. Synthesis and Simulation Design Guide. UG626. 2009.

[11] Xilinx 公司. Spartan-3E FPGA Family: Complete Data Sheet. DS312，2008.

[12] Xilinx 公司. XST User Guide. UG627，2009.

[13] Xilinx 公司. HDL Coding Practices to Accelerate Design Performance. 2009.

[14] Xilinx 公司. Spartan-3 FPGA Family: Complete Data Sheet. DS099， 2007.

[15] Xilinx 公司. PicoBlaze 8-bit Enbedded Microcontroller User Guide. UG129， 2008.

[16] Xilinx 公司. PicoBlaze 8-bit Microcontroller for Virtex-E and Spartan-Ⅱ/ⅡE Device. XAPP213，2003.

[17] Xilinx 公司. 赛灵思中国通讯，2009，33.

[18] Xilinx 公司. 赛灵思中国通讯，2009，32.